普通高等教育"十三五"规划教材
普通高等院校工程实践系列规划教材

工程训练教程

主　　编：周　健　张　利
副 主 编：朱艳丽　潘训海　缪亚彪
编　　委：江　华　王祥玖　周　谧
　　　　　邓贤超　李　清　吴　鑫
　　　　　刘科材　吴　军　韩大富
　　　　　周宗富　巫长聪　陈文波
　　　　　刘红梅　易正平　陈　波
　　　　　欧阳平　周万军　李　军
　　　　　杨星灵　陈　帆　赵俊梅
　　　　　王弘弦

科学出版社

北京

内 容 简 介

本书根据国家"高等学校本科教学质量与教学改革工程"的意见及教育部工程训练教学指导委员会的指导精神,结合创新型应用人才培养目标编写而成。本书分为三大篇,共14章,第一篇为基础制造技术,包括钳工技术、车削技术、铣削技术、磨削技术、刨削技术、焊接技术、铸造技术等7章;第二篇为先进制造技术,包括数控车削技术、数控铣削技术、电火花加工技术、激光加工技术等4章;第三篇为创新实践,包括慧鱼、3D打印、模块化机器人等3章。

本书既可作为高等院校机械类和近机械类专业、非机械类专业本科生的工程实训教材,也可作为高职高专、成人教育等同类专业学生的实训教材。

图书在版编目(CIP)数据

工程训练教程/周健,张利主编. —北京:科学出版社,2016.9

普通高等教育"十三五"规划教材·普通高等院校工程实践系列规划教材

ISBN 978-7-03-049331-6

Ⅰ.①工⋯ Ⅱ.①周⋯ ②张⋯ Ⅲ.①机械制造工艺-高等学校-教材 Ⅳ.①TH16

中国版本图书馆 CIP 数据核字(2016)第 150955 号

责任编辑:邓 静 张丽花 朱晓颖 / 责任校对:郭瑞芝
责任印制:徐晓晨 / 封面设计:迷底书装

科学出版社 出版
北京东黄城根北街16号
邮政编码:100717
http://www.sciencep.com

北京凌奇印刷有限责任公司 印刷
科学出版社发行 各地新华书店经销

*

2016 年 9 月第 一 版　　开本:787×1092　1/16
2021 年 8 月第四次印刷　　印张:19 1/4
字数:505 000

定价:59.80 元
(如有印装质量问题,我社负责调换)

版权所有,盗版必究
举报电话:010-64034315;010-64010630

前　言

自从国家颁布《教育部 财政部关于"十二五"期间实施"高等学校本科教学质量与教学改革工程"的意见》（教高〔2011〕6号），启动实施了本科教学工程以来，大学生的创新精神和实践能力的培养日益重要。2013年5月，我国教育部正式组建高校工程训练教学指导委员会，这意味着工程训练在高校教育教学活动中的地位越来越重要。

为了适应新形势下大学生能力培养的社会需求和由传统金工实习向工程训练转换的教育需要，我们编写了本书。在编写过程中，编者认真查阅了大量的参考资料，调研学习并吸取了部分改革先进高校的成功经验，适当加大了新技术及新工艺等内容在工程训练中的比重。

本书打破传统金工实习教材的编排方法，并融入大学生教育"质量工程"推动下创新素质的培养要求，根据实训的层次总共分为三大篇总共14章。第一篇为常用的基础制造技术，包括钳工技术、车削技术、铣削技术、磨削技术、刨削技术、焊接技术、铸造技术等7章；第二篇为先进制造技术，主要是将近几年快速发展的先进制造训练项目分开详述，包括数控车削技术、数控铣削技术、电火花加工技术、激光加工技术等4章；第三篇为创新实践，主要为传统教材涉及较少的创新训练项目，旨在培养大学生的创新素质，包括慧鱼、3D打印、模块化机器人等3章。

本书参考和引用了部分优秀教材的相关内容，在此表示衷心感谢。

由于编者经验及水平所限，加之时间仓促，书中难免有不妥之处，恳请读者批评指正，以便再版时修改和完善。

编　者
2016年5月

目 录

第一篇 基础制造技术

第1章 钳工技术 ... 1
1.1 钳工概述 ... 1
1.2 划线 ... 1
1.3 锯削及錾削 ... 8
1.4 锉削 ... 12
1.5 钻削 ... 16
1.6 攻丝和套丝 ... 20
1.7 实践课题 ... 23
1.8 钳工安全操作规范 ... 25

第2章 车削技术 ... 26
2.1 车削概述 ... 26
2.2 车削设备及工具 ... 28
2.3 车削的操作 ... 39
2.4 实践课题 ... 51
2.5 车削安全操作规范 ... 54

第3章 铣削技术 ... 55
3.1 铣削概述 ... 55
3.2 铣削设备及工具 ... 57
3.3 铣削的操作 ... 62
3.4 实践课题 ... 71
3.5 铣削安全操作规范 ... 72

第4章 磨削技术 ... 73
4.1 磨削概述 ... 73
4.2 砂轮 ... 74
4.3 磨外圆 ... 78

4.4　磨内圆 ··· 83

　4.5　磨平面 ··· 85

　4.6　磨床安全操作规范 ·· 88

第5章　刨削技术 ··· 89

　5.1　刨削概述 ·· 89

　5.2　刨削设备及工具 ··· 91

　5.3　刨削的操作 ··· 98

　5.4　实践课题 ··· 105

　5.5　刨削安全操作规范 ·· 106

第6章　焊接技术 ·· 107

　6.1　焊接概述 ··· 107

　6.2　手工电弧焊 ·· 108

　6.3　气焊 ··· 118

　6.4　其他焊接方法 ·· 125

　6.5　焊接缺陷防止及检验 ··· 129

　6.6　实践课题 ··· 131

第7章　铸造技术 ·· 134

　7.1　铸造概述 ··· 134

　7.2　砂型铸造 ··· 134

　7.3　特种铸造 ··· 149

　7.4　铸造安全操作规范 ·· 150

第二篇　先进制造技术

第8章　数控车削技术 ·· 152

　8.1　数控车削概述 ·· 152

　8.2　数控车床的编程 ··· 156

　8.3　数控车削的操作 ··· 167

　8.4　平面数控车削实践课题 ··· 175

　8.5　数控车床安全操作规范 ··· 177

第9章 数控铣削技术 ... 179
9.1 数控铣削概述 ... 179
9.2 数控铣床的编程 ... 182
9.3 数控铣削的加工 ... 190
9.4 平面数控铣削实践课题 ... 196

第10章 电火花加工技术 ... 199
10.1 电火花线切割 ... 199
10.2 电火花成形 ... 210

第11章 激光加工技术 ... 215
11.1 激光加工概述 ... 215
11.2 激光切割 ... 217
11.3 激光雕刻 ... 226
11.4 激光加工的安全操作规程 ... 234

第三篇 创新实践

第12章 慧鱼 ... 235
12.1 慧鱼概述 ... 235
12.2 慧鱼创意组合模型 ... 236
12.3 ROBO TX 控制器 ... 240
12.4 ROBO Pro 软件介绍 ... 242
12.5 实践课题 ... 254

第13章 3D打印 ... 259
13.1 3D打印概述 ... 259
13.2 3D打印的种类及原理 ... 260
13.3 3D打印的软件 ... 262

第14章 模块化机器人 ... 276
14.1 机器人概述 ... 276
14.2 机器人的硬件 ... 278
14.3 机器人的软件 ... 291

参考文献 ... 299

第一篇 基础制造技术

第1章 钳工技术

1.1 钳工概述

1. 钳工的特点

钳工是以手工工具为主并经常在台虎钳上进行手工操作的一个工种。使用工具和量具对材料、机械设备等进行加工、修理的加工方法。钳工工作通常以手工为主,生产效率低、劳动强度大、技术水平要求高,但设备简易、操作灵活,钳工能完成从坯料到成品的整个加工工艺过程,适用于小批量产品的制作、装配及维修。由于钳工技艺性强,具有全面和灵活的优势,在某些情况下可以完成用机械加工不便完成的工作,因此,钳工在机械制造和修配中仍占据重要地位。钳工的基本操作主要包括划线、錾削、锉削、锯削、钻孔、扩孔、攻丝、套丝等工序。

2. 钳工的主要任务

(1) 零件加工。一些不适合机械加工完成或解决的零件,都可由钳工来完成。

(2) 装配。把零件按机械设备的装配技术要求进行组件、部件装配和总装配,经过调试后成为合格的设备。

(3) 设备维修。设备在使用过程中产生磨损、故障或使用后精度降低,都需要通过钳工进行修理或维护。

(4) 工具制造和修理。制造和修理各种工具、量具、模具、夹具和专用设备。

3. 钳工的种类

按工作内容性质来分,钳工工种主要分为三类。

(1) 钳工(普通钳工),主要从事机器或部件的装配、调试和一些零件的钳工加工工作。

(2) 机修钳工,主要从事各种机械设备的维护维修工作。

(3) 工具钳工,主要从事工具、模具、刀具的制作和修理工作。

4. 钳工的应用

钳工的应用范围很广,简单归纳为以下几点。

(1) 加工前的准备工作,如清理毛坯、划线等。

(2) 在单件或小批量生产中加工一般零件或对笨重零件进行局部加工。

(3) 某些最精密的样板、模具、量具和配合表面(如导轨面和轴瓦等),仍要依靠通过钳工进行精密加工。

(4) 装配、调试和修理各种工具、卡具、量具、模具及各种专业设备。

1.2 划 线

划线是根据图样要求,用划线工具在工件的毛坯或半成品上划出待加工界线或基准点、线的一种操作。划线分平面划线和立体划线两种。平面划线是指在工件的一个表面划线后就能明确加工界限的操作；立体划线是指需要在工件的几个不同表面上划线才能明确表示出加工界限的操作。

划线主要有以下作用。

(1) 确定加工位置、加工余量或划出加工位置的找正线，作为安装或加工工件的依据。

(2) 通过划线可以检查毛坯的尺寸或形状是否符合图纸要求，避免使用不合格的毛坯进行机械加工而造成浪费。

(3) 通过划线合理分配总加工余量，当毛坯的误差不太大时，可借助划线的借料法进行补救，降低废品率。

(4) 在板料上按划线下料，可以正确排样、合理使用材料。

1.2.1 划线的工具

1. 夹持及支撑工具

1) 钳工台

钳工台(图 1-1)的作用是安装台虎钳、放置工件和工具。钳桌的材料通常为角铁和坚实木材，工作台台面高度为 800～900mm，台前装有防护网。

2) 台虎钳

台虎钳是夹持工件的主要工具，有固定式(图 1-2)和回转式(图 1-3)两种，安装在钳工工作台的边缘。台虎钳的规格用钳口宽度来表示，常见规格有 100 mm、125mm 和 150 mm 三种。

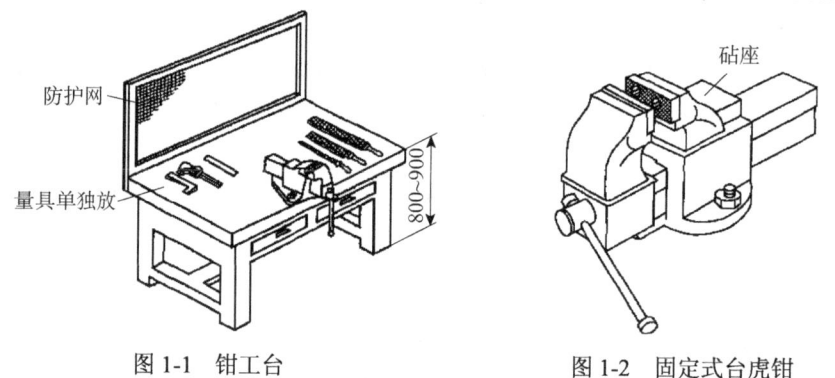

图 1-1　钳工台　　　　　　　图 1-2　固定式台虎钳

3) V 形铁和方箱

V 形铁用于支承圆柱形工件，使工件轴线与平板平行，如图 1-4 所示。

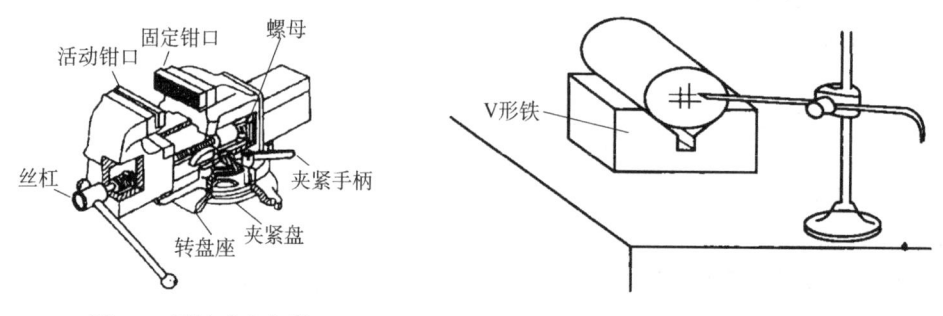

图 1-3　回转式台虎钳　　　　　图 1-4　V 形铁支承工件

方箱用于夹持较小的工件，其上相邻两面均相互垂直，通过翻转方箱就可以在工件表面上划出互相垂直的线，如图 1-5 所示。

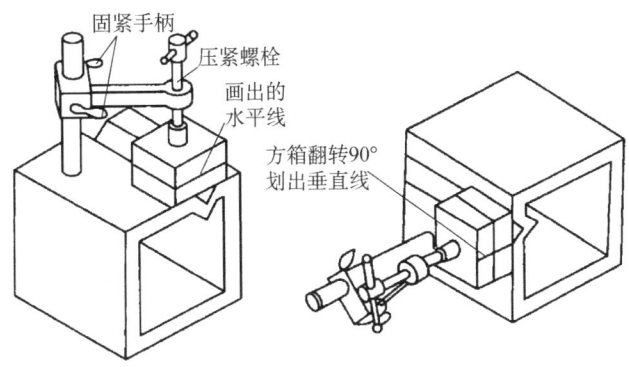

图 1-5　方箱支承工件及划垂直线

4) 千斤顶

千斤顶是在平板上作支承工件划线的工具,通常 3 个一组,高度可以调整。其用途是支承不规范或较大工件时的划线、找正,如图 1-6 所示。

2. 划线工具

1) 划线平板

划线平板(图 1-7)是一块进行过精刨或刮削的铸铁平板,其上表面非常平直光洁,是划线的基准工具,直接影响划线的精度。使用时需注意以下几点。

(1) 放置要平稳牢固、上平面应保持水平,各处尽量均匀使用。

(2) 不允许碰撞和用锤敲击平板,以免降低其精度。

(3) 长期不用时,应涂油防锈,并加盖保护罩。

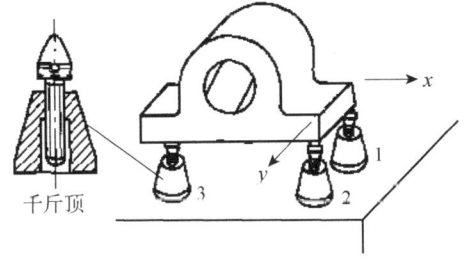

图 1-6　千斤顶支承工件

图 1-7　划线平板

2) 划针

划针是用于工件表面划线的工具,直径为 $\phi 3 \sim 6 \text{mm}$,其材料通常为工具钢或弹簧钢(部分划针的尖端部位焊有硬质合金),可分为直划针和弯头划针。划线时,划针应向外,和运动方向倾斜一定角度,如图 1-8 所示。

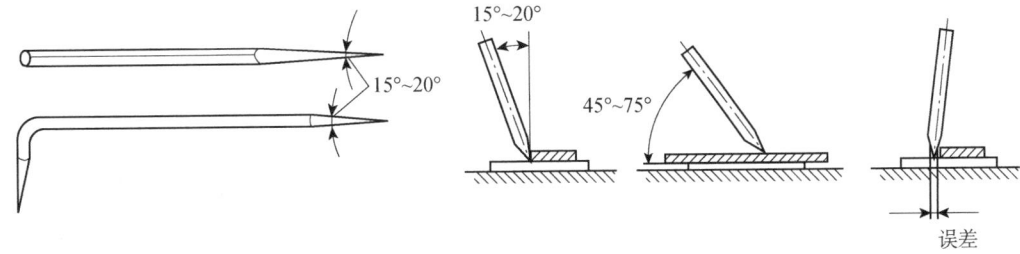

图 1-8　划针

3) 划线盘

划线盘的主要作用是立体划线和校正工件的位置，分为微调划线盘和普通划线盘。其结构主要由底座、划针、立杆和锁紧装置等组成，如图 1-9 所示。

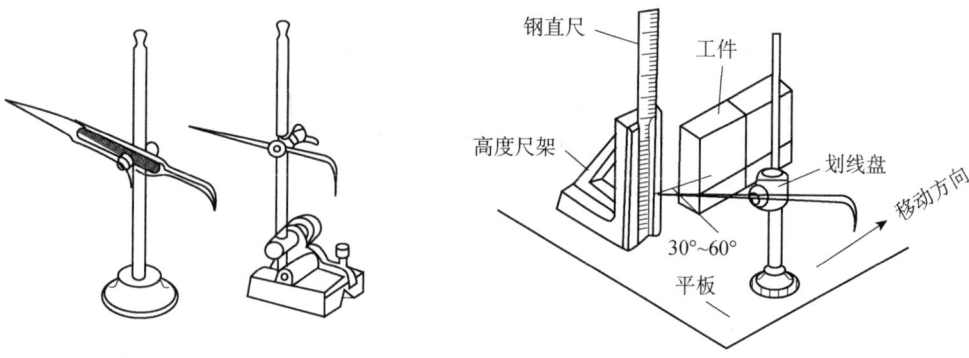

图 1-9　划线盘及其用法

4) 划规

划规是用于划圆、弧线、等分线段及量取尺寸等的工具，其使用用法与制图的圆规基本相同。划规通常由工具钢制成，尖端部位经过淬火硬化处理，通常还会焊上一段高速钢，以增加硬度和保持锋利，如图 1-10 所示。

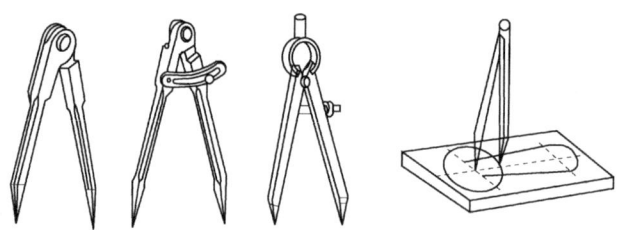

图 1-10　划规的种类及使用

5) 样冲

样冲的作用是在工件划线点上打出样冲眼，这样即使划线不清晰后仍能找到原划线的位置；在划圆和钻孔前打样冲眼，起到定心的作用。样冲一般由工具钢制成，尖端处淬硬，其顶尖角度在用于加强界限标记时大约 40°，用于钻孔定中心时大约取 60°，如图 1-11 所示。样冲眼的间距和深度由划线的形状和工件表面的粗糙度来确定，通常有以下规律。

（1）表面粗糙的毛坯样冲眼要密而深。

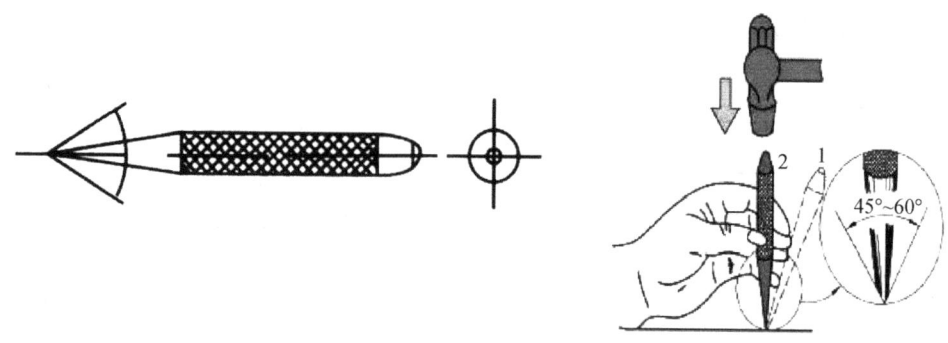

图 1-11　划规的种类及使用

(2) 直线上的样冲眼比曲线上的稀疏。
(3) 薄板工件上的样冲眼要浅。
(4) 划线的交点及连接点必须打样冲眼。

3．量具

1) 高度游标尺

高度游标尺既可以用于工件高度的测量，还可以用于半成品划线，其读数精度一般为0.02mm，如图 1-12 所示。

2) 直角尺

直角尺主要用于划相互垂直的直线，如图 1-13 所示。

3) 钢直尺

钢直尺是最简单的长度量具，可直接用来测工件尺寸，如图 1-14 所示，通常用不锈钢片制成。其测量长度有 150 mm、300 mm、500 mm、1000 mm 几种。测量工件的外径和内径尺寸时，常与卡钳(图 1-15)配合使用。测量精度一般只能达到 0.2～0.5mm。

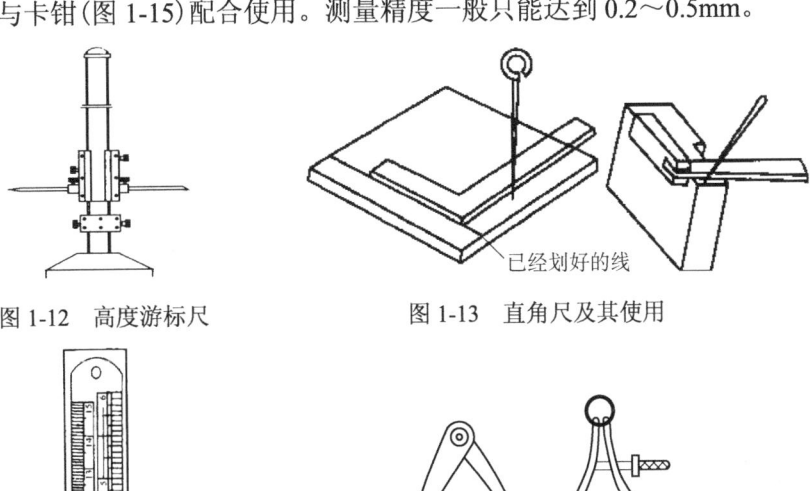

图 1-12　高度游标尺　　　　图 1-13　直角尺及其使用

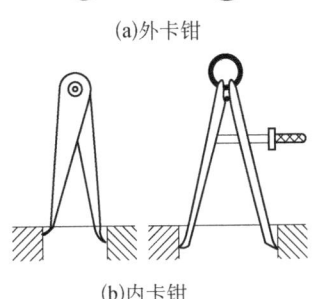

图 1-14　钢直尺　　　　图 1-15　卡钳

1.2.2　划线操作

1．平面划线

平面划线既可以在划线平台上进行，也可以在钳工台上进行。平面划线和几何图形的绘制类似,差异在于所使用的工具,平面划线常用钢直尺、90°角尺、划规、划针等工具。下面举例(图1-16)说明平面划线的基本技能,其操作步骤如下。

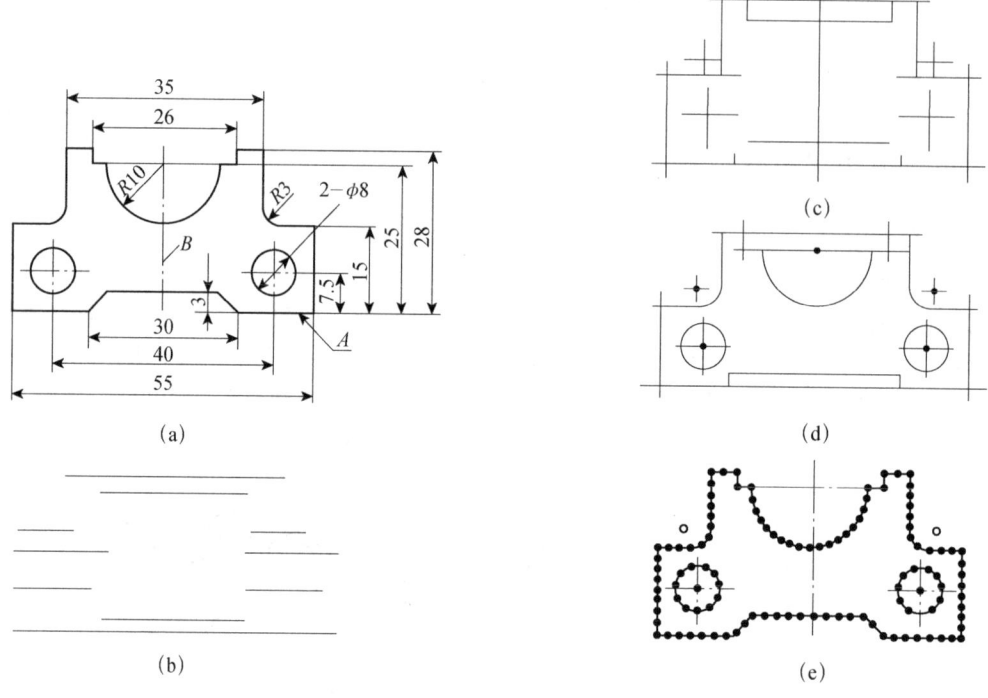

图1-16 平面划线示例

1) 准备工作

(1) 分析图样。由工艺要求确定划线位置及基准,示例中将 A 面定为高度基准,将中心线 B 定为宽度基准,如图 1-16(a)所示。

(2) 备好划线工具。检查毛坯是否有足够的加工余量,如果毛坯合格,再对毛坯进行清理。

(3) 刷涂料。在毛坯表面上均匀地刷涂料,干燥后再开始划线。

2) 划线步骤

(1) 划出高度位置线。确定高度基准 A 的位置并划线,然后再依次划出其他要素平行于基准 A 的高度位置线,如图 1-16(b)所示。

(2) 划出宽度位置线。确定宽度基准 B 的位置并划线,然后划出其他要素宽度的位置线,如图 1-16(c)所示。

(3) 划圆及圆弧位置线。用样冲在各圆心位置进行冲眼,并划出各圆和圆弧,如图 1-16(d)所示。

(4) 连线。划出各处的连线,完成工件的划线工作。

(5) 检查。确定图样各方向划线基准选择的合理性及各部位尺寸的正确性。保证线条清晰、准确、无遗漏。

3) 打样冲眼

在划好线的图样上打样冲眼,使各部位尺寸及轮廓明确显示,如图 1-16(e)所示。

2. 立体划线

立体划线是在工件的长、宽、高三个方位上划线。划线前根据工件形状及大小将工件支承在划线平台上并找正。通常，圆柱形工件使用 V 形铁进行支承，形状规则的小型工件使用方箱进行支承，形状不规则的工件及大型工件使用千斤顶进行支承。下面以轴承座毛坯(图 1-17)为例说明立体划线的基本技能，其操作步骤如下。

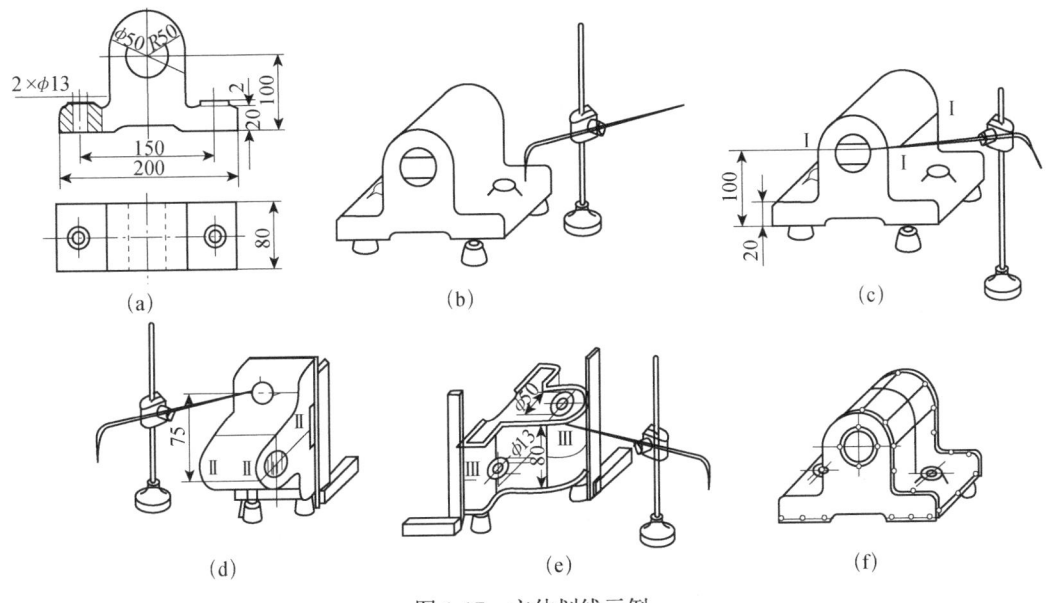

图 1-17 立体划线示例

1) 准备工作

(1) 分析图样。研究图样，确定划线基准。图样尺寸如图 1-17(a)所示，其中轴承座 Φ50mm 孔为重要孔，应以该孔中心为划线基准，以保证加工时孔壁均匀。

(2) 备好划线工具。检查毛坯是否有足够的加工余量，如果毛坯合格，再对毛坯进行清理。

(3) 刷涂料。在毛坯表面上均匀地刷涂料，涂料干燥后再开始划线。

(4) 封孔。在轴承座孔内堵上木块或铅块，以备划线时确定孔的中心位置。

2) 工件支承及找正

用一套(通常为 3 个)千斤顶支承工件底面，并依孔中心及上面调节千斤顶，使工件水平，并保证支承稳固，以防移动或滑倒，如图 1-17(b)所示。

3) 划线

(1) 划水平线。即划出基准线及轴承座底面四周的加工线和尺寸线，如图 1-17(c)所示。

(2) 将工件垂直翻转，用 90°角尺找正，然后划螺钉孔中心线，如图 1-17(d)所示。

(3) 将工件垂直翻转，用 90°角尺在两个方向上找正，然后划螺孔中心线及两大端加工线，如图 1-17(e)所示。

(4) 检查。确认划线是否正确，要求线条清晰、准确、无遗漏。

4) 打样冲眼

在划好的图样上打样冲眼，使各部位尺寸及轮廓清晰显示，如图 1-17(f)所示。

5) 立体划线注意事项

(1) 看懂图样，了解零件的作用，进而分析工件的加工程序及方法。

(2) 工件夹持或支承要稳固，以防移动或滑倒。

(3) 毛坯划线前，要先确保工件找正；要从多方面考虑第一条线如何划，划线方案的确定要考虑整体。

(4) 在支承好的工件上应一次性将要划出的平行线划齐,以免补划时再次支承造成划线误差。

(5) 正确使用划线工具,划出的线条要准确、清楚,关键部位要划辅助线;样冲眼的位置要准确,疏密深浅要适当。

(6) 划线过程中要始终认真仔细,划线完成后要多次核对,直到确定准确后才可以打样冲眼。

1.3 锯削及錾削

锯削与錾削是对金属进行切削加工的操作,锯削以手锯为工具进行材料分割或工件切槽,錾削用手锤锤击錾子,以錾刃切削工件,可加工平面、沟槽、切断金属及清理铸、锻件上的毛刺等,经常用于不便于机械加工的场合。锯削与錾削精度低,属于粗加工,通常需要进行再次加工。

1.3.1 锯削

1. 锯削的工具

1) 手锯结构

手锯由锯弓和锯条构成,锯弓是用来安装锯条的,分为固定式和可调式,如图1-18所示。固定式锯弓长度不能改变,因而只能安装一种长度的锯条;而可调式锯弓长度可以调整,所以可以安装几种长度的锯条,因此使用较为广泛。

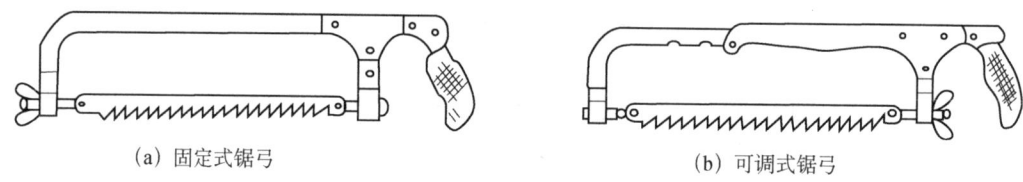

(a) 固定式锯弓　　　　　　　　　　(b) 可调式锯弓

图 1-18　手锯

2) 锯条选择

锯条是用于直接切削工件或材料的刃具,其材质通常为经热处理淬硬的碳素工具钢或合金工具钢。锯条的规格以两端安装孔的中心距来表示(常用规格为300mm),如表1-1所示。

使用时应根据所锯材料的硬度和厚度来选用锯条。粗尺锯条通常用于锯削软材料(铜、铝、铸铁等)或较厚工件;中尺锯条通常用于锯削普通钢及中等厚度工件;而细齿锯条则通常用于锯削硬材料(工具钢、合金钢等)及薄材料(薄板、薄管等)。

表 1-1　手工锯条规格　　　　　　　(单位:mm)

形式	长度 l	宽度 a	厚度 b	齿距 p	销孔 $d/e \times f$	全长 L
A 型	300	12.0 或 10.7	0.65	0.8	3.8	≤315
				1		
				1.2		
	250			1.4		≤265
				1.5		
				1.8		
B 型	296	22	0.65	0.8、1.0、1.4	8×5	≤315
	292	25			12×6	

2. 锯削的操作

1) 工件装夹

工件一般夹在台虎钳的左边以便操作,为防止锯削工件时产生振动,工件不应伸出钳口过长,一般锯缝与钳口相距约 20mm,且要牢固夹持工件;同时锯缝要与钳口侧面保持平行,使锯缝不偏离划线线条,避免夹变形、夹歪或夹偏。

2) 锯条的安装

根据工件材料硬度及锯削厚度选择合适的锯条准备安装。由于手锯是在前推时才进行切削的,后拉时不发生切削,因此锯齿应该朝前,将锯条两端安装孔套在锯弓两端支柱上,通过翼形螺母将锯条紧固,如图 1-19 所示。锯条的安装应松紧适当,否则锯条容易折断,锯削表面质量差,一般以大拇指和食指的施力拧紧即可。此外,锯条安装后,要保证锯条与锯弓处于同一平面,不可以倾斜和扭曲,否则极易造成锯缝歪斜。

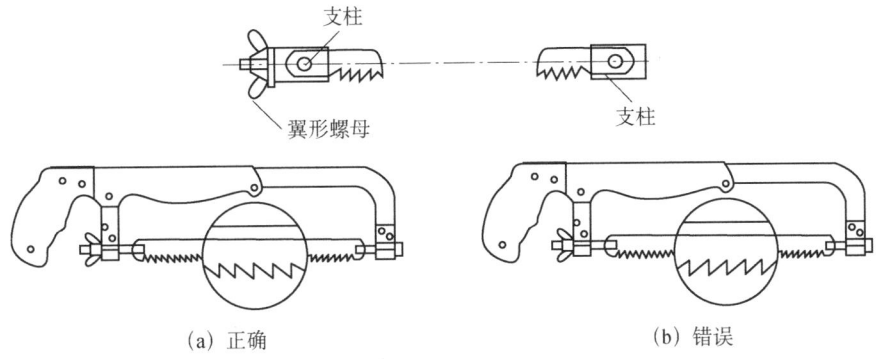

图 1-19 锯条的安装

3) 锯削姿势与握锯

正确的锯削姿势:左脚向前迈半步与台虎钳轴线的角度约呈 30°,右脚略向后与台虎钳轴线的角度约呈 75°;右腿伸直,左腿弯曲;左手轻扶锯弓前端,右手握紧锯弓;身体略向前倾,重心放在左脚上,如图 1-20 所示。

手锯的握法:握锯时,右手应满握锯柄,左手轻扶锯弓前端,推力和压力的大小主要由右手掌握,左手的作用是配合右手扶正锯弓,用力不可过大,如图 1-21 所示。

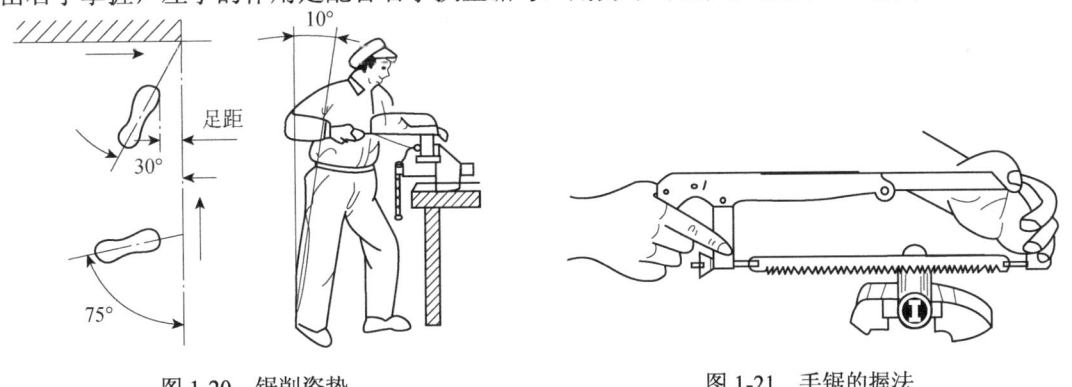

图 1-20 锯削姿势　　　　　　　　图 1-21 手锯的握法

4) 起锯方法

起锯是锯削工作的开始,其好坏直接影响锯削质量,如果起锯不正确,会使锯条跳出锯缝,将工件拉毛或者引起锯齿崩裂。起锯分为远起锯和近起锯,通常采用远起锯,因为起锯方便且不易卡住,如图 1-22(a)(c)所示。

起锯时可用左手拇指靠着锯条定位,确保起锯的位置准确、平稳;通常起锯角选取 15°左右,因为起锯角过大,会造成起锯不易平稳,对于近起锯甚至发生锯齿被工件棱边卡住而崩裂，如图1-22(b)所示；如果起锯角度过小，则锯条不容易切工件，甚至可能发生打滑现象，将工件表面锯坏。此外，起锯时应采用短行程、小压力和慢速度。

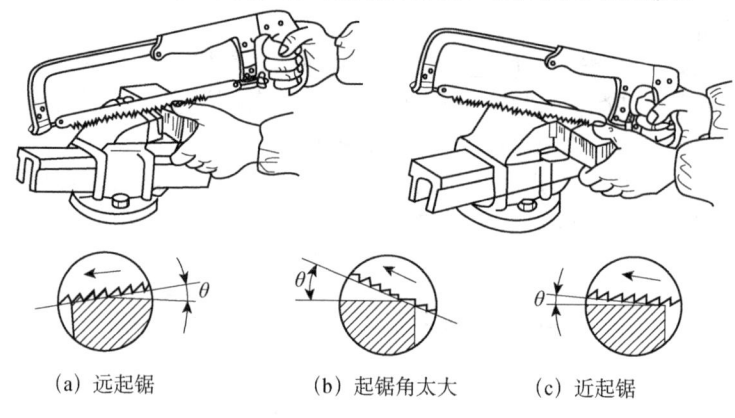

(a) 远起锯　　　(b) 起锯角太大　　　(c) 近起锯

图1-22　起锯方法

5) 锯削运动和速度

锯削时的锯弓做直线往复运动，且通常采用小幅度的上下摆动式运动，即手锯前推时身体略向前倾，双手压向手锯的同时，左手上翘、右手下压，均匀施力；回拉时右手上抬，左手自然跟回，使锯条从加工面上轻轻滑回。锯削的起始和结束，压力和速度都要减小。

锯削运动速度的范围为30～60次/分，锯削硬材料速度慢些，锯削软材料速度快些；为了提高锯条寿命，锯削钢材时可加适量机油等切削液；锯削过程中尽量使锯条全长工作，避免锯条的中间部分过快磨损；发现锯缝歪斜时，不要强行扭直，而应将工件翻转90°后重新起锯。

6) 典型工件的锯削技巧

(1) 棒材的锯削技巧。锯削棒材时，如果要求锯削断面平整光洁，应选用一次起锯法，即从一个方向开始从头锯到尾；如果锯削断面要求不高，为减小锯削阻力和摩擦力，应选用多次起锯法，即在某一方向锯入一定深度后旋转棒料一定角度后重新起锯，从不同方向反复几次最后锯断。相比一次起锯法，多次起锯法比较省力且效率高，但缺点是锯削断面质量不高。

(2) 管材的锯削技巧。锯削管材前应先在其圆周上划出垂直于轴线的锯削线，然后以将划好线的管材正确夹持，对需要保护表面的管材，应使用两块木制的V形或弧形槽垫块进行夹持，如图1-23所示。薄壁管锯削的夹持力要适当，防止工件变形。锯圆管时不能一个方向锯到底，而应每次锯到内壁后将工件向推锯方向转过继续锯削，直至管材四周都锯开，如图1-24所示。

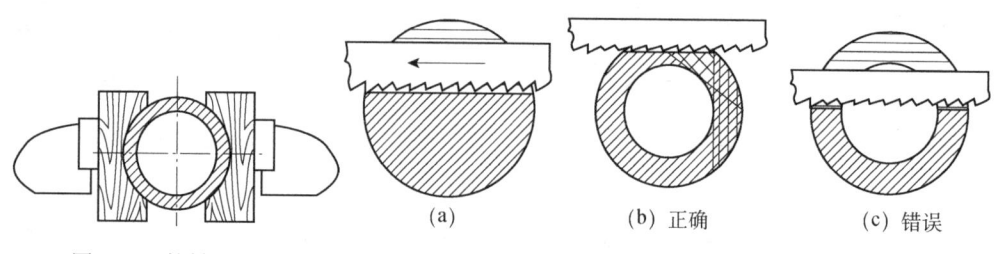

图1-23　管材的夹持　　　　(a)　　　(b) 正确　　　(c) 错误

图1-24　管材的锯削

(3) 薄板的锯削技巧。锯削薄板时为避免锯齿被钩住及增加薄板的刚性，可将薄板夹持在两块木板之间一起锯削，如图1-25(a)所示。当薄板较宽时，薄板可以直接夹持在台虎钳上，用手锯作横向斜推锯削，这样既能使参与锯削的齿数增加提高效率，又能避免锯齿被钩住，同时还可以增加工件的刚性，如图1-25(b)所示。

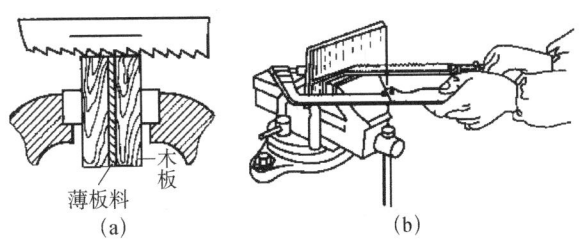

图 1-25 薄板的锯削

(4) 深缝的锯削技巧。当锯缝深度未超过锯弓高度时可进行正常锯削,如图 1-26(a)所示。当锯缝深度超过锯弓高度时,应将锯条转过 90°重新安装,使锯弓转到工件的侧面进行锯削,如图 1-26(b)所示;也可将锯齿向内转过 180°安装锯条,使锯齿在锯弓内进行锯削,如图 1-26(c)所示。同时,为防止工件产生弹动而影响锯削质量或损坏锯条须将工件装高,使锯削部位处于钳口附近。

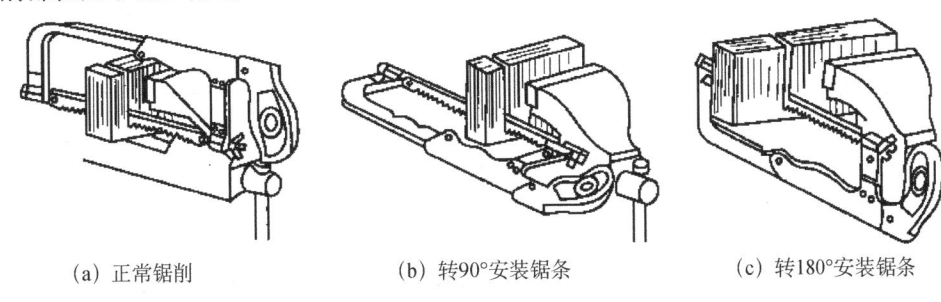

(a) 正常锯削　　　　　(b) 转90°安装锯条　　　　　(c) 转180°安装锯条

图 1-26 深缝的锯削

1.3.2 錾削

用手锤锤击錾子,对金属工件进行切削加工的方法称为錾削。錾削工作效率比较低,劳动强度大,但由于使用的工具简单且操作方便,常用在不便机械加工或单件生产的情况,如去除毛坯飞边、毛刺、浇冒口以及錾削平面、板料、油槽等。

1. 錾削工具

1) 錾子

錾子是錾削工件的刀具,由碳素工具钢(T7A 或 T8A)经锻打成形然后进行刃磨和热处理而制成。常用錾子主要有平錾、槽錾、油槽錾三种,如图 1-27 所示。平錾用于錾削平面、切断和去毛刺,槽錾用于开槽,油槽錾用于錾切润滑油槽。錾子的楔角主要根据加工材料的硬软来决定。柄部一般做成八棱状,便于控制握錾方向。头部做成圆锥形,顶端略带球面,使锤击时的作用力方向便于朝着刃口的錾削方向。

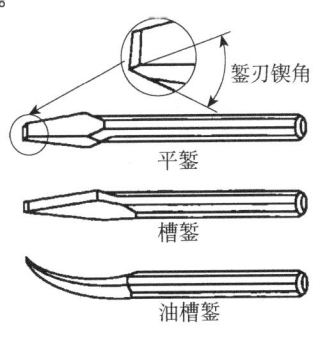

图 1-27 錾子种类

2) 手锤

手锤是钳工常用的敲击工具,由锤头、楔子和木柄组成,如图 1-28 所示。手锤的规格以锤头的重量来表示,如 0.25kg、0.5kg 和 1kg 等。锤头通常用经热处理淬硬的 T7 钢制作。木柄用比较坚韧的木材制成,常用 1kg 手锤柄长约 350mm。楔子主要用来楔紧装入锤孔的木柄以防锤头脱落。

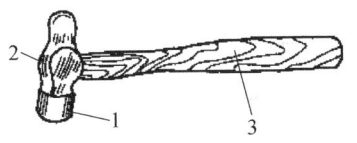

1-锤头;2-楔子;3-木柄

图 1-28 手锤

2. 錾削的操作

1) 手锤握法

(1) 紧握法。用右手五指紧握锤柄，大拇指压在食指上，虎口对准锤头方向(木柄椭圆的长轴方向)，木柄尾端露出 15~30mm。在挥锤和锤击过程中，五指始终紧握。

(2) 松握法。只用大拇指和食指始终握紧锤柄。在挥锤时，小指、无名指、中指则依次放松，在锤击时，又以相反的次序收拢握紧。松握法的优点是手不易疲劳，且锤击力度较大。

2) 站立姿势

锤击时身体和虎钳中心线的角度大致为 45°，且稍向前倾，左脚跨前半步，膝盖处稍有弯曲，保持自然，右脚要站稳伸直，不要太过用力。

3) 挥锤方法

挥锤分为腕挥、肘挥和臂挥三种。腕挥是只运动手腕进行锤击运动，采用紧握法握锤，常用于錾削余量较少、錾削开始或结尾；肘挥是用手腕与肘部一起挥动做锤击运动，采用松握法握锤，因挥锤幅度较大，故锤击力也较大，这种方法应用最广泛；臂挥是用手腕、肘和全臂一起挥动，其锤击力最大，用于需要大力錾削的工作。

4) 錾削方法

起錾时应将錾子握平或使錾头稍向下倾，以便錾刃切入工件。錾削时，錾子与工件应呈一定角度，粗錾时，錾刃表面与工件夹角 α 为 3°~5°；细錾时，α 角略大些。当錾削到靠近工件尾部时，应调转工件从另一端錾掉剩余部分。

5) 锤击速度

錾削时的锤击要稳、准、狠，其动作要有节奏地进行，通常肘挥时速度约为 40 次/分，腕挥时速度约为 50 次/分。

1.4 锉 削

锉削是用锉刀对工件表面进行切削，使它达到零件图纸要求的形状、尺寸和表面粗糙度的加工方法，是钳工主要操作方法之一。锉削加工简便且工作范围广，多用于錾削、锯削之后的再加工，或在装配零部件时对工件进行修整。锉削可用于工件上的平面、曲面、内外圆弧、沟槽以及成形样板，模具型腔等其他复杂表面的加工，锉削的最高精度可达 IT7~IT8，表面粗糙度 Ra 可达 0.8~1.6μm。

1.4.1 锉削工具

1. 锉刀的材料和结构

锉刀由经热处理淬硬的碳素钢 T12、T13 或 T12A、T13A 制成，其切削部分的硬度达 62HRC 以上。

锉刀的结构见图 1-29，其一侧刀边有齿纹，另一侧刀边无齿纹(称为光边)。使用时，两

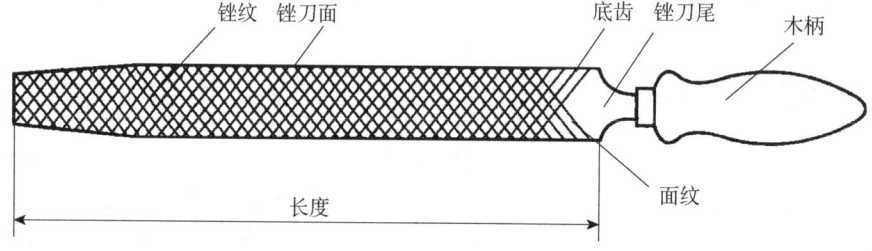

图 1-29 锉刀的各部分名称

个锉刀面和一侧锉刀边能起切削作用。例如，相邻 90°的两个表面均需加工时，用带齿纹的锉刀边和锉刀面；只需加工工件一侧表面时，就得翻转锉刀，用锉刀面和不带齿纹的锉刀边进行加工。锉刀面是锉削的主要工作面，其在纵长方向上呈凸弧形，目的是能够抵消锉削时由于受上下摆动而产生的表面中凸现象，使工件表面整体锉平。

2. 锉刀的种类

锉刀分为普通锉、整形锉和特种锉，普通锉最常用。根据断面形状不同又将普通锉分为平锉、半圆锉、方锉、三角锉和圆锉等，如图 1-30 所示。整形锉主要用于修整工件上的细小部分，如图 1-31 所示。特种锉主要用于加工零件的特殊表面，如模具型腔凹平面、凹曲面等。按锉刀齿纹规格，可分为粗齿锉、中齿锉和油光锉等。

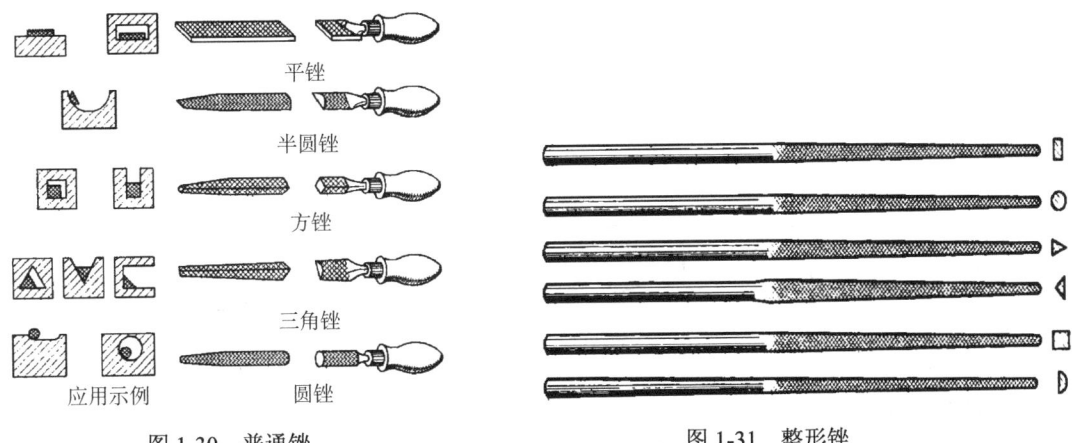

图 1-30 普通锉　　　　　　　图 1-31 整形锉

3. 锉刀的选择

锉刀粗细的选择，取决于工件的材料性质、加工余量的大小、加工精度和表面粗糙度值的高低。粗锉刀适用于锉削加工余量大、加工精度和表面质量要求低的工件；细锉刀适用于锉削加工余量小、加工精度和表面质量要求高的工件（表 1-2）。

表 1-2 锉刀齿纹规格的选用

锉刀粗细	适用场合		
	锉削余量/mm	尺寸精度/mm	表面粗糙度 Ra/μm
1 号（粗齿锉刀）	0.5～1	0.2～0.5	100～25
2 号（中齿锉刀）	0.2～0.5	0.05～0.2	25～12.5
3 号（细齿锉刀）	0.2～0.3	0.02～0.05	6.3～3.2
4 号（双细齿锉刀）	0.1～0.2	0.01～0.02	6.3～1.6
5 号（油光锉）	0.1 以下	0.01 以下	1.6～0.8

锉削较软材料时，如果没有专门用于软材料的锉刀，就只能选用粗锉刀；如果采用细锉刀锉削软材料，由于容屑空间小会很容易被切屑堵塞而失去锉削能力。

锉刀的长度选择取决于加工面的大小及加工余量的大小。加工面尺寸和加工余量较大时，应选用较长的锉刀。

1.4.2 锉削的操作

1. 工件的夹持

锉削前首先需将工件以略高于钳口的高度夹持在台虎钳钳口中部。如果要夹持已加工表面或精密工件，应使用材质为铜或者铝的钳口衬。

2. 锉刀的握法

大锉刀(长度大于 250mm)的握法：将锉刀木柄的端部抵在右手心，大拇指放在锉刀木柄的上面，其余四指弯在下面，配合大拇指握住锉刀木柄；左手则根据锉刀和力的大小，选择合适的姿势(图 1-32)。

中锉刀(长度 200 mm 左右)的握法：右手握法同于大锉刀的握法，左手则用其大拇指和食指捏住锉刀的端部，如图 1-33 所示。

小锉刀(长度 150mm 左右)的握法：右手食指伸直，拇指放在锉刀木柄上面，食指靠在锉刀的刀边，左手几个手指压在锉刀中部，如图 1-34 所示。

更小锉刀(长度 100mm 左右)的握法：一般只用右手拿着锉刀，拇指放在锉刀的左侧，食指放在锉刀上面，如图 1-35 所示。

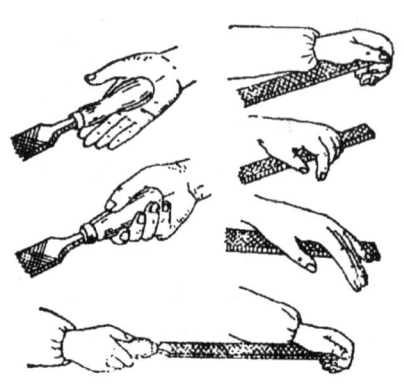

图 1-32 大锉刀的握法

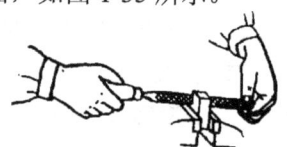   

图 1-33 中锉刀的握法　　图 1-34 小锉刀的握法　　图 1-35 更小锉刀的握法

3. 锉削姿势

锉削时两脚站稳不动，通过左膝的屈伸带动身体做往复运动，手臂和身体的运动要配合进行，并且要充分利用锉刀进行全长锉削。锉削开始时身体略向前倾约 10°，左肘弯曲，右肘向后，如图 1-36(a)所示。

锉刀推出 1/3 行程时，身体继续前倾至 15°左右，左腿略弯、左肘稍直，如图 1-36(b)所示；右臂向前推锉刀推到 2/3 行程时身体继续倾斜至 18°左右，左腿继续弯曲，左肘渐直，右臂向前使锉刀继续前推，如图 1-36(c)所示；锉刀推尽后身体随着锉刀的反力退回到 15°位置，如图 1-36(d)所示。走完全部行程后略微抬起锉刀，身体与手臂回复到开始时的姿势，如此反复。

(a)开始锉削　　(b)锉刀推出1/3的行程　　(c)锉刀推出2/3的行程　　(d)锉刀形成推尽时

图 1-36 锉削的姿势

4. 锉削方法

1)平面锉削

平面锉削是最基本的锉削，其又分为顺向锉法、交叉锉法及推锉法三种。

(1)顺向锉法。锉刀沿着工件表面横向或纵向移动。锉削平面上的锉痕整齐美观，适用于小平面锉削和工件最后修光,如图 1-37 所示。

(2) 交叉锉法。以交叉的两方向顺序锉削工件。由于锉痕是交叉的,容易判断锉削表面的不平程度;交叉锉法下屑较快,因而锉平效率高,适用于平面的粗锉,如图 1-38 所示。

(3) 推锉法。两手对称地握住锉刀,用两大拇指前推锉刀进行锉削。推锉法适用于较窄表面且已经锉平、加工余量很小的情况下,来修正尺寸和提高表面精度,如图 1-39 所示。

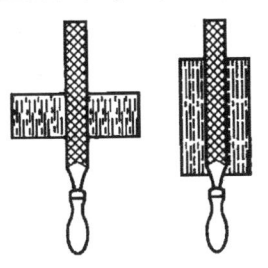
图 1-37 顺向锉法

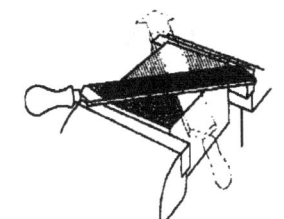
图 1-38 交叉锉法

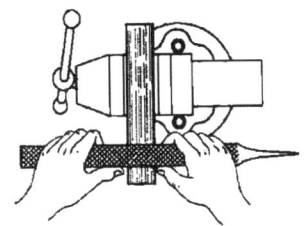
图 1-39 推锉法

2) 弧面锉削

(1) 外圆弧面锉削。锉刀要同时完成两个运动:一是锉刀的前推运动,目的是完成锉削;二是锉刀绕圆弧面中心的转动,目的是保证锉出圆弧形状。

常用的外圆弧面锉削方法有滚锉法和横锉法两种。滚锉法是使锉刀顺着圆弧面锉削,此法用于精锉外圆弧面,如图 1-40(a)所示;横锉法是使锉刀横着圆弧面锉削,此法用于粗锉外圆弧面或不能用滚锉法的情况下,如图 1-40(b)所示。

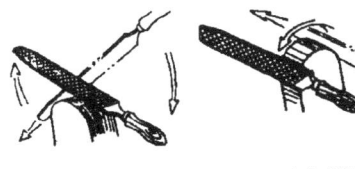
(a) 滚锉法　　　　(b) 横锉法
图 1-40 外圆弧面锉削

(2) 内圆弧面锉削。锉刀要同时完成三个运动:锉刀的前推运动、锉刀的左右移动和锉刀自身的转动,才能锉好内圆弧面,如图 1-41 所示。

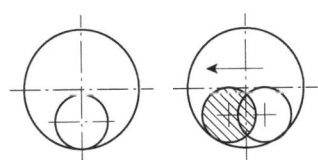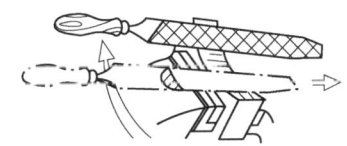
图 1-41 内圆弧面锉削

5. 锉削施力要领

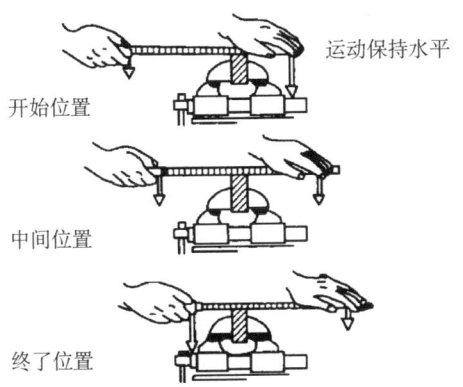
图 1-42 锉削施力的变化

锉削力的正确运用,是锉削的关键。锉削的力量有两种:一是水平推力,主要由右手控制,其大小必须大于切削阻力才能锉去切屑。

另一种是垂直压力,由两手同时控制,其作用是使锉齿深入金属表面;两手压力大小也必须随锉刀的推进而变化,两手压力对工件中心的力矩相等,这是保证锉刀平直运动的关键,如图 1-42 所示。具体方法是:随着锉刀推进,左手压力应逐渐由大减小,右手的压力则逐渐由小增大,到中间时两手压力相等。

锉削时,对锉刀的总压力不能太大,因为锉齿存屑空间有限,压力太大会加快锉刀磨损;但压力也不能过小,因为锉刀会打滑达不到切削目的。一般是以在向前推进时手上有一种韧性感为宜。锉削速度一般30～60次/分,太快则容易疲劳且锉齿磨损快;太慢则切削效率低。

1.5 钻 削

钻削是用钻头在工件上加工孔的操作。很多机械零件上都分布着大小不同的孔,这些孔一部分是由车、铣和磨等机床完成的,还有很大一部分是通过钳工由各种钻床来加工的。钻床可以进行钻孔、扩孔、铰孔、攻螺纹等工作。

孔加工的切削条件比外圆加工差,由于孔径限制钻头刚性差、排屑难、散热慢,切削液也不易进入切削区导致钻头容易钝化,所以钻孔能达到的尺寸精度一般只有IT11～IT12,表面粗糙度值 Ra 为12.5～50μm。精度要求较高的孔,钻孔后还须进行扩孔、铰孔等工序。

钻头加工孔须同时完成两个运动:一是刀具绕本身轴线的旋转运动,即主运动,它是切削运动;二是刀具沿轴线的直线运动,即进给运动(走刀运动),它是使切削运动得以继续进行的运动。钳工中常用的孔加工包括钻孔(孔的粗加工)、扩孔(孔的半精加工)、铰孔(孔的精加工)等。

1.5.1 钻削设备及工具

1. 钻床

1) 台式钻床

台式钻床(台钻)是放置在台桌上使用的小型钻床,其钻孔直径一般在 12mm 以下,最小可以加工直径 1mm 的孔。图 1-43 所示为 Z4012 型台钻,各符号意义为:Z-钻床类,40-台式钻床,12-最大钻孔直径为 12mm。台钻小巧灵活、结构简单、使用方便,主要用于加工小型工件上的各种小孔,如仪表制造、钳工及装配等场合。

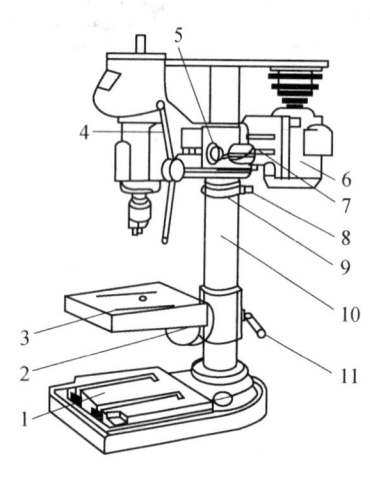

1-底座;2、8-锁紧螺钉;3-工作台;4-手柄;5-主轴架;
6-进给箱;7、11-锁紧手柄;9-定位环;10-立柱

图 1-43 台式钻床

2) 立式钻床

立式钻床(立钻),其规格用最大钻孔直径表示,25mm、35mm、40 mm 等几种规格比较常用。图 1-44 所示为 Z5125 型立钻,型号中各符号意义:Z-钻床类,51-立式钻床,25-最大钻孔直径为 25mm。立式钻床的结构主要包括底座、立柱、主轴变速箱、主轴、进给箱和工作台等,通过进给箱内的传动机构,主轴进给可自动或手动完成。然而由于主轴位置固定,为使钻头与工件上孔的中心对准必须移动工件,因此立钻操作不便、生产率低、生产批量小,常适用于中小型工件上直径稍大的孔的加工。

3) 摇臂钻床

如图 1-45 所示的 Z3025×10 摇臂钻床,型号中 Z 表示钻床类,30 表示摇臂钻床,25 表示最大钻孔直径为 25mm,10 表示最大跨距的 1/100(即最大跨距为 1000 mm)。摇臂钻床的结构包括机座、立柱、摇臂、主轴箱、工作台等。摇臂可绕立柱回转和上下移动,主轴箱还可以在摇臂上水平移动,这样主轴可移动到机床可加工面积内的任何位置上,因此,摇臂钻床加工范围广泛,适用于加工大中型工件上直径小于 50 mm 的孔或多孔工件。

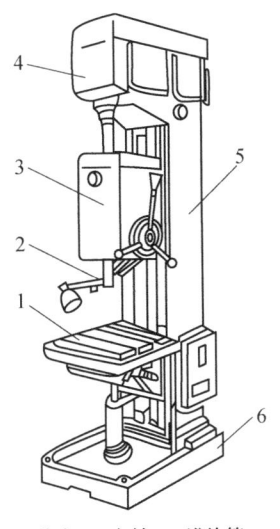

1-工作台；2-主轴；3-进给箱；
4-变速箱；5-立柱；6-底座

图1-44 立式钻床

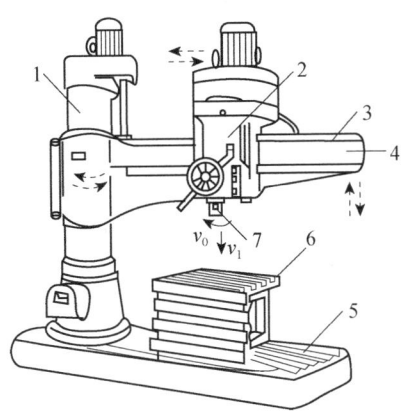

1-立柱；2-主轴箱；3-水平导轨；
4-摇臂；5-底座；6-工作台；7-主轴

图1-45 摇臂钻床

2. 钻头

钻头是钻孔的主要刀具，包括麻花钻、中心钻及深孔钻等，其中麻花钻应用最广泛。

麻花钻因其外形像麻花而得名，由刀柄、颈部及刀体组成，如图1-46所示。其制作材料为经热处理后(工作部分硬度达62HRC以上)的高速钢(W18Cr4V)。

(1) 刀柄。是钻头的夹持部分，用来传递扭矩和轴力。刀柄按形状不同可分为直柄和锥柄两种，钻头直径小于12mm的刀柄做成直柄；钻头直径大于12mm的做成锥柄，并与锥套配合使用。

(2) 颈部。是刀柄和刀体之间的连接部分，主要用作加工钻头时的退刀槽。刀颈部刻有钻头的规格、材料等标记。

(3) 刀体。由切削部分和导向部分组成。

切削部分由前刀面、后刀面、切削刃和横刃等组成，切削工作主要由切削刃承担，如图1-47所示。切削部分的几何角度主要有前角、后角、顶角等。其中顶角是两个主切削刃之间的夹角，一般取（118±2）°；在切削刃上，前角和后角的大小在不同直径处各不相同；在钻头的外径上，前角为18~30°，后角一般为6°~12°。

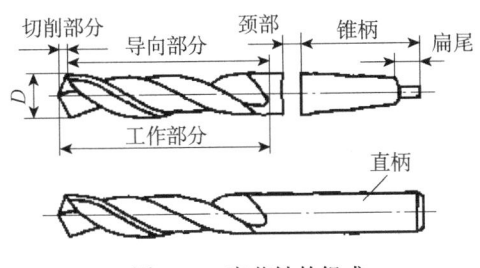

图1-46 麻花钻的组成

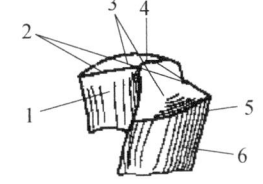

1-前刀面；2-主切削刃；3-后刀面；
4-横刃；5-副切削刃；6-副后刀面

图1-47 麻花钻的切削部分

导向部分包括两条对称的螺旋槽和较窄的刃带，螺旋槽的作用是形成切削刃和排屑；刃带与工件孔壁接触，起导向和减小钻头与工件孔壁摩擦的作用。导向部分是切削部分的备用段，在钻孔时起引导钻头、排屑和修光孔壁等作用。

1.5.2 钻削的操作

1. 工件划线

按钻孔的位置尺寸要求,划出孔位的十字中心线,并在中心打上样冲眼(要求冲眼要小,位置要准)。按孔的大小划出孔的圆周线,对钻直径较大的孔,还应划出几个大小不等的检查圆,以便钻孔时检查和修正位置;当钻孔的位置尺寸要求较高时,也可直接划出对称于孔中心的几个大小不等的方格作为钻孔时的检查线,避免敲击中心样冲眼时所产生的偏差,然后敲大中心样冲眼以便准确落钻定心,如图 1-48 所示。

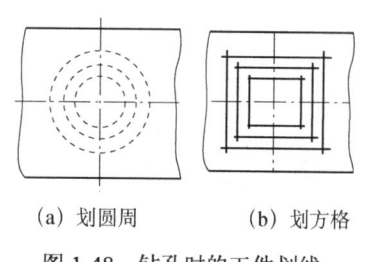

(a) 划圆周　　(b) 划方格

图 1-48　钻孔时的工件划线

2. 钻头的装夹

直径在 30 mm 以下的孔可直接钻出;直径大于 30 mm 的孔应分两次钻出,首先选直径为 0.5~0.7mm 的钻头钻出小孔以减小轴向力,然后再用所需直径的钻头扩大孔径。

直柄钻头用钻夹头装夹(图 1-49),转动紧固扳手使三爪夹紧钻头并自动定心。尺寸大的锥柄钻头可直接装在机床主轴的锥孔内;尺寸较小的锥柄,要选用合适的过渡套筒进行安装,如图 1-50 所示。卸载刀具时要握紧刀具,以免楔铁打落时刀具跌落,损伤机床和刀具。

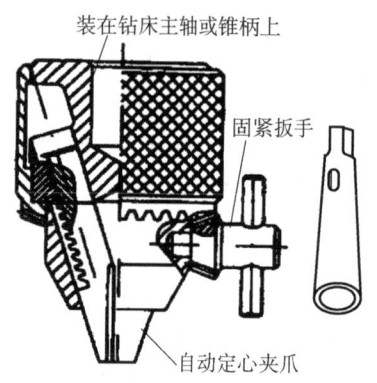

图 1-49　钻头的装夹图

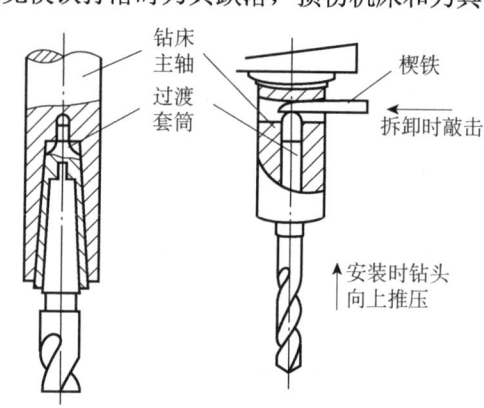

图 1-50　过渡套筒

3. 工件的装夹

钻削时工件必须牢固地装夹在夹具或工作台上,以保证加工质量和操作安全。工件的形状和大小不同,工件的装夹方法也不同,工件多采用手虎钳、机用平口钳、压板螺栓和 V 形块装夹,常用方法如下。

(1) 小型工件或薄板可以用手虎钳夹持(图 1-51(a))。
(2) 中、小型形状规则的工件用平口钳夹持(图 1-51(b))。
(3) 在圆柱面上钻孔时用 V 形铁夹持(图 1-51(c))。
(4) 较大的工件或形状不规则的工件可以用压板螺栓夹持在工作台上(图 1-51(d))。

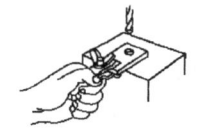  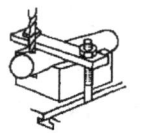 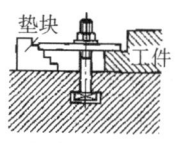

(a) 手虎钳夹持　　(b) 平口钳夹持　　(c) V形铁夹持　　(d) 压板螺栓夹持

图 1-51　钻床钻孔时工件的安装

4. 起钻

钻孔时先使钻头对准钻孔中心起钻出一小坑,观察钻孔位置是否正确并不断校正,使起钻小坑与划线圆同心。校正方法:若偏位较少,可在起钻的同时用力将工件向偏位的方向推移,达到逐步校正;若偏位较多,可在校正方向打上几个中心样冲眼或用錾出条槽(图1-52),以减少此处的钻削阻力从而达到校正目的。但钻孔位置的校正必须在钻坑外圆直径小于钻头直径前完成,否则孔位仍偏移再校正就比较困难了。

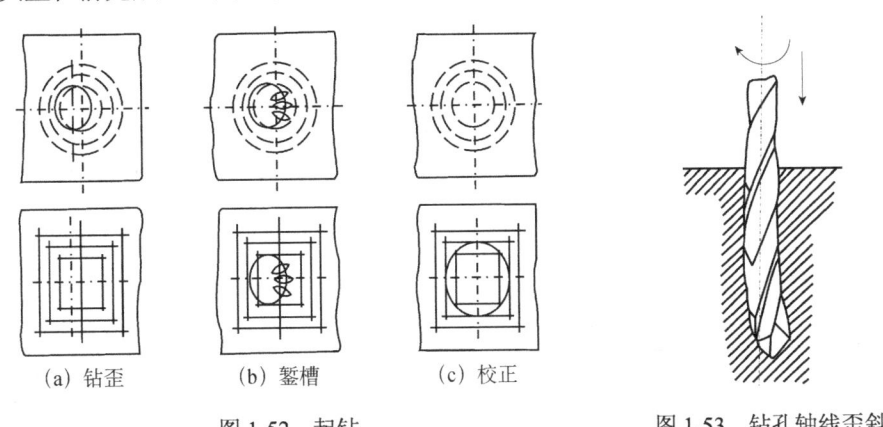

图 1-52 起钻　　　　　　图 1-53 钻孔轴线歪斜

5. 手动进给

当起钻达到钻孔的位置要求后即可压紧工件完成钻削。手动进给时用力不应过大使钻头产生弯曲而造成钻孔轴线歪斜(图1-53),钻小孔或深孔时进给力要小,并要经常退钻排屑以避免切削阻塞而扭断钻头,通常钻深达直径的3倍时,一定要退钻排屑,孔将钻穿时进给力必须减小,以防进给量突然过大导致切削抗力增大,造成钻头折断或使钻头带动工件转动造成危险。

1.5.3 扩孔和铰孔

1. 扩孔

扩孔用的刀具是扩孔钻,其有3~4个切削刃,如图1-54所示。扩孔钻的钻芯直径较大,所以刚度好、导向性好、切削平稳,扩孔的精度和表面质量较好。扩孔切削运动与钻孔相同(图1-55),但它是扩大加工已有的孔,通常用于孔的半精加工和铰孔前的预加工。

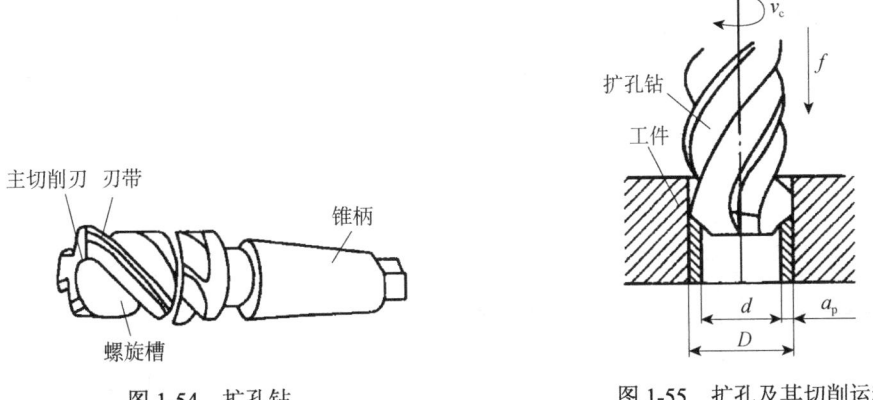

图 1-54 扩孔钻　　　　　　图 1-55 扩孔及其切削运动

2. 铰孔

铰孔是用铰刀刮除工件内壁少量金属层,以提高孔的尺寸精度和表面质量的精加工方法。铰刀分为机铰刀和手铰刀(图1-56),其中手铰刀为直柄,柄尾为方头,工作部分较长,刀齿数较多,寻向性较好;手铰刀铰孔时,将铰刀对准孔,然后用手转动铰杠并轻轻下压进给。机铰刀为锥柄,装夹在钻床或车床尾座上进行铰孔。铰孔的切削运动如图1-57所示,其加工余量一般为0.05~0.25mm,可根据孔的大小从相关手册中查到。

无论手工铰孔还是机铰孔,铰刀都不能反转,以免崩刃和损伤已加工表面。铰削过程应选用适当的切削液(钢件一般用乳化液,铸铁一般用煤油),以冷却和润滑铰刀。

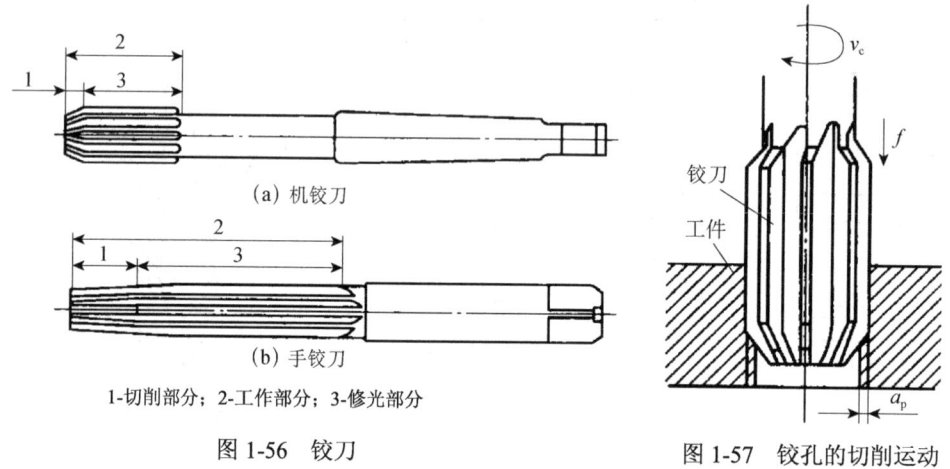

图1-56 铰刀　　　　　　　　　图1-57 铰孔的切削运动

1.6 攻丝和套丝

攻丝就是用丝锥在孔中加工出内螺纹,套丝就是用板牙在外圆柱体上加工出外螺纹,是钳工的重要工作内容之一。

1.6.1 攻丝

1. 攻丝的工具

1) 丝锥

丝锥(图1-58)是攻内螺纹的刀具,其材料通常为合金工具钢或高速钢。

(1) 丝锥的结构。丝锥的前端切削部分(不完整的牙齿部分)呈圆锥状,有锋利的切削刃;中间为导向校正部分,起引导丝锥轴向运动和修光校正的作用;柄部有方头,用于连接工具。

(2) 丝锥的种类。常用的丝锥分为手用丝锥和机用丝锥两种。通常M3~M20手用丝锥多为两支一组,称头锥、二锥,如图1-59所示。头锥有5~7个不完整的牙齿,二锥有1~2个不完整的牙齿。

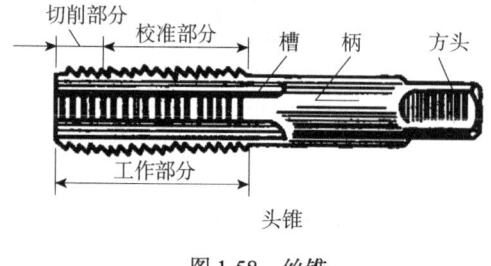

图1-58 丝锥

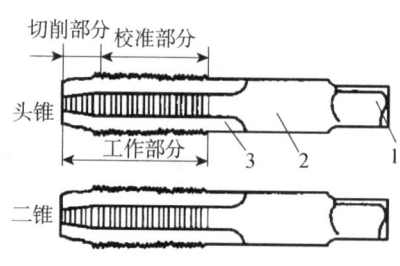

图1-59 等径丝锥的识别

2) 铰杠

铰杠(又称扳手)是用来夹持、转动丝锥和铰刀的工具,分固定式和可调式两种(图1-60),其中固定式铰杠常用于 M5 以下的丝锥;可调式铰杠通过旋动右侧手柄,可以调节方孔的尺寸与多种丝锥配合使用。铰杠长度应根据丝锥尺寸大小进行选择,以便控制攻螺纹时的施力,防止丝锥因施力不当而折断:丝锥直径小于 6mm,选用铰杠长度 150～200mm;丝锥直径在 8～10mm,选用铰杠长度 200～250mm;丝锥直径在 12～14mm,选用铰杠长度 250～300mm;丝锥直径大于 16mm,选用铰杠长度 400～500mm。

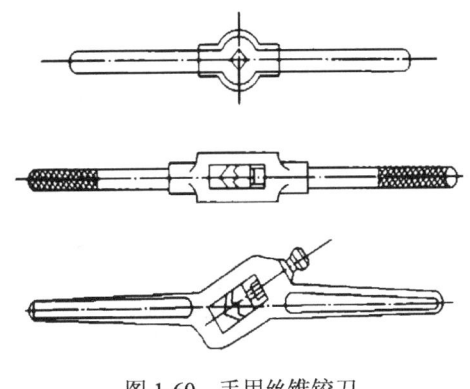

图 1-60 手用丝锥铰刀

2. 攻丝的操作

(1) 攻丝前必先钻直径 D 应略大于螺纹小径的孔,孔直径可查表或根据下列经验公式计算:加工钢及塑性金属时,$D=d-p$;加工铸铁及脆性金属时,$D=d-1.1p$。式中,d 为螺纹大径(mm),p 为螺距(mm)。若要加工的孔为盲孔,而丝锥不能攻到孔底,所以孔深应大于螺纹长度,孔深计算公式为:孔的深度=要求的螺纹长度+0.7d。

(2) 攻丝时,两手握住铰杠中部均匀用力,保持铰杠水平转动,转动同时对丝锥施加垂直压力,使丝锥切入孔内 1～2 圈,如图 1-61 所示。

(3) 用 90°角尺检查丝锥与工件表面是否垂直。如果不垂直则要重新切入丝锥直至垂直,如图 1-62 所示。

(4) 深入攻丝时,两手紧握铰杠两端,正转 1～2 圈后反转 1/4 圈,如图 1-63 所示。攻丝过程中要经常用毛刷对丝锥加注机油。在攻盲孔螺纹前要在丝锥上做好螺纹深度标记。攻丝过程中要经常退出丝锥、清除切屑。当攻比较硬的材料时可交替使用头锥、二锥。

(5) 将丝锥轻轻倒转至退出丝锥,注意退出丝锥时防止丝锥掉下。

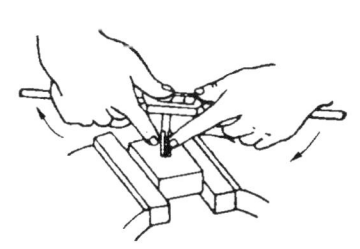 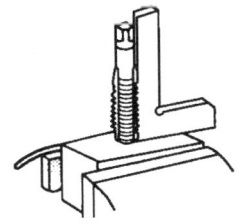 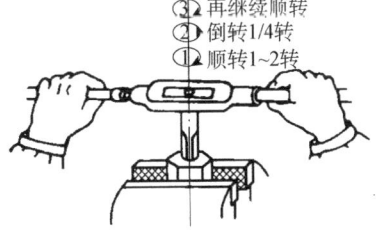

图 1-61 攻入孔内前的操作　　图 1-62 检查垂直度　　图 1-63 深入攻丝时的操作

1.6.2 套丝

1. 套丝的工具

1) 板牙

板牙是加工小直径外螺纹的刀具,有固定式和可调式两种,其材料通常为经过淬火回火的合金工具钢 9SiCr、9Mn2V 或高速钢。板牙由切削部分、校准部分和排屑孔组成,如图 1-64 所示。板牙的形状似圆螺母,不同的是上面钻有 4 个排屑孔兼并刀刃;板牙两端是切削部分且呈 2φ 锥角,当一端磨损后可换另一端使用;中间部分是校准和导向部分,主要起修光螺纹和导向作用。

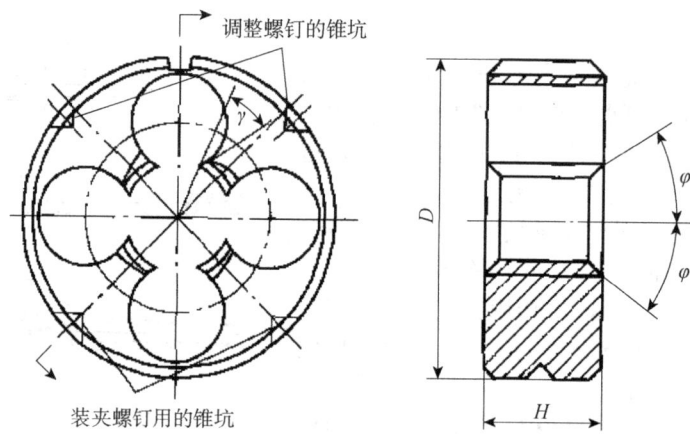

图 1-64 板牙

板牙的外圆面有四个锥坑和一个深槽,当板牙磨损后,其中两个锥坑可将板牙沿 V 形槽锯开,借助调紧螺钉将板牙直径缩小,以补偿板牙的磨损;另外两个锥坑的轴线与板牙直径方向一致,其作用是通过板牙架上两个紧固螺钉将板牙紧固在板牙架内,以便传递扭矩。

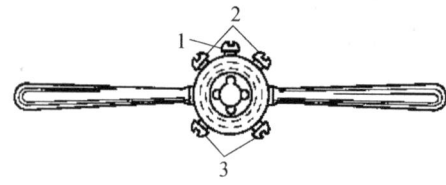

1-撑开板牙螺钉;2-调整板牙螺钉;3-紧固板牙螺钉

图 1-65 板牙架

2)板牙架

板牙架是套螺纹的辅助工具,与板牙配套使用,是用来夹持板牙并传递扭矩的专用工具,其结构如图 1-65 所示。为了减少板牙架的规格,一定直径范围内的板牙其外径是相等的,当板牙外径与板牙架不配套时,可以加过渡套或使用大一号的板牙架。

2. 套丝的操作

(1)确定圆柱直径。圆柱直径应小于螺纹公称尺寸。可通过查阅有关表格或用下列经验公式确定:圆柱直径 $D = d - 0.2p$,式中,d 为螺纹大径;p 为螺距。

(2)将圆杆顶端倒 15°~20° 的角,如图 1-66 所示。

(3)将圆柱夹在软钳口内,要夹正紧固,位置尽量低些。

(4)板牙开始套丝时,检查校正务必使与圆柱垂直,然后适当加压力按顺时针方向扳动板牙架,当切入 1~2 牙后就可不加压力旋转。套丝和攻丝一样要经常反转,以使切屑断碎并及时排出,如图 1-67 所示。

(5)在钢件上套丝时,应加注机油。

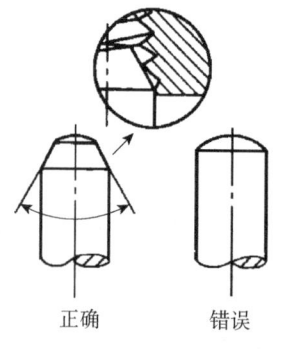

图 1-66 圆杆的倒角

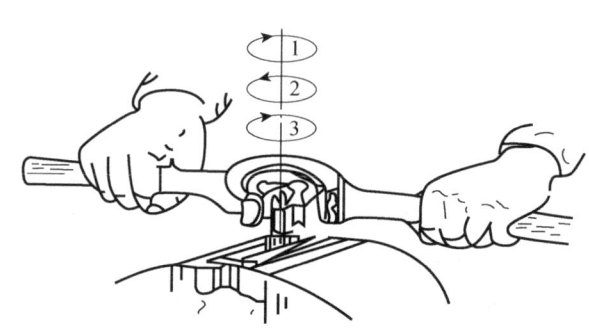

图 1-67 套螺纹的方法

1.7 实 践 课 题

1.7.1 手锤制作

图 1-68 所示为手锤的零件图,其制作步骤如表 1-3 所列。材料为 45 号钢。技术要求:圆弧平面间交线清晰,各圆弧光滑连接,各表面结构值 $Ra3.2$。

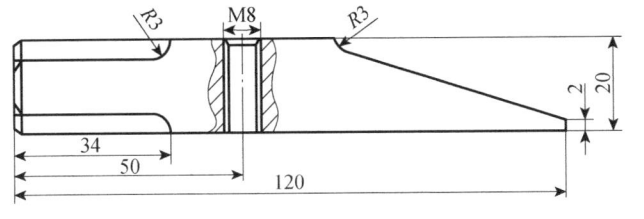 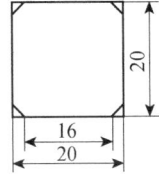

图 1-68 榔头头

表 1-3 六角螺母制作步骤

序号	名称	内容	设备	简图
1	下料	锯削 20mm×20mm 的方料,长度为 123mm	钢直尺、手锯	
2	去毛刺	两端去毛刺,平面锉平,周围面去除氧化层	锉刀	
3	划线	在划线平板上用 V 形铁支撑,利用高度游标卡尺和划针等工具在锤头上划出所需的线	钢直尺、高度游标尺等划线工具	
4	打样冲眼	在已划好的线条上,每隔 10mm 冲出样冲眼	样冲、手锤	
5	锯削	锯削超出尺寸范围的部分,锯削时应保证两断面与其余四面垂直	钳工工作台、手锯	
6	锉平面	锉削六面体:以上端面为基准,将方料锉削至 20mm×20mm,接着继续以上断面为基准,锉至 120mm	锉刀、钢直尺、90°角尺、游标卡尺	
7	斜面加工	锉削 $R3$mm,留余量,接着锯削斜面,最后精锉斜面,直到圆角和斜面表面成圆滑过渡	手锯、锉刀	
8	锉倒角、锉圆弧	用平锉刀推锉加工倒角,用圆锉锉 $R3$mm 圆弧面	平锉刀、圆锉刀	
9	钻孔	用台钻钻削中间 M8 的底孔,并加工 1×45° 锥坑	台钻、钻头、圆锉、平锉	
10	攻螺纹	攻 M8 内螺纹	丝锥、铰杠	
11	抛光	用粗、细砂纸抛光各面,消除锉痕	粗、细砂纸	
12	检验			

1.7.2 六角螺母制作

图 1-69 所示为六角螺母的零件图,其制作步骤如表 1-4 所列。材料为 45 号钢。

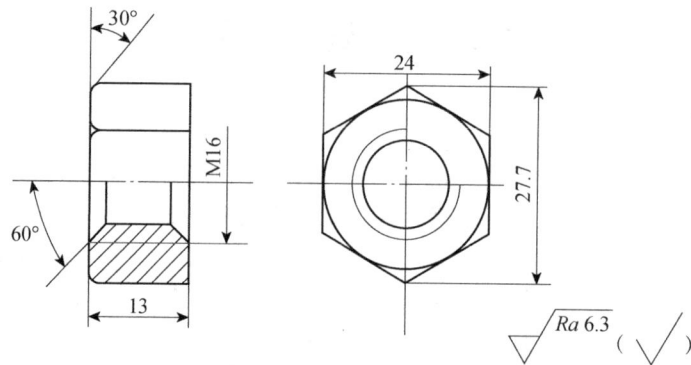

图 1-69　六角螺母零件图

表 1-4　六角螺母制作步骤

操作序号	加工内容	简图
1. 下料	从 $\phi 30$ 的 45 号钢长棒料锯下 15mm 长的坯料	
2. 锉两平行面	锉两端平面至厚度 $h=13$mm，要求两面平直且平行	
3. 划线	定出端面中心并划中心线，按尺寸划出六边形和钻中心孔线，打样冲眼	
4. 钻孔	用 $\phi 14$mm 的钻头钻孔，并用 $\phi 20$mm 的钻头对孔口倒角，用游标卡尺检查孔径	
5. 攻螺纹	用 M16 丝锥攻螺纹，用螺纹塞规检查	
6. 锉六面并倒角	先锉平一面，再锉与其相平行的对面，然后锉平其余四面并倒角。在此过程中，既可参照划的线，还可用 120°角尺检查相邻两平面的夹角，并用游标卡尺测量平面至孔的距离。六边形要对称，两对面要平行，可用刀口尺检查平面度，用游标卡尺检查两对面的尺寸和平行度	

1.8 钳工安全操作规范

进入工程实训场地须着装整齐，穿戴好防护用品。

1. 钳台上的操作规范

(1) 工件应牢固地夹紧在虎钳上，夹紧小工件时要注意手指。

(2) 拧紧或松开虎钳时应防止夹伤手指或工件跌落时伤人。

(3) 不能使用无字柄或手柄松动的锉刀。

(4) 锉刀齿内的切屑应用钢丝刷子剔除，禁止用手挖、嘴吹。

(5) 使用手锤时应先检查锤头安装是否牢固，是否有裂缝或油污。挥动手锤时，前方不得有人，以防锤头脱落伤人。

(6) 使用手锯下料时，不可用力过猛或扭转锯条；材料将断时，应轻轻锯削。

(7) 铰孔或攻丝时，不要用力过猛，以免折断铰刀或丝锥。

(8) 禁止混用工具，以免损坏工具或发生伤害事故。

2. 台钻操作规范

(1) 由专人负责设备的定期保养，严禁设备带故障操作。

(2) 使用钻床时，严禁戴手套，变速时必须先停车再变速。

(3) 安装钻头前，需仔细检查钻套锥面是否有碰伤或凸起，若有，应用油石修摩擦净后才可使用；拆卸时必须使用标准斜铁。装卸钻头要用夹头扳手，不得用敲击的方法装卸钻头。

(4) 钻孔时不可用手直接拉切屑，也不能用棉纱或嘴吹切屑，头不能与钻床旋转部分靠得太近；机床未停稳，不得变速；严禁用手握未停止的钻夹头，操作时只允许一人进行。

(5) 钻孔时工件装夹应稳固，特别是在钻薄板零件、小工件、扩孔或钻大孔时，严禁用手持进行加工；孔即将钻穿时，要减小压力与进给速度。

(6) 钻孔时严禁在主轴旋转状态下装卸工件。利用机用平口钳夹持工件钻孔时，要扶稳平口钳，防止掉落砸脚。钻小孔时，压力相应要小，以防钻头折断飞出伤人。

(7) 钻通孔时可在工件下垫木块，避免损伤工作台面。

(8) 钻削时用力不可过大，钻削量必须控制在允许的技术范围内。

(9) 工作结束后，要对机床进行日常保养，切断电源，打扫场地卫生。

第 2 章 车 削 技 术

2.1 车 削 概 述

车削加工是在车床上利用工件的旋转和刀具的移动来改变毛坯的形状和大小，将其加工成符合设计要求的零件的一种切削加工方法。车削是最基本、最常见的切削加工方法，在生产中占有十分重要的地位，一般占金属切削量的 50%。车削加工工件的表面尺寸公差等级一般为 IT6～IT8，表面粗糙度 Ra 为 0.8～12.5μm。

2.1.1 车削的特点和应用

1. 车削的特点

车削加工与其他加工方法相比有以下特点。

(1) 切削过程平稳，可以采用较大的切削用量，生产效率高。刀具简单，制造、刃磨和使用都较方便，容易满足加工对刀具几何形状的要求，有利于提高加工质量和生产效率。

(2) 对于轴、盘、套类等零件各表面之间的位置精度要求容易达到，例如，零件各表面之间的同轴度要求、零件端面与其轴线的垂直度要求以及各端面之间的平行度要求等。

(3) 采用先进刀具，如涂层硬质合金刀具、多晶立方氮化硼刀具或陶瓷刀具等，可把淬硬钢(硬度 55～65HRC)的车削作为最终加工或精加工。

(4) 运用精车可以对有色金属零件进行精加工。有色金属容易堵塞砂轮，不便采用磨削对有色金属零件进行精加工。

2. 车削的应用

车削可以加工各种金属材料和石墨、塑料、尼龙、橡胶等非金属材料，适于加工各种内外回转体表面及端平面，大部分具有回转表面的工件都可以用车削方法加工，如内外圆柱面、端面、内外圆锥面、螺纹、沟槽和回转形面等，车削可以完成上述表面的粗加工、半精加工甚至精加工，所用刀具主要是车刀，也可用钻头、丝锥、铰刀、滚花刀等。车削的典型加工范围如图 2-1 所示。

2.1.2 切削运动及切削用量

1. 切削运动

切削运动是靠刀具和工件之间的相对运动来实现的。各种机床为实现加工所必需的刀具与工件间的相对运动称为切削运动。根据在切削过程中所起的作用不同，切削运动分为主运动和进给运动。

1) 主运动

主运动是提供切削可能性的运动。若没有这个运动，就无法切削。其特点是在切削过程中速度最高，消耗动力最大。图 2-2 中车削时的工件、钻削时的钻头的旋转运动、铣削时的铣刀、刨削时刨刀的往复直线运动、磨削时的砂轮等均为主运动。通常主运动由工件来完成，但也有的机床主运动由刀具来完成，实现刀具与工件之间的相对运动。

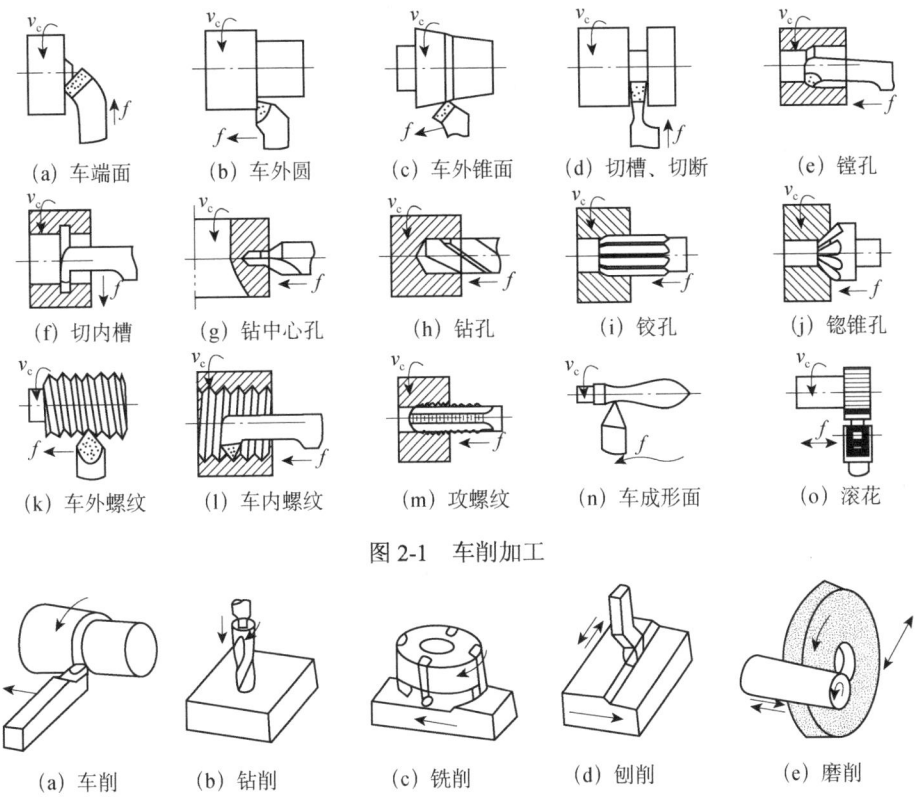

图 2-1 车削加工

图 2-2 机械加工的主要方式

2) 进给运动(走刀运动)

进给运动是提供继续切削可能性的运动。其特点是切削过程中速度低、消耗动力小。如图 2-2 中,车刀、钻头及铣削时工件的移动,牛头刨床刨削时工件的间歇移动,磨削外圆时工件的旋转和往复轴向移动及砂轮周期性横向移动都属于进给运动。

切削加工中主运动只有一个,进给运动则可能是一个或多个。主运动和进给运动可以由刀具单独完成,也可以由刀具和工件分别完成。主运动和进给运动可以同时进行(车削、铣削、磨削等),也可交替进行(如刨削)。

2. 切削用量

切削运动使工件产生三个不断变化的表面(图 2-3):待加工表面是工件上有待切除的表面;已加工表面是工件上经刀具切削后产生的新表面;过渡表面(又称切削表面)是工件上由切削刃形成的那部分表面。

切削用量三要素是指切削速度、进给量和背吃刀量(又称切削深度)。它表示切削时各运动参数的数量,是切削加工前调整机床运动的依据。车削外圆、铣削表面和刨削表面时的切削用量三要素,如图 2-3 所示。

1) 切削速度

切削刃选定点相对于工件主运动的瞬时速度,即在单位时间内,工件和刀具沿主运动方向上移动的距离,用符号"v_c"表示,其单位为 m/s。

当主运动为旋转运动时:$v_c = \pi Dn/1000$ (m/min) $= \pi Dn/1000 \times 60$ (m/s)。

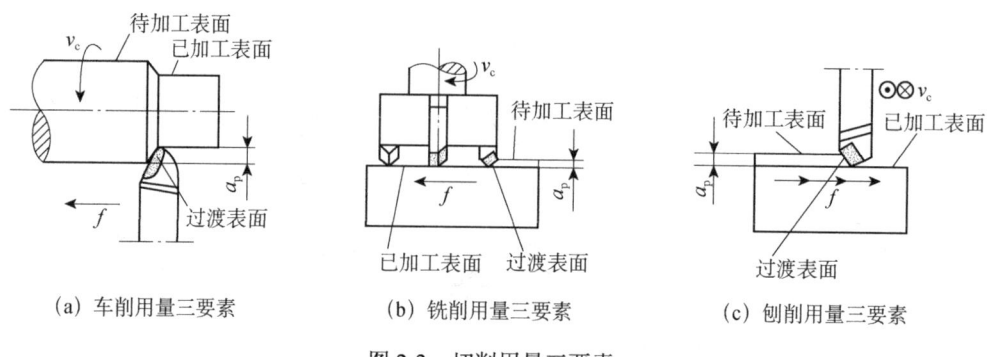

(a) 车削用量三要素　　(b) 铣削用量三要素　　(c) 刨削用量三要素

图 2-3　切削用量三要素

2)进给量

刀具在进给运动方向上相对工件的位移量,可用刀具或工件每转或每行程的位移量来表述和度量,用符号"f"表示,其单位为 mm/r 或 mm/行程。

3)背吃刀量

通过切削刃基点并垂直于工作平面的方向上测量的吃刀量,用符号"a_p"表示,单位为 mm。

2.2　车削设备及工具

2.2.1　车床

车床是指主要用车刀在工件上加工回转表面的机床,车床是机械加工领域使用最广和最常见的设备。按照工艺特点、布局形式和结构特性的不同,车床可分为卧式车床、立式车床、落地车床、转塔车床以及仿形车床等多种类型,其中大部分为卧式车床。

在实践中所使用的切削加工机床在结构、传动原理和操作方法上都有许多共性,所以了解和熟练使用车床,对实践中了解和操作其他各种切削加工机床是有很大帮助的。下面以常用的 C6132 卧式车床为例进行介绍。

1. 车床的结构

车床型号是按照 GB/T 15375—2008《金属切削机床　型号编制方法》规定的,由汉语拼音和阿拉伯数字组成。例如,C6132 型卧式车床,其中各代号的含义分别为:"C"表示机床类别代号(车床类);"6"表示机床组别代号(落地及卧式车床系);"1"表示机床型别代号(卧式车床型);"32"表示机床主参数(最大车削直径 320 mm×1/10)。

C6132 普通车床的结构如图 2-4 所示。

1)床身

床身用以连接和安装各主要部件,并保证各部件之间的相对正确位置,是车床的结构性基础构件。床身上有四条平行的导轨,内侧的两条用于尾架的移动和定位;外侧的两条供大拖板作纵向移动之用。床身安装在床脚上,床身在安装时,需先校平导轨,并将其固定在地基上。床脚是整台机床的支承件,床脚内分别装有变速箱和电气箱。

2)主轴箱(床头箱)

主轴箱用来支承主轴,并使其作各种速度的旋转运动;主轴是钢质空心阶梯轴,便于穿过长的工件;主轴前部有外螺纹,用以安装卡盘附件,此外还有锥孔,可用来安装顶尖,以便装夹工件。

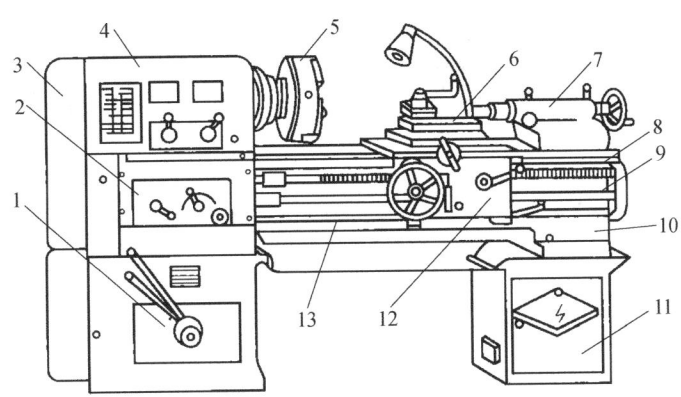

1-变速箱;2-进给箱;3-挂轮箱;4-主轴箱;5-三爪卡盘;6-刀架;7-尾座;
8-丝杠;9-光杆;10-床身;11-床腿;12-溜板箱;13-操纵杆

图 2-4 C6132 普通车床的外形

3) 变速箱

变速箱主要由传动轴和变速齿轮组成,用来改变主轴的转速。通过操纵变速箱和主轴箱外面的变速手柄来改变齿轮或离合器的位置,使主轴获得不同的转速。主轴的反转是通过电动机的反转来实现的。

4) 挂轮箱

挂轮箱用来搭配不同齿数的齿轮,以获得不同的进给量,主要用于车削不同种类的螺纹。

5) 进给箱

又称走刀箱,内装进给运动的变速传动机构。主轴的运动由挂轮箱传入进给箱,再由箱内齿轮组合变速,可得到所需的进给量或螺距,通过光杠或丝杠将运动传至刀架以进行切削。

6) 溜板箱

溜板箱是车床进给运动的操纵箱,内装有将光杠和丝杠的旋转运动变成刀架直线运动的机构。通过光杠传动实现刀架的纵向进给运动、横向进给运动和快速移动,用于一般的车削。通过丝杠带动刀架作纵向直线运动,用于车削螺纹。溜板箱中设有互锁机构,使两者不能同时使用。

7) 刀架

用以夹持车刀并使其做纵向、横向及斜向运动。刀架是由床鞍、中拖板、转盘、小拖板和方刀架等组成的,如图 2-5 所示。

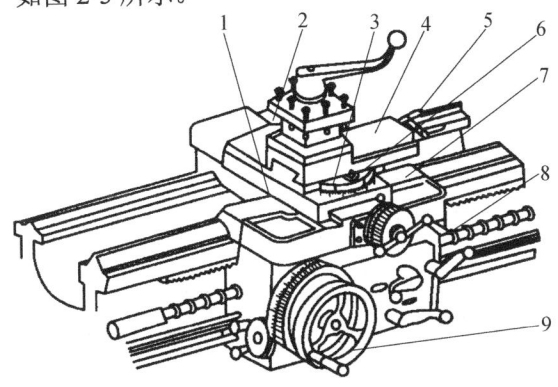

1-中滑板;2-方刀架;3-转盘;4-小滑板;5-小滑板手柄;6-螺钉;7-床鞍;8-中滑板手柄;9-床鞍手轮

图 2-5 C6132 车床刀架结构

(1)床鞍与溜板箱连接,可沿床身导轨做纵向移动。
(2)中拖板可沿床鞍上面的导轨做横向移动。
(3)转盘在中拖板上,用螺栓与中拖板紧固,松开螺母可在水平面内转动任意角度。
(4)小拖板可沿转盘上导轨做短距离移动。将转盘扳动某一角度后,小拖板可做相应的斜向移动,用以车削锥面。
(5)方刀架安装在小拖板上,用以装夹车刀。方刀架上可同时安装四把车刀,转动刀架位置,可快速换刀。

8) 尾架

尾架用于安装后顶尖以支持工件,或安装钻头、铰刀等刀具进行孔加工。尾架的结构如图2-6所示,它主要由套筒、尾架体、底座等几部分组成。转动手轮,可调整套筒伸缩一定距离,并且底座还可沿床身导轨推移至所需位置,以适应不同工件加工的要求。

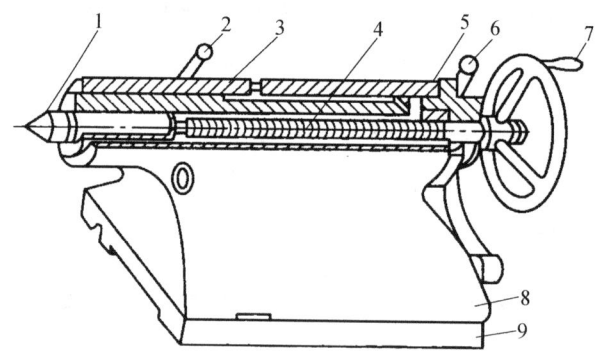

1-顶尖;2-套筒锁紧手柄;3-顶尖套筒;4-丝杠;5-套筒;6-尾架锁紧手柄;7-手轮;8-尾架体;9-底座

图 2-6 C6132 车床尾架

9) 丝杠

丝杠能带动大拖板做纵向移动,主要用来车削螺纹。

10) 光杠

光杠用于机动进给时的传递运动,把进给箱的运动传递给溜板箱做横向进给运动。

11) 操纵杆

操纵杆是车床的控制机构,在操纵杆左端和拖板箱右侧各装有一个手柄,操作者可以很方便地操纵手柄以控制车床主轴正转、反转或停车。

2. 车床的传动系统

熟悉机床的传动系统,可以掌握机床内部的运动关系,它是了解床性能和结构的基础。以 C6132 型车床为例,其传动路线如图 2-7 所示。

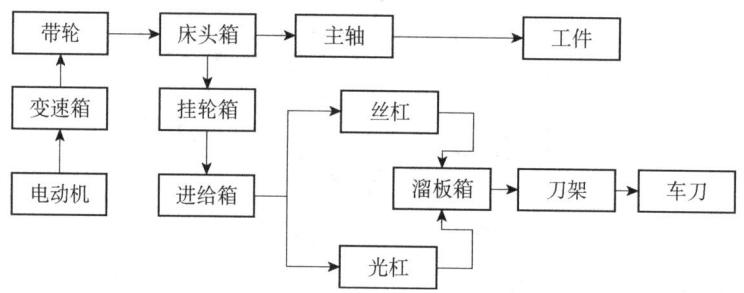

图 2-7 C6132 型车床传动路线框图

1) 主运动传动

主运动传动是指由电动机到主轴之间的传动,其传动系统的线路可用传动链表示。C6132 型车床主轴共有 12 种转速,最高转速为 1980r/min,最低转速为 45r/min。主轴的反转是通过电动机的反转来实现的。主轴的 12 种转速可以根据自身传动链,按传动比的关系计算出来。

2) 进给运动传动

进给运动传动是由主轴至刀架之间的传动系统来实现的传动。

车床的进给量不论是一般车削,还是车螺纹,都是以工件(主轴)每转一转,刀具移动的距离来计算的。所以其传动链是以主轴为主动件,传动路线可按分析主运动的方法进行分析。

车削外圆、端面和加工各种标准螺纹,不需要计算进给量,只要根据进给量和螺距的标牌,选出挂轮箱应配换的齿轮和调整进给箱上各操纵手柄的位置即可。通过床头箱中的换向机构,可使丝杠得到不同的转动方向,从而可以车削右旋螺纹或左旋螺纹。C6132 型车床附有一套齿数为 30、45、55、60、70、75、87、90、95、127 的配换齿轮。主轴转速和进给量的调整可从机床上有关的标牌中查出操纵手柄应扳到的位置,从而实现转速和进给量的调整。

2.2.2 车刀

1. 车刀的材料

1) 刀具材料应具备的性能

(1) 高硬度和好的耐磨性。刀具材料的硬度必须高于被加工材料的硬度才能切下切屑,一般刀具材料的硬度应在 60HRC 以上;刀具材料越硬,其耐磨性就越好。

(2) 足够的强度与冲击韧度。强度是指在切削力的作用下,不至于发生刀刃崩碎与刀杆折断的性能;冲击韧度是指刀具材料在有冲击或间断切削的工作条件下,保证不崩刃的能力。

(3) 高的耐热性。耐热性又称红硬性,是衡量刀具材料性能的主要指标,它综合反映了刀具材料在高温下仍能保持高硬度、高耐磨性、高强度、抗氧化、抗黏结和抗扩散的能力。

(4) 良好的工艺性和经济性。

2) 常用刀具材料

目前,车刀主要分为碳素工具钢、合金工具钢刀具,高速钢刀具,硬质合金刀具。硬质合金刀具应用更广泛,在某些情况下也可应用高速钢刀具材料。

(1) 碳素工具钢、合金工具钢。碳素工具钢和合金工具钢的硬度和热硬性都较差不适应高速高温切削,现在已经很少用在车刀应用中,主要用于低速切削刀具,如手用锯条、锉刀、錾子、丝锥等。

(2) 高速钢。高速钢是一种高合金钢,俗称白钢、锋钢、风钢等。其强度、冲击韧度、工艺性很好,是制造复杂形状刀具的主要材料,如成形车刀、麻花钻、铣刀、齿轮刀具等。但高速钢的耐热性不高,约在 640℃时硬度下降,不能进行高速切削。

(3) 硬质合金。硬质合金刀具材料是以高耐热和高耐磨性的碳化物为主要成分,以钴为黏结剂,采用粉末冶金的方法压制成各种形状的刀片,然后用铜钎焊的方法焊在刀头上作为切削刀具的材料。硬质合金的耐磨性和硬度比高速钢高很多,但塑性和冲击韧度不及高速钢。

2. 车刀的结构

车刀由刀头和刀体组成，刀体用以夹持在刀架上或夹持刀片，又称夹持部分，刀头用来切削，又称切削部分，车刀切削部分由三面二刃一尖组成，车刀的结构如图2-8所示。

(1) 前刀面。刀具上切屑流经的表面。

(2) 主后刀面。刀具上同前刀面相交形成主切削刃的后刀面。

(3) 副后刀面。刀具上同前刀面相交形成副切削刃的后刀面。

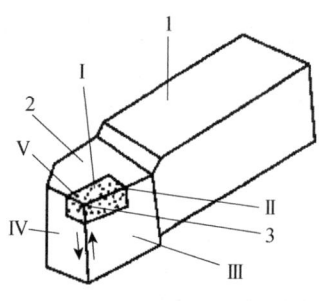

1-刀体；2-刀头；3-刀尖；Ⅰ-前刀面；Ⅱ-主切削刃；
Ⅲ-主后刀面；Ⅳ-副后刀面；Ⅴ-副切削刃

图 2-8 刀具切削部分的结构

(4) 主切削刃。起始于切削刃上主偏角为零的点，并至少有一段切削刃用来在工件上切出过渡表面的那个整段切削刃。对车刀来说是前刀面与主后刀面的交线，担任主要的切削工作。

(5) 副切削刃。切削刃上除主切削刃以外的刃，亦起始于主偏角为零的点，但它向背离主切削刃的方向延伸，对车刀来说是前刀面和副后刀面的交线，参与部分切削工作。

(6) 刀尖。主切削刃与副切削刃的连接处相当少的一部分切削刃。为增加刀尖强度，通常磨成一小段过渡圆弧。

3. 车刀的切削参数

车刀的主要切削角度有前角 γ、后角 α、主偏角 φ、副偏角 φ_1 和刃倾角 λ_s，如图2-9所示。

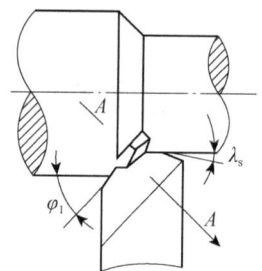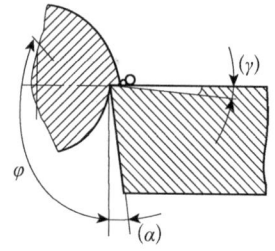

图 2-9 车刀的切削角度

(1) 前角 γ。前面与基面间的夹角，在正交平面中测量。前角表示刀具前面的倾斜程度，它可以是正值、负值或为零。它的主要作用是影响刀具的锋利程度和强度。

(2) 后角 α。主后面与主切削平面间的夹角，在正交平面中测量。主后角表示刀具主后面倾斜的程度。它的主要作用是减少刀具后刀面与工件加工表面之间的摩擦磨损，并配合前角调整切削刃的锐利程度和强度。

(3) 主偏角 φ。主切削刃在基面的投影与进给运动方向间的夹角，在基面中测量。主偏角的作用是：影响刀尖部分的强度和散热条件，影响切削分力的分配。

(4) 副偏角 φ_1。副后面与副切削平面间的夹角，在副正交平面中测量。副后角表示刀具副后面倾斜的程度。副后角的主要作用是：影响车刀副后面与工件已加工表面的摩擦。

(5) 刃倾角 λ_s。主切削刃与基面间的夹角，在主切削平面中测量。刃倾角有正负之分(图2-10)。刃倾角的主要作用是：影响切屑的流向(图2-11)；影响刀具的强度和锋利性(有刃倾角时刀具锋利，无刃倾角时刀具的锋利性下降)。

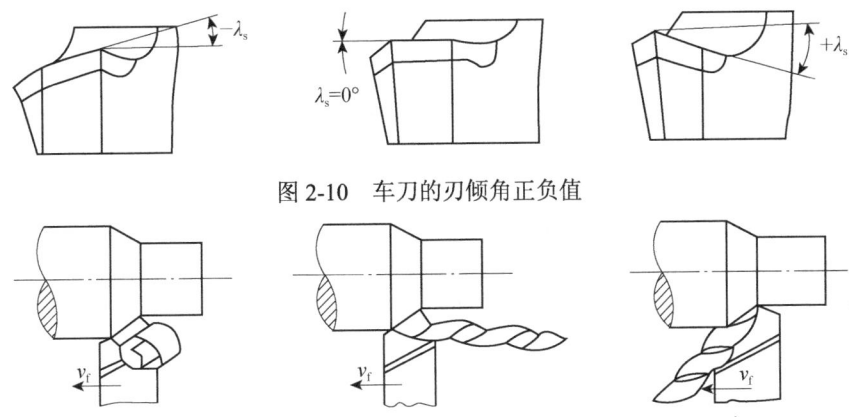

图 2-10 车刀的刃倾角正负值

图 2-11 刃倾角对切屑流向的影响

4. 车刀的种类

车刀是金属切削加工的基本刀具，车刀的种类很多，可根据用途、形状、结构和材料等对车刀进行分类。

按用途分类有内、外圆车刀，端面车刀，切断刀，切槽刀，螺纹车刀和滚花刀。

按结构分类有整体式、焊接式和机夹式，如图 2-12 所示，焊接式车刀的种类详见图 2-13。

按材料分类有高速钢、硬质合金制车刀。常用高速钢制造的车刀有右偏刀、尖刀、切刀、成形刀、螺纹刀、中心钻、麻花钻（钻头和铰刀也是车床上常用的刀具），应用广泛。常用硬质合金制造的车刀有右偏刀、尖刀、车刀，多用于高速车削。

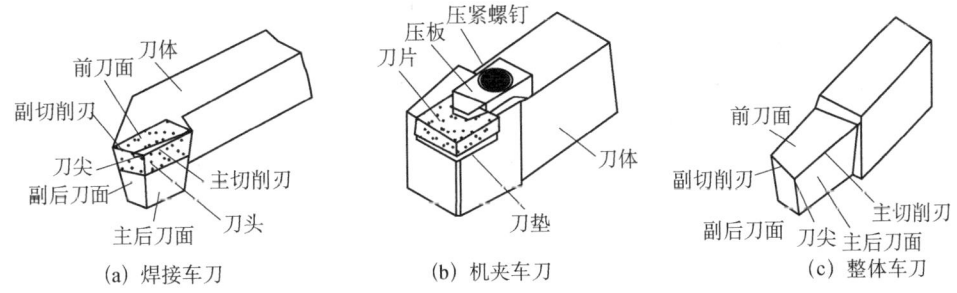

图 2-12 车刀的三种形式

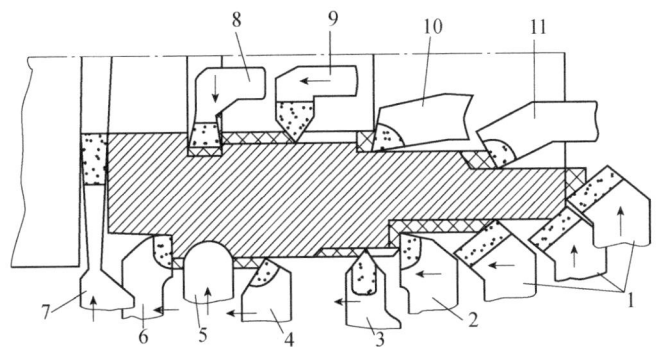

1-45°端面车刀；2-90°外圆车刀；3-外螺纹车刀；4-70°外圆车刀；5-成形车刀；6-90°左外圆车刀；
7-切断车刀；8-内孔车槽刀；9-内螺纹车刀；10-95°内孔车刀；11-75°内孔车刀

图 2-13 焊接式车刀的种类

5. 车刀的刃磨

1) 车刀的刃磨步骤

车刀(指整体式车刀与焊接式车刀)用钝后,需在砂轮机上进行重新刃磨。一般来讲,磨高速钢车刀用氧化铝砂轮(白色),磨硬质合金刀头用碳化硅砂轮(绿色)。车刀刃磨的步骤如下。

(1) 磨主后刀面,同时磨出主偏角及主后角。如图 2-14(a)所示。
(2) 磨副后刀面,同时磨出副偏角及副后角。如图 2-14(b)所示。
(3) 磨前面,同时磨出前角,刃倾角。如图 2-14(c)所示。
(4) 修磨各刀面及刀尖。如图 2-14(d)所示。

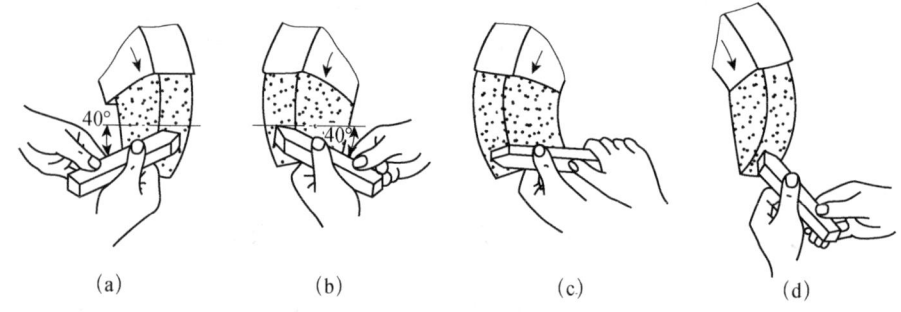

图 2-14 外圆车刀刃磨的步骤

2) 车刀刃磨注意事项

(1) 刃磨时,操作者应站在砂轮的侧前方,双手握稳车刀,用力要均匀。刃磨时应尽量在砂轮圆周面的中间部磨,并将车刀左右移动。

(2) 磨高速钢刀具时,要经常进行冷却,以免刀头过热退火而失去硬度。磨硬质合金刀具时,不可把刀头放入水中,以免刀片突然受冷收缩而碎裂。

(3) 车刀的各面在砂轮机上磨好后,还应用油石修磨各刀面,以减小各刀面的表面结构值,从而延长刀具的使用寿命和减小被加工面的表面结构值。

(4) 刃磨高速钢车刀使用氧化铝砂轮,刃磨硬质合金车刀使用绿色碳化硅砂轮。在磨硬质合金车刀时,因刀片是焊在碳素钢刀杆上的,应先用氧化铝砂轮磨刀杆后刀面,然后用碳化硅砂轮磨车刀各表面。

(5) 砂轮旋转方向应使刀片压向刀杆,否则可能使刀片脱落。刃磨时双手应握稳车刀,不能用力过猛,如果压力过大,高速钢可能因过热而退火,硬质合金也易产生裂纹,或者用力过猛使砂轮打滑。禁止用手接触旋转着的砂轮。

(6) 新安装的砂轮必须严格检查,并经过运转实验后方能使用,刃磨时尽可能使用砂轮圆周面,并将车刀左右移动,以防砂轮出现沟槽。

(7) 刃磨时应站在砂轮机侧面,戴好防护眼镜,以防磨屑或砂粒伤人或砂轮飞出伤人。

(8) 不允许在砂轮上磨有色金属或非金属材料,以免堵塞砂轮。

2.2.3 工件装夹及相应车床附件

车削时必须把工件装夹在车床夹具上,经过校正、夹紧,使它在整个切削加工过程中始终保持正确的相对位置,这是车削加工准备工作中重要的一个环节。工件安装的速度和好坏,直接影响生产效率和加工质量的高低,车削加工中,应根据工件的形状、大小和加工数量选用合适的工件安装方法。

车床主要用于加工回转表面,安装工件时,应该使要加工表面回转中心和车床主轴的中心线重合,以保证工件位置准确;同时还要把工件卡紧,以承受切削力,保证作业安全。

在车床上常用的装卡附件有三爪卡盘、四爪卡盘、中心架、跟刀架、顶尖花盘和弯板等。

1. 三爪卡盘

三爪卡盘是车床上应用最广的通用夹具，适用于安装短棒料或盘类工件，结构如图 2-15 所示。三爪卡盘体内有三个小伞齿轮，转动（用外插手柄）其中任何一个小伞齿轮时，可以使与它相啮合的大伞齿轮旋转。大伞齿轮背面的平面螺纹与三爪卡盘背面的平面螺纹相啮合。当大伞齿轮旋转时，三卡爪就在卡盘体上的径向槽内同时做向心或离心移动，以夹紧或松开工件。

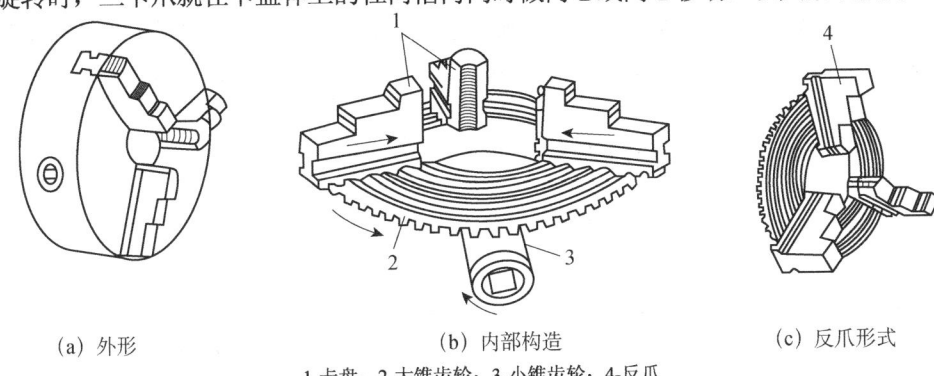

（a）外形　　　　　　（b）内部构造　　　　　　（c）反爪形式

1-卡盘；2-大锥齿轮；3-小锥齿轮；4-反爪

图 2-15　三爪自定心卡盘构造

三爪卡盘的特点是对中性好，自动定心精度可达到 0.05～0.15mm，可以装夹直径较小的工件，当装夹直径较大的外圆工件时可用三个反爪进行。用三爪卡盘装夹工件时，夹持长度一般不小于 10mm。如果工件直径小于或等于 30mm，其悬伸长度应不大于直径的 5 倍；如果工件直径大于 30mm，其悬伸长度应不大于直径的 3 倍。

用三爪卡盘安装工件时可按下列步骤进行。

（1）首先把工件在卡爪间放正，然后轻轻夹紧。

（2）开动机床，使主轴低速旋转，检查工件有无偏摆，若有偏摆，应停车用小锤轻敲校正然后紧固工件。注意必须及时取下扳手，以免开车时飞出，击伤人或损坏机床。

（3）移动车刀至车削行程的左端，用手旋转卡盘，检查刀架等是否与卡盘或工件碰撞。

2. 四爪卡盘

四爪单动卡盘的机构外形如图 2-16 所示。四爪单动卡盘每个卡爪后面有半瓣内螺纹，当卡盘扳手转动螺杆时，卡爪就可沿导向槽移动。由于单个卡爪是用螺杆分别调整的，因此可以用来夹持矩形、椭圆或不规则形状的工件。四爪单动卡盘的夹紧力大，也用来夹持较大、较重的回转体类工件。

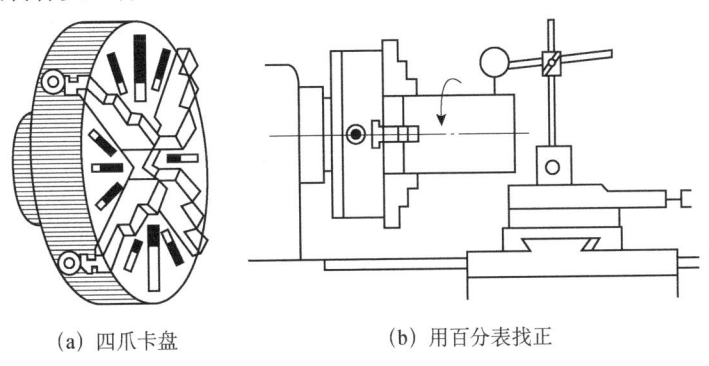

（a）四爪卡盘　　　　　　（b）用百分表找正

图 2-16　四爪卡盘装夹工件

四爪卡盘的四个卡爪是单独移动的,在用四爪单动卡盘安装工件时,一般按预先在工件上划线进行找正。当零件的安装精度要求很高,三爪自定心卡盘不能满足安装精度要求时,往往使用四爪卡盘安装,并使用百分表校正,安装精度可达到 0.001mm。

如图 2-16(b)所示,四爪卡盘安装按划线找正工件的方法如下。

(1) 使百分表或划针靠近工件划出加工界线。

(2) 校正端面。慢慢转动卡盘,在离百分表的测头或划针针尖最近的工件端面上用小锤轻轻敲击,至各处与针尖距离相等。如果是精确校正,此时还需将百分表的测头轻轻触碰工件,然后慢慢转动卡盘,采用轻轻敲击的方法,使百分表的测值读数在允许的误差范围内。

(3) 校正中心。步骤同上,转动卡盘,将离开百分表的测头或划针针尖最远处的一个卡爪松开,拧紧其对面的一个卡爪,反复调整几次,直至校正。

3. 顶尖

对于较长的或必须经过多次装夹才能加工好的工件(如长轴、长丝杠等的车削),或工序较多、在车削后还要铣削或磨削的工件,为了保证每次装夹时的安装精度(如同轴度要求),可用两顶尖来安装。两顶尖安装工件方便,不需校正,安装精度高。

用顶尖安装工件必须先在工件的端面,用中心钻在车床或专用机床上钻出中心孔,如图 2-17(a)所示。中心孔的轴线应与工件毛坯的轴线相重合。中心孔的圆锥孔部分应平直光滑,因为中心孔的锥面是和顶尖的锥面相配合的。中心孔的圆柱孔部分一方面用来容纳润滑油,另一方面是不使顶尖尖端接触工件,并保证在锥面处配合良好。

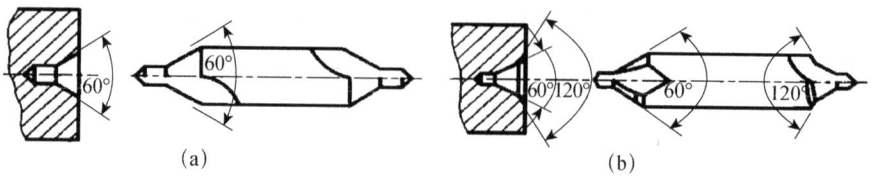

图 2-17 中心钻及中心孔

带有 120°保护锥面的中心孔为双锥面中心孔,如图 2-17(b)所示,主要目的是防止 60°的锥面被碰伤而不能与顶尖紧密接触;另外也便于工件装夹在顶尖上后进一步加工工件的端面。

常用顶尖有普通顶尖(死顶尖)和活顶尖两种,如图 2-17 所示。普通顶尖刚性好,定心准确,但与工件中心孔之间因产生滑动摩擦而发热过多,容易将中心孔或顶尖"烧坏"。因此死顶尖只适用于低速、加工精度要求较高的工件。活顶尖将顶尖与工件中心孔之间的滑动摩擦改成顶尖内部轴承的滚动摩擦,能在很高的转速下正常地工作。但活顶尖存在一定的装配积累误差,以及当滚动轴承磨损后,会使顶尖产生径向摆动,从而降低加工精度,所以活动顶尖一般用于轴的粗加工或半精加工。

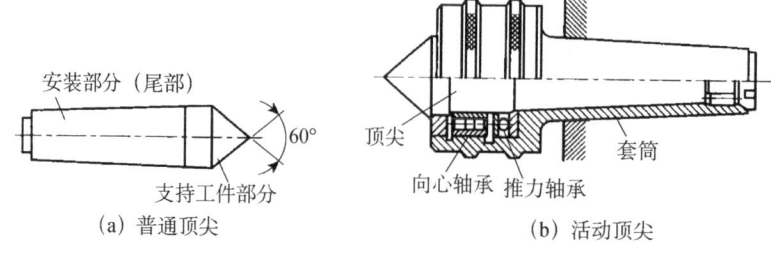

图 2-18 顶尖及其结构

对同轴度要求比较高且需要调头加工的轴类工件，常用双顶尖装夹工件，如图 2-19 所示。其前顶尖为普通顶尖，装在主轴孔内，并随主轴一起转动；后顶尖为活顶尖，装在尾架套筒内。工件利用中心孔被顶在前后顶尖之间，并通过拨盘和卡箍随主轴一起转动。

用顶尖安装工件应注意：

（1）由于靠卡箍传递扭矩，所以车削工件的切削用量要小。

（2）钻两端中心孔时，要先用车刀把端面车平，再用中心钻钻中心孔。

（3）卡箍上的支承螺钉不能支承得太紧，以防工件变形。

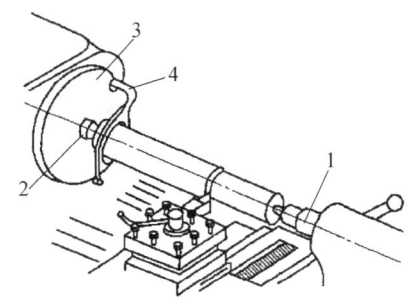

1-前顶尖；2-后顶尖；3-拨盘；4-鸡心夹头

图 2-19 用前、后顶尖装夹工件

4．一夹一顶

用两顶尖安装工件虽然精度高，但刚性较差。对于较重的工件如果采用两顶尖安装会很不稳固，难以提高切削效率，因此，在加工中常采用一端用卡盘夹住，另一端用顶尖顶住的装夹方法。为防止工件由于切削力的作用而产生位移，一般会在卡盘内装一支撑，或利用工件的台阶做限位。这种装夹方法比较安全，能承受较大的轴向切削力。刚性好，轴向定位比较正确，因此，车轴类零件时常采用这种方法。但是装夹时要注意，卡爪夹紧处长度不宜太长，否则会产生过定位，撅弯工件。

5．心轴

盘、套类零件的外圆和端面对内孔常有同轴度及垂直度要求，若相关表面无法在三爪自定心卡盘的一次装夹中与孔同时精加工，则需在孔精加工后再以孔定位，即将工件装在心轴上再加工其他相关表面，以保证上述要求。作为定位面的孔，其公差等级不应低于 IT8，表面粗糙度 $Ra \leq 1.6 \mu m$。心轴的种类很多，常用的有圆柱心轴、锥度心轴和可胀心轴。心轴在前后顶尖上的装夹方法与轴类零件相同。

1）圆柱心轴

当工件的长度比孔径小时，常用圆柱心轴装夹，如图 2-20(a)所示，心轴与工件孔一般用 H7/h6、H7/g6 的间隙配合，所以工件能很方便地套在心轴上。工件装入圆柱心轴后，加上垫圈用螺母锁紧，其夹紧力较大，但由于孔与心轴之间有一定的配合间隙，一般只能保证同轴度在 0.02mm 左右，所以对中性比锥度心轴差。减小孔与心轴的配合间隙可提高加工精度。圆柱心轴可一次装夹多个工件，从而实现多件加工。

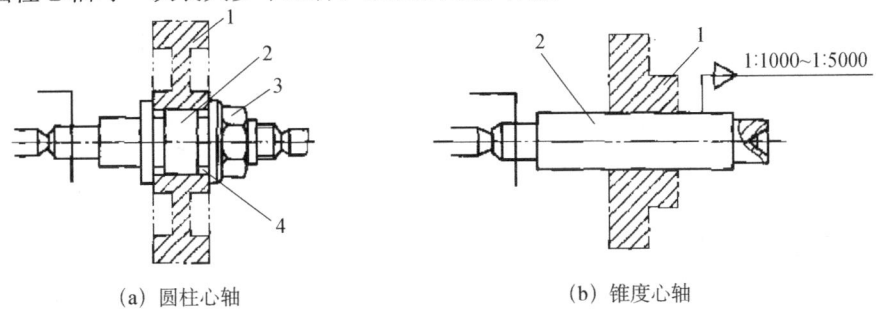

(a) 圆柱心轴　　　　　　(b) 锥度心轴

1-工件；2-心轴；3-螺母；4-垫圈

图 2-20 用心轴装夹工件

2) 锥度心轴

锥度心轴如图 2-20(b) 所示，其锥度为 1：1000～1：5000。工件压入后，靠摩擦力与心轴固紧。锥度心轴对中准确，装卸方便，但由于切削力是靠心轴锥面与工件孔壁压紧后的摩擦力传递的，因此背吃刀量不宜太大。锥度心轴主要用于单个工件的装夹及精车。

3) 可胀心轴

可胀心轴如图 2-21 所示。工件装在可胀锥套上，利用锥套沿椎体心轴的轴向移动使其胀开，撑住工件内孔。

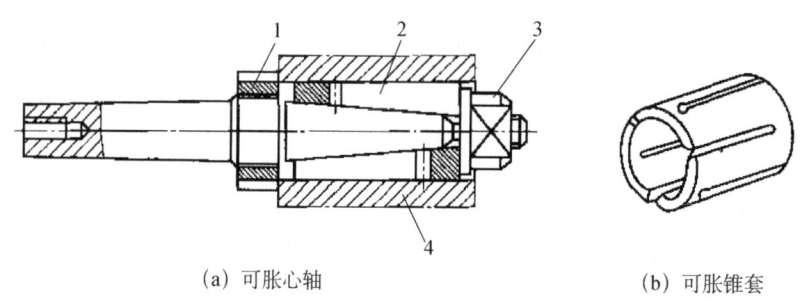

(a) 可胀心轴　　　　　　　　(b) 可胀锥套

1，3-螺母；2-可胀锥套；4-工件

图 2-21　可胀心轴

6. 花盘和弯板

对于车削形状不规则，无法使用三爪或四爪卡盘装夹的零件，或者要求零件的一个面与安装面平行，或内孔、外圆面与安装面有垂直度要求时，可以用花盘装夹。
花盘是安装在车床主轴上的一个大圆盘，盘面上有许多长槽用以穿放螺栓，工件可以用螺栓和压板直接安装在花盘上，如图 2-22 所示。也可以把辅助支撑角铁(弯板)用螺栓牢固夹持在花盘上，工件则安装在弯板上，图 2-23 所示为加工一轴承座端面和内孔时在花盘上装夹的情况。用花盘和弯板安装工件时，找正比较费时。同时，要用平衡铁平衡工件和弯板等，以防止旋转时产生振动。

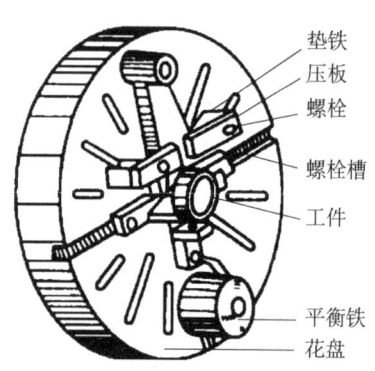　　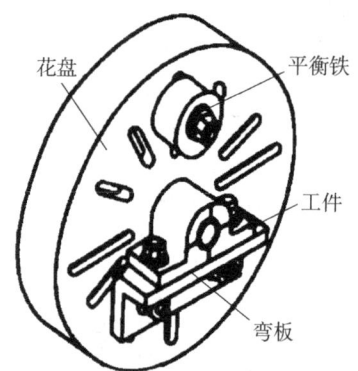

图 2-22　在花盘上安装零件　　　　图 2-23　在花盘上用弯板安装零件

7. 跟刀架和中心架

在车削细长轴时，由于其刚性差，加工过程中容易产生振动、让刀等现象，工件出现两头细中间粗的腰鼓形，因此须采用跟刀架或中心架作为附加支承。

跟刀架主要用于车削细长的光轴，它装在车床刀架的大拖板上，与整个刀架一起移动。车削时，在工件右端头上先车出一段外圆，然后使支承与其接触，并调整至松紧适宜。工作时支承处要加油润滑,如图 2-24 所示。中心架固定在床身导轨上,主要用以车削有台阶或需调头车削的细长轴,如图 2-25 所示。

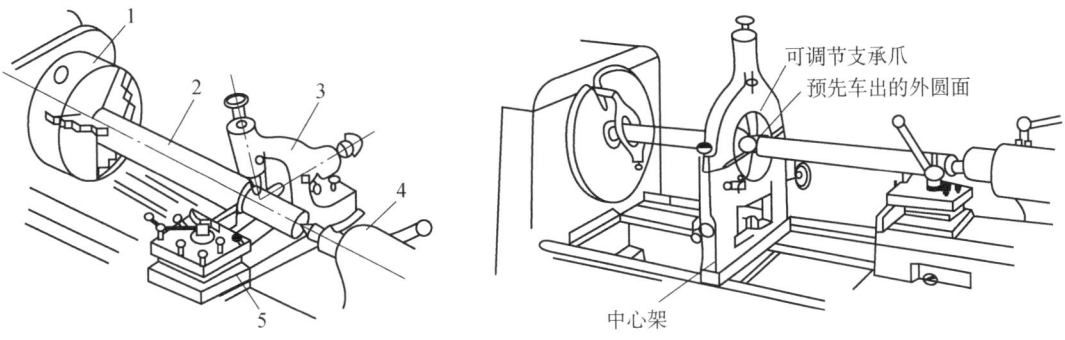

1—三爪自定心卡盘;2—工件;3—跟刀架;4—尾座;5—刀架

图 2-24 跟刀架的使用　　　　图 2-25 中心架的使用

使用跟刀架和中心架时,工件被支承部分应是加工过的圆表面,并应加注润滑油,工件的转速不能过高,以免工件与支承之间摩擦过热而烧坏或磨损支承爪。

2.3 车削的操作

2.3.1 车削操作要点

1. 车刀的安装

车刀必须正确牢固地安装在刀架上,如图 2-26(a)所示。安装车刀应注意下列几点。

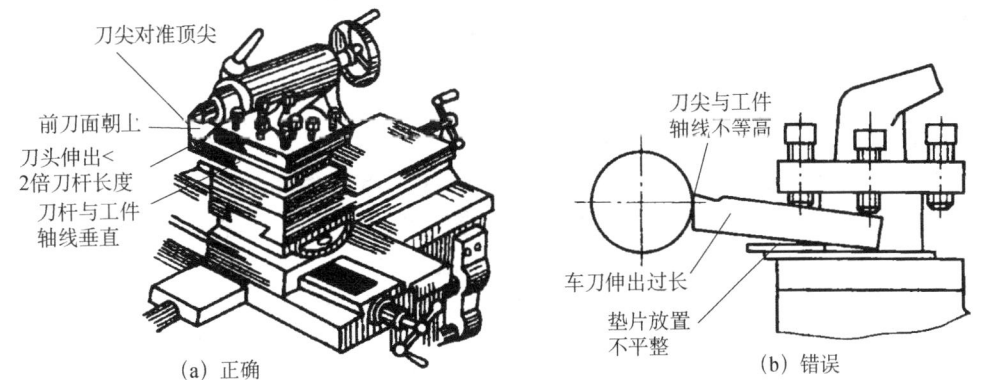

图 2-26 车刀的安装

(1) 刀尖应与车床主轴中心线等高。车刀装得太高,后刀面与工件加剧摩擦;装得太低,切削时工件会被抬起。刀尖的高低根据尾架顶尖高低来调整。

(2) 刀头不应伸出太长,否则切削时容易产生振动,影响工件加工精度和表面粗糙度。一般刀头伸出长度不超过刀杆厚度的两倍。

(3) 车刀底面的垫片要平整,并尽可能用厚垫片,以减少垫片数量。调整好刀尖高低后,至少要用两个螺钉交替将车刀拧紧。

2. 车床的手柄使用

C6132 卧式车床的调整主要是通过改变各操作手柄的位置实现的,如图 2-27 所示。

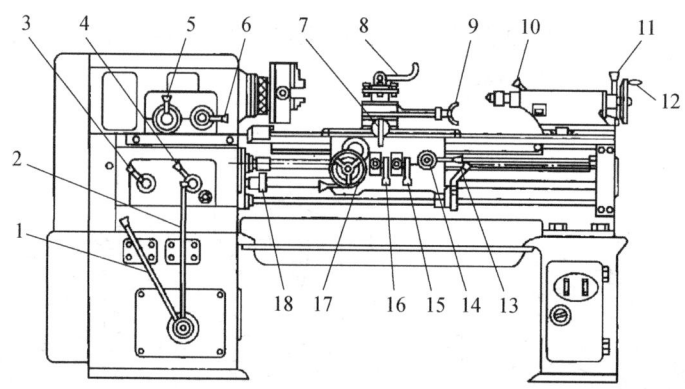

1、2、6-主运动变速手柄；3、4-进给运动变速手柄；5-刀架左右移动的换向手柄；7-刀架横向手动手柄；
8-方刀架锁紧手柄；9-小刀架移动手柄；10-尾座套筒锁紧手柄；11-尾座锁紧手柄；12-尾座套筒移动手轮；
13-主轴正反转及停止手柄；14-"开合螺母"开合手柄；15-刀架横向自动手柄；16-刀架纵向自动手柄；
17-刀架纵向手动手轮；18-光杠、丝杠转换手柄

图 2-27　C1632 车床的调整手柄

1) 卧式车床的调整及手柄的使用

(1) 主轴正反转及停止手柄 13 为操纵杆式开关，手柄 13 向上为正转，向下为反转，中间为停止位置。

(2) 调整主轴转速可参考 C6132 型车床主轴转数铭牌，注意停车后才进行变速，当手柄推拉不到正常位置时，要用手搬动卡盘。

(3) 通过改变进给运动变速手柄 3、4 的位置，可调整进给量。手柄 3 有五个位置，手柄 4 有四个位置，当挂轮箱内的配换齿轮一定时，这两个手柄配合使用可得到 20 种进给量。

(4) 刀架横向自动手柄 15 和刀架纵向自动手柄 16 是实现自动进给运动的手柄。当操作不太熟练时，注意不要盲目扳动，以防设备事故的发生。

2) 卧式车床的基本练习

(1) 停车练习(主轴正反转及停止手柄 13 在停止位置)。

① 正确变换主轴转速。变动变速箱和主轴箱外面的变速手柄 1、2 或 6 的位置，可得到各种相对应的主轴转速。当手柄拨动不顺利时，可用手稍微转动卡盘即可。

② 正确变换进给量。按所选的进给量查看进给箱上的标牌，再按标牌上进给变换手柄位置来变换手柄 3 和 4 的位置，即得到所选定的进给量。

③ 熟练掌握纵向和横向手动进给手柄的转动方向。左手握纵向进给手动手轮 17，右手握横向进给手动手柄 7，分别顺时针和逆时针旋转手轮，操纵刀架和溜板箱的移动方向。

④ 熟练掌握纵向或横向机动进给的操作。光杠或丝杠接通手柄 18 位于光杠接通位置上，将纵向机动进给手柄 16 提起即可纵向进给，如将横向机动进给手柄 15 向上提起即可横向机动进给，分别向下扳动则可停止纵、横机动进给。

⑤ 尾架的操作。尾架应靠手动移动，它依靠紧固螺栓螺母来固定。转动尾架应移动套筒手轮 12，可使套筒在尾架内移动，转动后座锁紧手柄 11，可将套筒固定在尾架内。

(2) 低速开车练习。

练习前应先检查各手柄是否处于正确的位置，无误后进行开车练习。

① 主轴启动。电动机启动→操纵主轴转动→停止主轴转动→关闭电动机。

② 机动进给。电动机启动→操纵主轴转动→手动纵横进给→机动纵横进给→手动退回→机动横向进给→手动退回→停止主轴转动→关闭电动机。

3. 刻度盘的使用

在切削工件时，为了准确和迅速地掌握切削深度，通常用中拖板或小拖板的刻度盘上的刻度作为进刀的参考依据。

中拖板的刻度盘紧固在丝杠轴头上，它们通过丝杠螺母紧固在一起，当中滑扳手柄带着刻度盘转一周时，丝杠也转动一周，这样螺母带动中拖板移动一个螺距。因此中拖板的移动距离可根据刻度盘上的格数来计算。刻度盘每转一格中拖板带动刀架横向移动的距离（mm）=丝杠螺距/刻度盘格数，CA6132 刻度盘每转一格相当于刀架横向移动 0.02mm，即相当于直径方向减小 0.04mm。

使用刻度盘时，由于丝杠和螺母之间存在间隙，会产生空行程，使用时必须慢慢调整刻度盘，如果刻度盘手柄转过了头，或试切时发现尺寸不对需退刀时，刻度盘不能直接退到所需要的刻度，必须向相反方向退回全部空行程，再转到所需位置，如图 2-28 所示。加工工件的外圆时，刻度盘手柄顺时针旋转，使刀向工件中心运动为进刀，反之为退刀。

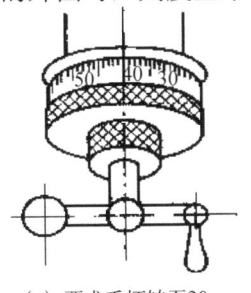
(a) 要求手柄转至30，但摇过头成40

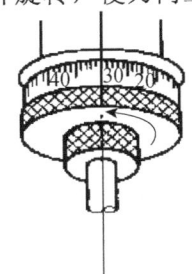
(b) 直接退至30，错误

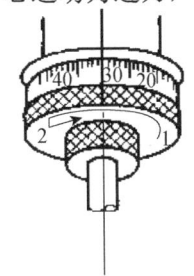
(c) 反转约一圈后，再转至所需位置30，正确

图 2-28　刻度盘手柄退刀方法

小拖板刻度盘的原理及其使用方法与中拖板刻度盘相同。小拖板刻度盘主要用于控制工件长度方向的尺寸。它与加工圆柱面不同，即小拖板移动了多少，工件的长度尺寸就改变了多少。

4. 粗车与精车

在车床上加工一个零件，往往需要经过许多车削步骤才能完成。为了提高生产效率，保证加工质量，生产中把车削加工分为粗车和精车。

1) 粗车

作为精加工的预加工，粗车的目的是尽快切去大部分余量，提高加工效率。粗车切削力很大，切削用量要与所使用的车床的强度、刚度和功率相适应，首先选择较大的切削深度，其次选择较大的进给量，最后选取中等或偏低的切削速度，如表 2-1 所示。在粗车铸、锻件时，吃刀深度应该大于毛坯硬皮厚度，使刀尖避开硬皮层。

表 2-1　粗车的切削用量推荐范围

	用高速钢车刀			用硬质合金车刀		
	背吃刀量 a_p/mm	切削速度 v_c/(m/min)	进给量 f/(mm/r)	背吃刀量 a_p/mm	切削速度 v_c/(m/min)	进给量 f/(mm/r)
车削铸铁	1.5~3	12~24	0.15~0.4	2~5	30~50	0.15~0.4
车削钢	1.5~3	12~42	0.15~0.4	2~5	40~60	0.15~0.4

2) 精车

精车以保证零件的几何精度和表面质量为目的。粗车后留给精车的加工余量一般为

0.5～1mm，切削用量选取较小的切削深度和进给量、很高或很低的切削速度可提高车削质量，如表 2-2 所示。例如，切削钢件，如采用硬质合金刀具高速切削时，速度取 100 m/min 以上；如使用高速钢刀具低速切削时，速度可取 5m/min 以下。

表 2-2 精车的切削用量推荐范围

	背吃刀量 a_p/mm	切削速度 v_c/(m/min)	进给量 f/(mm/r)
车削铸铁	0.1～0.15	60～70	0.05～0.2
车削钢：低速	0.05～0.1	30～20	0.05～0.2
车削钢：高速	0.3～0.5	100～120	0.05～0.2

5. 试切

为了获得准确的背吃刀量，保证工件的尺寸精度，在半精车和精车加工时，只靠刻度盘来进刀是不行的。因为刻度盘和丝杠都存在一定的误差，往往不能满足半精车和精车的要求，这就需要采用试切的方法。

试切方法就是通过试切→测量→调整→再试切的方法反复进行，使工件尺寸达到要求的加工方法。具体地讲，首先开动车床对刀，使车刀与工件表面有轻微的接触；然后向右退出车刀，接着增加横向背吃刀量来切削工件，切削 1～3mm 后退出车刀，进行测量，如果尺寸合格了，就按照这个背吃刀量将整个表面加工完毕；如果尺寸还大，就要按照前面的步骤重新进行试切，直到尺寸合格后才能继续车削，如图 2-29 所示。

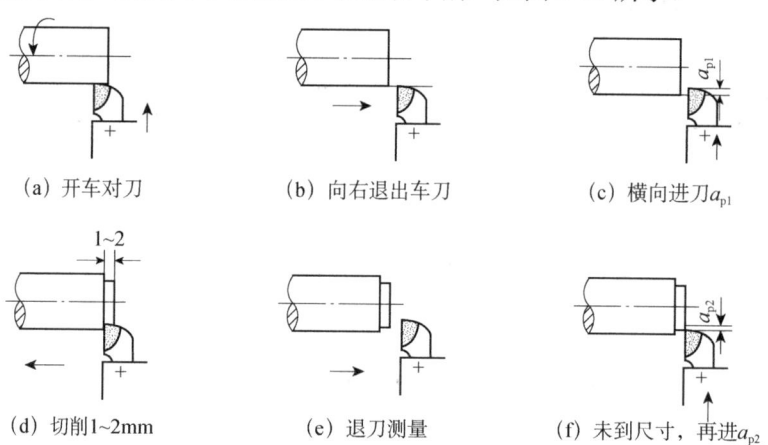

(a) 开车对刀　　(b) 向右退出车刀　　(c) 横向进刀 a_{p1}

(d) 切削1～2mm　　(e) 退刀测量　　(f) 未到尺寸，再进 a_{p2}

图 2-29 试切的方法与步骤

2.3.2 车削的操作

1. 车外圆

将工件车削成圆柱形表面的加工方法称为车外圆，这是车削加工中最基本、最常见的操作，外圆车削的几种情况如图 2-30 所示。

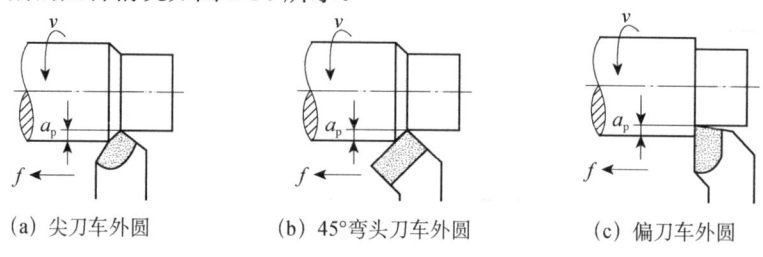

(a) 尖刀车外圆　　(b) 45°弯头刀车外圆　　(c) 偏刀车外圆

图 2-30 车外圆的几种情况

左刃直头外圆车刀主要用于粗车外圆和没有台阶或台阶不大的外圆。弯头车刀用于车外圆(端面、倒角的外圆)。偏刀的主偏角为90°，车外圆时径向力很小，常用来车有垂直台阶的外圆和细长轴。

工件的加工余量需要经过几次走刀才能切除，而外圆加工的精度要求较高，表面粗糙度值要求低，为保证加工质量，常将车削分为粗车和精车，这样可以根据不同阶段的加工，合理选择切削参数。

工件在车床上装夹后，要根据工件的加工余量确定走刀的次数进而确定每次走刀的背吃刀量，因为刻度盘和横向进给丝杠都存在误差，在半精车或精车时，往往不能满足进刀精度要求。为了准确地确定吃刀量，保证工件的加工尺寸精度，只靠刻度盘进刀是不行的，这就需要采用试切的方法。试切的方法与步骤如图2-29所示。

在粗车铸件、锻件时，因表面有硬皮，可先倒角或车出端面，然后用大于硬皮厚度的背吃刀量粗车外圆(图2-31)，使刀尖避开硬皮，以防刀尖磨损过快或被硬皮打坏。用高速钢车刀低速精车钢件时用乳化液润滑，用高速钢车刀低速精车铸件时用煤油润滑，这些都可降低工件表面粗糙度数值。

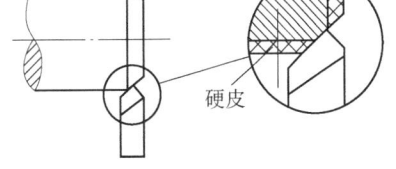

图 2-31 粗车铸锻件的背吃刀量

2. 车台阶

车削台阶的方法与车削外圆基本相同，但在车削时应兼顾外圆直径和台阶长度两个方向的尺寸要求，还必须保证台阶平面与工件线的轴线的垂直度要求。

车高度在5mm以下的台阶时，可用主偏角为90°的偏刀在车外圆时同时车出；车高度在5mm以上的台阶时，应分层进行切削，如图2-32所示。

台阶长度尺寸的控制方法如下。

(1)台阶长度尺寸要求较低时，可直接用大拖板刻度盘控制。

(2)台阶长度可用钢直尺或样板确定位置，如图2-33(a)、图2-33(b)所示。车削时，先用刀尖车出比台阶长度略短的刻痕作为加工界限，台阶的准确长度可用游标卡尺或深度游标卡尺测量。

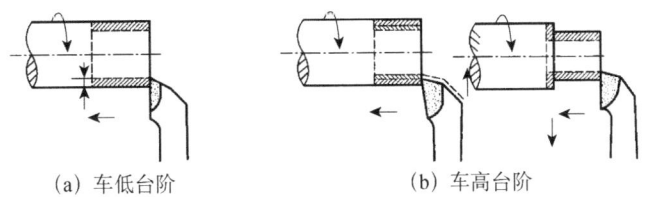

(a) 车低台阶　　　　　(b) 车高台阶

图 2-32 台阶的车削

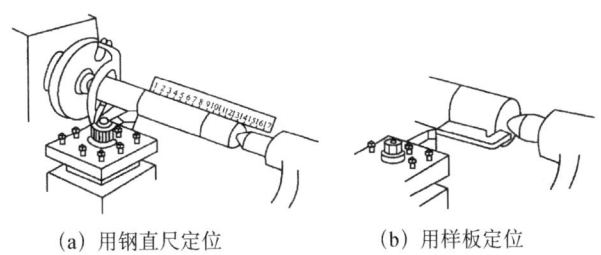

(a) 用钢直尺定位　　　　　(b) 用样板定位

图 2-33 台阶长度尺寸的控制方法

(3)台阶长度尺寸要求较高且长度较短时，可用小滑板刻度盘控制其长度。

3. 车端面

端面常作为轴类、盘套类零件的轴向基准，车削加工时，一般都先将端面车出。对工件端面进行车削的方法称为车端面。车端面应用端面车刀，常用的有 90°偏刀和 45°弯头刀。开动车床使工件旋转，移动床鞍（或小滑板）控制背吃刀量，中滑板横向走刀进行横向进给车削，如图 2-34 所示。

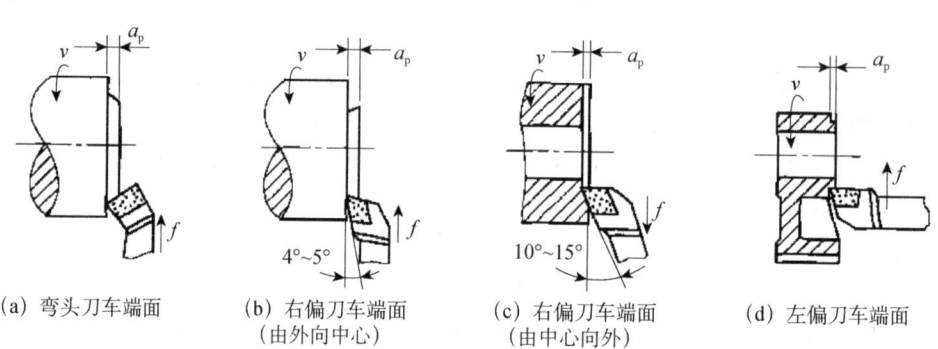

(a) 弯头刀车端面　　(b) 右偏刀车端面　　(c) 右偏刀车端面　　(d) 左偏刀车端面
　　　　　　　　　　　（由外向中心）　　　（由中心向外）

图 2-34　车端面

车端面时，应注意以下几点。

(1) 安装工件时，要对其外圆及端面找正。

(2) 安装车刀时，刀尖应对准零件中心，以免车出的端面留下小凸台。

(3) 由于车削时被切部分直径不断变化，从而引起切削速度的变化，应适当调整转速，使靠近工件中心处的转速高些，最后一刀可由中心向外进给。

(4) 若出现端面不平整的现象，应将床鞍板紧固在床身上，用小滑板调整背吃刀量，使车刀能准确地横向进给。

4. 切槽

回转体零件表面上常有一些功能性沟槽，如退刀槽、油槽、砂轮越程槽和密封槽等。在工件表面车削沟槽的方法称为切槽。根据沟槽在零件上的位置，可将其分为外槽、内槽与端面槽，如图 2-35 所示。

轴上的外槽和孔的内槽多属于工艺槽，如车螺纹时的退刀槽、磨削时的砂轮越程槽。此外有些沟槽，或是装上零件作定位、密封之用，或是作为油、气的通道及贮存油脂作润滑之用等。在轴上切槽与车端面相似，宽度小于 5mm 的窄槽，可用主切削刃与槽等宽的切槽刀一次切出；切削宽度大于 5mm 的宽槽时，可分几次切出，如图 2-36 所示。

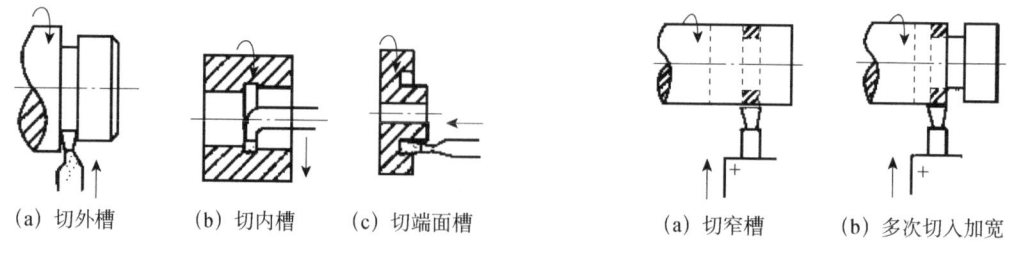

(a) 切外槽　　(b) 切内槽　　(c) 切端面槽　　　　　(a) 切窄槽　　(b) 多次切入加宽

图 2-35　切槽的形状及切槽方法　　　　　图 2-36　切宽槽方法

5. 切断

切断要用切断刀，切断刀的形状与切槽刀相似，但因刀头窄而长，很容易折断。常用的切断方法有直进法和左右借刀法两种，如图 2-37 所示。直进法常用于切断铸铁等脆性材料，左右借刀法常用于切断钢等塑性材料。切断应注意以下几点。

(1) 切断一般在卡盘上进行，如图 2-38 所示。工件的切断处应距卡盘近些，避免在顶尖夹装的工件上进行切断。

(2) 切断刀刀尖必须与工件中心等高，否则切断处将剩有凸台，且刀头也容易损坏。

(3) 切断刀伸出刀架的长度不要过长，进给要缓慢均匀。即将切断时，必须放慢进给速度，以免刀头折断。

(4) 切断钢件时需要加切削液进行冷却润滑，切铸铁时一般不加切削液，但必要时可用煤油进行冷却润滑。

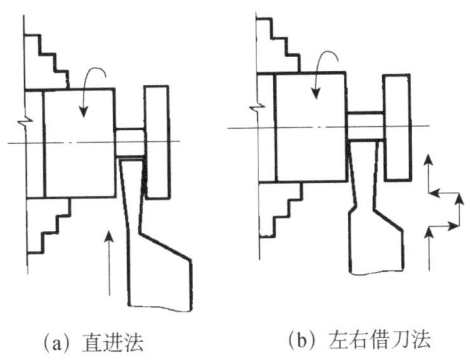

(a) 直进法　　(b) 左右借刀法

图 2-37　切断方法

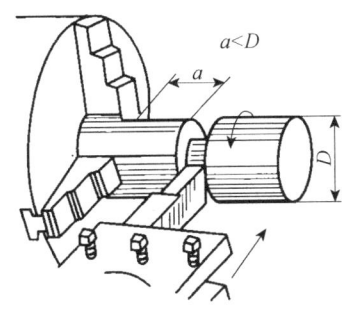

图 2-38　在卡盘上切断

6. 车锥面

在各种机械结构中，广泛存在圆锥体和圆锥孔的配合。如顶尖尾柄与尾座套筒的配合，顶尖与被支承工件中心孔的配合，锥销与锥孔的配合。圆锥面配合紧密，装拆方便，经多次拆卸后仍能保证有准确的定心作用。小锥度配合表面还能传递较大的扭矩。正因如此，大直径的麻花钻都是用锥柄。在生产中常遇到的是圆锥面的加工。车削锥面的方法常用的有宽刀法、转动小刀架法、偏移尾座法。

1) 宽刀法

车削较短的圆锥时，可以用宽刃刀直接车出，如图 2-39 所示。其工作原理实质上是属于成形法，所以要求切削刃必须平直，切削刃与主轴轴线的夹角应等于工件圆锥半角 $\alpha/2$。同时要求车床有较好的刚性，否则易引起振动。当工件的圆锥斜面长度大于切削刃长度时，可以用多次接刀方法加工，但接刀处必须平整。

2) 转动小刀架法

当加工锥面不长的工件时，可用转动小刀架法车削。车削时，如图 2-40 所示，将小滑

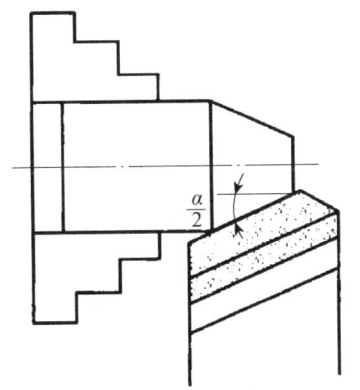

图 2-39　用宽刃刀车削圆锥

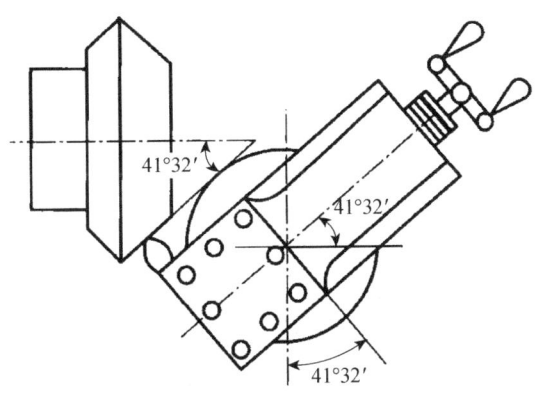

图 2-40　转到小刀架法车圆锥

板下面的转盘上螺母松开,把转盘转至所需要的圆锥半角 $\alpha/2$ 的刻线上,与基准零线对齐,然后固定转盘上的螺母,如果锥角不是整数,可在锥角附近估计一个值,试车后逐步找正。

3) 偏移尾座法

尾架体相对于尾架底座可以通过丝杠横向调节位置。若移动尾架体,使后顶尖与前顶尖有一个偏移量,刀具在大溜板带动下沿纵向进给,就车出了圆锥面,如图 2-41 所示。将尾座带动顶尖横向偏移距离 s,使得安装在两顶尖间的工件回转轴线与主轴轴线成半锥角 α,这样车刀做纵向走刀车出的回转体母线与回转体中心线成斜 α 角,形成锥角为 2α 的圆锥面。这种方法适合加工小锥度($\alpha<10°$)、锥面较长的外锥面,车削时可自动进刀,车出锥面的表面粗糙度值较低。若工件总长为 L_0,尾座的偏移量 $s=[(D-d)\cdot L_0\cdot \tan0.5\alpha]/2L = L_0\cdot K/2$。

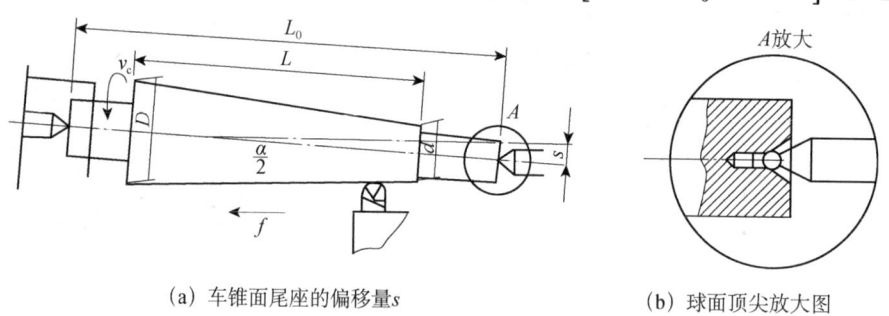

(a) 车锥面尾座的偏移量 s　　(b) 球面顶尖放大图

图 2-41　偏移尾座法车圆锥面

偏移尾座法因受尾座顶尖偏移量 s 的限制,车削锥面的锥度一般不大于 15°,多用于单件或小批量生产。为了减少由于顶尖偏移带来的不利影响,最好使用球头顶尖。

4) 靠模法

用靠模法车圆锥面,适用于车削精度要求较高,锥体长度较长的圆锥面,由于需要专门配制靠模,只能用于批量较大的产品生产。

7. 车成形面

在回转体上有时会出现母线为曲线的回转表面,如手柄、手轮、圆球等,这些表面称为成形面。成形面的车削方法有手动法、成形刀法、靠模法等。

1) 手动法

如图 2-42 所示,操作者双手同时操纵中拖板和小拖板手柄移动刀架,使刀尖运动的轨迹与所要形成的回转体成形面的母线尽量相吻合。车削过程中还经常用成形样板检验,如图 2-43 所示。通过反复加工、检验、修正,最后形成要加工的成形表面。手动法加工简单方便,但对操作者技术要求高,而且生产效率低,加工精度低,一般用于单件或小批生产。

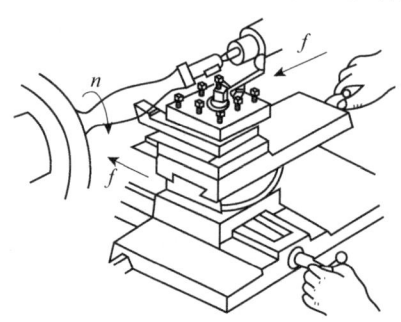 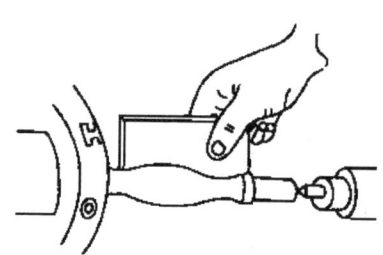

图 2-42　双手操作法车成形面　　图 2-43　用成形样板检测成形面

2) 成形刀法

切削刃形状与工件表面形状一致的车刀称为成形车刀(样板刀),成形车刀法则是指用成形车刀将工件车出所需的轮廓线。用成形车刀切削时,只要做横向进给就可以车出工件上的成形表面,如图 2-44 所示。用成形车刀车削成形面,工件的形状精度取决于刀具的精度,加工效率高,但由于刀具切削刃长,加工时的切削力大,加工系统容易产生变形和振动,要求机床具有较高的刚度和切削功率。成形车刀制造成本高,且不容易刃磨。因此,成形车刀法宜用于大批量生产。

3) 靠模法

用靠模法车成形面与靠模法车圆锥面的原理是一样的,只是靠模的形状是与工件母线形状一样的曲线,如图 2-45 所示。大拖板带动刀具做纵向进给的同时靠模带动刀具做横向进给,两个方向进给形成的合运动产生的进给运动轨迹就形成工件的母线。靠模法加工采用普通的车刀进行切削,刀具实际参加切削的切削刃不长,切削力与普通车削相近,变形小,振动小,工件的加工质量最好,生产效率高,但靠模的制造成本高。靠模法车成形面主要用于成批或大量生产。

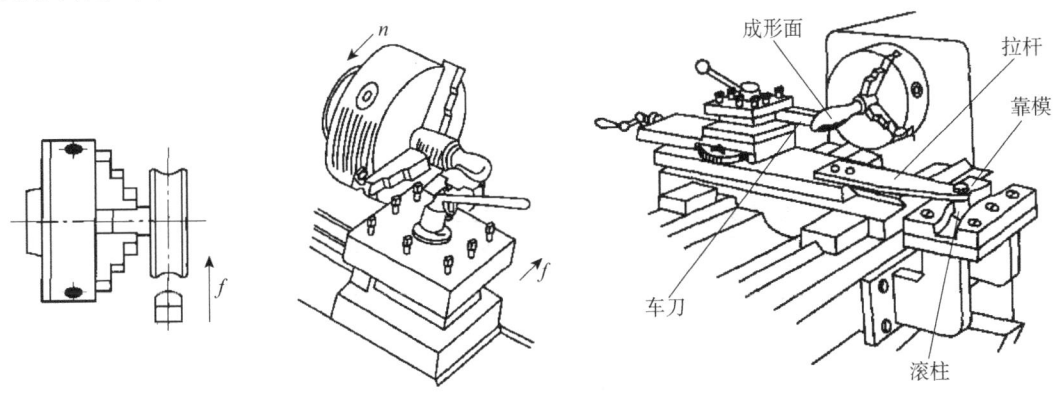

图 2-44 用成形刀车成形面　　　　图 2-45 靠模法车成形面

8. 孔加工

1) 钻孔

在实体材料上用钻头进行孔加工的方法称为钻孔。钻孔时刀具为麻花钻,钻孔的公差等级为 IT10 以下,表面粗糙度为 Ra 12.5μm,多用于粗加工孔。

钻孔的方法步骤如下。

(1) 车平端面,定出中心位置。

(2) 装夹钻头,锥柄钻头直接装在尾座套筒锥孔内,直柄钻头用钻夹头夹持。

(3) 调整尾座位置使钻头能进给到所需长度,并使套筒伸出长度较短,固定尾座。

(4) 开车进行钻削。开始时进给要慢,使钻头准确地钻入。钻削时切削速度不应过大,以免钻头剧烈磨损。钻削过程中应经常退出钻头排屑。钻削碳素钢时,须加切削液,孔将钻通时,应减慢进给速度,以防折断钻头。孔钻通后,先退钻头,后停车,如图 2-46 所示。

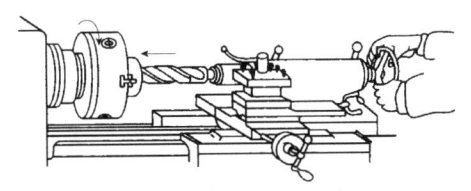

图 2-46 车床上钻孔

2) 镗孔

在车床上对工件的孔进行车削的方法叫镗孔(又叫车孔),镗孔可以作粗加工,也可以作精加工。镗孔分为镗通孔和镗不通孔，如图 2-47 所示。镗通孔基本上与车外圆相同，只是进刀和退刀方向相反、粗镗和精镗时也要进行试切和试测，其方法与车外圆相同。注意通孔镗刀的主偏角为 45°～75°，不通孔镗刀主偏角大于 90°。

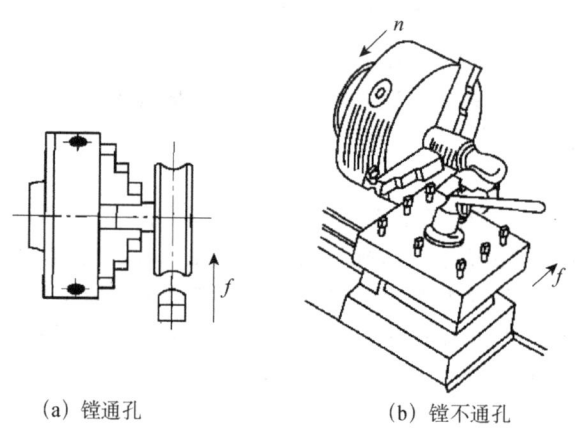

(a) 镗通孔   (b) 镗不通孔

图 2-47 镗孔

9. 车螺纹

将工件表面车削成螺纹的方法称为车螺纹。螺纹按牙型分有三角螺纹、梯形螺纹、方牙螺纹等（图 2-48），其中普通公制三角螺纹应用最广。

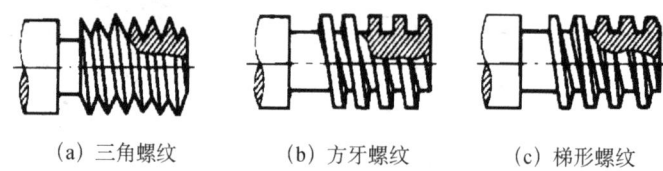

(a) 三角螺纹   (b) 方牙螺纹   (c) 梯形螺纹

图 2-48 螺纹的种类

1) 普通螺纹基本尺寸

国标规定了公称直径为 1～50 mm 普通螺纹的基本尺寸，如图 2-49 所示。其中大径、中径、螺距、牙型角是最基本要素，也是螺纹车削时必须控制的部分。

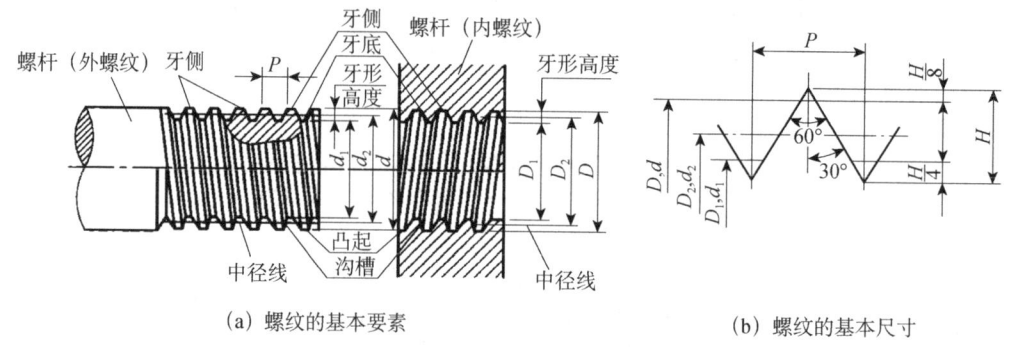

(a) 螺纹的基本要素   (b) 螺纹的基本尺寸

图 2-49 普通螺纹名称及符号

(1) 大径 D、d。螺纹的最主要尺寸之一，外螺纹中为螺纹外径，用符号 d 表示；内螺纹中为螺纹的底径，用 D 表示。

(2) 中径 D_2、d_2。是螺纹中一假想的圆柱面直径，该处圆柱面上螺纹牙厚与螺纹槽宽相等，是主要的测量尺寸。只有螺纹的中径一致时，两者才能很好地配合。

(3) 螺距 P。是相邻两牙在轴线方向上对应点的距离,由车床传动部分控制。

(4) 牙型角 α。螺纹轴向剖面上相邻两牙侧之间的夹角。

车削螺纹时,必须使上述要素都符合要求,螺纹才是合格的。

2) 螺纹加工过程

在车床上车螺纹时,螺纹车刀切削部分的形状必须与将要车的螺纹的牙型相符,螺纹车刀的尖角与螺纹的牙型角相等(用对刀板检验)。车普通螺纹的螺纹车刀尖角 $\varepsilon_r=60°$,前角 $r_0=0°$。车削过程如下。

(1) 安装工件。工件的安装方法同车外圆基本一样,要装正夹紧,以免在车螺纹中松动而乱扣。用外圆车刀车外圆并倒角,如果是阶梯轴则应在阶梯根部车螺纹退刀槽。

(2) 安装螺纹车刀。螺纹车刀中心线应与工件轴线垂直,且刀尖要与工件的轴线保证等高。螺纹车刀牙型角 α 一般使用角度样板对刀,以保证与所车制螺纹的牙型相符,如图 2-50 所示。

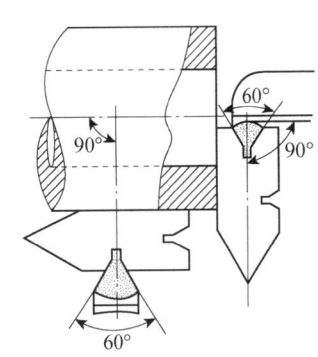

图 2-50 螺纹车刀的形状及对刀

(3) 调整机床。首先是根据所加工螺距的大小,在车床的床头铭牌上可以查出变换手柄的位置,并调整进给箱变换手柄的位置及挂轮,若仍不能满足要求则要计算并调整挂轮;其次是脱开车床光杠改用丝杠传动,选取主轴转速低速挡,以便有足够的时间退刀。然后按螺纹的旋向,调整三星挂轮换向机构,最后再检查溜板导轨的间隙,以免间隙过大而引起扎刀。

(4) 进刀特点。螺纹车削的加工余量比较大,若整个牙型高度较深,应分几次走刀切完,每次走刀的背吃刀量由中拖板上刻度盘来控制,必须落在第一次走刀车出的螺纹槽内,否则就会"乱扣"而成为废品。第一刀的切削深度大一些,以后逐次减少,最后一刀不要小于 0.15mm。车至螺纹终了时要先及时快速退出车刀,再停车手动扳回。为了保证二次进刀不"乱扣",丝杠与工件的螺距之比不为整数倍时不许脱开对开螺母返回。

3) 车削螺纹的方法与步骤

车削螺纹之前应先在螺纹起始端车出 45°或 30°倒角。操作如图 2-51 所示。

(1) 开车使车刀与工件轻微接触,记下刻度盘读数,向右退出车刀。

(2) 合上对开螺母,在工件表面上车出一条螺旋线,横向退出车刀,停车。

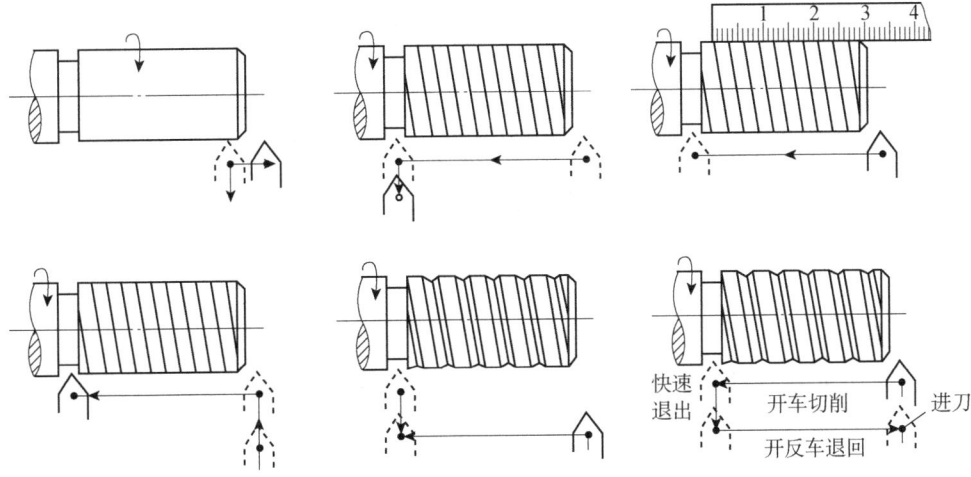

图 2-51 车螺纹的操作

(3) 开反车使车刀迟到或手动返回至进刀的初始位置,用钢尺检查螺距是否正确。
(4) 利用横向刻度盘手柄,调整背吃刀量,开车切削。
(5) 车刀将至行程终了时,应做好退刀停车准备,先快速退出车刀回刀架。
(6) 再次横向进背吃刀量继续切削,其切削过程同上。
一般精度螺纹车削用螺纹环规(螺纹塞规)的检查如图 2-52 所示。

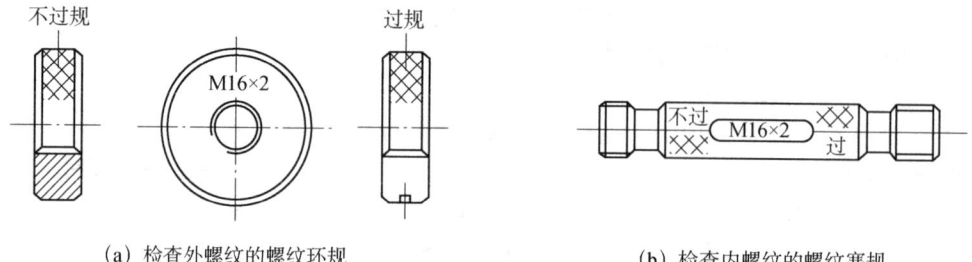

图 2-52 螺纹环规(塞规)

4) 螺纹车削的进刀方法

车削螺纹的进刀方法通常有直进法、左右进刀法、斜进法三种,如图 2-53 所示。

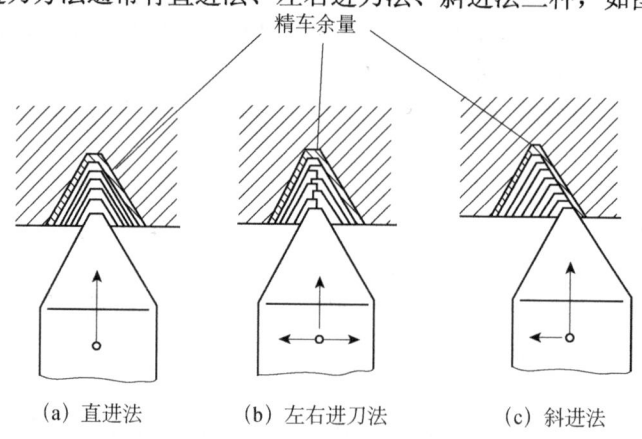

图 2-53 车螺纹的进给方法

(1) 直进法。车螺纹时只用中溜板横向进刀。螺纹车刀左右刀刃及刀尖全部同时参加切削,此法操作简便,但是容易扎刀。因而常用于车削小螺距或脆性材料的螺纹,还用于最后一次进刀精车螺纹。

(2) 左右进刀法。车螺纹时除了用中溜板横向进刀,同时用小溜板带动车刀左右微量进给相配合,使得左右刀刃交替切削,此法适用于塑性材料和大螺距的螺纹粗车。

(3) 斜进法。车螺纹时除了用中溜板横向进刀,小溜板也同时向一个方向进给,使螺纹车刀基本上只有一个刀刃参加切削。由于是单刃切削,车刀受力较小,散热和排屑较好,因而不容易引起扎刀。不过螺纹牙型有一表面较粗糙,此法适用于大螺距或塑性材料螺纹的粗车。

10. 滚花

许多工具和机器零件的手握部分,为了便于握持和增加美观,常常在表面液压出各种不同的花纹,如百分尺的套管,铰杠扳手及螺纹量规等。这些花纹一般都是在车床上用滚花刀滚压而成的,如图 2-54 所示。

滚花的实质是用滚花刀在原本光滑的工件表面挤压,使其产生塑性变形而形成凹凸不平但均匀一致的花纹。由于工件表面一部分下凹,而另一部分凸出,从大的范围来说,工件的直径有所增加。滚花时工件所受的径向力大,工件装夹时应使滚花部分靠近卡盘。滚花时工件的转速要低,并且要有充分的润滑,以减少塑性流动的金属对滚花刀的摩擦和防止产生乱纹。

滚花的花纹有直纹和网纹两种,滚花刀可分为如图2-55(a)所示的直纹滚花刀和图2-55(b)、(c)所示的网纹滚花刀。花纹亦有粗细之分,工件上花纹的粗细取决于滚花刀上滚轮。

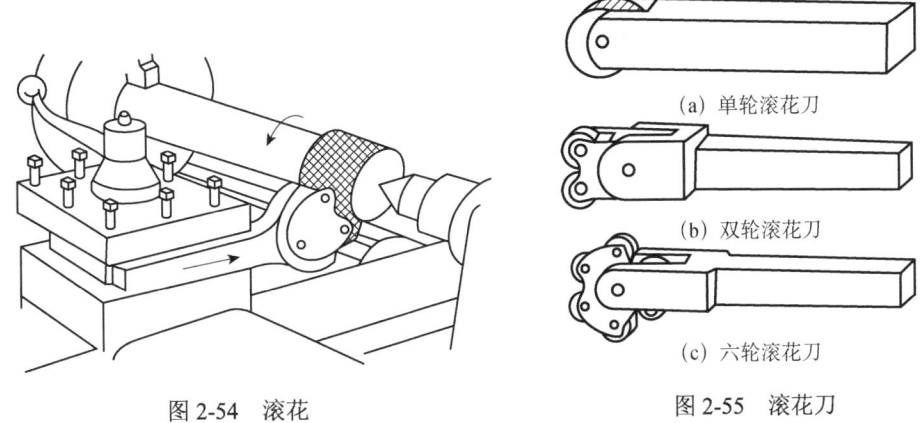

图 2-54　滚花　　　　　　图 2-55　滚花刀

2.4　实　践　课　题

1．典型轴类零件

零件技术要求(图 2-56)如下。

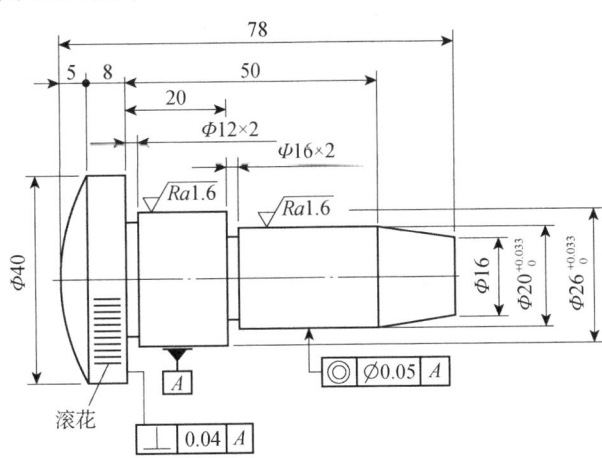

图 2-56　定位销轴

(1) 图 2-56 中以尺寸 $\Phi26_0^{+0.033}$ 轴心线为基准,令 $\Phi20_0^{+0.033}$ 尺寸与基准的同轴度要求为 $\Phi0.05$。

(2) 外径 $\Phi40$ 的圆柱右端面与 $\Phi26_0^{+0.033}$ 轴心线垂直度公差为 0.04。

(3) $\Phi40$ 的圆柱表面带滚花,左端面带 $R=42.5$ 的圆弧,长度为 5mm。

切削工序安排如表 2-3 所示。

表 2-3 定位销轴机械加工工艺过程卡

机械加工工艺过程卡		零件名称	定位销轴	材料	45 钢
		坯料种类	圆钢	生产类型	单件
工序号	工步号	工序内容		设备	刀具
10		下料 $\phi42\times82$		锯床	
20		粗车		普通车床	
	1	夹坯料的外圆,伸出长度大于 40,车外圆 $\phi40$,长度大于 30			45°弯头车刀
	2	调头夹 $\phi40$ 的外圆,校正,平端面			90°外圆车刀
	3	钻中心孔			中心钻
	4	夹 $\phi40$ 外圆,装夹长度小于 15mm,用活动顶尖定中心孔。粗车 $\phi26_{0}^{+0.033}$ 外圆尺寸至尺寸 $\phi21$,长度保证 64.5mm			90°外圆车刀
	5	车 $\phi20_{0}^{+0.033}$ 外圆至尺寸 $\phi21$,长度保证 45mm			90°外圆车刀
	6	车退刀槽 $\phi22\times2$			切断车刀
	7	车退刀槽 $\phi16\times2$,保证长度 22mm			切断车刀
	8	车锥体,保证尺寸 50mm			90°外圆车刀
	9	精车 $\phi26_{0}^{+0.033}$ 外圆尺寸至要求			90°外圆车刀
	10	精车 $\phi20_{0}^{+0.033}$ 外圆尺寸至要求			90°外圆车刀
	11	调头,夹 $\phi20_{0}^{+0.033}$ 外圆,注意在卡爪处垫铜片,保护已加工面。校正,平端面保证总长 78mm			45°弯头车刀
	12	用手控制法车成形面至要求			圆弧车刀
	14	滚花			滚花刀
30		检验			

2. 短轴

轴类零件的实例如图 2-57 所示,其外形由外圆、端面、台阶、沟槽和倒角组成,其原材料是 $\phi30mm$ 的钢材,经锯床切割成长度为 65mm 的棒料。根据其技术要求,可选用 C6132 车床,安排下列加工程序进行切削。

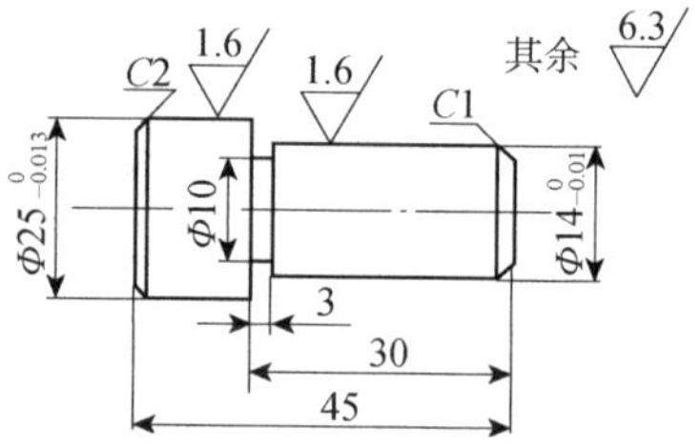

(1) 车外圆。用三爪卡盘夹持坯料,用右偏刀切端面,粗车第一段外圆至 $\phi15mm$、长 27mm,粗车第二段外圆至 $\phi26mm$,两段总长 50mm,如图 2-58 所示。

(2) 精车外圆。精车第一段外圆至 $\phi14_{-0.01}^{0}$ mm,精车第二段外圆至 $\phi25_{-0.013}^{0}$ mm,并倒角 C1,如图 2-59 所示。

图 2-57 轴类零件实例

(3) 切槽和切断。用切槽刀切槽至 $\phi10mm$、槽宽 3mm,槽边至第一段顶端总长 30mm,再用切槽刀切断工件,工件长度为 46mm。如图 2-60 所示。

(4) 车端面和倒角。用三爪卡盘夹持 $\phi25mm$ 处车端面,保证工件长度为 45mm,并倒角 C2。最后的成品如图 2-57 所示。

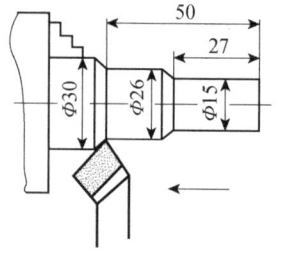

图 2-58 车外圆

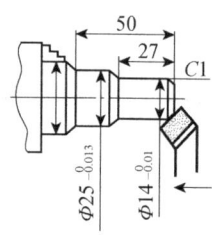

图 2-59 精车外圆

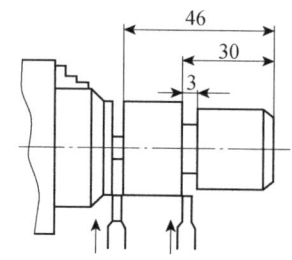

图 2-60 切槽和切断

3. 长轴——锤头手柄

根据图 2-61 所示的结构和技术要求，可见该轴的长径比较大，需要采用顶尖装夹，并经调头安装和粗精车、滚花才能保证质量。在车削时一般是先车端面作为轴向尺寸测量的基准，加工步骤如下。

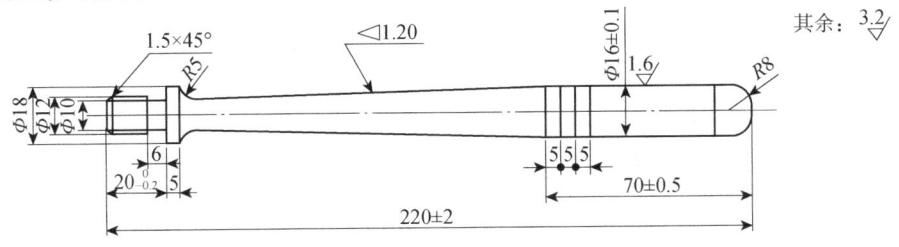

图 2-61 零件图

(1) 车端面(图 2-62(a))，钻中心孔，卡端头将坯料车至 Φ18mm。

(2) 车 Φ18 外圆(图 2-62(b))，车圆柱面 Φ10.5×17.4，切出退刀槽。

(3) 车 Φ18 外圆(图 2-62(c))，车圆柱面 Φ9.8×17.5。车圆柱面 Φ16.5×65，再车圆柱面 Φ15.5×40。套 M10 螺纹。

(4) 车 Φ18 外圆车端面(图 2-62(d))，钻中心孔。确定总长，车出工艺台。

(5) 车 Φ15.5 外圆(图 2-62(e))，车柱面 Φ16×101，在 Φ16 处滚花。

(6) 调头卡工艺台(图 2-62(f))，车圆锥面。

(7) 车 Φ16 滚花处(图 2-62(e))，去掉工艺台车 SR8 球面。

(8) 车削螺纹(图 2-62(h))，工作完成。

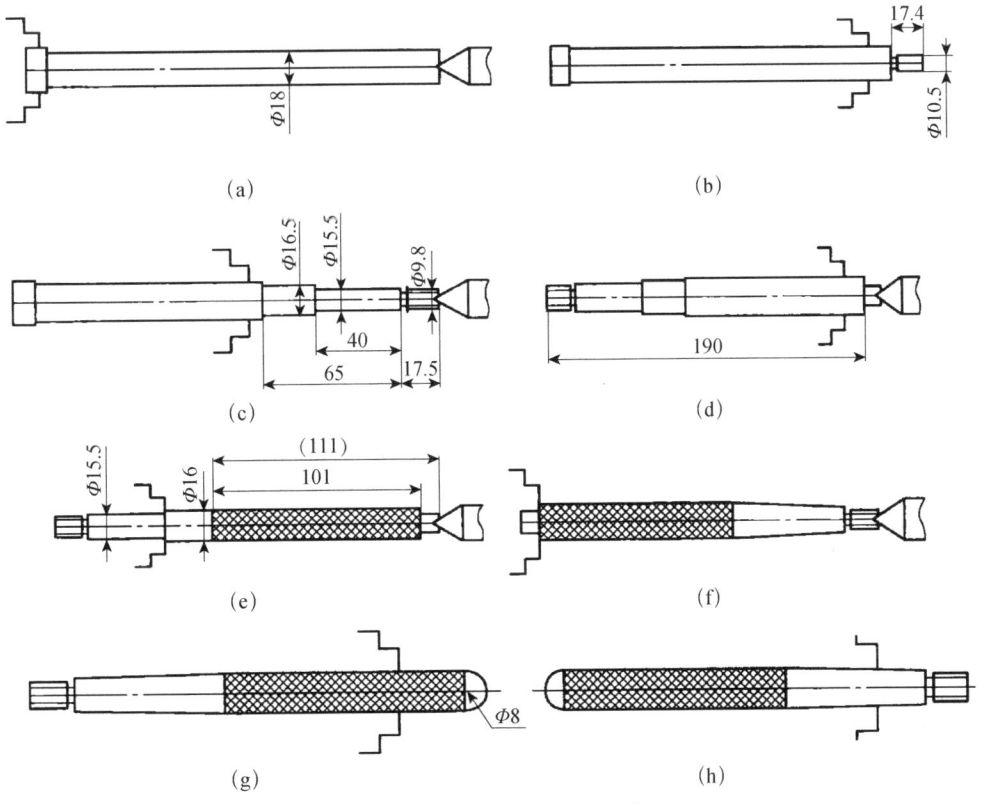

图 2-62 锤头手柄加工工序示意图

2.5 车削安全操作规范

(1) 开车前，认真检查车床各部位有无异常，以防开车时突然撞击而损坏车床。启动后，应低速运行几分钟，使各部位的润滑正常。

(2) 操作人员应穿工作服，防止飘逸的衣物意外卷入旋转的机器。如长发应塞入帽内、袖口应扣紧、不允许戴围巾、手套等。

(3) 不允许在床面上放置物件。不允许在卡盘上、导轨上敲击或校直工件。

(4) 加工前，工件和刀具应装夹可靠，既要防止夹紧力过小松脱伤人，又要防止夹紧力过大损坏机件。装夹工件后，卡盘扳手应随手拿下，严禁扳手未拿而开车。

(5) 车床开动后，严禁触摸任何旋转部位，不允许测量或用丝织物擦拭旋转的工件。

(6) 变速时，必须先停车，后换挡。停车时不允许用手刹住旋转的卡盘。

(7) 实践操作时，不允许将头与工件靠得太近，以防切屑飞入眼中。清除切屑时，严禁用手直接清除或用嘴吹除。必须使用专用的铁钩和毛刷。

(8) 工作结束时，应关闭电源。将车床擦拭干净。在导轨上加注防锈油。将各操作手柄置于空挡。将大拖板、尾座摇至床尾。

(9) 工作结束后，清理所用的全部工具、量具、刀具、夹具等，并整齐有序地放入工具柜中。

(10) 最后清扫场地，离厂结束。

第3章 铣削技术

3.1 铣削概述

铣削加工是在铣床上利用铣刀对工件进行切削加工的方法,是平面加工的主要方法之一。铣削加工是一种高生产率的加工方法,在工业大批量生产中,除加工狭长的平面外,铣削几乎可取代刨削,成为平面、沟槽和成形表面加工的常用方法。

3.1.1 铣削的特点与应用

1. 铣削的特点

铣削加工具有以下特点。

(1)铣刀上的每个刀齿间歇地参加工作,刀齿与工件接触时间短,冷却条件较好,有利于延长铣刀使用寿命。

(2)铣刀是多齿刀具,切削过程中同时参加工作的刀刃数多,切削刃总长度较长,并可采用较大的切削用量,故属于较高生产率的平面加工方法。

(3)铣削过程中,由于切削参数是变化的,因而有振动和冲击,使刀齿磨损加快;切削过程不平稳,限制切削速度的提高,也影响工件加工质量。

(4)铣削加工范围较广,铣刀制造和刃磨较困难。平面加工的精度受铣刀安装误差、铣刀磨损、受力变形大等因素的影响,较刨削稍差,特别是大型或薄壁平面更为明显。

一般说来,铣削属于粗加工和半精加工范畴。

2. 铣削的应用

铣削加工主要用于加工平面、斜面、各种沟槽、成形表面、齿轮和螺旋槽等,如图 3-1

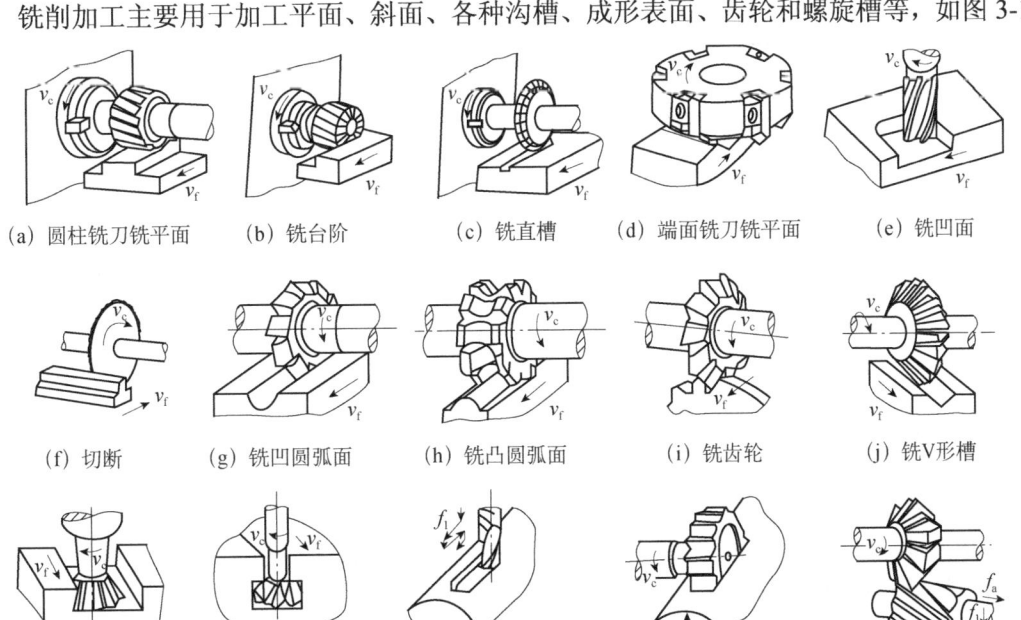

(a) 圆柱铣刀铣平面　(b) 铣台阶　(c) 铣直槽　(d) 端面铣刀铣平面　(e) 铣凹面

(f) 切断　(g) 铣凹圆弧面　(h) 铣凸圆弧面　(i) 铣齿轮　(j) 铣V形槽

(k) 铣燕尾槽　(l) 铣T形槽　(m) 键槽铣刀铣键槽　(n) 平面键槽铣刀铣平面键槽　(o) 铣螺旋槽

图 3-1　铣削的加工范围

所示。另外铣削加工还能钻孔和镗孔。

3.1.2 铣削运动及铣削用量

1. 铣削运动

铣削加工的运动过程有：

(1) 铣刀的高速旋转——主运动；

(2) 工件随工作台缓慢的直线移动——进给运动，该进给运动可分为垂直、横向和纵向运动，如图 3-2 所示。

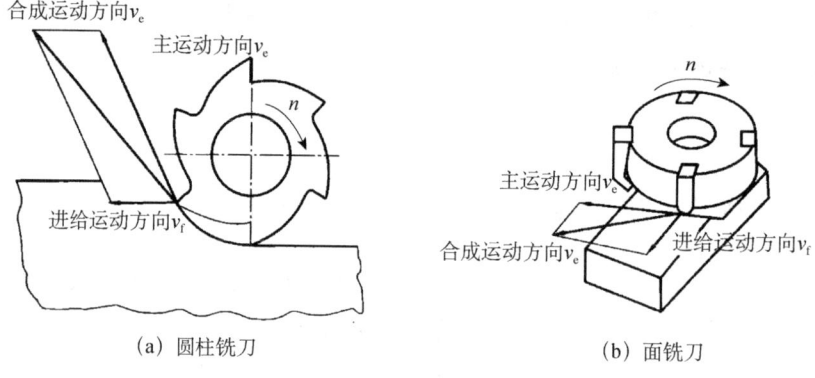

(a) 圆柱铣刀　　　　(b) 面铣刀

图 3-2　铣削运动

2. 铣削用量

通常将铣削速度、进给量、铣削深度和铣削宽度称为铣削用量(图 3-3)四要素，铣削精度一般为 IT7～IT9，表面粗糙度 Ra 为 1.6～6.3μm。

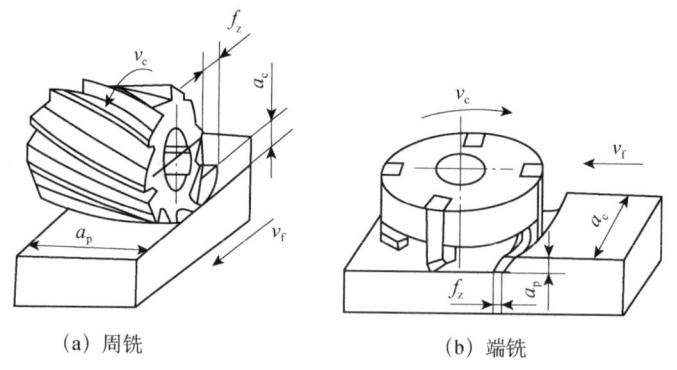

(a) 周铣　　　　(b) 端铣

图 3-3　铣削用量

1) 铣削速度

铣刀旋转时的切削速度为 $v_c = \pi d_0 n / 1000$，式中，v_c 为铣削速度(m/min)，d_0 为铣刀直径(mm)，n 为铣刀转速(r/min)。

2) 进给量

指工件相对铣刀移动的距离，分别用三种方法表示：f、f_z、v_f。

(1) 每转进给量 f 指铣刀每转动一周，工件与铣刀的相对位移量，单位为 mm/r。

(2) 每齿进给量 f_z 指铣刀每转过一个刀齿，工件与铣刀沿进给方向的相对位移量，单位为 mm/z。

(3) 进给速度 v_f 指单位时间内工件与铣刀沿进给方向的相对位移量。通常情况下，铣床加工时的进给量均指进给速度 v_f。

二者之间的关系为 $v_f=f\times n=f_z\times z\times n$，式中，$z$ 为铣刀齿数，n 为铣刀转数(r/min)。

3) 铣削深度

铣削深度（a_p）指平行于铣刀轴线方向测量的切削层尺寸。

4) 铣削宽度

铣削宽度（a_e）指垂直于铣刀轴线并垂直于进给方向度量的切削层尺寸。

切削用量参考值如表 3-1 所示。

表 3-1 铣削用量参考值

材料	高速钢铣刀		侧吃刀量 a_e/mm		硬质合金铣刀		侧吃刀量 a_e/mm	
	切削速度 v_c/(m/min)	进给量 f_z/(mm/r)	粗铣	精铣	切削速度 v_c/(m/min)	进给量 f_z/(mm/r)	粗铣	精铣
低碳钢	21~25	0.1~0.2	<5	0.5~1	150~190	0.12~0.3	<12	0.5~1
中碳钢	21~35	0.05~0.2	<4	0.5~1	120~150	0.07~0.2	<7	0.5~1
高碳钢	12~25	0.05~0.2	<3	0.5~1	60~90	0.07~0.2	<4	0.5~1
灰铸铁	14~28	0.07~0.25	5~7	0.5~1	72~100	0.1~0.3	10~18	0.5~1

3.2 铣削设备及工具

3.2.1 铣床

铣床的种类很多，有卧式、立式、龙门铣床，万能工具铣等，最常见的是卧式（万能）铣床和立式铣床。两者的区别在于卧式铣床的轴为水平设置，立式铣床的主轴为竖直设置。

1. 卧式万能升降台铣床

XW6132 型卧式万能铣床的主要组成部分(图 3-4)和作用如下。

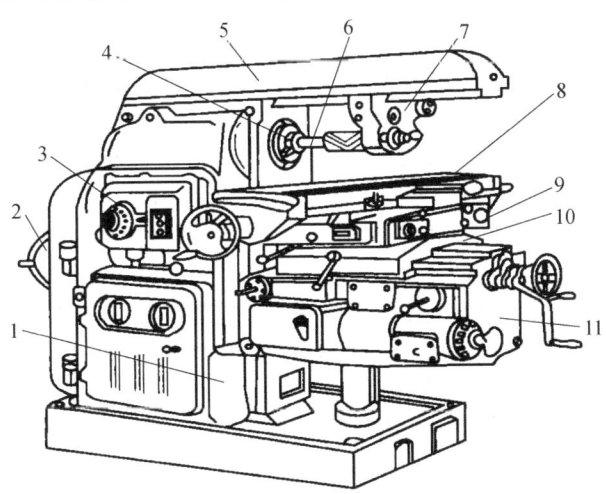

1-床身；2-主传动电动机；3-主轴变速机构；4-主轴；5-横梁；6-刀杆；
7-吊架；8-纵向工作台；9-转台；10-横向工作台；11-升降台

图 3-4 万能卧式铣床

(1) 床身。支承并连接各部件，前侧导轨供升降台移动之用，顶部水平导轨支承横梁。床身内装有主轴和主运动变速系统及润滑系统。

(2) 主轴。是空心的,前端有锥孔,用以安装铣刀杆和刀具。

(3) 横梁。可在床身顶部导轨前后移动,吊架安装其上,用来支承铣刀杆。

(4) 纵向工作台。由纵向丝杠带动在转台的导轨上做纵向移动,以带动台面上的工件做纵向进给。台面上的T形槽用以安装夹具或工件。

(5) 转台。位于纵向工作台和横向工作板之间,下面用螺钉与横向工作板相连,松开螺钉可使转台带动纵向工作台在水平面内回转一定角度(左右最大可转过45°)。

(6) 横向工作台。位于升降台上面的水平导轨上,可带动纵向工作台一起做横向进给。

(7) 升降台。可沿床身导轨做垂直移动,调整工作台至铣刀的距离。

这种铣床还可进行立铣加工,只需将横梁移至床身后面,在主轴端部装上立铣头。

2. 立式升降台铣床

立式升降台铣床简称立式铣床。图3-5所示为X5032立式铣床。"X"代表铣床,"5"为立式铣床,"0"为立式升降台铣床,"32"表示工作台面宽度的1/10,即此型号铣床工作台面宽度为320mm。立式铣床与卧式铣床的主要区别是其主轴与工作台面垂直,铣刀安装在主轴上,由主轴带动做旋转运动,工作台带动零件做纵向、横向、垂直方向移动。根据加工的需要,可以将铣头(包括主轴)左、右倾斜一定角度,以便加工斜面等。立式铣床生产率比较高,可以利用立铣刀或面铣刀加工平面、台阶、斜面和键槽,还可加工内外圆弧、T形槽及凸轮等。

3.2.2 铣床附件与夹具

1. 平口钳

平口虎钳常用于安装矩形和圆柱形工件,机用平口虎钳如图3-6所示。

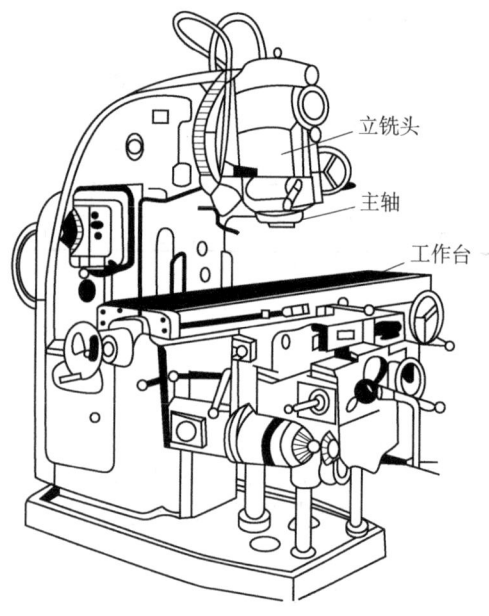

图3-5 X5032立式铣床

使用时松开钳座上的螺母,可将上钳座转到任意角度的位置。使用平口虎钳安装工件的方法和注意事项如下。

(1) 在工作台上固定虎钳时,要选择好安装方向,应使切削中的铣削力方向指向固定钳口,如果使铣削力指向活动钳口,容易引起振动和切削中的不稳定。

(2) 应将工件放在虎钳中间,不应放在某一头,否则会损坏虎钳的夹持精度。

(3) 平口虎钳固定到工作台面上后,两钳口与工作台面应该垂直。因此,在安装时一定要把钳口面、虎钳底面、工作台面擦干净,防止有切削或其他杂物影响虎钳安装的位置。

(4) 平口虎钳的钳口面应根据需要使其处于与某一轴垂直、平行或倾斜的位置。当需要转动上钳座时,所转动角度可根据回转盘上的刻度进行控制。

(5) 铣垂直面时,要使工件上的基准面与固定钳口面接触好,这时可使用一根圆棒放在钳口面处,当夹紧工件时,圆棒和工件呈直线接触,这样工件基准面与固定钳口能够贴合好,保证了工件铣出后垂直面的准确。

(6) 夹紧手柄的长度足以将工件夹紧,不能使用加力棒,否则会损坏虎钳的丝杆。

2. 万能分度头

1) 万能分度头的结构

在铣削加工中常会遇到铣四方、六方、齿轮、花键和刻线等工作,分度头是能对工件在圆周、水平、垂直、倾斜方向上等分或不等分地进行分度工作的铣床附件,分度头有许多类型,最常用的是万能分度头,如图3-7所示。

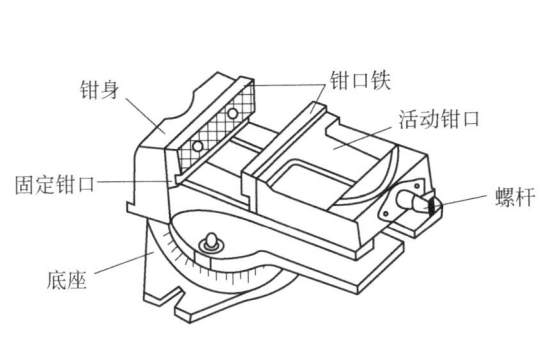

图3-6 平口虎钳

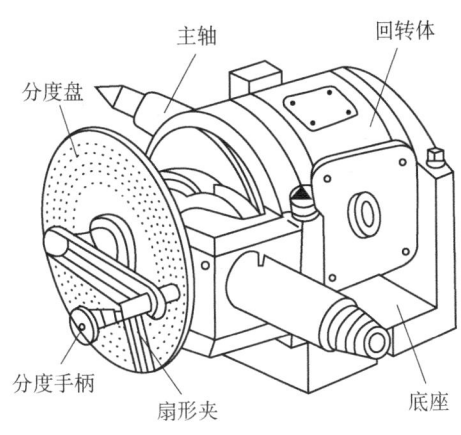

图3-7 万能分度头

万能分度头由底座、转动体、主轴和分度盘等组成。工作时,它的底座用螺钉紧固在工作台上,并利用导向键与工作台中间一条T形槽相配合,使分度头主轴轴线平行于工作台纵向进给。分度头的前端锥孔内可安放顶尖,用来支撑工件;主轴外部有一短定位锥体与卡盘的法兰盘锥孔相连接,以便用卡盘来装夹工件。分度头的侧面有分度盘和分度手柄。分度时摇动分度手柄,通过蜗杆、蜗轮带动分度头主轴旋转进行分度。

2) 万能分度头的传动系统

分度头的转动体内装有传动系统,如图3-8所示。主轴上固定有齿数为40的蜗轮,它与单头蜗杆配合。工作时,拔出定位销,转动手柄,通过一对齿数相等的齿轮传动蜗杆带动蜗轮主轴旋转。分度头传动路线(图3-8)是:手柄→齿轮副(传动比为1∶1)→蜗杆与蜗轮(传动比为1∶40)→主轴。可算得手柄与主轴的传动比是1∶1/40,即手柄转一圈,主轴则转过1/40圈。如果工件要作z等分,则每一等分要求主轴转$1/z$周,则分度手柄所转的圈数n,即为$n=40/z$。

3) 万能分度头的使用方法

使用分度头进行分度的方法有直接分度法、简

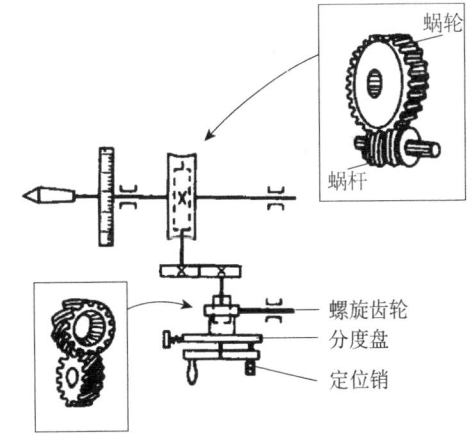

图3-8 万能分度头传动示意图

单分度法、角度分度法和差动分度法等,这里介绍常见的简单分度法。$n=40/z$所表示的方法即为简单分度法,例如,铣齿数$z=35$的齿轮,每一次分齿时手柄转数为$n=40/z=40/35=8/7$(圈)。每分一齿,手柄需要转过一整圈再转1/7圈,剩下的1/7圈通过分度盘来控制。

分度头通常配有两块分度盘,分度盘的两面均钻有许多圈孔,各圈孔数均不相等,而同一孔圈上的孔距是相等的,如图3-9所示。第一块分度盘正面各圈孔数依次为:24,25,28,30,34,37;反面各圈孔数依次为:38,39,41,42,43。第二块分度盘正面各圈孔数依次

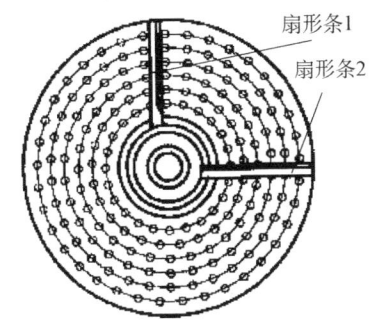

图3-9 万能分度头

为：46，47，49，51，53，54；反面各圈孔数依次为：57，58，59，62，66。简单分度时，分度盘固定不动，再将分度手柄上的定位销调整到孔数为 7 的倍数的孔圈上（即在孔数为 28 的孔圈上）。此时手柄转过一周后，再沿孔数为 28 的孔圈转过 4 个孔距，即 $n=8/7=32/28$。

为了确保手柄转过的孔距数可靠，通过调整分度盘上的扇股（又称扇形条或扇形叉）1、2 间的夹角，使之正好等于四个孔距，这样就可准确无误地依次进行分度，如图 3-9 所示。

3. 回转台

回转工作台又称为转盘或圆工作台，包括手动和机动进给两种，主要作用是大工件的分度及铣削带圆弧曲线的外表面和圆弧沟槽的工件。手动回转工作台的内部有一套蜗杆、蜗轮，摇动手轮，通过螺旋轴，就能直接带动与转台连接的蜗轮传动（图 3-10）。转台周围有 0°～360°刻度，可用来观察和确定转台位置。拧紧固定螺钉，转台就固定不动。转台中央有一基准孔，利用基准孔可方便确定工件的回转中心。铣圆弧槽时，工件安装在回转工作台上绕铣刀旋转，用手均匀缓慢地摇动回转工作台，在工件上铣出圆弧槽来，如图 3-11 所示。

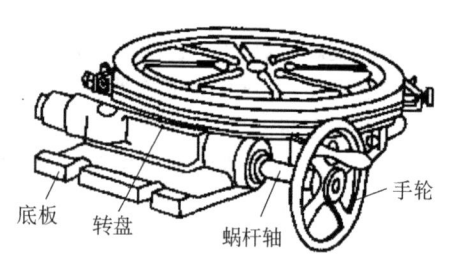
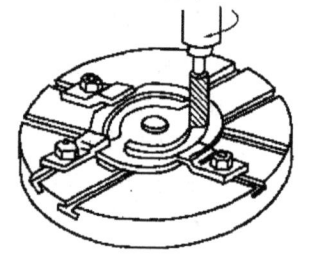

图 3-10　手动回转工作台　　　　图 3-11　在回转工作台上铣圆弧槽

4. 万能铣头

万能铣头装在卧式铣床上，不仅能完成各种立铣工作，而且还可以根据铣削的需要，将铣头主轴扳转成任意角度，其底座用四个螺栓固定在铣床垂直导轨上，如图 3-12(a)所示。铣床主轴传递到铣头主轴，因此铣头主轴的转速级数与铣床的转速级数相同。铣头的壳体可绕主轴轴线偏转任意角度，如图 3-12(b)所示。铣头主轴的壳体还能在铣头的壳体上偏转任意角度，如图 3-12(c)所示。因此，铣头主轴能在空间偏转成所需的任意角度，有利于扩大卧式铣床的加工范围。

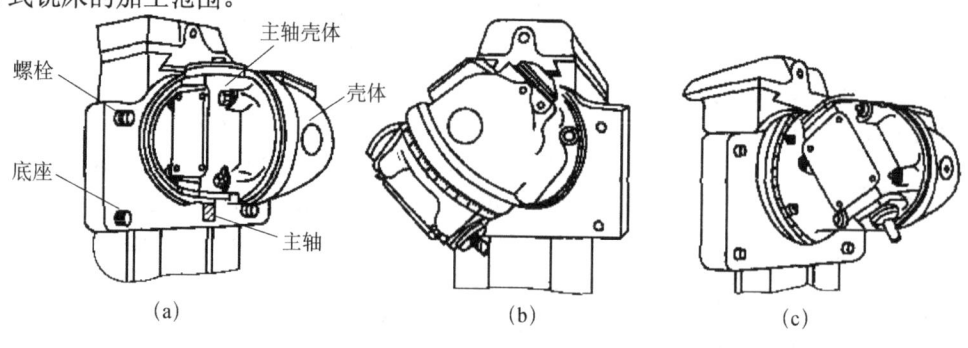

图 3-12　万能铣头

5. 压板

对于形状尺寸较大或不便于用机用虎钳装夹的工件，常用压板将其安装在铣床工作台面上进行加工。当卧式铣床上用端铣刀铣削时，普遍采用压板装夹工件进行铣削加工。压板的结构如图 3-13 所示。压板通过台阶垫铁、T 形短栓、螺母将工件压紧在工作台面上,螺母和压板之间应垫有垫圈。压紧工件时,压板应至少选用两块,将压板的一端压在工件上,另一端压在台阶垫铁上。压板位置要适当,以免压紧力不当而影响铣削质量或造成事故。

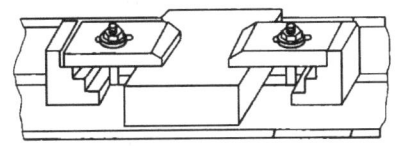

图 3-13 压板的结构

3.2.3 铣刀

1. 铣刀的种类

铣刀的种类很多,按铣刀结构和安装方法的不同可分为带柄铣刀和带孔铣刀。其中,带孔铣刀主要用于卧式铣床,带柄铣刀主要用于立式铣床。

1)带孔铣刀

带孔铣刀主要用于卧式铣床,常用的带孔铣刀有圆柱铣刀、三面刃铣刀、锯片铣刀、成形铣刀、角度铣刀和半圆弧铣刀等,如图 3-14 所示。

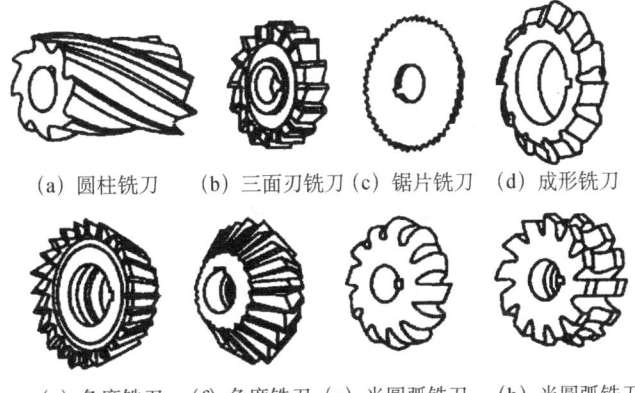

(a) 圆柱铣刀　(b) 三面刃铣刀 (c) 锯片铣刀　(d) 成形铣刀

(e) 角度铣刀　(f) 角度铣刀　(g) 半圆弧铣刀　(h) 半圆弧铣刀

图 3-14 带孔铣刀

2)带柄铣刀

带柄铣刀有直柄和锥柄之分,这种铣刀多用于立铣加工,如图 3-15 所示。一般直径小于 20mm 的较小铣刀做成直柄,如图 3-15(b)所示;直径较大的铣刀多做成锥柄,如图 3-15(a)所示。

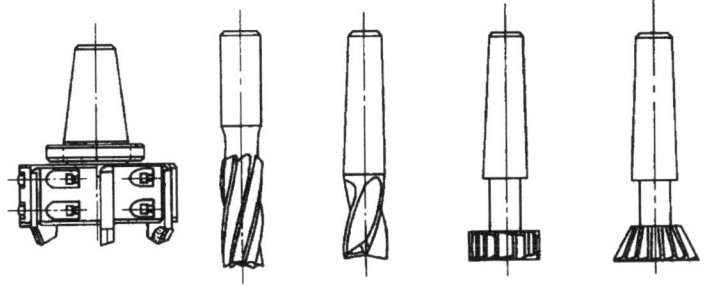

(a) 镶齿端铣刀　(b) 立铣刀　(c) 键槽铣刀　(d) T 形槽铣刀　(e) 燕尾槽铣刀

图 3-15 带柄铣刀

2. 铣刀的安装

1)带孔铣刀的安装

(1)直柄铣刀的安装。常用弹簧夹头来安装直柄铣刀,如图 3-16(a)所示,安装时,收紧螺母，使弹簧作径向收缩而将铣刀的柱柄夹紧。

(2) 锥柄铣刀的安装。当铣刀锥柄尺寸与主轴端部锥孔相向时，可直接装入锥孔并用拉杆拉紧。否则要用过渡锥套进行安装，如图3-16（b）所示。

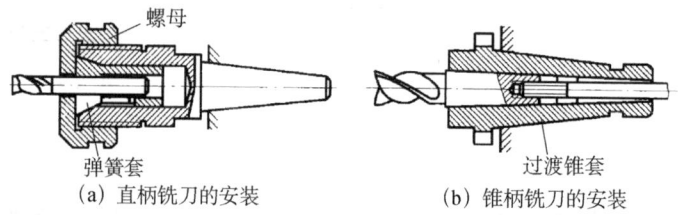

(a) 直柄铣刀的安装　　(b) 锥柄铣刀的安装

图 3-16　带柄铣刀的安装

2) 带孔铣刀的安装

常采用铣刀杆安装带孔铣刀，如图3-17所示。先将铣刀杆锥体一端插入主轴锥孔，用拉杆拉紧。通过套筒调整铣刀到合适位置，刀杆一端用吊架支承。

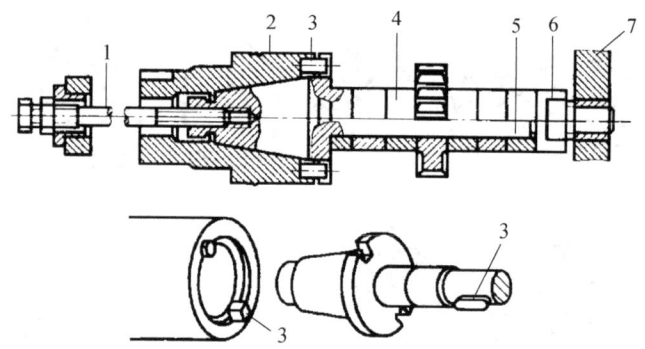

1-拉杆；2-主轴；3-键；4-套筒；5-刀轴；6-螺母；7-吊架

图 3-17　带孔铣刀的安装

3) 铣刀的选择

根据铣刀刀齿材料的不同，可将铣刀分为高速钢和硬质合金铣刀，铣刀直径通常根据铣削用量进行选择，一些常用铣刀的选择方法见表3-2、表3-3。

表 3-2　圆柱、端铣刀直径的选择(参考)　　　　（单位：mm）

名称	高速钢圆柱铣刀			硬质合金端铣刀					
铣削深度 a_p	≤5	~8	~10	≤4	~5	~6	~7	~8	~10
铣削宽度 a_c	≤70	~90	~100	≤60	~90	~120	~180	~260	~350
铣刀直径 d_0	≤80	80~100	100~125	≤80	100~125	160~200	200~250	320~400	400~500

表 3-3　盘形、锯片铣刀直径的选择(参考)　　　　（单位：mm）

铣削深度 a_p	≤8	~15	~20	~30	~45	~60	~80
铣刀直径 d_0	63	80	100	125	160	200	250

3.3　铣削的操作

3.3.1　铣削平面

1. 铣平面的方法

用铣削方法加工工件的平面称为铣平面。铣平面主要有周铣和端铣两种。

1) 周铣

利用分布在铣刀圆柱面上的刀刃进行铣削并形成平面的加工称为圆周铣,简称周铣。周铣主要在卧式铣床上进行,铣出的平面与工作台面平行。圆柱形铣刀的刀齿有直齿与螺旋齿两种,由于螺旋齿在铣削时是逐渐切入工件的,铣削较平稳,因此铣削平面时均采用螺旋齿圆柱形铣刀,如图3-18所示。

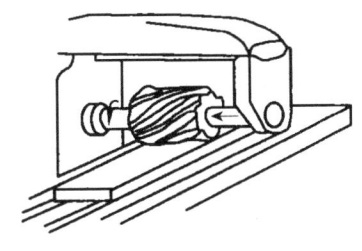

图3-18 用螺旋齿圆柱形铣刀铣削平面

保证周铣加工平面质量的方法主要有两种:一是从平面度方面考虑,选择合理的装夹方案和较小的夹紧力可减小工件变形,而较小的刀具圆柱度误差和锋利的切削刃都可以提高工件的平面度;二是从表面结构方面考虑,工件的进给速度越小,铣刀转速越高,可以减小表面结构值,保证表面质量。

2) 端铣

利用分布在铣刀端面上的刀刃进行铣削并形成平面的加工称为端铣或立铣。用端铣刀或立铣刀铣平面可以在卧式铣床上进行,铣出的平面与铣床工作台面垂直,如图3-19所示。端铣也可以在立式铣床上进行,铣出的平面与铣床工作台面平行,如图3-20所示。

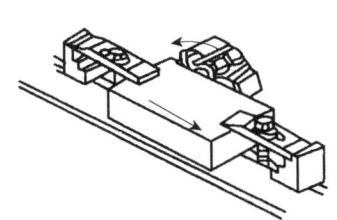
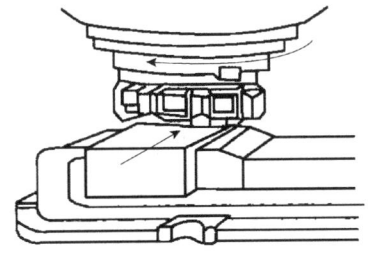

图3-19 卧式铣床端铣刀加工平面　　图3-20 立式铣刀端铣刀加工平面

端铣时,保证加工平面质量的方法主要有两种,一是较小的进给速度和较高的铣刀转速等都可以减小表面结构值,从而保证工件的表面质量;二是平面度主要取决于铣床主轴轴线与进给方向的垂直度误差。铣平面时,应进行铣床主轴轴线与进给方向垂直度的校正。

3) 顺铣与逆铣

铣削有顺铣与逆铣两种方式,如图3-21所示。铣刀对工件的作用力在进给方向上的分力与工件进给方向相同的铣削方式,称为顺铣;铣刀对工件的作用力在进给方向上的分力与工件进给方向相反的铣削方式,称为逆铣。

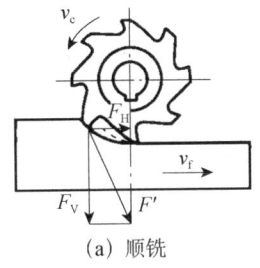
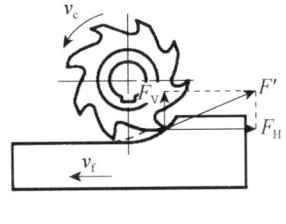

(a) 顺铣　　　　　　　　　　(b) 逆铣

图3-21 顺铣和逆铣

顺铣时,刀齿切入的切削厚度由大变小,易切入工件,工件受铣刀向下压分力 F_V 的作用,不易振动,切削平稳,加工表面质量好,刀具耐用度高,有利于高速切削。但这时的水平分力 F_H 方向与进给方向相同,当工作台丝杠与螺母有间隙时,此力会引起工作台不断窜动，使切削不平稳，甚至打刀。所以，只有消除了丝杠与螺母间隙才能采用顺铣；此外还要求工件表面无硬皮，方可采用这种方法。

逆铣时，刀齿切入切削厚度是由零逐渐变到最大的，由于刀齿切削刃有一定的钝圆，所以刀齿要滑行一段距离才能切入工件。因刀刃与工件摩擦严重，工件已加工表面粗糙度增大，且刀具易磨损。但其切削力始终使工作台丝杠与螺母保持紧密接触，工作台不会窜动，也不会打刀。因铣床纵向工作台丝杠与螺母间隙不易消除，所以一般生产多用逆铣进行铣削。

2. 铣平面的加工步骤

1) 确定铣削方法，选择刀具

(1) 粗铣加工。粗铣加工时应选用粗齿铣刀，铣刀的直径按工件的切削层深度大小而定，切削层深度大，相应选择大直径铣刀，端铣刀的直径一般应大于工件的加工面宽度的1.2~1.5倍，铣刀宽度要大于工件加工面的宽度。

(2) 精铣加工。精铣加工时应选用细齿铣刀，选择较大直径的铣刀，因为其刀柄直径相应较大，刚性较好，铣削时平稳，能够保证加工表面的质量。

2) 确定工件装夹方案

铣削中小型工件的平面时，一般采用机用虎钳装夹；铣削尺寸较大或不便于用机用虎钳装夹的工件时，可采用压板装夹。

3) 确定铣削用量

(1) 端铣时的背吃刀量 a_p 和周铣时的侧吃刀量 a_c。在粗加工时，若加工余量不大，可一次切除；精铣时，每次的吃刀量应小一些。

(2) 端铣时的侧吃刀量 a_c 和周铣时的背吃刀量 a_p。一般与工件加工面的宽度相等。

(3) 每齿进给量 f_z。通常取每齿进给量 $f_z=0.02\sim 0.03$ mm/z，粗铣时每齿进给量要取大一些，精铣时每齿进给量则应取小一些。

(4) 铣削速度 v_c。根据工件材料及铣刀切削刃材料等的不同，所采用的铣削速度也不同。

4) 对刀

在铣床上，移动工作台有手动和机动两种方法。手动移动工作台一般用于切削位置的调整和工件趋近铣刀的运动，机动移动工作台用于连续进给实现铣削。在调整工件或对工时，如果不小心将手柄摇过位置，则应将手柄倒转一些后（一般转 1/2~1 周），再重新摇动手柄到规定位置上，从而消除螺母丝杠副的轴向间隙，避免出现尺寸错误。

3.3.2 铣削垂直面

与基准面垂直的面称为垂直面。铣削工件上相互垂直的平面时，常用台虎钳或角铁装夹。在台虎钳上装夹工件时，必须使工件基准面与固定钳口贴紧，以保证铣削面与基准面垂直，因为固定钳口与工作台面是相互垂直的。装夹 V 形工件时常在活动钳口与工件之间垫一根圆棒或窄平铁，如图 3-22(a) 所示，否则在基准面的对面为毛面（或不平行）时，便会出现如图 3-22(b)、(c) 所示的情况，将影响加工面的垂直度。

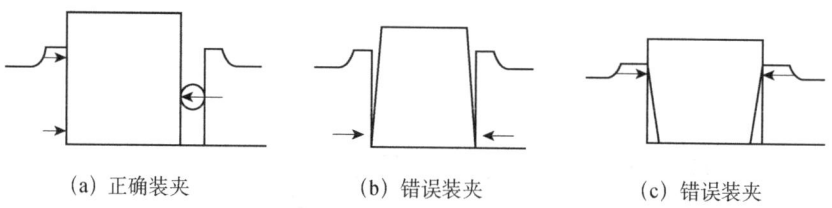

图 3-22 铣削垂直面的装夹

1. 周铣加工垂直面

铣削基准面比较宽而加工面比较窄的工件时,在卧式铣床上用角铁装夹铣削垂直面。在立式铣床上用立铣刀加工垂直面,如图3-23所示。

在卧式铣床上周铣垂直面的原因及保证垂直度的方法如下。

(1) 工件基准面与固定钳口不贴合。避免工件基准面与固定钳口不贴合现象的方法是修去毛刺,擦净固定钳口和基准面,再在活动钳口处安置一根圆棒,也可放一条窄长而较厚的铜皮。

(2) 固定钳口与工作台面不垂直。机用虎钳的固定钳口与工作台面不垂直的校正方法如下。

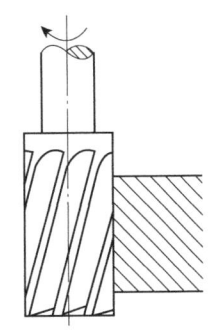

图3-23 立铣刀垂直铣削

① 在机用虎钳底平面垫铜皮或纸片。当铣出垂直夹角小于90°时,应垫在靠近固定钳口的一端;若大于90°,则应垫在靠近活动钳口的一端。这种方法是临时措施,但加工一批工件只需垫一次。

② 在固定钳口处垫铜皮或纸片。当铣出的平面与基面之间的夹角小于90°时,铜皮或纸片应垫在钳口的上部,反之则垫在下部,这种方法只作为临时措施和用于单件生产。

③ 校正固定钳口。先利用百分表检查钳口的误差,然后用百分表读数的差值乘以钳口铁的高度再除以百分表的移动距离,把此数值厚度的铜皮垫在固定钳口和钳口铁之间。若上面的百分表读数大,则应垫在上面,反之则垫在下面,也可把钳口铁拆下并按误差的数值磨准。把钳口铁垫准或磨准后,还需再做检查,直到准确。用于检查的平行垫铁要紧贴固定钳口的检查面,且固定钳口的检查面必须光洁平整。若钳口铁是光整平面,且高度方向尺寸较大,可用百分表直接校正钳口铁。

④ 夹紧力太大会使固定钳口变形而向外倾斜,从而产生垂直度误差,特别是在精加工时,夹紧力更不能太大,所以不能使用较长的手柄夹紧工件。

2. 端铣加工垂直面

1) 在立式铣床上端铣垂直面

在立式铣床上端铣垂直面(用机用虎钳装夹)与在卧式铣床上周铣垂直面的方法基本相同,但也有不同之处,首先,用端铣刀端铣垂直面时,铣床主轴轴线与进给方向的垂直度误差会直接影响加工面与基准面之间垂直度;其次,如果立铣头的"零位"不准确,加工平面会出现倾斜现象;如果在不对称端铣纵向进给,加工的平面会出现略带凹面且不对称的现象。

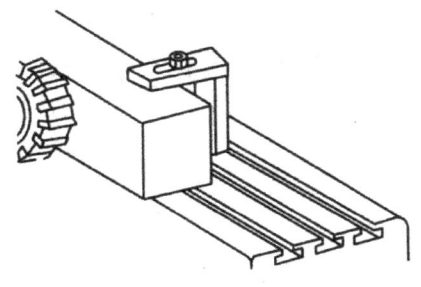

图3-24 在卧式铣床上用端铣刀垂直面

2) 在卧式铣床上端铣垂直面

在卧式铣床上端铣垂直面(用压板装夹)的方法适用于铣削较大尺寸的垂直面,如图3-24所示。当采用升降台作垂直方向进给时,由于不受工作台"零位"准确性的影响,精度很高。

3. 保证垂直面和平行面加工质量的注意事项

影响垂直面和平行面加工质量的因素有垂直面的垂直度、平行面的平行度、平行面之间的尺寸精度。

(1) 保证垂直度和平行度的注意事项。

① 端铣时要注意机用虎钳固定钳口的校正,否则会影响加工端面与基准面的垂直度。

② 周铣时要注意铣刀本身的形状误差或平行垫铁是否平行,否则会影响加工平面与基准面的垂直度或平行度。

③夹紧力不能过大,否则会造成工件变形,使加工平面与基准面不垂直或不平行。

(2)保证平行面之间尺寸精度的注意事项。

①工件在单件生产时,一般都采用"铣削—测量—铣削"顺序循环进行,直到尺寸准确。需要注意的是,在粗铣时对铣刀抬起或偏让量与精铣时不相等,在控制尺寸时要考虑这个因素。

②粗铣或半精铣后测量工件尺寸时,在条件允许的情况下,最好不把工件拆下来,而在工作台上测量。

③当尺寸精度的要求较高时,则需在粗铣后再进行一次半精铣,余量以 0.5mm 左右为宜,再根据余量决定精铣时工作台上升的距离。在上升工作台时,可借助百分表来控制移动量。

3.3.3 铣削斜面

1. 斜面的铣削方法

斜面是指工件上相对基准平面倾斜的平面,即与基准平面相交成所需角度的平面。

斜面的铣削方法有工件倾斜铣斜面、铣刀倾斜铣斜面和用角度铣刀铣斜面三种。在立式或卧式铣床上,铣刀无法实现转动角度的情况下,可以将工件倾斜所需角度安装进行铣削斜面。常用的方法有以下几种。

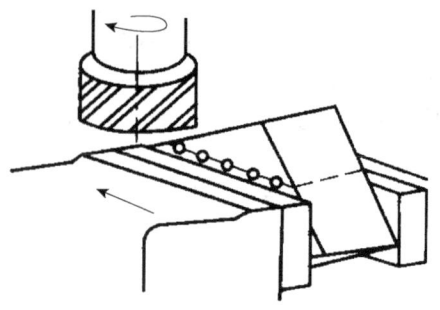

(1)在单件生产中,常采用划线校正工件的装夹方法来实现斜面的铣削,如图 3-25 所示。

(2)利用机用虎钳钳体调转所夹工件的角度实现斜面的铣削。安装机用虎钳时必须要校正固定钳口与主轴轴线的垂直度与平行度(卧式铣床),或与工作台纵向进给方向的垂直度与平行度,然后再按角度要求将钳体转到刻度盘上的相应位置,就可以铣削所要的斜面,如图 3-26 所示。

(3)利用倾斜垫铁和分度头装夹工件加工斜面,如图 3-27 和图 3-28 所示。

图 3-25 按划线校正工件加工斜面

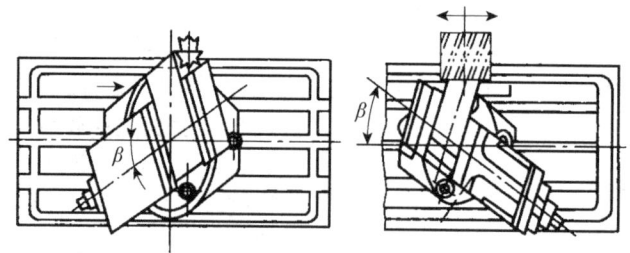

图 3-26 利用机用虎钳钳体调转铣削斜面

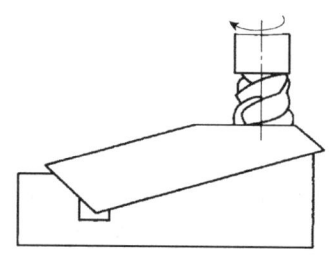

图 3-27 利用垫铁装夹铣削斜面

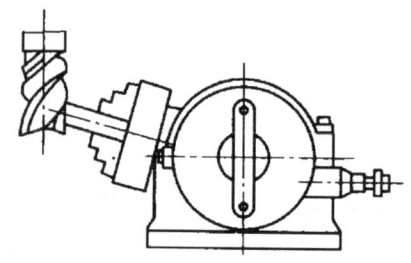

图 3-28 利用分度头装夹铣削斜面

在装有立铣头的卧式铣床、立铣头可偏转的立式铣床、万能工具铣床上均可将端铣刀、立铣刀按要求偏转一定角度进行斜面的铣削，分别如图 3-29 和图 3-30 所示。

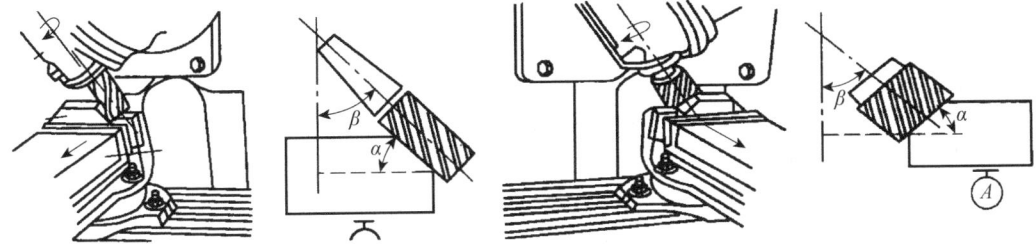

图 3-29　工件基准面与工作台面平行采用周铣　　图 3-30　工件基准面与工作台面垂直采用端铣

综上所述，铣削斜面时，工件、铣床及铣刀三者之间必须满足下列条件：一是工件的斜面应平行于铣削时铣床工作台的进给方向。二是工件的斜面应与铣刀的切削位置相吻合，即用圆周铣刀铣削时，斜面与铣刀的外圆柱面相切；用端面铣刀铣削时，斜面与铣刀的端面相重合。

2. 保证斜面加工质量的注意事项

影响斜面铣削质量的主要因素有斜面倾斜角度、斜面尺寸和表面结构。

1) 保证斜面倾斜角度

(1) 周铣时，要注意铣刀本身的形状误差。
(2) 采用角度铣刀加工斜面时，要注意铣刀角度的准确性。
(3) 在装夹工件时，要注意钳口、钳体导轨和工件表面的清洁。
(4) 采用划线装夹工件铣斜面时，要注意划线的准确性或在加工过程中工件是否发生位移。
(5) 扳转立铣头时，要注意扳转角度的准确性。

2) 保证斜面尺寸

(1) 在扳转角度、操作手柄和测量工件时，一定要仔细，保证其准确性。
(2) 在加工过程中要注意工件是否有松动。

3) 保证表面结构

(1) 在铣削过程中，尽量减少加工中产生的振动，增强铣床及夹具的刚度。
(2) 保证铣刀切削刃的锋利，并选择适当的进给量。
(3) 铣削过程中，工作台进给或主轴回转时，不能突然停止，否则会啃伤工件表面，影响表面结构。
(4) 合理选择切削液，在铣削中切削液的浇注要充分。

3.3.4 铣削台阶面

日常生产中带台阶的工件很多，如 T 形槽、阶梯垫铁、凸块等。台阶由两个相互垂直的平面组成，主要技术要求是台阶的深度、宽度尺寸以及台阶面垂直度。台阶面可用三面刃铣刀或立铣刀铣削。

1. 用三面刃铣刀铣削

这种铣削多在卧式铣床上进行，如图 3-31 所示。选择铣刀时注意铣刀宽度应大于台阶宽度，铣刀外径应大于固定环外径与台阶深度之和的 2 倍。为减少铣刀切入和切出的距离，在满足上述条件下，应使铣刀外径尽量小些。

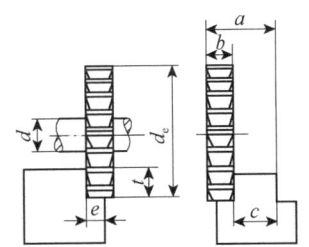

图 3-31　用三面刃铣刀铣削

铣削如图 3-31 所示的台阶时，可按下述步骤进行。

(1)开动铣床使铣刀旋转，移动横向工作台使铣刀断面刀刃刚擦到台阶的侧面，记下刻度盘读数。

(2)移动纵向工作台，使工件退离铣刀；再将横向工作台移动距离至刻度盘的读数，紧固横向工作台。

(3)用试切法调整台阶深度后紧固升降台。

(4)铣削台阶的一侧。

(5)将横向工作合移动距离 $b+c$(其中 b 是铣刀宽度，c 是凸台的宽度)，铣削台阶的另一侧。

铣削时铣刀因单边刀齿受力，容易向另一边倾斜，出现让刀现象，故加工精度不高。吃刀量较大的台阶或当铣床动力不足时，台阶应从深度方向分几次铣削，以减少让刀现象。

此外，也可采用组合铣刀将几个台阶一次铣出，如图 3-32 所示。铣削前，应选择外径相同的三面刃铣刀，铣刀间用垫圈按台阶尺寸隔开。夹紧铣刀后用游标卡尺检验两铣刀间的距离，一般应比要求尺寸大 0.1～0.3mm，以避免铣刀因端面跳动造成凸台宽度减小。正式铣削前应进行试切，以保证加工精度。

2. 用立铣刀铣削

此法的铣削和调整方法与用三面刃铣刀铣台阶基本相同，如图 3-33 所示，铣削时应注意夹牢铣刀，防止周向铣削分力使铣刀松动。

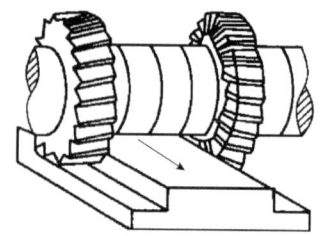

图 3-32 用组合快刀铣台阶

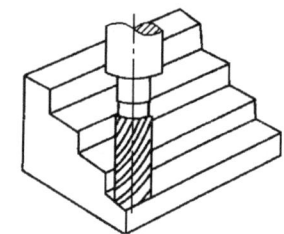

图 3-33 用立铣刀铣台阶

3. 铣削台阶时出现废品的原因

铣削台阶时出现废品的原因有垂直度超差、台阶不正和尺寸超差等。铣削时，夹具安装不正可能造成台阶不正或不直；铣削时的让刀现象会造成台阶垂直度超差；铣刀调整误差会造成台阶尺寸超差。

3.3.5 铣沟槽

各种沟槽在铣床上都可以进行加工，常见的有轴上的键槽、T形槽、燕尾槽、螺旋槽等。

1. 铣键槽

常见的键槽有封闭式和敞开式两种。对于封闭式键槽，单件生产一般在立式铣床加工，当批量较大时，则常在键槽铣床上加工。在键槽铣床上加工时，利用抱钳把工件卡紧后，再用键槽铣刀一薄层一薄层地铣削，直到符合要求(图 3-34)。若用立铣刀加工，由于立铣刀中央无切削刃，不能向下进刀。因此必须预先在槽的一端钻一个落刀孔，才能用立铣刀铣键槽。对于敞开式键槽的加工，可在卧式铣床上进行，一般采用三面刃铣刀加工，见图 3-35。

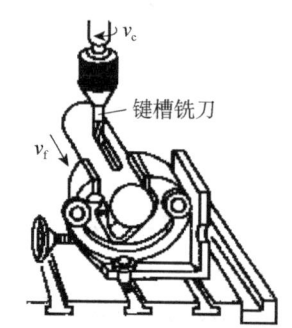

图 3-34 键槽铣刀铣键槽(抱钳安装)

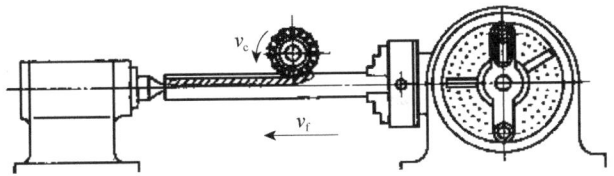

图 3-35　三面刃铣刀铣键槽

2. 铣 T 形槽

T 形槽应用很多，如铣床和刨床的工作台上用来安放紧固螺栓的槽就是 T 形槽。要加工 T 形槽，首先用钳工划线，其次须用立铣刀或三面刃铣刀铣出直角槽，然后在立式铣床上用 T 形槽铣刀铣削 T 形槽，但由于 T 形槽铣刀工作时排屑困难，因此切削用量应尽量小，同时应多加冷却液，最后，再用角度铣刀铣出倒角（图 3-36）。

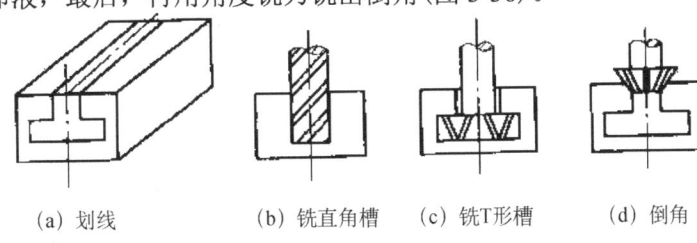

(a) 划线　　　(b) 铣直角槽　　　(c) 铣T形槽　　　(d) 倒角

图 3-36　铣 T 形槽工艺

3. 铣燕尾槽

燕尾槽在机械上的使用也较多，如牛头刨床导轨、车床导轨等，燕尾槽的铣削和 T 形槽类似。首先也是钳工划线，其次须用立铣刀或三面刃铣刀铣出直角槽，最后用燕尾槽铣刀铣出燕尾槽，铣削时燕尾槽铣刀刚度弱，容易折断，因此切削用量应选得小些，同时应多加冷却液，经常清除切屑，参见图 3-37。

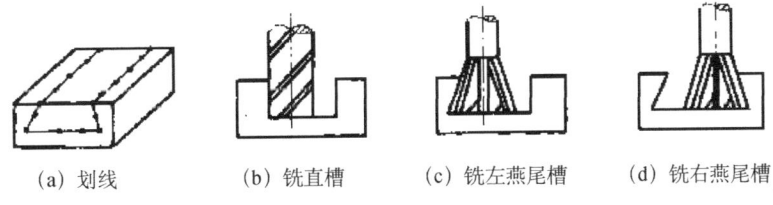

(a) 划线　　　(b) 铣直槽　　　(c) 铣左燕尾槽　　　(d) 铣右燕尾槽

图 3-37　铣削燕尾槽工艺过程

4. 铣螺旋槽

在铣削加工中常常会遇到铣削斜齿轮、螺旋铣刀的沟槽、麻花钻等，这类工作统称为铣螺旋槽。铣削螺旋槽是在卧式万能铣床上进行的，铣刀是专门设计的，工件用分度头安装，如图 3-38 和图 3-39(b) 所示。为获得正确的槽形，圆盘成形铣刀旋转平面必须与工件螺旋槽切线方向一致，所以须将工作台转过一个工件的螺旋角。按下式计算：$\tan\beta = \pi d / L$，其中：d 为工件外径(mm)，L 为工件螺旋槽导程(mm)。

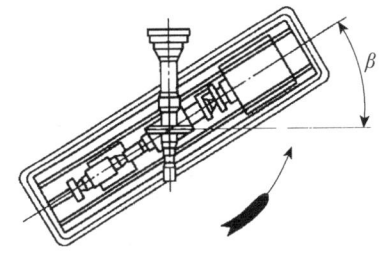

图 3-38　铣螺旋槽工作台选择 β 角

铣削加工时，要保证工件沿轴线移动一个螺旋导程的同时绕轴自转一周。这种运动关系是通过纵向进给丝杠经交换齿轮 Z_1、Z_2、Z_3、Z_4，将运动传至分度头后面的挂轮轴，再传到轴和工件的，从图 3-38(a) 所示的传动系统来看，交换齿轮的选择应满足以下关系：$(L/P) \times$

$[(Z_1 \times Z_3)/(Z_2 \times Z_4)] \times (b/a) \times (d/c) \times (1/40)=1$,因式中 $b/a=d/c=1$,所以上式经整理得:$(Z_1 \times Z_3):(Z_2 \times Z_4)=40P:L$,其中,$Z_1$ 和 Z_3 为主动齿轮的齿数,Z_2 和 Z_4 为从动齿轮的齿数,P 为铣床工作台丝杠螺距,L 为工件螺旋槽导程。

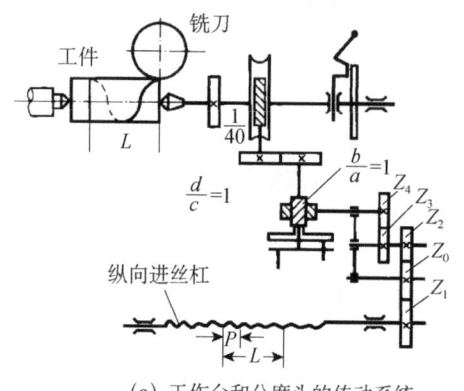
(a) 工作台和分度头的传动系统

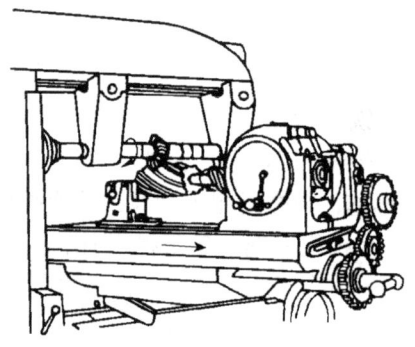
(b) 在万能铣床上铣削螺旋槽

图 3-39 铣螺旋槽

国产分度头均备有 12 个一套交换齿轮。齿数分别是 25、25、30、35、40、50、55、60、70、80、90、100。计算举例说明:现要加工一右旋螺旋槽,工件直径 $d=70\text{mm}$,导程 $L=600\text{mm}$,铣床纵向工作台进给丝杠螺距为 $P=6\text{mm}$,求工作台转动角度 β 及交换齿轮齿数。

解:(1) 计算螺旋角。

因为 $\tan\beta=\pi d/L=3.14\times70/600=0.3665$

所以 $\beta=20°10'$

由于螺旋槽是右旋,工作台应逆时针转动。

(2) 计算交换齿轮。

$(Z_1\times Z_3):(Z_2\times Z_4)=40P:L=40\times6/600=2/5=(1/2)\times(4/5)=(30/60)/(40/50)$

故选择齿轮为:30,60,40,50。

3.3.6 铣成形面及曲面

1. 铣成形面

成形面一般在卧式铣床上用成形铣刀进行加工。成形铣刀的形状要与成形面的形状相吻合,利用成形铣刀在工件材料上的铣削,形成与成形铣刀形状相吻合的成形面,如图 3-40 所示。

2. 铣曲面

铣曲面一般在立式铣床用立铣刀铣削,方法有以下三种。

(1) 对于大批量生产,可用靠模法铣曲面。靠模安装在工件的上方,铣削时,立铣刀上端的圆柱部分始终与靠模接触,从而铣削出与靠模形状相同的曲面。

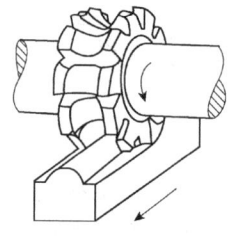

图 3-40 铣成形面

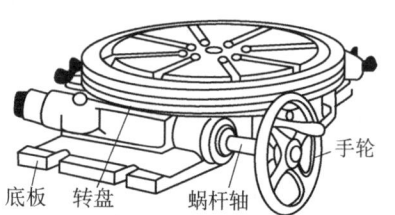

图 3-41 圆形工作台

(2) 利用圆形工作台的工作原理铣曲面，此方法主要用于加工圆弧曲面。工件应安装在转盘的中心，按划线用逆铣法进行铣削，如图 3-41 所示。

(3) 先在工件上进行划线，然后移动工作台沿工件上的线迹铣削。但此法只用于要求不高的曲面加工。

3.4 实践课题

铣削如图 3-42 所示工件，铣削步骤参考表 3-4。

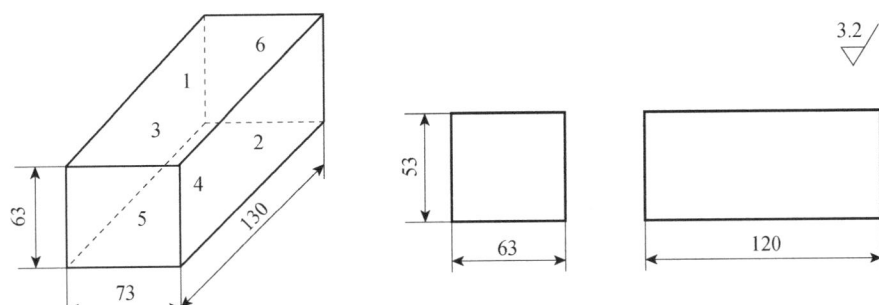

图 3-42 长方体工件

表 3-4 长方体铣削加工步骤

序号	加工内容	加工简图	刀具
1	把工件装夹在铣床工作台上的平口钳上，并找正，安装铣刀并调整铣床		
2	选择面积最大的平面 1 铣削直尺寸 58.5mm		
3	活动钳口上加圆棒，以保证面 1 紧贴固定钳口，铣平面 2、3 至两面间距为 64mm		Φ80mm 硬质合金镶齿端铣刀
4	已加工平面 1、3 要与垫铁和固定钳口贴合，铣平面 4 与平面 1 间的尺寸为 54mm		
5	平面 1 紧贴钳口，活动钳口上加圆棒，铣平面 5 时要校正垂直度，转 180°，铣平面 6 与平面 5 间距为 121mm		
6	按以上加工步骤依次加工各面至尺寸要求，并符合图纸中的粗糙度要求		

3.5 铣削安全操作规范

参加实训的师生必须树立"安全第一"的思想，听从指挥，文明操作。

(1) 进入实训场地必须戴好劳动保护用品。男生不准打赤膊、赤脚、穿拖鞋进入场地。女生披肩长发必须盘入工作帽内，不准穿高跟鞋、裙子进入场地。

(2) 操作机床时禁止戴围巾和手套。

(3) 铣削过程中，严禁用手触摸工件，以免被铣刀划伤手指。不要站立在铁屑飞出的方向，以免铁屑飞入眼中。

(4) 铣削过程中，若需改变铣削速度，应先停车再调速。

(5) 用分度头时，必须待铣刀完全离开工件后，才可转动手柄。

(6) 铣刀未完全停止转动前，不得用手触摸、制动。

(7) 使用扳手时，用力方向应避开铣刀，以防扳手打滑时造成伤害。

(8) 操作中，若突发故障或异响，应立即停机，并报告指导老师等候处理。

(9) 清除铁屑时要用毛刷，不可以手抓、嘴吹或棉纱。

(10) 实训结束后应清除铁屑，擦拭机床，滑动面上加润滑油，摆放好工、量具，打扫机床周围清洁，关闭电源。

第4章 磨削技术

4.1 磨削概述

磨削是利用高速旋转的砂轮等磨具切削工件表面的加工方法,根据被加工工件表面性质的不同分为外圆磨削、内圆磨削、平面磨削等几种。

4.1.1 磨削的特点

磨削也是一种切削加工,但与车削、钻削、铣削、刨削加工相比磨削具有以下特点。

(1)应用性广。磨削加工不仅能加工碳钢、铸铁、合金钢等一般金属材料,还可以加工淬火钢、硬质合金等一般金属刀具难以加工的硬材料。它不仅用于精加工,也可以用于半精加工和粗加工。

(2)磨具为多刃、微刃刀具。因为磨具表面分布着很多个凸出的磨粒,每一个磨粒就相当于一个或几个微小的刀刃,磨粒无规则的棱边就是切削刀刃。

(3)磨削加工精度高、粗糙度低。这是因为磨床比其他切削加工机床的制造精度高,结构上具有微量进给吃刀机构;且砂轮使用前均要经过金刚石砂轮修整器的修整,将磨粒的棱边修整成若干等高微刃进行切削,每一个微刃只从工件表面挤刮掉极薄的一层金属。

(4)磨削速度快、切削温度高。砂轮的圆周线速度可以达到 2000~6000m/min;但是砂轮导热性差导致磨削时切削温度很高,磨削区瞬时温度可达 800~1000℃。因此,磨削过程中应大量使用切削液。

(5)磨具具有"自锐性",可连续强力切削。磨削过程中,磨粒在高速、高压、高温的作用下,将逐渐磨损而变钝;此时继续磨削,磨削力增大,最终使磨粒破碎而形成新的锋刃,或整粒脱落露出新的磨粒锋刃,此即为砂轮的"自锐性"。砂轮的"自锐性"保证了磨削过程的顺利进行,然而时间过长会导致切屑和碎磨粒将把砂轮堵塞而失去切削能力;此外,破碎的磨粒一层层脱落下来,会使砂轮失去外形精度。为了恢复砂轮的切削能力和外形精度,磨削一定时间后,需对砂轮进行修整。

4.1.2 磨削的应用

磨削在机械制造中很常用,其应用范围很广,可以磨削包括淬硬钢、高强度合金钢等硬质合金和陶瓷、大理石等高硬度非金属材料等,可以磨削各种工件表面,也可以用于粗加工、精加工和超精加工等。磨削后工件磨削精度可达 IT5~IT7,表面粗糙度 Ra 可以达到 0.025~0.8μm。磨削比较容易实现生产过程自动化,在工业发达国家,磨床已占机床总数的 25%左右,个别行业可达 40%~50%。

磨削的加工方式很多,它可以利用不同类型的磨床磨削内圆柱面、外圆柱面、圆锥面、平面、齿轮、螺纹、沟槽及花键等,还可以磨削复杂的成形表面(如导轨面等)。常见的磨削工艺如图 4-1 所示。

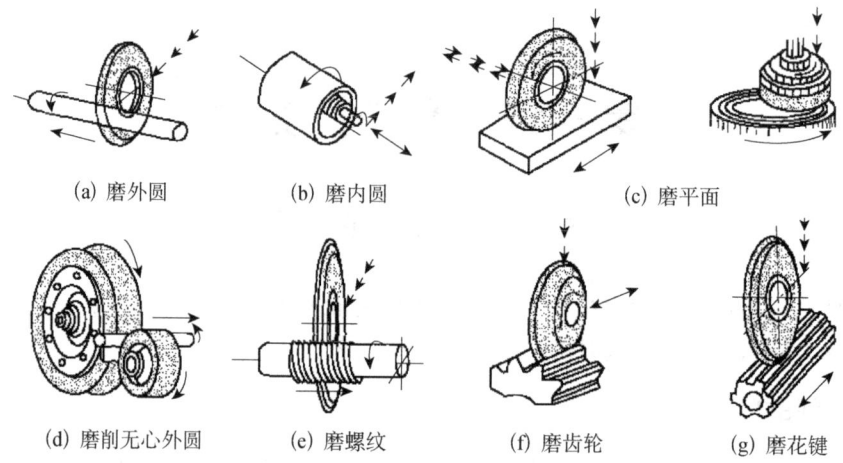

(a) 磨外圆　　(b) 磨内圆　　(c) 磨平面

(d) 磨削无心外圆　　(e) 磨螺纹　　(f) 磨齿轮　　(g) 磨花键

图 4-1　磨削加工工艺范围

4.1.3　磨削要素

磨削加工是用砂轮以较高的线速对工件表面进行加工的方法，加工时切削厚度可薄至数微米，因而能获得很高的加工精度和表面粗糙度。磨削时砂轮的旋转运动为主运动，其余的三个运动为进给运动，如图 4-2 所示。

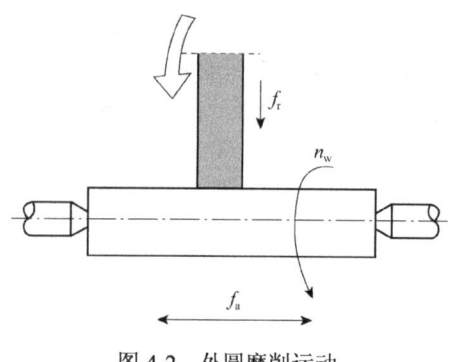

图 4-2　外圆磨削运动

(1) 磨削速度 v_s。指砂轮外圆的线速度，即 $v_s = \pi D_s n_s / (1000 \times 60)$ (m/s)，式中，D_s 为砂轮直径 (mm)，n_s 为砂轮转速 (r/min)。

(2) 工件圆周进给速度 v_m。指磨削工件外圆处的线速度 $v_s = \pi D_{ws} n_s / 1000$ (m/min)，式中，D_{ws} 为工件直径 (mm)；n_w 为工件转速 (r/min)。

(3) 纵向进给量 f_a。指工件相对于砂轮沿轴向的移动量 (mm/r)。

(4) 横向进给量 f_r。指工件相对于砂轮横向的移动量，又称磨削深度 a_p (mm/双行程)。

4.2　砂　　轮

4.2.1　砂轮的结构和形状

砂轮是由磨料和结合剂以适当的比例混合，经压坯、干燥、烧结而成的疏松体，如图 4-3

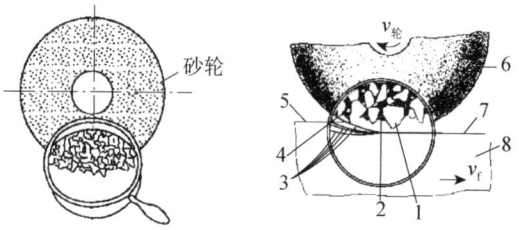

1-磨粒；2-结合剂；3-加工表面；4-空隙；5-待加工表面；6-砂轮；7-已加工表面；8-工件

图 4-3　砂轮及磨削示意图

所示，磨粒、结合剂和空隙(气孔)是构成砂轮的三要素。其中，磨粒通过像铣刀的刀刃一样的锋利小磨粒起磨削作用，磨削就是依靠这些小颗粒，在砂轮高速旋转下切入工件表面；结合剂起黏结磨粒的作用；空隙则有助于排屑和散热。砂轮的形状如图4-4所示。

安装砂轮时，将砂轮不紧不松地套在轴上，并在砂轮和法兰盘之间垫上1～2个厚的弹性垫板，如图4-5所示。

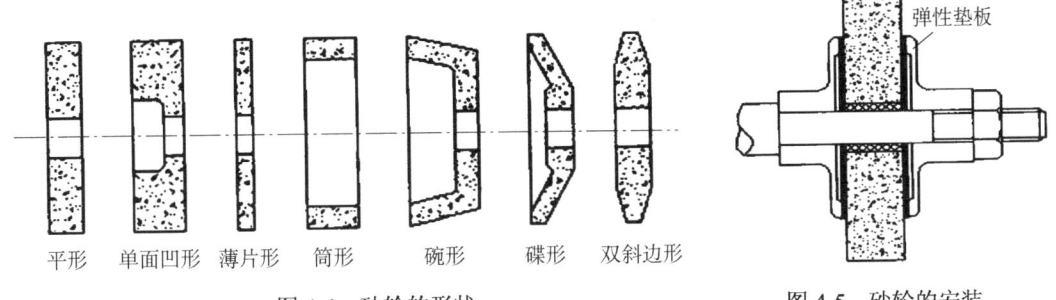

图4-4 砂轮的形状　　　　　　图4-5 砂轮的安装

4.2.2 砂轮的特性和选用

磨料、结合剂和砂轮制造工艺等的不同，导致砂轮特性可能差别很大，对磨削加工的精度、粗糙度和生产效率有着重要的影响，因此必须根据具体条件选用合适的砂轮。砂轮的特性的决定因素包括磨料、粒度、结合剂、硬度、组织、形状与尺寸、标记和选用等。

1. 磨料

磨料是制造砂轮的主要原料，它担负着切削工作，因此磨料必须锋利，并具备高的硬度、良好的耐热性和一定的韧性。

(1)刚玉类，主要成分是Al_2O_3，其韧性好，适用于磨削钢等塑性材料，代号有：A～棕刚玉，WA～白刚玉等。

(2)碳化物类，它的硬度比刚玉类高，磨粒锋利，导热性好，适用于磨削铸铁及硬质合金等脆性材料，代号有：C～黑色碳化硅，GC～绿碳化硅等。

2. 粒度

粒度指磨料颗粒的大小，分磨粒和微粉两组。磨粒用筛选法分类，其粒度号以筛网上1in（1in=2.54cm）长度内的孔眼数来表示，例如，60号粒度的磨粒，说明能通过每英寸有60个孔眼的筛网。微粉用显微测量法分类，其粒度号以磨料的实际尺寸来表示。

磨粒粒度的选择，主要与加工表面粗糙度和生产率有关。粗磨时的磨削余量大，要求的表面粗糙度值较大，应选用较粗的磨粒。因为粗磨粒的气孔大，磨削深度可较大。精磨时的余量较小，要求粗糙度值较低，可选取较细磨粒。通常磨粒越细，磨削表面精度越高(表4-1)。

表4-1 粒度及尺寸和适用范围

粒度号	公称尺寸/mm	适用范围	粒度号	公称尺寸/mm	适用范围
8#～36#	3150～7500 500～400	荒磨、打毛刺 切断钢坯	280～W40	50～40 40～28	精磨、螺纹磨、珩磨超精加工
46#～80#	400～315 200～160	粗磨 半精磨	W28～W7	28～20 7～5	精密磨削超精密加工、制造研磨剂
100#～240#	3150～7500 500～400 63～50	精磨、成形磨 珩磨	W5～W0.5	5～3.5 <0.5	超精密加工、研磨镜面磨削

3. 结合剂

砂轮中用以黏结磨料的物质称为结合剂。砂轮的强度、抗冲击性、耐热性及抗腐蚀能力主要取决于结合剂的性能。砂轮中常用的结合剂为陶瓷结合剂，此外还有树脂结合剂、橡胶结合剂和金属结合剂等。

4. 硬度

砂轮的硬度是指砂轮表面上的磨粒在磨削力作用下脱落的难易程度。砂轮的硬度低，表示砂轮的磨粒容易脱落；砂轮的硬度高，表示磨粒较难脱落。砂轮的硬度和磨料的硬度是两个不同的概念。同一种磨料可以做成不同硬度的砂轮，它主要取决于结合剂的性能、数量以及砂轮制造工艺。磨削与切削的显著差别是砂轮具有"自锐性"特征，选择砂轮的硬度，实际上就是选择砂轮的自锐性，希望还锋利的磨粒不要太早脱落，也不要磨钝了还不脱落。

常用砂轮的硬度等级如表 4-2 所示。

表 4-2 常用砂轮硬度等级

硬度等级	大级	软			中软		中		中硬			硬	
	小级	软1	软2	软3	中软1	中软2	中1	中2	中硬1	中硬2	中硬3	硬1	硬2
代号		G (R_1)	H (R_2)	J (R_3)	K (ZR_1)	L (ZR_2)	M (Z_1)	N (Z_2)	P (ZY_1)	Q (ZY_2)	R (ZY_3)	S (Y_1)	T (Y_2)

选择砂轮硬度的一般原则是：加工软金属时，为了使磨料不致过早脱落，则选用硬砂轮；加工硬金属时，要求磨钝的磨粒及时脱落，从而露出具有尖锐棱角的新磨粒(即自锐性)，则应选用软砂轮。前者是因为在磨削软材料时，砂轮的工作磨粒磨损很慢，不需要太早脱离；后者是在磨削硬材料时，砂轮的工作磨粒磨损很快，需要较快的更新。

精磨时，为了保证磨削精度和粗糙度，应选用稍硬的砂轮；工件材料的导热性差，易产生烧伤和裂纹时(如磨硬质合金等)，选用的砂轮应适当软一些。

5. 组织

砂轮的组织是指砂轮中磨料、结合剂、气孔三者体积的比例关系。砂轮的组织号数是以磨料所占百分比确定的，磨料所占体积越大砂轮的组织越紧密。砂轮的组织号为 0，1，2，…，14 共 15 个，号数越小组织越紧密。

6. 形状与尺寸

根据机床类型和磨削加工的需要，砂轮制成各种标准的形状和尺寸。常用砂轮形状如图 4-4 所示。

7. 标记和选用

为了使用和保管的方便，在砂轮的端面上一般都印有标志。例如，砂轮上的标志为 P400×40×127A60L5V35，其中 P 表示砂轮形状为平形，400×40×127 分别表示砂轮的外径、厚度和内径尺寸(mm)，A 表示磨粒为棕刚玉，60 表示粒度为 60 号，L 表示硬度为 L 级(中软)，5 表示组织为 5 号(磨料率 52%)，V 表示结合剂为陶瓷，35 表示最高工作线速度为 35m/s。

由于更换砂轮很麻烦，因此，除了重要的工件和生产批量较大时，需要按照上述原则选用砂轮外，实际机加工时一般只需机床上现有的砂轮大致符合磨削要求，就不必重新选择，而是通过适当地修整砂轮，选用合适的磨削用量来满足加工要求。

4.2.3 砂轮的安装和平衡

1. 砂轮的安装

最常用的砂轮安装方法是用法兰盘装夹砂轮,如图 4-6 所示。两法兰盘的直径必须相等,其尺寸一般为砂轮直径的一半,安装时砂轮两侧和法兰盘之间均应垫上 0.5~1mm 厚的弹性垫板,砂轮与砂轮轴或砂轮与法兰盘间应留 0.1~0.8mm 的间隙,以防止磨削时受热膨胀将砂轮胀裂。通常大砂轮通过台阶法兰盘装夹,如图 4-6(a)所示;不太大的砂轮用法兰盘直接安装在主轴上,如图 4-6(b)所示;小砂轮直接用螺母紧固在主轴上,如图 4-6(c)所示;更小的砂轮可粘固在轴上,如图 4-6(d)所示。

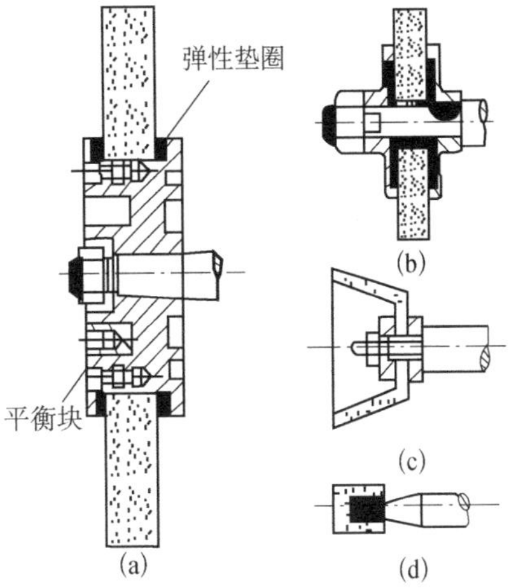

图 4-6 砂轮的安装

2. 砂轮的平衡

砂轮的实际旋转轴线与其通过质量中心的旋转轴线偏离的状态称为砂轮的不平衡。通常由于砂轮各部分密度不均匀、孔与外圆有同轴度偏差或两端面不平行等原因,往往造成砂轮重心与其旋转中心不重合,即产生不平衡的现象。

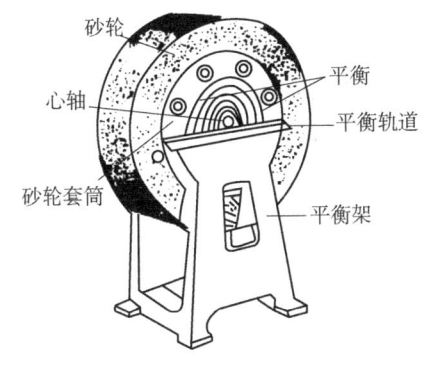

图 4-7 砂轮的静平衡

不平衡的砂轮在高速旋转时会引起机床振动、砂轮磨损不均匀、主轴和轴承磨损加快和工件表面质量恶化等,影响磨削加工质量和机床精度,严重时甚至会造成机床损坏和砂轮碎裂,因此在安装砂轮前必须进行平衡,砂轮的平衡分为静平衡和动平衡。

一般来讲,凡直径大于 125mm 的砂轮都要进行静平衡调整,砂轮在使用前装上法兰盘后还须作配重平衡。图 4-7 为砂轮的静平衡装置,平衡时先将砂轮装在法兰盘上,再将法兰盘套在心轴上,然后放到平衡架的平衡轨道上。平衡的砂轮可以在任意位置都静止不动,而不平衡的砂轮,其较重部分总是转到下面,这时可通过移动平衡块的位置使其达到平衡。

随着精密磨削和高速磨削技术的快速发展,在磨床上已开始采用自动或半自动的动态平衡装置。动态平衡装置可使磨床在运转中随时快速平衡砂轮,使砂轮在使用中始终保持良好的平衡状态。按其结构的不同,动态平衡装置主要有机械式、电气机械式、液体式等。按其控制方式的不同主要有手动、半自动和全自动控制方式等。

3. 砂轮的修整

砂轮工作一定时间后,磨粒逐渐变钝,砂轮表面空隙堵塞,砂轮几何形状磨损严重。这时需要对砂轮进行修整,使已磨钝的磨粒脱落,恢复砂轮的切削能力和几何精度,砂轮常用金刚石笔进行修整,如图 4-8 所示。修整时应适用大量的冷却液,以避免金刚石因温度过高而破裂损坏。

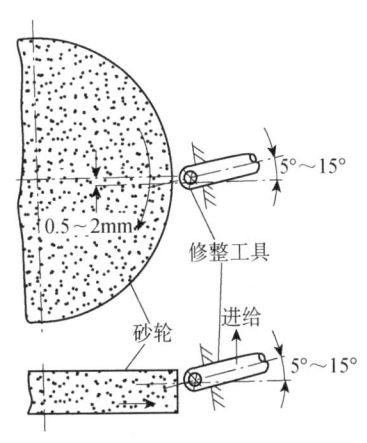

图 4-8 砂轮的修整

4.3 磨 外 圆

4.3.1 磨外圆的设备和工具

外圆磨床分为万能外圆磨床、普通外圆磨床和无心外圆磨床。其中,万能外圆磨床既可以磨削外圆柱面和圆锥面,又可以磨削圆柱孔和圆锥孔;普通外圆磨床可磨工件的外圆柱面和圆锥面;无心外圆磨床可磨小型外圆柱面。

1. 外圆磨床的结构

图 4-9 所示为 M1420 万能外圆磨床,其中,"M"表示磨床类,"1"表示外圆磨床,"4"表示万能外圆磨床,"20"表示最大磨削直径的 1/10,即此型号磨床最大磨削直径为 200 mm。M1420 万能外圆磨床主要由床身、工作台、工件头架、尾架、砂轮架和砂轮整修器等部分组成,其各部分的主要作用如下。

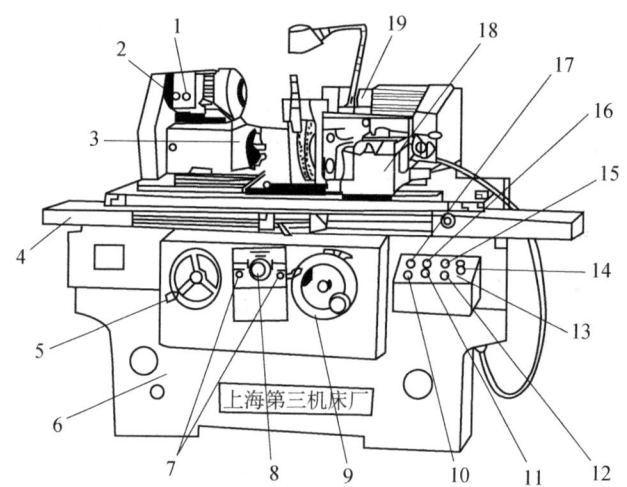

1-工件转动变速旋钮;2-工件转动点动按钮;3-工件头架;4-工作台;5-工作台手动手轮;6-床身;
7-工作台左、右端停留时间调整旋钮;8-工作台自动及无级调速旋钮;9-砂轮横向手动手轮;10-砂轮启动按钮;
11-14 砂轮引进、工件转动、切削液泵启动旋钮;15-液压油泵停止按钮;16-砂轮退出、
工件停转、切削液泵停止按钮;17-总停按钮;18-尾架;19-砂轮架

图 4-9 M1420 万能外圆磨床结构图

(1)床身。床身用于支撑和连接磨床各个部件。床身内部装有液压系统,上部有纵向和横向两组导轨以安装工作台和砂轮架。床身是一个箱形结构的铸件,床身前部作油池用,电器设备置于床身的右后部,油泵装置装在床身后部的壁上。床身前面及后面各铸有两圆孔,供搬运机床时插入钢钩用。床身底面有三个支撑螺钉,作调整机床的安装水平用。

(2)工作台。工作台主要由上台面与下台面组成。上台面能作顺时针 5°、逆时针 9°回转,用以调整工件锥度。当上台面转动大于 6°时,砂轮架应相应转一定角度,以免尾架和砂轮架相碰。工作台的运动由液压缸驱动,动作平稳,低速无爬行。工作台的左右换向停留时间可以调整。

(3)工件头架。头架用于装夹工件,主轴前端可安装上拨盘、顶尖、三爪或四爪卡盘。头架由头架箱和头架底板组成,头架箱可绕头架底板上的轴回转,回转的角度可以从刻度牌上读出。头架主轴的转速分六挡,通过电机转速调整和变换三角带位置获得。

(4)尾架。用于支承工件的另一端。尾架套筒主轴孔采用莫氏锥孔,可安装莫氏圆锥顶尖。并配有手动进退和液压脚踏板控制进退两种方式,方便装卸工件。它在工作台上的位置可根据工件的长度来确定。

(5) 砂轮架。砂轮架上有一台双出轴电动机，它一端经多楔带与砂轮主轴连接，另一端经平皮带与内圆磨具主轴连接，但二者不能同时使用。砂轮架能回转，回转的角度可从刻度牌上读出，如要磨内孔时，只要将砂轮架转 180°，把内圆磨具转到前面来即可。当磨内孔时，快进退功能不起作用，以避免意外事故，保护内磨具的安全。

本机床用于磨削圆柱形和圆锥形的外圆和内孔，也可磨削轴向端面。本机床的加工精度和磨削表面结构稳定地达到了有关外圆磨床的精度标准。本机床的工作台纵向移动方式有被动和手动两种，砂轮架和头架可转动，头架主轴可转动，砂轮架可实现微量进给。液压系统采用了性能良好的齿轮泵。机床误差较小，适用于工具、机修车间及中小批量生产的车间。

2. 外圆磨床的液压传动系统

由于液压传动可以在较大的范围内实现无级变速，运动平稳，操作也方便，故在磨床传动中，广泛采用液压传动。

外圆磨床工作台的往复运动以及砂轮架的自动径向进给与快速自动后退和引进一般都采用液压传动，整个液压传动系统比较复杂，下面只对它进行简要介绍。图 4-10 为外圆磨床部分液压传动示意图。

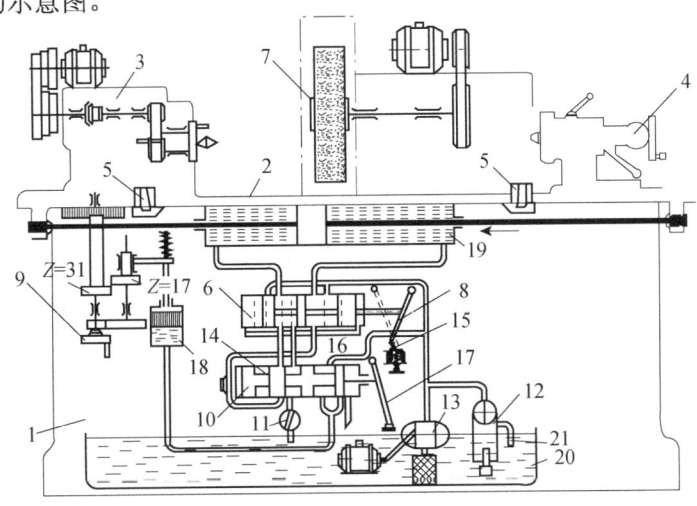

1-床身；2-工作台；3-头架；4-尾架；5-挡块；6-换向阀；7-砂轮架；8-杠杆；9-手轮；10-滑阀；11-节流阀；
12-安全阀；13-油泵；14-油腔；15-弹簧帽；16-油阀；17-杠杆；18-油筒；19-油缸；20-油槽；21-回油管

图 4-10 外圆磨床液压传动示意图

工作时，压力油从油泵 13 经管路输送到换向阀 6，由此流到油缸 19 的右端或左端，使工作台 2 向左或向心做进给运动。此时，油缸 19 另一端的油经换向阀 6、滑阀 10 及节流阀 11 沉回油箱。工作台向左移动，挡块 5 固定在工作台 2 侧面槽内，按照要求的工作台行程长度，调整两挡块之间的距离。当工作台向左行程终了时，挡块 5 先推动杠杆 8 到垂直位置，然后借助作用在杠杆 8 滚栓上的弹簧帽 15 使杠杆 8 及活塞继续向左移动，从而完成换向动作。此时，换向阀 6 的活塞位置向左移动到另一个工作位置（虚线所示），工作台开始向右移动。

节流阀 11 用来调节工作台的运动速度。工作台的往复换向动作是由挡块 5 使换向阀 6 的活塞自动转换实现的。油阀 16 调节换向阀 6 活塞转换的快慢，决定工作台换向的快慢及平稳性。油压过高时，油液可通过安全阀 12 流回油箱。调整挡块 5 之间的距离可控制工作台行程之长短。

用手向右扳动操纵滑阀 10 的杠杆 17，油腔 14 使油缸 19 的右导管和左导管接通，因此便停止了工作台的移动。此时，油筒 18 中的油在弹簧活塞压力作用下经油管流回油箱。活塞被弹簧压下，$Z=17$ 的齿轮与 $Z=31$ 的齿轮啮合。因此，利用手轮 9 能实现手动移动工作台。

4.3.2 磨外圆的操作

1. 外圆磨削时工件的装夹方法

外圆磨削是最基本的一种磨削方法，常见的如机床主轴、活塞杆等。工件安装方法如下。

(1) 双顶尖安装。它适用于轴类及外圆锥工件外表面的磨削，顶尖安装运用于有中心孔的轴类零件。安装时，工件支承在前后两顶尖之间，如图 4-11 所示。其装夹方法与车削中所用方法基本相同，但磨床所用的顶尖都是死顶尖，磨削时，前后顶尖不随工件一起转动。这种装夹方法可以提高零件的加工精度，避免由于顶尖转动带来的径向跳动误差。这时，靠拨盘 2 上的拨杆 5 来拨动夹头 1，带动工件旋转。后顶尖 6 靠弹簧推力顶紧工件，并可以自动控制工件安装的松紧程度，避免工件因受热伸长带来的弯曲变形。

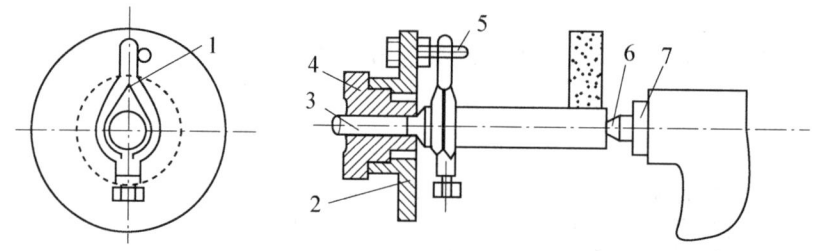

1-夹头；2-拨盘；3-前顶尖；4-头架主轴；5-拨杆；6-后顶尖；7-尾座套筒

图 4-11 前后顶尖装夹工作

为提高磨削加工质量，磨削前轴类零件的中心孔要进行修整，以提高其几何形状精度和降低表面粗糙度，保证定位准确。修整的方法是用四棱(或二棱)硬质合金顶尖(图 4-12)在车床或钻床上进行研磨，表面光亮即可。当中心孔较大、修整精度要求较高时，应选用油石顶尖或铸铁顶尖作前顶尖，普通顶尖作后顶尖，在车床上进行研磨。研磨时，前顶尖旋转，工件不旋转(用手握工件)，工件与前顶尖接触的松紧程度由后顶尖来控制，研好一端再研磨另一端，如图 4-13 所示。

图 4-12 四棱硬质合金顶尖

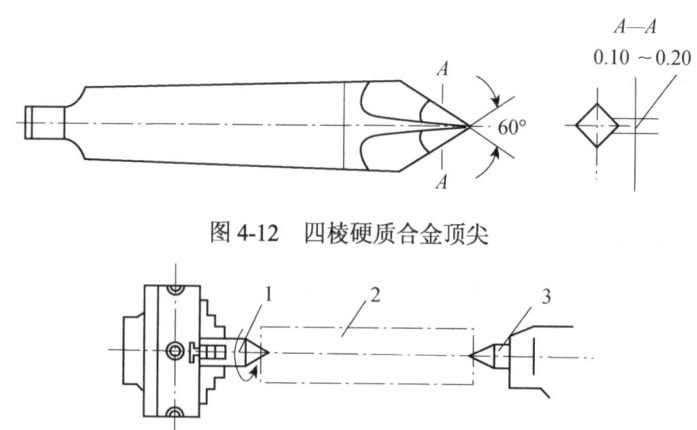

1-油石顶尖；2-工件；3-后顶尖

图 4-13 用油石顶尖修研中心孔

(2) 卡盘安装。卡盘安装通常用来磨削较短工件、无中心孔工件及不太规则工件，安装方法与车床上的基本相同。磨削外圆时常用卡盘安装，磨床用的卡盘，其制造精度比车床卡盘更高。常用的卡盘有三爪卡盘、四爪卡盘和花盘三种。无中心孔的圆柱形工件大多采用三爪卡盘安装,不对称工件则采用四爪卡盘安装,并用百分表找正；形状不规则的工件还可用花盘安装。

(3) 心轴安装。心轴常用来安装磨削以内孔定位的盘套类空心零件。常用的心轴有两种：带有台阶的圆柱心轴和圆锥心轴。磨床用心轴比车床用心轴的精度更高,锥度心轴的锥度为 1∶5000～1∶7000。采用锥度心轴安装时,工件内外圆的同轴度可达 0.005～0.01mm；心轴必须和卡箍、拨盘等转动装置一起配合使用。对于较长的空心零件,常在工件两端上堵头以代替心轴,如图 4-14 所示。

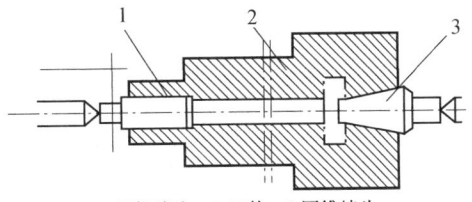

1-圆柱堵头；2-工件；3-圆锥堵头

图 4-14 中心孔堵头安装工件

2. 外圆的磨削方法

1) 外圆柱面磨削的方法

磨削时根据工件的形状、尺寸、磨削余量和加工要求来选择磨削方法,常用的磨削方法有纵磨法和横磨法两种,其中纵磨法应用最广泛。

(1) 纵磨法。磨削时,砂轮高速旋转起切削作用,工件旋转并和工作台一起做纵向往复运动,如图 4-15(a)所示。每次往复运动到终点时,砂轮按给定的进给量做径向进给。每次磨削深度很小,磨削余量是在多次往复行程中磨去。因而,与横磨法相比,纵磨法磨削力小,磨削热少,散热条件好,当工件磨削到接近尺寸要求时(0.005～0.01mm),进行几次无横向进给的光磨行程,直到火花消失,工件的精度及表面质量较高。

纵磨法可以用一个砂轮磨削不同长度的工件外圆表面,具有很大的万能性,磨削质量好,但磨削效率较低,适用于单件、小批量生产及精磨、特别适用于细长轴类零件的磨削。

(2) 横磨法。横磨法又称径向磨法或切入磨法,如图 4-15(b)所示。磨削时用宽度大于工件表面长度的砂轮进行磨削,工件只转动,不做纵向往复运动,而砂轮以慢速做连续地或断续地横向进给运动,直到磨去全部磨削余量。

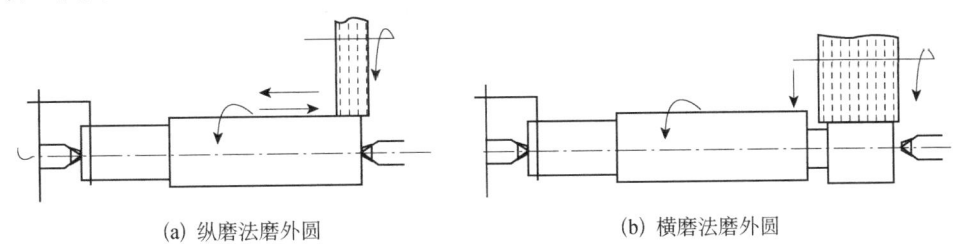

(a) 纵磨法磨外圆　　　　　　　　　　(b) 横磨法磨外圆

图 4-15 在外圆磨床上磨外圆

横磨法生产率高,质量稳定,适用于成批及大量生产,尤其适用于磨削工件的成形面。但横磨时,工件与砂轮的接触面积大,磨削力大,易使工件变形和表面发热,影响加工质量,所以横磨法常用于磨削加工刚度好、精度要求不高且磨削长度较短的外圆表面及两端都有台阶的轴颈,并要进行充分冷却。

2) 外圆锥面磨削的方法

外圆锥面磨削常在万能外圆磨床上进行,外圆锥面的磨削常采用以下四种方法。

(1) 转动工作台法。这种转动工作台法适用于磨削锥度较小、锥面较长的工件。磨削时将上工作台相对于下工作台逆时针转动 α 角(工件圆锥角半角),使工件侧母线与纵向往复方向一致,如图 4-16(a)所示。外圆磨床上工作台的最大回转角逆时针为 6°～9°,顺时针为 30°。

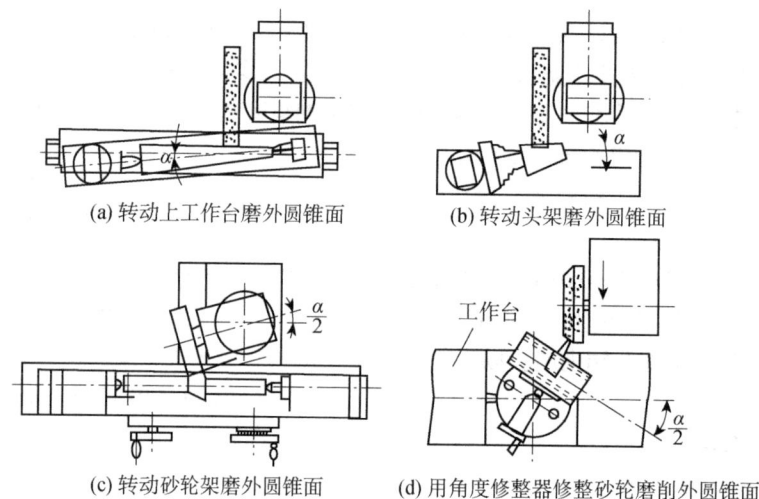

(a) 转动上工作台磨外圆锥面　　(b) 转动头架磨外圆锥面

(c) 转动砂轮架磨外圆锥面　　(d) 用角度修整器修整砂轮磨削外圆锥面

图 4-16　外圆锥面的加工方法

(2) 转动头架法。转动头架法适用于磨削锥度较大、锥面较短的工件。

磨削时将头架相对于工作台逆时针转动 α 角(锥面斜角的半角)，使工件侧母线与纵向往复方向一致，如图 4-16(b) 所示。当 α 角转至 90°时，可磨削端面。

(3) 转动砂轮架法。转动砂轮架法适用于磨削较长工件上锥度较大、锥面较短的外锥面。磨削时将砂轮架转动 α 角，使砂轮的横向进给进行磨削，如图 4-16(c) 所示。这种方法工作台不能作纵向进给，不易提高加工精度及减小表面粗糙度，一般较少采用。

(4) 用角度修整器修整砂轮磨外圆锥面法。该法实为成形磨削，大都用于圆锥角较大且有一定批量的工件的生产，砂轮修整的方法如图 4-16(d) 所示。

3. 外圆磨削实践课题

工件图纸见图 4-17。

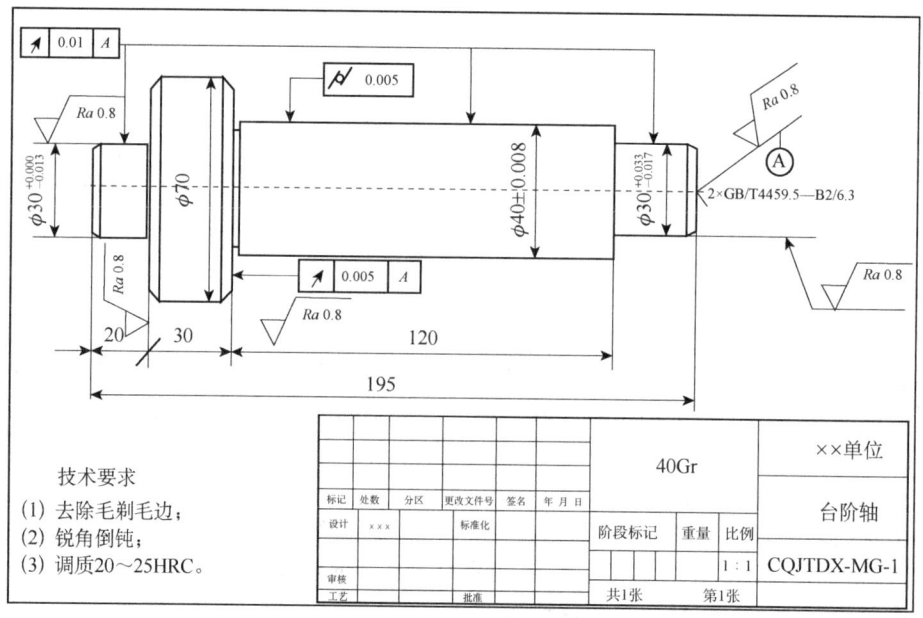

图 4-17　外圆磨削实习图纸

操作的关键是将工件的径向圆跳动在公差范围内,磨削步骤如下。

(1) 磨 $\Phi 40\pm 0.008$ mm 外圆。找正工作台,保证圆柱度误差在 0.005mm 以内,留精磨余量 0.05mm。

(2) 粗磨 $\Phi 30_{-0.013}^{0}$ mm、$\Phi 30_{+0.017}^{+0.033}$ mm 外圆,留精磨余量 0.05mm。

(3) 精细修整砂轮。

(4) 用纵向法精磨 $\Phi 40\pm 0.008$ mm 至尺寸,磨台阶面,保证端面的圆跳动 0.005mm。

(5) 用切入法精磨 $\Phi 30_{+0.017}^{+0.033}$ mm 至尺寸。

(6) 调头,用切入法精磨 $\Phi 30_{-0.013}^{0}$ 至尺寸,磨台阶面至技术要求。

4.4 磨 内 圆

4.4.1 磨内圆的设备和工具

内圆磨床主要用于磨削圆柱孔(通孔、盲孔、阶梯孔和断续表面的孔等)、圆锥孔及孔的端面等。

下面以 M2120 内圆磨床为例介绍。型号中 M 为机床类代号(磨床),2 为组别代号(内圆磨床),1 为系列代号(内圆磨床),20 为最大磨削内孔直径为 200mm。它是生产中应用最广的一种内圆磨床。内圆磨床由床身、工作台、头架、砂轮架、砂轮修整器、砂轮架溜板等组

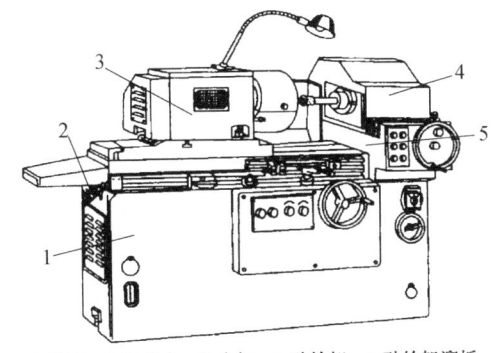

1-床身;2-工作台;3-头架;4-砂轮架;5-砂轮架溜板

图 4-18 M2120 内圆磨床

成,如图 4-18 所示。头架装在工作台 2 上,并由它带着沿床身 1 上的导轨做纵向往复运动。头架主轴由电动机经带传动做圆周进给运动;砂轮架 4 上装有磨削内孔的砂轮主轴,由电动机经带传动;砂轮架沿滑鞍 5 的导轨做周期性的横向进给(液动或手动)。

4.4.2 磨内圆的操作

1. 工件的装夹方法

磨削内圆时,工件大多数都是以外圆或端面为定位基准,采用三爪卡盘、四爪卡盘、花盘及弯板等夹具来装夹,如图 4-19 所示。

2. 内圆的磨削方法

磨削内圆的方法有纵磨法和横磨法,其操作方法和特点与外圆磨削相似,但砂轮旋转方向与工件旋转方向相反。

磨削内圆通常在内圆磨床或万能外圆磨床上进行。磨削时,砂轮与工件接触方式有两种:后接触和前接触,如图 4-20 所示。一般来讲,在内圆磨床上采用后接触,在万能外圆

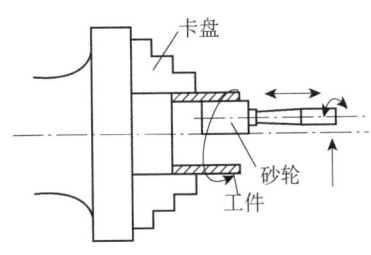

图 4-19 卡盘安装工件

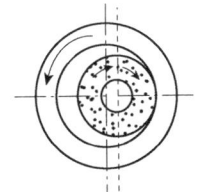
(a) 砂轮与工件的后面接触

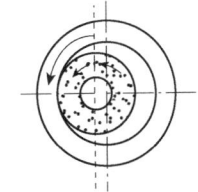
(b) 砂轮与工件的前面接触

图 4-20 内圆磨削砂轮与工件的接触形式

磨床上采用前接触。磨削内圆时，砂轮轴和砂轮直径较小，易造成刚性差、表面质量不好和生产率低。所以砂轮和砂轮轴尽可能选用较大直径，砂轮轴伸出长度尽可能缩短。

3. 内圆磨削实习课题

图 4-21 所示为套类工件，材质 45 钢，淬火硬度 42HRC，外圆 Φ45mm，留有 0.35～0.45mm 的磨削余量，内孔 Φ25mm 和 Φ40mm，均留有 0.30～0.45mm 的磨削余量，表面粗糙度均已达到 6.3μm，其他尺寸不变。外圆 Φ40 mm、内孔 Φ25mm 和 Φ40mm 的磨削步骤见表 4-3。

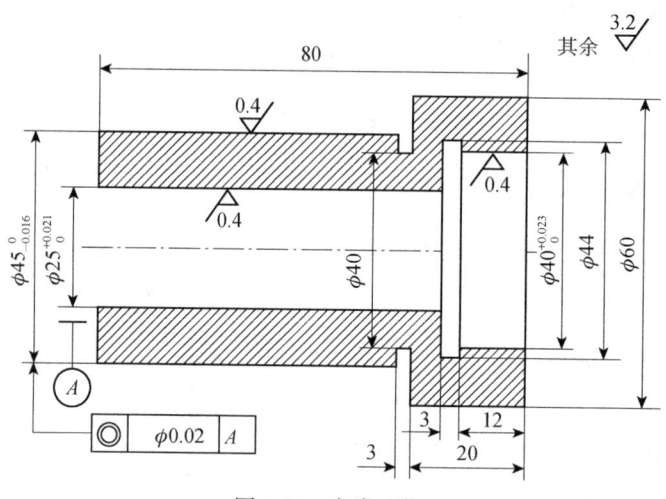

图 4-21 套类工件

表 4-3 套类工件磨削步骤

序号	名称	加工内容	加工简图
1	工件装夹	以外圆 Φ45mm 定位，将工件用三爪卡盘装夹，用百分表找正，选用磨内孔的砂轮	
2	粗磨内孔 Φ25mm	采用纵磨法粗磨内孔 Φ25mm，留有粗磨余量 0.04～0.06mm	
3	粗磨、精磨 Φ40mm	更换砂轮，采用纵磨法先粗磨 Φ40mm 内孔，留有精磨余量 0.04～0.06mm，再精磨至图样尺寸	

续表

序号	名称	加工内容	加工简图
4	精磨内孔 $\phi 25mm$	磨 $\phi 40mm$ 内孔时会影响与 $\phi 25mm$ 的精度，因此 $\phi 25mm$ 分两次磨削，采用纵磨法精磨至图样尺寸	
5	工件装夹	采用心轴装夹，以保证外圆与内圆的同轴度	
6	粗磨、精磨外圆 $\phi 45mm$	更换砂轮，采用纵磨法先粗磨 $\phi 45mm$ 外圆，留有精磨余量 0.04～0.06mm，再精磨至图样尺寸	
7	检验	对照图样，对所有尺寸逐一测量检验	

4.5 磨 平 面

4.5.1 磨平面的设备和工具

平面磨床用于磨削各种零件的平面，由床身、工作台、立柱、拖板、磨头、进给机构等部件组成。与其他磨床不同的是工作台上装有电磁吸盘，用于直接吸住工件。

根据砂轮的工作面不同，平面磨床可分为用砂轮轮缘（即圆周）进行磨削和砂轮端面进行磨削两类。砂轮轮缘磨削的砂轮主轴常处于水平位置（卧式），而砂轮端面磨削的砂轮主轴通常为立式的。根据工作台的形状不同，平面磨床又可分为矩形工作台和圆形工作台两类。因此，根据砂轮工作面和工作台形状的不同，普通平面磨床可分为四类：卧轴矩台式平面磨床（图4-22(a)），卧轴圆台式平面磨床（图4-22(b)），立轴矩台式平面磨床（图4-22(c)），立轴圆台式平面磨床（图4-22(d)）。

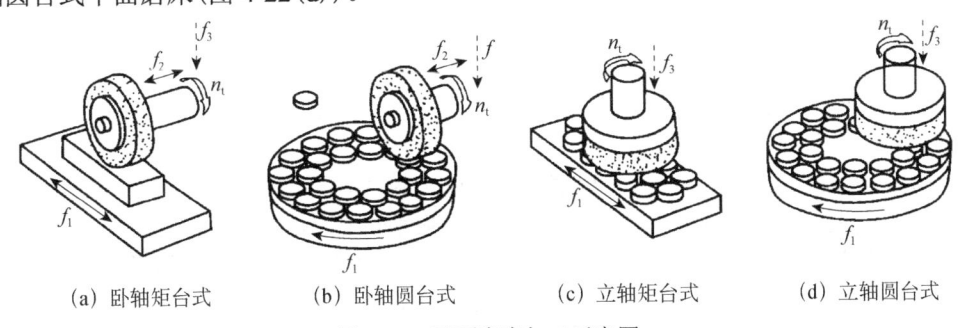

图 4-22 平面磨床加工示意图

上述四类平面磨床中,用砂轮端面磨削的平面磨床与用轮缘磨削的平面磨床相比,由于端面磨削的砂轮直径往往比较大,能同时磨出工件的全宽,磨削面积较大,所以,生产率较高。但是,端面磨削时,砂轮和工件表面是成弧形线或面接触,接触面积大,冷却困难,切屑也不易排除,所以,加工精度和表面粗糙度稍差。圆台式平面磨床与矩台式平面磨床相比较,圆台式的生产率稍高些,这是由于圆台式是连续进给,而矩台式有换向时间损失。但是,圆台式只适于磨削小零件和大直径的环形零件端面,不能磨削长零件;而矩台式可方便地磨削各种常用零件,包括直径小于矩台宽度的环形零件。

卧轴矩台平面磨床如图 4-23 所示,这种机床的砂轮主轴通常是由内连式异步电动机直接带动的。电动机轴就是主轴,电动机的定子就装在磨头 3 的壳体内。磨头 3 可沿滑座 4 的燕尾导轨做间歇的横向进给运动(手动或液动)。拖板 4 和磨头 3 一起,沿立柱 5 的导轨做间歇的竖直切入运动(手动),工作台 2 沿床身 1 的导轨做纵向往复运动(液压传动)。

立轴圆台平面磨床如图 4-24 所示。磨头 1 的主轴也由内连式异步电动机直接驱动,磨头 1 可沿立柱 2 的导轨做间歇的竖直切入运动,圆工作台 4 旋转做圆周进给运动。为了便于装卸工件,圆工作台 4 还能沿床身导轨纵向移动。由于砂轮直径大,所以常采用镶片砂轮。这种砂轮使冷却液容易冲入切削面,使砂轮不易堵塞。这种机床生产率高,适用于成批生产。

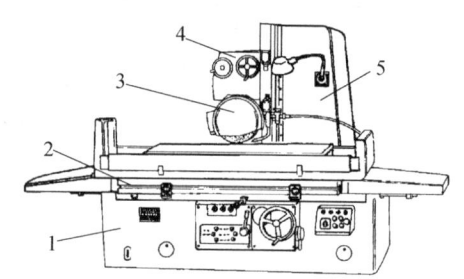

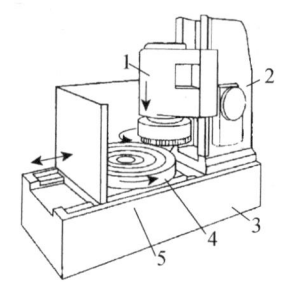

1-床身;2-工作台;3-磨头;4-拖板;5-立柱

1-磨头;2-立柱;3-底座;4-工作台;5-床身

图 4-23　卧轴矩台平面磨床

图 4-24　立轴圆台平面磨床

4.5.2　磨平面的操作

1. 工件的装夹方法

凡是由钢、铸铁等磁性材料制成的具有两个平行面的零件,都可以采用电磁吸盘工作台吸住工件,而磨削键、薄壁套等尺寸小且壁薄的工件时,还应在工件的四周或左右两端用挡铁围住,避免因磨削力作用弹出造成事故;对于陶瓷、合金钢、铝合金等非磁性材料,则可采用精密平口钳、精密角铁等导磁性夹具进行装夹,连同夹具一起置于电磁吸盘上。

电磁吸盘使用十分方便,但应注意以下几个方面。

(1)装夹前必须擦净电磁吸盘工作台和工件。

(2)使用中,当切断电磁吸盘的电源后,工件和电磁吸盘上仍会保留一部分磁性,即剩磁,因此工件不易取下。这时只要将开关转到退磁位置,多次反复改变线圈中的电流方向,把剩磁去掉,工件就容易取下。

(3)对于底面积较大的工件,光滑表面间强附力较大,再加上剩磁存在,更不容易取下工件。这时可根据工件的形状,先用木棒、铜棒或扳手(扳手钳与工件表面间应垫好铜皮),将工件扳松后再取下。要防止将工件从台面上硬拉下来而拉毛工件表面和吸盘台面。

(4)电磁吸盘台面如果拉毛,可用油石或细砂纸修光,再用金相砂纸将台面抛光。如果台面上划纹和细麻点较多,或台面已经不平时,可以对电磁吸盘台面进行一次修磨。

2. 平面的磨削方法

磨削平面的方法通常有周磨法和端磨法两种。在卧轴矩台平面磨床上磨削平面，由于采用砂轮的周边进行磨削，通常称为周磨法，如图 4-22(a)、(d)所示；在立轴圆台平面磨床磨削，采用砂轮端面进行磨削，称为端磨法，如图 4-22(b)、(c)所示。

平面磨削时，砂轮与工件的接触面积比磨外圆时要大，因而发热多并容易堵塞砂轮，故要尽可能使用磨削液进行加工，特别是对于精密磨削加工，这点尤其重要。

在实际生产中，周磨法可分为以下几种方法磨削平面，以适应不同生产率的要求。

1) 横向磨削法

当工作台每次纵向行程终了时，磨头做一次横向进给；等到工件表面上第一层金属磨削完毕，砂轮按预选磨削深度做一次垂直进给，接着照上述过程逐层磨削，直至把全部余量磨去，使工件达到所需尺寸，这种磨削方法称为横向磨削法，如图 4-25(a)所示。粗磨时，应选较大垂直进给量和横向进给量，精磨时则两者均应选较小值。

这种方法适用于磨削宽长工件，也适用于相同小件按序排列集合磨削。

2) 深度磨削法

深度磨削法如图 4-25(b)所示。这种磨削法的纵向进给量较小，砂轮只做两次垂直进给。第一次垂直进给等于全部粗磨余量，当工作台纵向行程终了时，将砂轮横向移动 3/4~4/5 的砂轮宽度，直到将工件整个表面的粗磨余量磨完。第二次垂直进给量等于精磨余量，其磨削过程与横向磨削法相同。

这种方法由于垂直进给次数少，生产率较高，且加工质量也有保证。但磨削抗力大，仅适用在动力大、刚性好的磨床上磨较大的工件。

3) 阶梯磨削法

阶梯磨削法是按工件余量的大小，将砂轮修整成阶梯形，使其在一次垂直进给中磨去全部余量，如图 4-25(c)所示。用于粗磨的各阶梯宽度和磨削深度都应相同，而其精磨阶梯的宽度则应大于砂轮宽度的 1/2，磨削深度等于精磨余量(0.03~0.05mm)。磨削时，横向进给量应小些。

由于磨削用量分配在各段阶梯的轮面上，各段轮面的磨粒受力均匀，磨损也均匀，能较多地发挥砂轮的磨削性能。但砂轮修整工作较为麻烦，应用上受到一定限制。

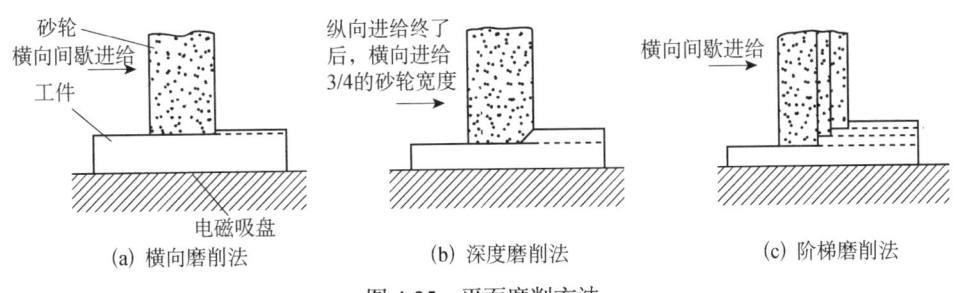

图 4-25 平面磨削方法

3. 平面磨削实习课题

在学习了磨削加工的各种方法后，大家可以利用平面磨床加工图 4-26 所示工件的 A 面及其相对面，材料为 HT200，毛坯尺寸为 90 mm×60 mm×23mm，A 面及其相对面的表面粗糙度值 Ra 为 0.8μm。

工件的具体操作见表 4-4。

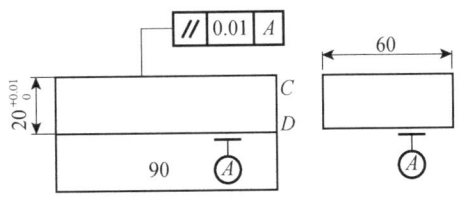

图 4-26 六面体

表4-4 工件磨削工艺卡片

工序号	工步	内容及要求	设备	其他工艺装备
1	工艺准备	阅读图样,检查磨削余量;调整机床;准备工具、夹具和有棱角的金刚石笔等		
2		修整砂轮		金刚石
3		去除工件毛刺		锉刀
4	磨削	将平面 A 吸牢在电磁工作台上,将其作为基准面。对刀至砂轮下缘与工件顶面有 0.5mm 间隙;调整行程挡块,确定工作进程	M1420	钢直尺
5		磨平面 A 的相对面,先粗磨后精磨,使 CD 的尺寸达到 21.8mm		游标卡尺
6		将平面 A 的相对面作为基准面,固定方法与工序 4 中固定平面 A 的方法相同,磨平面 A,先粗磨后精磨,使 CD 的尺寸达到 20.6mm		游标卡尺
7		再次将平面 A 作为基准面,精磨平面 A 的相对面,使 CD 的尺寸达到 20.3mm,最后光磨		游标卡尺
8		再次将平面 A 的相对面作为基准面,精磨平面 A,使 CD 的尺寸达到 20mm,最后光磨		游标卡尺
9	检验	检验几何精度和表面粗糙度		游标卡尺、千分表、直角尺

4.6 磨床安全操作规范

参加实训的师生必须树立"安全第一"的思想,听从指挥,文明操作。

(1)进入实训场地必须穿戴好劳动保护用品。男生不准赤膊、赤脚、穿拖鞋进入场地。女生披肩长发必须盘入工作帽内,不准穿高跟鞋、裙子进入场地。

(2)磨床启动前,先检查各运动部件的保护装置是否完好,若砂轮没有防护罩,严禁使用。

(3)砂轮有裂缝或缺损,严禁使用。

(4)砂轮必须正平衡后方能使用。安装、紧固必须良好无误。

(5)禁止使用硬物敲击工作面或砂轮。

(6)拆卸工作时必须退出砂轮,防止伤人事故发生。

(7)操作时不要正对旋转中的砂轮,使用快速进退装置要格外小心,尽量避免砂轮直接碰撞工件。

(8)操作机床时禁止戴围巾和手套。

(9)调整行程时,避免砂轮碰头架或尾座。

(10)磨完工件后,砂轮应继续空转 1min,以除去冷却液。

(11)实训结束后,应清除工作台面上的铁末,擦拭机床,滑动面上的铁末,滑动面加上润滑油,摆放好工、量具,打扫机床周围清洁,关闭电源。

第 5 章 刨削技术

5.1 刨削概述

刨削加工是在刨床上利用刨刀（或工件）的直线往复运动进行切削加工的一种方法，如图 5-1 所示。刨削加工的精度为 IT7～IT9，最高精度可达 IT6；表面粗糙度 Ra 可达 3.2～6.3μm，采用宽刃刨刀精刨最佳可达 Ra1.6μm。

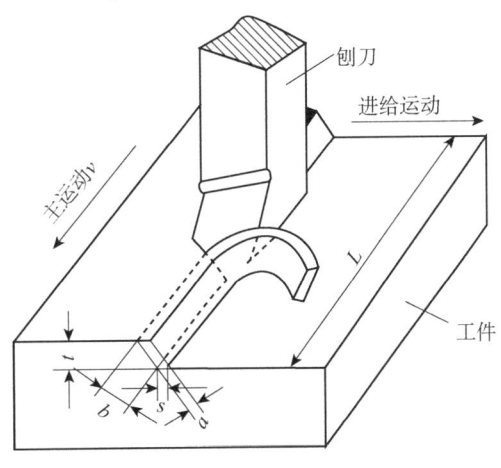

图 5-1 刨削加工示意图

5.1.1 刨削的特点

刨削加工的特点主要有以下几个方面。

(1) 生产率较低。刨床加工工件时，刨刀进行直线性往复运动，工作行程进行切削，返回行程不进行切削，增加了辅助时间，因此工作效率较低。

(2) 通用性好。刨床结构简单，便于操作，刨刀制造、刃磨、安装方便，通用性好。刨削常常用于单件小批生产及维修工作，尤其适于窄长表面的加工。

(3) 刨削的进给运动是间歇运动，工件或刀具进行主运动时无进给运动，故刀具的角度不因切削运动变化而发生变化。

(4) 刨削加工的切削过程是断续切削，故刀具在空行程中能得到自然冷却，且刨削加工的主运动是往复运动，因而限制了切削速度的提高。

(5) 切削不平稳。刨削加工时，在开始切入、切出时都有冲击和振动，且为断续切削，切削过程不平稳。

5.1.2 刨削的加工范围

刨削可以加工平面、平行面、垂直面、斜面、台阶、沟槽和曲面等，如图 5-2 所示。

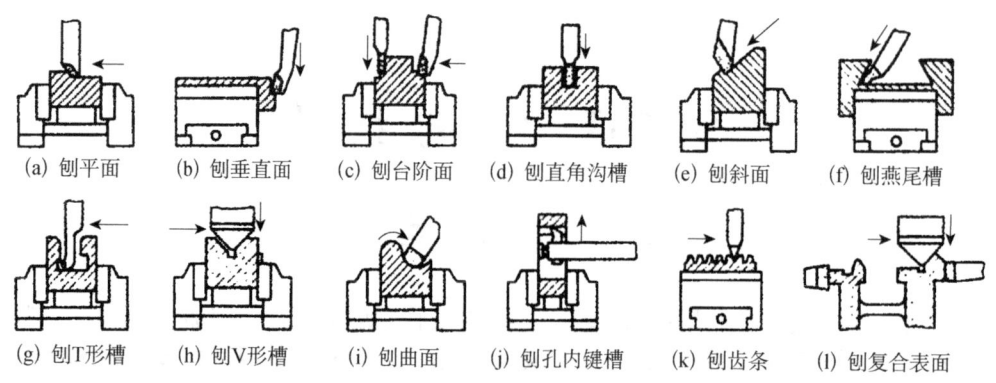

图 5-2 刨削加工内容

5.1.3 刨削运动及用量

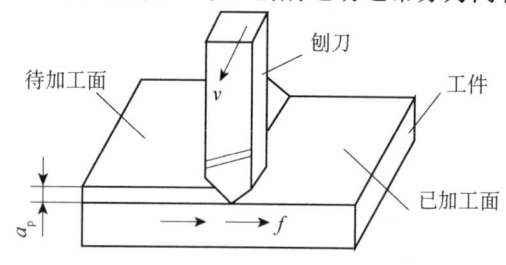

图 5-3 牛头刨床的刨削要素

在刨削加工中，刨削运动通常分为两种情况：一是刨刀做往复运动，每次回程后工件作间歇的进给运动，其主要应用于加工较小的工件；二是工件做往复运动，每次回程后刨刀作间歇的进给运动，其主要应用于加工较长较大的工件。

刨削要素包括刨削速度、进给量、刨削深度，如图 5-3 所示。

(1) 刨削速度 v(m/min)。工件和刨刀在切削时的相对速度。

(2) 进给量 f(mm/str)。刨刀每往复一次，工件在进给方向所移动的距离。

(3) 刨削深度 a_p(mm)。已加工表面和待加工表面的垂直距离。

刨削加工时，为充分发挥机床、刀具的使用性能，应合理选用切削用量。

实践证明：对刀具寿命影响最小的是背吃刀量，其次是进给量，影响最大的是切削速度。因此，选择切削用量的顺序是首先应当尽量取大的背吃刀量；当背吃刀量受到其他因素限制时(如加工余量小)，再尽可能取较大的进给量；当进给量受到其他因素限制时(工件加工表面粗糙度或切削力的限制等)，最后考虑取较大的切削速度。

(1) 背吃刀量的选择。在留出半精加工和精加工余量后，把剩下的加工余量尽可能一次切除。在可能的条件下，次数越少越好。分几次切除时，也应该把前几次的背吃刀量选得大些，最后一次的背吃刀量选得小些，以保证加工质量。

(2) 进给量的选择。进给量受刀具强度、机床动力、加工表面粗糙度、进给机构刚度等因素的限制。因此，粗加工的进给量应根据机床、工件、刀具的刚度和强度选择；精加工的进给量应根据加工表面的粗糙度要求选择。平面刨削的进给量可参阅表 5-1 选取。

表 5-1 平面刨削钢或铸铁的表面粗糙度、进给量和背吃刀量

刨刀形式	加工方式	表面粗糙度 $Ra/\mu m$	背吃刀量 a_p/mm	进给量 f/(mm/往复过程)
普通刨刀	粗加工	12.5	3	0.5-1.5
	半精加工	6.3	2	0.33-0.8
		3.2	1	0.33-0.6
		1.6	0.1~0.3	0.33
宽刃加工	磨前加工	3.2	0.2~0.5	1~4
	最后加工	1.6~0.8	0.05~0.15	0.33

(3) 切削速度的选择。切削速度对切削功率、刀具寿命、加工表面粗糙度和尺寸精度等有较大的影响。因为切削速度越高，切削温度越高，切削功率越大，刀具磨损越快，刀具寿命越低。

粗加工时，由于选择较大的背吃刀量和进给量，切削力较大，切削速度应低一些。精加工时，一般选择较小的背吃刀量和进给量，切削力较小，切削速度可以适当提高。但不能太高，因为切削速度对刀具磨损影响最大，避免由于切削速度太高而影响加工表面的质量。在精刨塑性大的软金属时，为降低加工表面粗糙度，往往采用低切削速度。

由于刀头切削部分的材料不同，选择的切削速度也不同。用硬质合金刨、插刀加工时，切削速度可以适当高一些；而用高速钢刨、插刀加工时，切削速度应低一些。

由于工件的材料不同，选择的切削速度也不同。工件材料硬，切削速度应低；工件材料软，切削速度可高一些。

以上所述切削用量选择的基本原则和步骤，在实际应用中要结合具体情况而确定。

5.2 刨削设备及工具

5.2.1 刨床

1. 牛头刨床

牛头刨床是刨床类机床中应用较广的一种。图5-4为B665型牛头刨床，在编号B665中，"B"代表刨床，"6"代表牛头刨床，"65"表示刨削工件最大长度的1/10，即此型号刨床的最大刨削长度为650mm。

1)牛头刨床的组成部分及作用

牛头刨床主要由床身、刀架、横梁、滑枕、工作台等部分组成。

(1) 床身。床身安装在底座上，主要用来支承和连接机床各部件。床身内部有齿轮变速机构和摆杆机构，可用于改变滑枕的往复运动速度和行程的长短。其顶面的燕尾形导轨供滑枕作往复运动，垂直面导轨供工作台作升降运动。

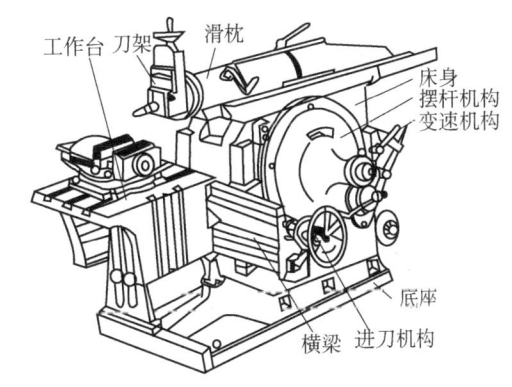

图5-4 牛头刨床

(2) 刀架。刀架主要用来夹持刨刀。摇动刀架上的手柄，滑板可以沿刻度盘上的导轨带动刨刀作上下移动；松开转盘上两端的螺母，扳转一定的角度，可以使刀架斜向进给，加工斜面以及燕尾形零件。另外，滑枕上还装有可偏转的刀座，刀座中的抬刀板可以绕刀座的轴转动，使刨刀回程时，可绕轴自由上抬，减少刀具后刀面与工件的摩擦。

(3) 滑枕。滑枕主要用来带动刨刀做往复直线运动，其前端安装有刀架。其内部装有丝杆螺母传动装置，可根据加工位置来改变滑枕的往复运动的快慢、行程的长短和滑枕的起始位置。

(4) 横梁。横梁安装在床身前部的垂直导轨上，可以实现上下移动。工作台可沿横梁上下移动，也可随横梁做横向间歇移动，实现刨削的进给运动。

(5) 工作台。用于安装工件，在刨床上安装工件的方法有平口钳安装、专用夹具安装、压板螺栓安装等。它可随横梁作上下调整，并可沿横梁做水平方向移动或做进给运动。

(6) 底座。支承床身，并通过地脚螺柱与地基相连。

2)牛头刨床的传动系统

以B6065型牛头刨床为例，其传动系统如图5-5所示，包括以下部分。

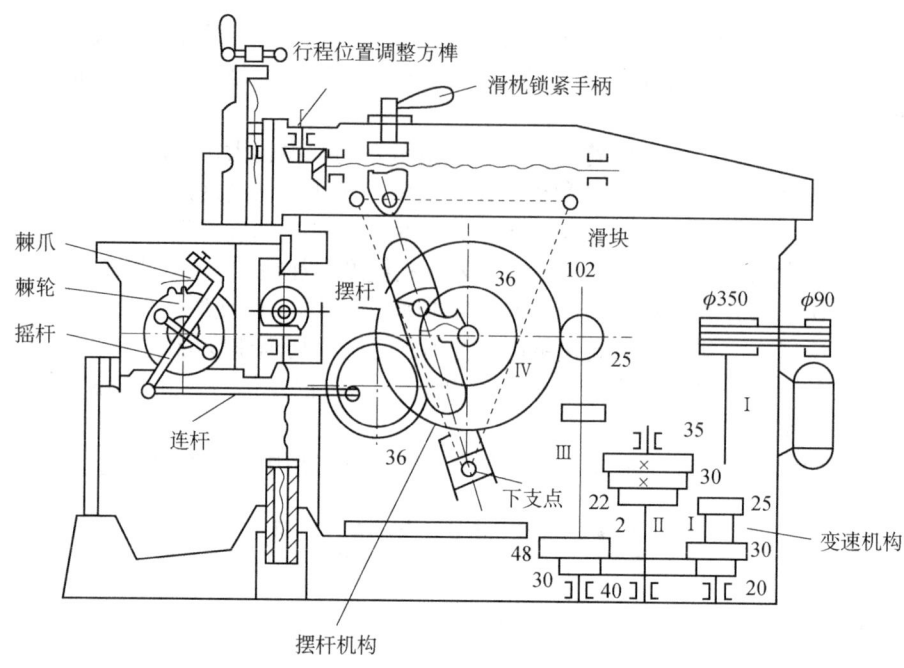

图 5-5 B6065 牛头刨床传动系统

(1) 曲柄摇杆机构。曲柄摇杆机构的作用是把摇杆的旋转运动转变为滑枕的往复直线运动,其工作原理如图 5-5 所示。摇杆齿轮每转动一周,滑枕就往复运动一次。其中,摇杆滑块在工作行程的转角为 α,回程转角为 β,且 $\alpha > \beta$,则工作行程时间大于回程时间,但工作行程和回程的行程长度相等,所以 $v_{工作} < v_{回程}$。另外,无论是工作行程还是回程,滑枕的运动速度都是不等的,每时每刻都在变化。

(2) 变速机构。变速机构的作用是把电动机的旋转运动以不同的速度传给摇杆齿轮,轴Ⅰ和轴Ⅱ上分别装有两组滑动齿轮,轴Ⅲ有 $3 \times 2 = 6$ 种转速传给摇杆齿轮 8。

(3) 进给机构。进给机构的作用是使工作台在滑枕回程完了与刨刀再次切入工件之前的瞬间,做间歇横向进给,其结构如图 5-5 所示。

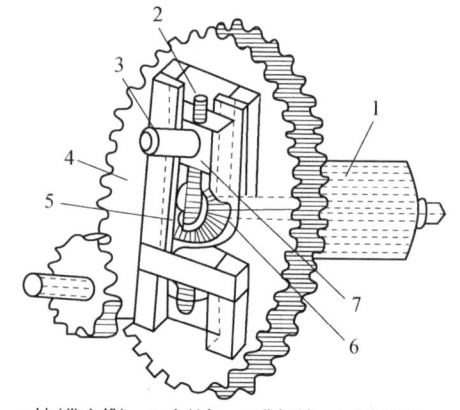

1-轴(带方榫);2-小丝杠;3-曲柄销;4-曲柄齿轮;
5,6-锥齿轮;7-偏心滑块

图 5-6 滑枕行程长度的调整

3) 牛头刨床的调整

(1) 滑枕行程长度的调整。滑枕行程长度一般比工件加工长 30~40 mm。如图 5-6 所示,调整时,转动轴 1,通过一对锥齿轮转动小丝杠 2,小丝杠使曲柄螺母带动偏心块 7 移动,曲柄销 3 带动偏心块 7 改变了滑块偏移大齿轮轴心的距离,从而改变滑枕的行程长度。偏心距越大,摆杆的摆动角度越大,滑枕的行程也就越长;反之变短。

(2) 滑枕行程位置的调整。当行程长度调整好后,调整滑枕的行程位置。调整时,如图 5-6 所示,松开滑枕锁紧螺母,转动行程位置调整小轴,通过锥齿轮传动使丝杠旋转,由于螺母固定不动,所以丝杠带动滑枕移动,即可调整滑枕的行程位置。

(3) 滑枕往复运动速度的调整。滑枕往复运动速度是由滑枕每分钟往复的次数和行程长度确定的。它的调整是通过扳动变速手柄,改变滑动齿轮的位置来实现的,可使滑枕得到 6 种不同的每分钟往复次数。

(4) 工作台横向进给运动调整。工作台的横向进给运动是间歇运动,并通过棘轮机构来实现的,棘轮机构如图 5-7 所示。进给运动的调整包括以下两方面。

① 横向进给量的调整。如图 5-7 所示,与摇杆连成一体的齿数相等的齿轮 1、2 相啮合,通过连杆 3 使棘爪 4 摆动,并拨动固定在进给丝杠上的棘轮 5 转动。棘爪每摆动一次,便拨动棘轮和丝杠转动一定角度,使工作台实现一次横向进给。由于棘爪背面为一斜面,当它朝反向摆动时,爪内弹簧被压缩,棘爪从棘轮齿顶滑过,不带动棘轮转动,因此工作台的横向进给是间歇的。进给量大小取决于滑枕每往复一次时棘爪所能拨动的棘轮齿数 k;因此调整横向进给量,实际是调整棘轮护罩缺口的位置,从而改变 k 值,调整范围为 $k=1\sim10$。

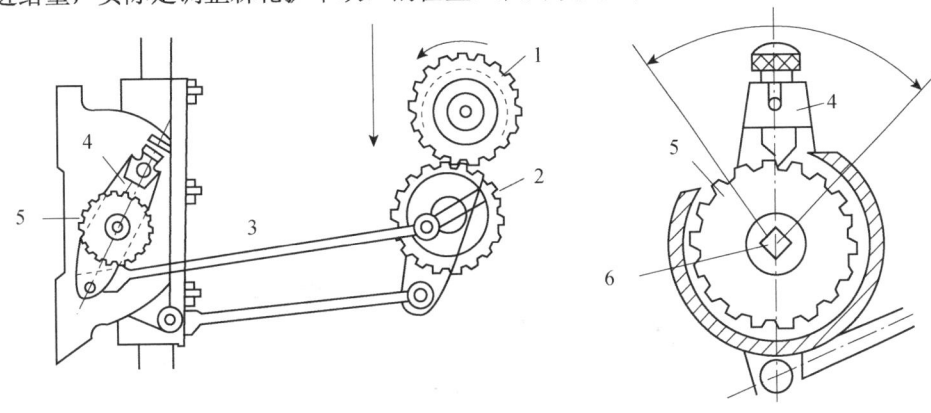

图 5-7 棘轮机构

② 横向进给方向的调整。提起棘爪转动 180°,放回原来的棘轮齿槽中,此时棘爪的斜面与原来反向,棘爪每摆动一次,拨动棘轮的方向相反,即可实现进给运动的反向。此处,还必须将护罩反向转动,使另一边露出棘轮的齿,以便棘爪拨动。变向时,连杆 3 在 2 中的位置应调转 180°,以便刨刀后退时进给。提起棘爪转动 90°,使其与棘轮齿脱离接触,则停止自动进给。

2. 插床

插床的结构原理与牛头刨床类似,如图 5-8 所示,其滑枕在垂直方向做往复运动(即主运动),因此,插床实际上是一种立式刨床。插床的工作台由下拖板、上拖板及圆工作台三部分组成。下拖板用于横向进给,上拖板用于纵向进给,圆工作台用于回转进给。

插床主要用于零件的内表面加工,如方孔、长方孔、各种多边形孔及内键槽等,也可加工某些外表面。插削孔键槽如图 5-9 所示。

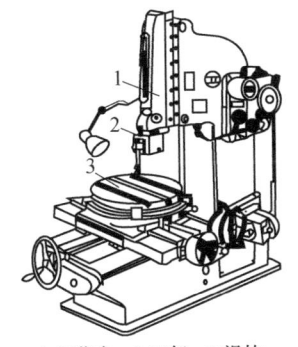

1-工作台;2-刀架;3-滑枕

图 5-8 B5020 型插床外形图

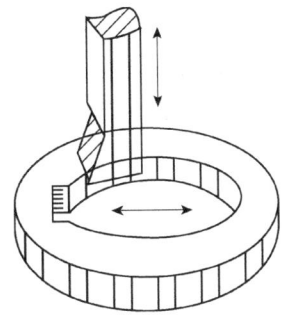

图 5-9 插销孔内键槽示意图

3. 龙门刨床

龙门刨床具有门式框架和卧式长床身的刨床,因形似龙门而得名,如图 5-10 所示。龙门刨床的主参数是最大刨削宽度。龙门刨床主要加工大型工件或同时加工多个工件上的各种平面、沟槽和各种导轨面,一般可刨削的工件宽度尺寸达 1m,长度尺寸在 3m 以上。横梁上一般装有两个垂直刀架,刀架滑座可在垂直面内回转一个角度,并可沿横梁做横向进给运动;刨刀可在刀架上做垂直或斜向进给运动;横梁可在两立柱上作上下调整。一般在两个立柱上还安装可沿立柱上下移动的侧刀架,以扩大加工范围,工作台回程时能机动抬刀,以免划伤工件表面。

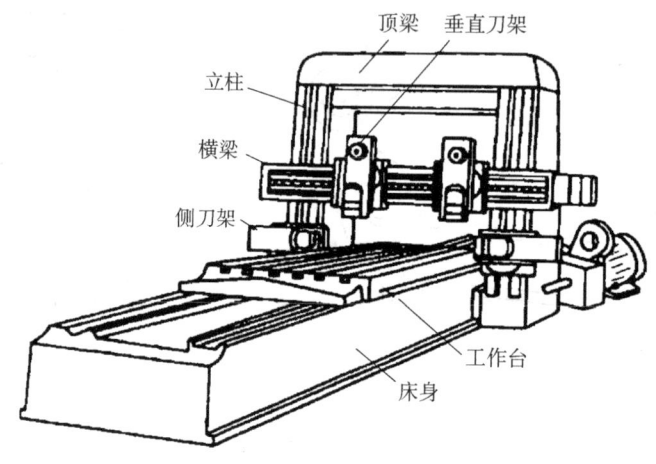

图 5-10 龙门刨床结构示意图

与牛头刨床相比,从结构上看,龙门刨床形体大,结构复杂,刚性好;从机床运动上看龙门刨床的主运动是工作台的直线往复运动,而进给运动则是刨刀的横向或垂直间歇运动,这刚好与牛头刨床的运动相反。

5.2.2 刨床附件及工件装夹

1. 平口钳

平口钳是一种通用夹具,经常用来安装小型工件。使用时先找正平口钳的钳口并固定在工作台上,然后再安装工件,常用划线找正安装工件的方法,如图 5-11 所示。

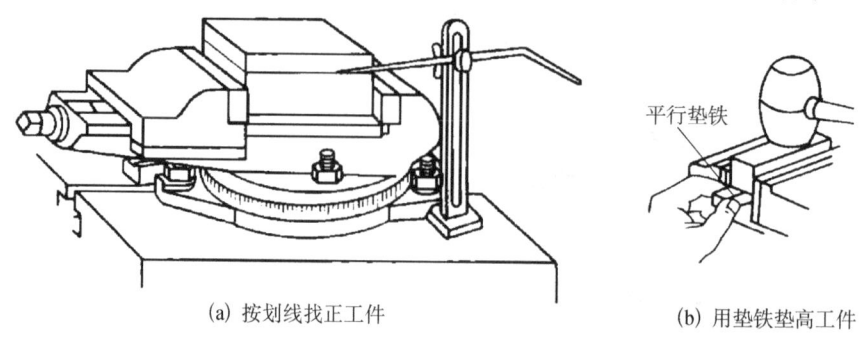

(a) 按划线找正工件　　　　　　　　(b) 用垫铁垫高工件

图 5-11 用平口钳安装工件

安装时应注意以下几点。

(1)工件的被加工面应高于钳口,如果工件的高度不够,应用平行垫铁将工件垫高。

(2)为了保护钳口和已加工表面,安装工件时往往需要在钳口处垫上铜皮或铝皮。

(3)装夹工件时,应用手锤轻轻敲击工件使工件贴合垫铁。在敲击已加工过的表面时应用铜锤或木槌。

2. 压板螺栓安装

有些工件较大或形状特殊,需要用压板螺栓和垫铁把工件直接固定在工作台上进行刨削。安装时先找正工件,具体安装方法如图 5-12 所示。

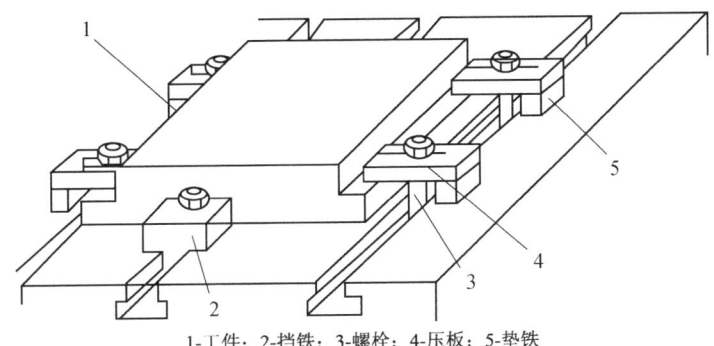

1-工件;2-挡铁;3-螺栓;4-压板;5-垫铁

图 5-12 用压板螺栓安装工件

安装时应注意以下几点。

(1)压板的位置要安排得当,压点要靠近刨削面,压紧力大小要合适。粗加工时,压紧力要大,以防切削中工件移动;精加工时,压紧力要合适,注意防止工件变形。各种夹紧方法的正、误比较如图 5-13 所示。

(2)工件如果放在垫铁上,要检查工件与垫铁是否贴紧。若没有贴紧,必须垫上纸或铜皮,直到贴紧。

(3)压板必须压在垫铁处,以免工件因受夹紧力而变形。

(4)装夹薄壁工件时,可在其空心处用活动支撑或千斤顶等,以增加刚度,防止变形,如图 5-14 所示。

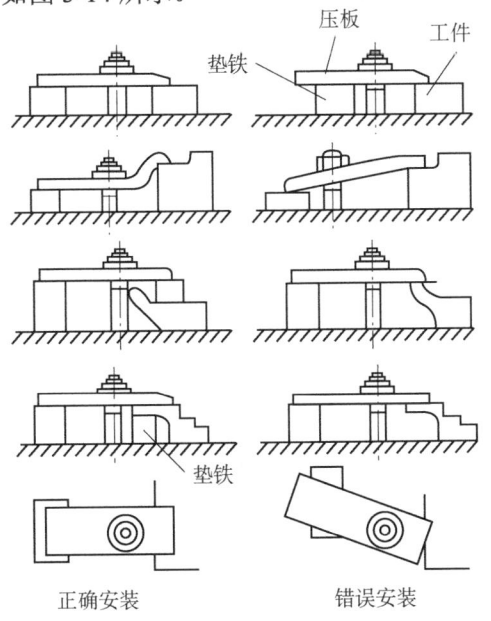

图 5-13 压板螺栓的正确使用

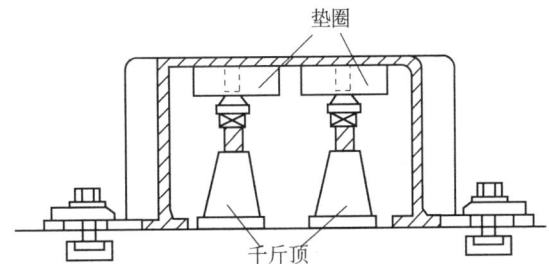

图 5-14 薄壁零件的安装方法

3. 夹具安装

对于特殊工件，可以借助简单夹具进行安装，如图 5-15 和图 5-16 所示。

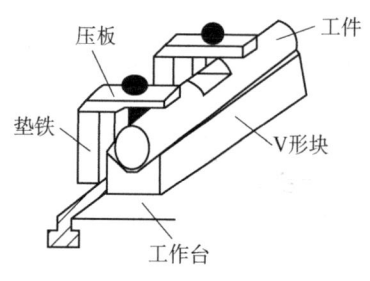

图 5-15　V 形块安装工件

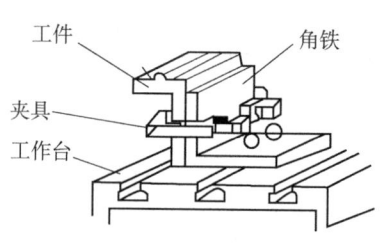

图 5-16　角铁安装工件

5.2.3　刨刀

1. 刨刀的材料及结构

刨刀常用材料有高速钢和硬质合金。刨刀切削部分是在高温和剧烈摩擦下工作，因此刀具材料必须具备以下方面性能。

(1) 高硬质(冷硬质)。刀具材料的硬度要高于被加工材料的硬度。

(2) 高耐磨性。使刀具在长期的切削过程中不容易磨损。

(3) 高的耐热性。即刀具在高温下仍能保持良好的切削性能。

刨刀的结构和角度与车刀相似，其区别如下。

(1) 由于刨刀工作时承受冲击载荷，因此，刨刀刀柄截面一般为车刀的 1.25～1.5 倍。

(2) 切削用量大的刨刀常做成弯头，如图 5-17(b) 所示。弯头刨刀在受到切削变形时，刀尖不会像直头刨刀那样(图 5-17(a))因绕 O 点转动而产生向下的位移而扎刀。

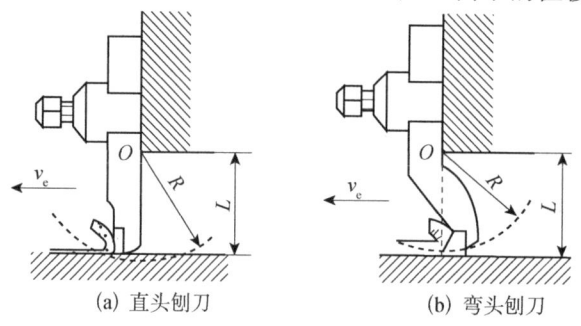

图 5-17　变形后刨刀的弯曲情况

2. 刨刀的刃磨

刃磨刨刀是为了得到锋利的切削刃和正确的刀具几何形状。刀具刃磨正确与否，直接影响刀具的切削性能、加工质量和生产效率。

1) 砂轮的选择

(1) 根据刀具材料的不同选择砂轮。刃磨高速钢刀具一般选用氧化铝砂轮；刃磨硬质合金刀具一般用碳化硅砂轮。

(2) 一般刀具刃磨分粗磨和精磨。粗磨刀具选用进度号为 $40^{\#}$ 到 $60^{\#}$ 的中软硬度砂轮；精磨刀具选用粒度号为 $80^{\#}$ 到 $120^{\#}$ 的中硬度砂轮。

2) 刀具刃磨的基本要求

(1) 磨刀前要检查砂轮有无裂纹，不可敲打砂轮。

(2) 在刃磨硬质合金刀具时，不可在冷却液中冷却，以防止刀片突然收缩而碎裂。在刃磨高速钢刀具时，需要有足够时间来冷却刀具，以免刨刀因刃磨温度过高而退火，降低切削性能。冷却剂可用苏打水或乳化液。

(3) 刃磨压力不宜过大，刀具应在砂轮上左右移动，这样能使切削刃平直，刀片受热均匀，不易产生裂纹。余量太大时不宜在砂轮两侧面进行刃磨，而应在砂轮圆周上进行刃磨。

(4) 刃磨时，砂轮回转方向必须由刀口到刀柄，这样可把刀具磨得锋利，无锯齿形缺口（图 5-18）。

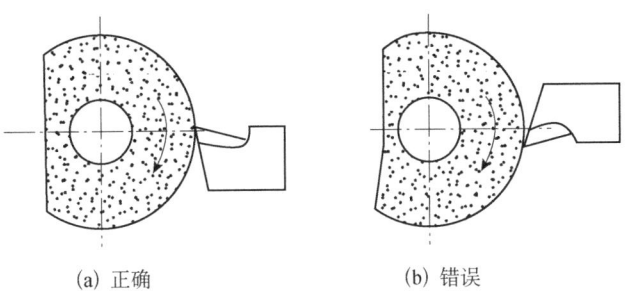

(a) 正确　　　　　　(b) 错误

图 5-18　砂轮的旋转方向

(5) 刨刀要靠导板上，角度导板必须平直，转动角度要求正确；导板与砂轮之间的距离不宜过大，一般应为 3~5mm，如间隙过大，磨削力则合格刀具挤入砂轮与导板之间而挤碎砂轮，造成事故。

(6) 刃磨时应从刀具后面自下到上逐步与砂轮接触，使刃磨平稳。

(7) 操作人员应站在砂轮面侧面进行刃磨，以免因砂轮破裂导致飞出伤人。

(8) 刃磨后的刀具必须按要求进行检验。检验时，可用图 5-19 中的角度样板进行检验。

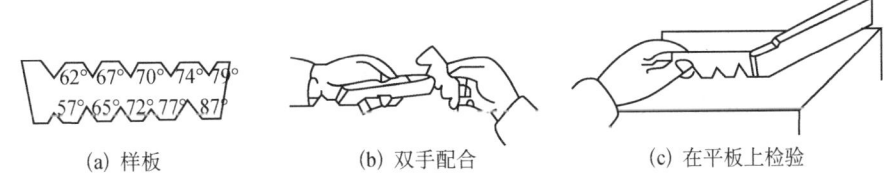

(a) 样板　　　　　(b) 双手配合　　　　　(c) 在平板上检验

图 5-19　用样板检验刨、插刀角度

3) 刀具刃磨的方法

(1) 先把刀具后面、前面的刀柄部分磨出一个比后角和前角略大的角度，再粗磨前面和后面。

(2) 磨断屑槽。在砂轮的 90°边缘处进行刃磨。如要磨较宽断屑槽时，可将 90°边缘修整成形后进行刃磨。刃磨断屑槽时，因为砂轮和刀片刃口都比较薄，容易崩裂，所以刃磨压力不能过大。刨刀要作较慢的上、下移动，使刀片受热均匀。同时要注意不可磨到切削刃的边缘，更不要把切削刃磨得太低，必须留有磨倒棱的宽度，否则磨好倒棱后将影响前角的大小和断屑槽的形状。

(3) 在砂轮侧边磨倒棱。通常所需要的宽度是靠修磨后面得到。

(4) 精磨时，先刃磨主后面，磨出主后角和主偏角，再刃磨副后面，磨出副偏角，最后刃磨前面。磨出前角和刃倾角。

(5) 刃磨刀尖部位。

(6) 用油石加机油研磨前面、后面及刀尖部位，以提高刨刀的使用寿命。

5.3 刨削的操作

以牛头刨床为例,介绍几种典型表面的刨削加工。

5.3.1 刨平面

1. 刨平面的加工步骤

(1)工件和刨刀安装正确后,检查工作台的高低位置、滑枕的行程长度与起始位置及每分钟往复次数。

(2)开动机床,移动滑枕使刨刀接近工件后停机。

(3)转动工作台横向进给手柄,将工件移动到刨刀下面;同时转动刀架手柄;移动刀架,使刨刀刀尖接触工件表面。

(4)反向转动工作台横向进给手柄,将工件退离刨刀刀尖,使工件一侧距离刨刀3~5mm。

(5)按选定的背吃刀量垂向进给。

(6)开动机床,用手动横向进给,使工件接近刨刀,进行粗刨试切。

(7)试切工件1~1.5mm后,停机,用钢直尺或游标卡尺测量工件尺寸。若与要求的尺寸不符,根据刀架滑板刻度盘的刻度适当调整背吃刀量(若要加大背吃刀量,应将工件退出;若要减少背吃刀量,则不必退出工件),然后再开动机床,利用手动或机动进给,进行粗刨平面。

①手动进给粗刨平面。将划线盘放在工作台上,划针对在工件所划线以上2.5~3mm处;用手移动滑枕,使刨刀移至划针上方;转动刀架手柄,刀架向下移动,使刨刀与划针尖接触(可用透光法检查),然后拧紧刀架侧面的紧固螺钉,以防刨削时产生落刀。摇动工作台横向进给手柄,使工件一侧距离刨刀3~5mm;开动机床,摇动工作台进给手柄,使工件接近刨刀。当刨刀切削工件后,按一定的进给量粗刨平面。手动进给的进给量可根据工作台进给手柄的转动角度来确定,粗刨平面的进给量可选择为0.3~0.5mm往复行程,即转动手柄30°左右。进给量一定要在滑枕回程以后刨刀再次切入工件之前的瞬间进行,决不能在切削过程中进行,并且进给量要保持均匀。

手动进给粗刨完平面后,需要停机用钢直尺检查已粗刨平面与四周划线间的距离,确定第二次粗刨余量。

②机动进给粗刨平面。将刨刀移动至工件右侧3~5mm处,此时可利用刀架刻度环来确定背吃刀量。先用左手握住刀架手柄,不让它转动;右手转动刻度环,使刻度环的"0"位对准标记刻线,然后根据钢直尺测量出的加工余量,确定刀架下降的尺寸(背吃刀量)。如测量出的加工余量为2.3mm,需留0.3mm的精刨余量,刀架还应下降2mm进行第二次粗刨。若刀架丝杆的导程为4mm,刻度环的分格数为40格,则刀架丝杆每转一格(即1/40转)时,刀架下降$1/40 \times 4 = 0.1$mm;若要下降2mm,需转过20格。如果转动时超过规定的格数,应反向转动刀架手柄,把刀架上升并超过原来的起始"0"位,再重新下降至规定的格数刻线,以消除刀架丝杠与螺母的间隙。利用刻度环控制背吃刀量比较正确,加工中常用这种方法。背吃刀量确定后,拧紧刀架紧固螺钉。调整工作台进给量至"3"的位置,进给量为0.4mm/往复行程;调整滑枕每分钟往复行程次数为37。开动机床,并拨动进给方向手柄,进行自动进给。刨削工件达1~1.5mm的宽度后,停机检查是否留有精刨余量,如符合要求,可开动机床继续粗刨,直至粗刨结束。

(8)粗刨平面后换装圆头精刨刀或平头精刨刀,用手动或快速移动将刨刀移动至工件粗刨平面上方;转动刀架手柄使刨刀接近工件粗刨平面,开动机床,用手动微量垂向进给,使刨刀接触工件。右手握住刀架手柄的一端,左手轻轻敲刀架手柄的另一端,使刀架每次以很小的进给量向下移动。当进给至刨刀在工件已刨削平面上划出白痕时,说明刨刀刚接触工件。这时,左手将刨刀抬起,右手摇动工作台曲柄摇手,使刨刀处于工件右侧;转动刀架手柄,使刀架下降 0.3mm(即刻度环转动 3 格),拧紧刀架紧固螺钉。调整滑枕每分钟往复行程次数为 51,进给量为 0.4mm/往复行程,开动机床进行精刨。

(9) 平面刨好后,根据图样要求对工件上的锐边进行倒角。如果图样上无倒角要求,则用锉刀锉去锐边毛刺。

(10) 将工件摇向一边,用钢直尺或游标卡尺测量工件的尺寸,合格后卸下工件。最后清理平口钳和工作台上的切屑,整理和安放好工具、量具。

2. 检验工件尺寸及表面粗糙度

(1) 将工件放在平板上,用钢直尺或游标卡尺测量工件尺寸。

(2) 表面粗糙度一般可用目测、手摸或用表面粗糙度样块进行对照检验。

5.3.2 刨垂直面

1. 刨垂直面的加工步骤

(1) 调整机床。

①调整工作台的高低位置。牛头刨床应保证刀架的垂向移动量适中,且能刨削完整个垂直面;龙门刨床应调整好梁的高度。

②调整牛头刨床滑枕往复行程次数,并根据工件尺寸,调整行程长度,牛头刨床前后越程一般为 10~30mm。最后调整刀架的松紧程度,使刀架上下移动灵活,松紧一致。

(2) 切削用量的选择。

①背吃刀量 a_p 的选择。采用普通偏刀粗刨垂直面时,a_p 的取值范围为 2~8mm;采用台阶偏刀粗刨台阶时,a_p 的取值范围为 2~4mm;采取精刨时,a_p 的取值范围为 0.2~1mm。

②进给量 f 的选择。粗刨时,f 的取值范围为 0.3~0.7mm/往复行程。精刨时,f 的取值范围为 0.1~0.3mm/往复行程。

③切削速度 v_c 的选择。切削速度 v_c 应根据加工面的长度来选择,牛头刨床选择切削速度时,工件越短,速度应越高。

(3) 对刀及试切。

①对刀。手动工作台或刀架进行对刀,定出背吃刀量。刨削垂直面时一般将加工表面置于右侧(靠近操作者的一侧),利用右偏刀进行刨削。

②试切。开机试刨,手动垂向进给试切 1~2mm 后,停机测量尺寸,检查背吃刀量是否合适。如果背吃刀量过小,应将刀架上移,然后移动工作台增加背吃刀量;如果背吃刀量过大,则需要将刨刀退出,适当减少背吃刀量。

(4) 粗刨。背吃刀量调整合适后,开机进行粗刨。粗刨可分次进行,若采用手动垂向进给,进给量要均匀,刨削至工件边缘时,进给量要小,以免崩坏工件边缘或损坏刀具。第一次粗刨后,停机,将刀架上摇至起始位置,用 90°角尺检查已加工表面与相邻表面的垂直度误差。如果垂直度误差合格,则在检查尺寸后定出下次粗刨的背吃刀量,然后进行第二次粗刨。如果不垂直,则应重新调整后再进行刨削。粗刨后留精刨余量为 0.4~0.6mm。

(5) 精刨。换装精刨偏刀,使修光刃与粗刨垂直面平行,手动垂向进给精刨。试精刨后检查垂直面的表面粗糙度,如不符合要求,应修磨偏刀重新安装,刨削至合格为止。在牛头刨床上精刨一垂直面后,将刀架上升至起始位置,工件旋转 180°刨削另一垂直面;如果工件较长,两端都能伸出钳口,则精刨完第一面后,工件不必旋转,可直接换装方向相反的偏刀,拍板座也向相反方向扳转,用相同的方法刨削另一端面,控制长度尺寸。

2. 垂直面的检验

用目测或样块检验加工面的表面粗糙度;用钢直尺或游标卡尺检验工件的尺寸精度;用90°角尺或标准圆柱检验工件的垂直度误差。检验的方法与平面及关联面的检验方法相同。

5.3.3 刨台阶

台阶是由两个互成直角的平面构成的。台阶面在机械零件上应用较广泛,常用于零件的定位和配合部位,如牛头刨床的床身、开合滑动轴承、定位块、台阶垫铁等,如图 5-20 所示。由于台阶一般多为配合、定位面,因此加工要求较高。

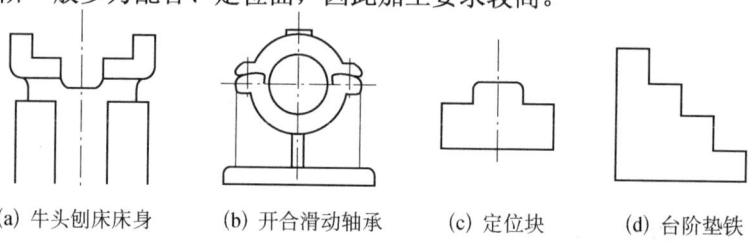

(a) 牛头刨床床身　　(b) 开合滑动轴承　　(c) 定位块　　(d) 台阶垫铁

图 5-20　常见台阶工件

台阶工件如图 5-21 所示,先用刨削平行面、关联面及垂直面的方法刨削工件外形,控制尺寸 a、b、c。尺寸 c 留精刨余量为 0.4～0.5mm。

(1)划线。用游标高度尺或划线盘进行划线。先在工件两端面、两侧面和顶面均匀涂上蓝油,将工件平放在平板上,按台阶尺寸在工件的两端面和两侧面上划出工件台阶深度尺寸线和工件厚度尺寸线(图 5-22(a))。将工件翻转 90°,在工件的端面和顶面划中心线及台阶宽度尺寸线(图 5-22(b)),并在所划线段和交点处打样冲眼。

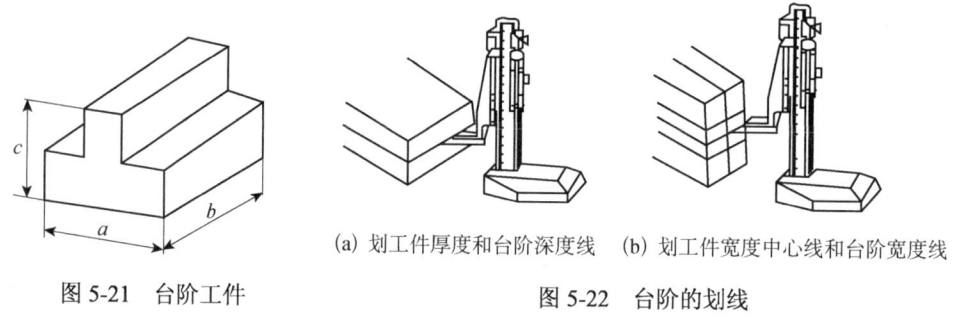

图 5-21　台阶工件　　　(a) 划工件厚度和台阶深度线　(b) 划工件宽度中心线和台阶宽度线

图 5-22　台阶的划线

(2)刨削。

①精刨顶面。以底面为基准,在平口钳内装夹,并找正工件,用圆头刨刀精刨顶面至尺寸 c。

②粗刨两边台阶。对于窄而深的台阶,应采用刨垂直面的方法进行粗刨(图 5-23(a))。每次横向进给 2～3mm,用手动垂向进给,自上而下进行粗刨,进给量为 0.2～0.3mm/往复行程,重复进行数次,粗刨时各面的留余量均为 0.5～1mm。对于浅而宽的台阶,应采用刨水平面的方法进行粗刨(图 5-23(b))。每次刀架垂向进给 2～3mm,然后横向进给粗刨台阶,如此重复数次完成粗刨。

③精刨两边台阶。精刨较深台阶时换装精刨偏刀,分两次进行。

首先,试精刨台阶。移动偏刀至台阶凸肩侧旁,开动机床,移动工作台,使偏刀接触凸肩侧面;然后停机,上升刀架,使偏刀主切削刃高于台阶顶面。将工作台横向进给 0.3～

0.5mm(余量的一半),并在工作台进给刻度环上做好标志。开动机床,自上而下试精刨台阶侧面,垂向进给至与粗刨台阶面接平,停机,移动工作台,使偏刀至台阶面侧旁。垂向进给 0.3~0.5mm,并在刀架刻度环上做好标志。开动机床,工作台横向进给由外向里试精刨台阶面,进给至工作台刻度环标志并与已试精刨台阶侧面接平,如图 5-24(a)所示。也可以采用图 5-24(b)所示的方法,先把偏刀移动至台阶面侧旁,再向下移动刀架,由外向里精刨台阶面;然后将刨刀提起,自上而下精刨台侧面。用同样的方法试精刨台阶的另一面。

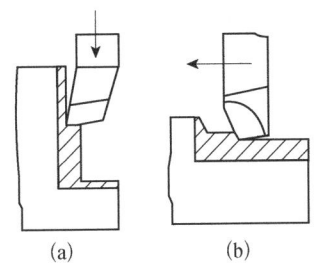

图 5-23 粗刨台阶

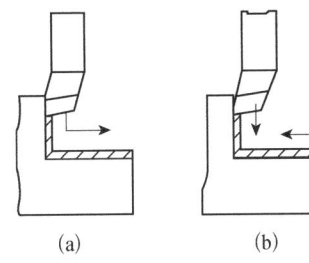

图 5-24 用偏刀精刨台阶的加工顺序

其次,精刨台阶。试精刨台阶后,按实测余量,用同样的方法精刨台阶各面。此外,浅台阶精刨时也可用切刀进行,刨削顺序见图 5-25。

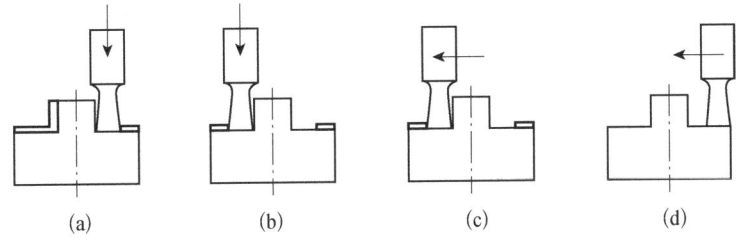

图 5-25 用切刀精刨台阶的加工顺序

④倒角。对工件锐角进行倒角或用锉刀修整去毛刺。

⑤检验。检验合格后卸下工件。

5.3.4 刨斜面

斜面是指与水平面倾斜一定角度的平面。在机器零件上常用的斜面有两种:一是外斜面,即与水平面的夹角大于 90°的平面,见图 5-26(a);二是内斜面,即与水平面的夹角小于 90°的平面,见图 5-26(b)。

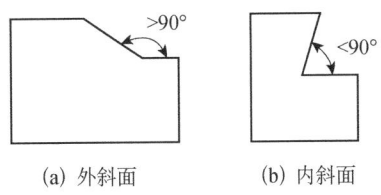

(a) 外斜面　　(b) 内斜面

图 5-26 斜面的两种形式

斜面加工最常用的倾斜刀架法,适用于工件数量较少的情况。这种方法就是把刀架和拍板座分别扳转一定角度,然后手摇刀架,自上而下沿刀架倾斜方向进给刨削(与刨削垂直面时手摇刀架进给的方法相似),背吃刀量由横向移动工作台来调整(图 5-27)。

(1)刀架扳转角度的确定。

①如果图样标注的斜面与垂直方向的夹角 α 是锐角(图 5-28(a)),刀架应扳转的角度就等于 90°−α;如果 α 是钝角(图 5-28(b)),刀架扳转的角度应等于 180°−α。

②如果图样上标注的是斜面与水平方向的夹角 α,且 α 是锐角(图 5-28(c)),刀架应扳转的角度为 90°−α。如果 α 是钝角(图 5-28(d)),刀架应扳转的角度为 α−90°。总之,刀架

应扳转的角度,应是工件斜面与垂直面的夹角。

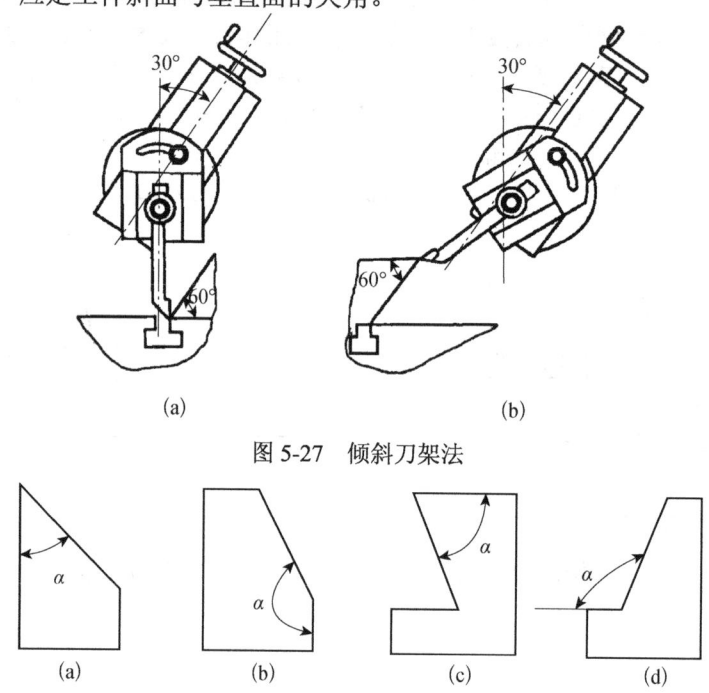

图 5-27 倾斜刀架法

图 5-28 刀架应扳转角度举例

(2) 倾斜刀架法刨削斜面的步骤。

① 把工件装夹在平口钳上或直接装夹在工作台上。在平口钳上装夹工件时,应使加工部位高出钳口,然后在横向和纵向找正工件。

② 调整刀架和装刀。刀架扳转的方向应使进给的方向与被加工斜面的方向平行。如果刀架的刻度不够准确,可把划针装夹在刀架上,按工件上的划线校正刀架的位置。如果工件上斜线很短,可采用万能角度尺或角度块校正刀架的位置,如图 5-29 所示。

刀架扳转一个角度后,还要扳转拍板座。拍板座扳转的原则与刨削垂直面的原则相同,即拍板座上部应向离开加工表面方向偏转。刀架调整好以后,将刨刀安装在刀架上。

③ 粗刨斜面。如果斜面的加工余量较多,可用刨平面的方法先刨去一部分金属,然后用倾斜刀架法粗刨斜面,见图 5-30。粗刨时应留 0.3~0.5mm 的精刨余量。

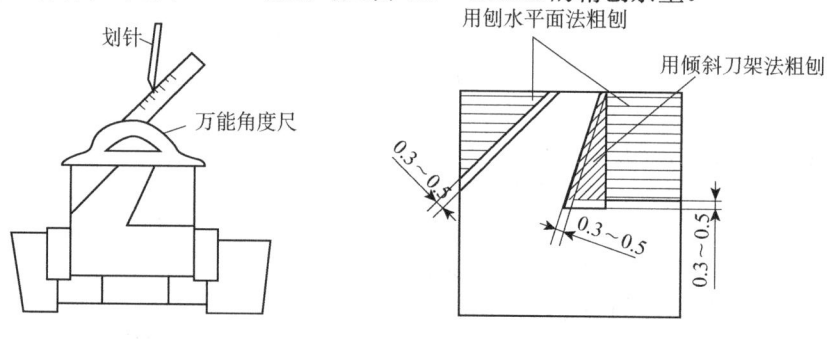

图 5-29 刀架倾斜角度的校正　　图 5-30 粗刨斜面

④ 精刨斜面。先用角度刨刀,以低的切削速度和小的进给量精刨 60° 的内斜面,然后重新调整刀架和拍板座(扳转刀架倾斜 45°,拍板座向左扳转),换装尖头斜面刨刀,精刨 45° 的外斜面。

⑤用样板或万能角度尺检验工件,合格后卸下工件。

5.3.5 刨燕尾槽

(1)刨削基准面。根据图纸要求,将工件的长度和宽度刨削至规定尺寸,厚度尺寸留 1cm 精刨余量。

(2)划线。将已刨好基准面的工件置于划线平板上,按图 5-31 所示的顺序划出燕尾槽的加工线。

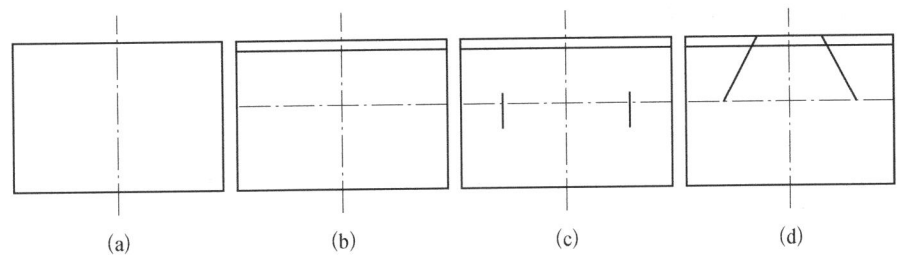

图 5-31 直燕尾槽划线顺序

(3)装夹工件。小型燕尾槽零件可采用平口钳装夹,装夹前应检验平口钳,固定钳口与滑枕运动方向的平行度。将工件置于平口钳内的平行垫铁上,平行垫铁的厚度应使工件的燕尾面高于钳口。工件底面要紧贴平行垫铁,保证刨削后的燕尾底面平行于工件的底面。夹紧力要适中,以防工件变形。

(4)调整机床。按工件尺寸、加工部位选择滑枕每分钟往复次数和行程长度及起始位置,并调整工作台的高低位置。

刨削方法如下。

(1)精刨顶面。顶面用圆头平面刨刀手动垂向进给刨削。使刨刀接触工件的顶面,并再进给 0.5mm,将刀架紧固,然后横向进给试精刨顶面。试精刨后,用游标深度尺测量工件的厚度,并测量出精刨余量。再摇动刀架手柄,根据精刨余量垂向进给,紧固刀架后使刨刀处在工件一侧,横向进给量为 0.3mm/往复行程,再次精刨顶面,使厚度达到图样尺寸要求,如图 5-32(a)所示。

(2)刨削凹槽。用切刀刨削直角槽(图 5-32(b)),直角槽的宽度应小于燕尾槽口的宽度,槽深根据槽口宽度确定。如果能用左右角度刨刀在燕尾槽底面接刀,用切刀刨削直角槽时,槽底面需留 0.3~0.6mm 的加工余量;否则,需刨削至图样要求的尺寸。

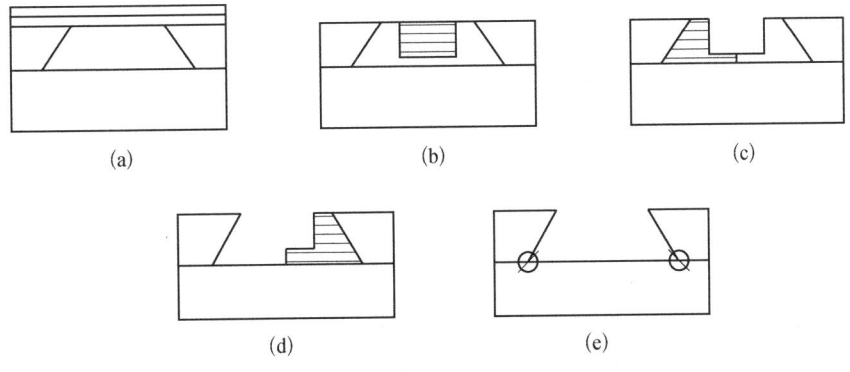

图 5-32 刨直燕尾槽的方法

(3) 刨削燕尾槽左侧燕尾面。向右扳转刀架和拍板座，安装右角度刨刀，先粗刨后精刨左侧斜面（精刨斜面时，需留 0.1～0.2mm 的磨削或刮削余量），并把槽底左边一部分刨削至图样要求的尺寸（图 5-32(c)）。

(4) 刨削燕尾槽右侧燕尾面。向左扳转刀架和拍板座，安装左角度刨刀，用同样的方法刨削右侧斜面，并把槽底右边一部分精刨至图样要求的尺寸（图 5-32(d)），加工时注意槽底面的接刀。

(5) 刨削越程槽。安装切刀，刨削燕尾槽左右越程槽（图 5-32(e)）。

(6) 倒角。用左右偏刀进行槽口倒角，并控制尺寸。

5.3.6 刨 T 形槽

刨削 T 形槽前，应先刨出各相关平面，然后在工件端面和上平面划出加工线，并打样冲眼。根据划线找正和夹紧工件，以弯切刀为例，按下列步骤进行刨削。

(1) 刨削直角槽。直槽宽度不大时（牛头刨床刨削槽宽小于 10mm），用主切削刃的宽度与直槽的宽度相等的切槽刀（图 5-33(a)）。直角槽宽度较大，不能一次切出时，可使用两把宽度不同的切槽刀，切削时将两把切槽刀的中心都对准 T 形槽的中心线进行刨削。

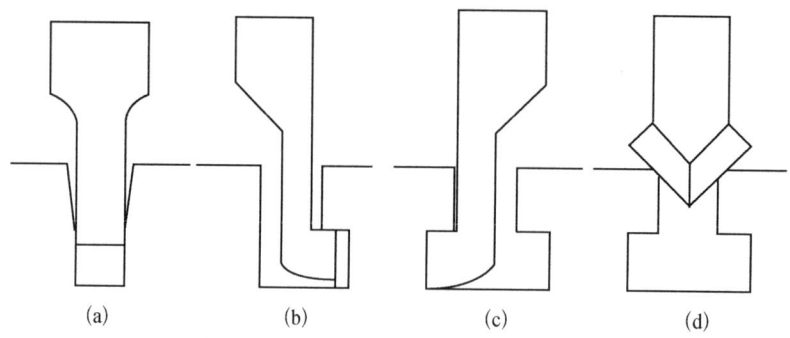

图 5-33　T 形槽的刨削顺序

(2) 刨削凹槽。

① 刨削一侧凹槽。弯切刀安装正确后，使弯切刀的下刀尖与工件顶面接触，并在刀架刻度环上做好标志；然后横向移动弯切刀至已刨直槽的中间，摇动刀架手柄，根据刀架刻度盘向下移动刨刀。若凹槽的高度不大，用一次进给可刨出，可将刨刀移至下刀尖与已刨直槽底面接触，之后用螺钉紧固刀架，调整好刨削行程长度，使弯切刀有足够的时间抬刀或落刀，并选择较低的切削速度和较小的进给量。

刀具和机床调整好后，即可开动机床进行刨削。刨削凹槽时，采用手动横向进给。若凹槽高度较大，可分几次进给刨削，并在横向进给刻度盘上做好起始标志。但凹槽的垂直面要用垂向进给精刨一次，使槽壁平整，见图 5-33(b)。

② 刨削另一侧凹槽。换装方向相反的弯切刀，用上述同样方法进行刨削，并注意使凹槽深浅一致，见图 5-33(c)。

(3) 槽口倒角。用两主偏角均为 45°的成形刨刀进行倒角，并注意应使各口的倒角大小一致，见图 5-33(d)。

(4) 刨削 T 形槽的凹槽。切削用量要小，用手动进给，以免损坏刀具和工件；在刨削过程中要注意刀具的非切削部分不要与工件发生摩擦或碰撞，以免造成事故或产生废品；前后越程应适当加长，保证刨刀的落下和抬起。

5.4 实 践 课 题

图 5-34 为一材质 HT200 的长方体铸铁工件,六面均需加工,其操作步骤见表 5-2。

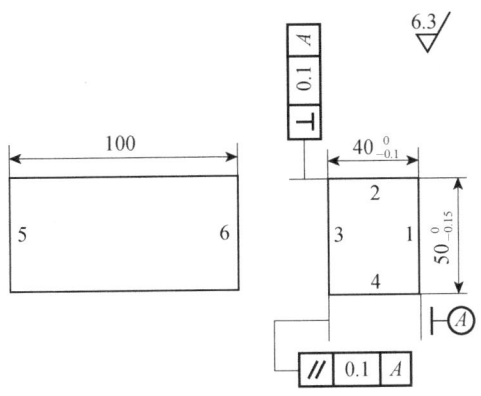

图 5-34 长方体垫铁

表 5-2 长方体工件刨削步骤

序号	名称	加工内容	加工简图	装夹方法
1	准备	把工件装夹在刨床工作台的平口钳上,并按划线找正的方法找正;安装刨刀并调整		平口钳装夹
2	刨水平面 1	先刨出大面 1 作为基准面至尺寸 41.5mm		
3	刨水平面 2	以面 1 为基准,紧贴固定钳口,在工件与活动钳口间垫圆棒,夹紧后加工面 2 至尺寸 51.1mm		
4	刨水平面 3	将面 1 放在平行的垫铁上,工件夹紧在两钳口之间,并使面 1 与平行垫铁贴实,加工面 3 至尺寸 40mm,如面 1 与垫铁贴不实,也可在工件与钳口间垫圆棒		

续表

序号	名称	加工内容	加工简图	装夹方法
5	刨水平面 4	以面 1 为基准，紧贴固定钳口，翻身 180°使面 2 朝下，紧贴平口钳导轨面，加工面 4 至尺寸 50mm，并使平面 4 与面 1 互相垂直		平口钳装夹
6	刨垂直面 5	将平口钳转 90°，使钳口与刨削方向垂直，刨端面 5		
7	刨垂直面 6	按照上面同样方法刨垂直面 6 至尺寸 100mm		

5.5 刨削安全操作规范

参加实训的师生必须树立"安全第一"的思想，听从指挥，文明操作。

(1) 进入实训场地必须穿戴好劳动保护用品。男生不准赤膊、赤脚、穿拖鞋进入场地。女生披肩长发必须盘入工作帽内，不准穿高跟鞋、裙子入场地。

(2) 任何操作人员使用该设备必须服从指导教师的管理，未经允许，不能开动机床。

(3) 操作机床时禁止戴围巾和手套。

(4) 操作前必须了解刨床构造以及各手柄的用途和操作方法。

(5) 应该注意检查刨床各部分润滑是否正常，各部分运转是否受到阻碍。

(6) 装夹工件、刀具时要停机进行。工件和刀具必须装夹可靠，防止工件和刀具从夹具中脱落和飞出伤人。

(7) 禁止将工具和工件放在机床上，尤其不得放在机床的运动件上。

(8) 操作时，手和身体不能靠近机床的移动和旋转部件，应注意保持一定的距离。

(9) 操作时应注意工件夹具位置与刀架和刨刀的高度，防止发生碰撞，刀架螺丝要随时紧固，以防刀具突然脱落。工作中若发现工件松动，必须立即停车，紧固后再进行加工。

(10) 运动中严禁变速。变速时必须等停车后待惯性消失后再扳动换挡手柄。

(11) 机床运转时，操作者不能离开工作地点，发现机床运转不正常时，应立即停机检查，并报告设备指导教师。当突然停电时，应立即切断机床电源或其他启动机构，并把刀具退出工件部位。

(12) 切削时产生的铁屑应使用刷子及时清除，严禁用手清除。

(13) 实训结束后应清除铁屑，擦拭机床，滑动面上加润滑油，摆放好工、量具，打扫机床周围清洁，关闭电源。

第6章 焊接技术

6.1 焊接概述

焊接是指通过适当的物理、化学过程，如加热、加压或二者并用等方法，使两个或两个以上分离的物体产生原子(分子)间的结合力而连接成一体的连接方法，是金属热加工的一种重要工艺。广泛应用于机械制造、船舶制造、轨道交通、石化压力容器、汽车制造、桥梁工程、电力装备、航空航天、原子能、电子电力、建筑等重大领域。

6.1.1 焊接的特点

焊接是目前应用极为广泛的一种永久性连接方式。为了简化生产工艺，降低制造成本，机械制造行业已经大量采用焊接结构代替以前的整锻、整铸零部件。目前，全球焊接结构用钢占比达45%以上，焊接技术发展迅猛，是因为与铸造、锻压、铆接等工艺相比，焊接具有如下特点。

1. 焊接的优点

(1)焊接结构简单、产品质量轻，且接头强度较高，这对于交通运输工具轻量化极为有利。

(2)整体性、气密性、水密性好。焊接结构对水、石油、天然气的密封性都很好，是理想的密封结构，适合于各类压力容器、管道。

(3)制造周期短、成本低、见效快、经济效益好。焊接工艺比铆接简单得多，可以省去钻孔和划埋头孔等工作。采用现代的焊接工艺有利于产品实现专业化、批量化生产。

(4)板厚限制小、设计简单灵活。焊接连接工艺特别适用于几何尺寸大而材料较分散的制品。

(5)可以用于不同金属材料的永久性连接。焊接可以在不同部分采用不同性能的材料，充分发挥各种材料的特长，经济且优质。

2. 焊接的缺点

(1)结构具有不可拆分性。

(2)焊接时局部加热，焊接接头的组织和性能与母材有较大的不均匀性，且易产生焊接变形。

(3)焊接缺陷的隐蔽性易导致焊接结构的意外破坏(如气孔、夹渣等)。

6.1.2 焊接的分类

焊接的种类很多，根据实现金属原子间结合的方式不同，可分为熔焊、压焊和钎焊三大类(图6-1)。

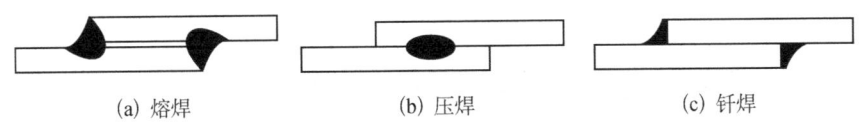

图6-1 三类焊接方法对比

熔焊是利用局部热源将焊件的接合处及填充金属材料(有时不用填充金属材料)熔化，不加压力而互相熔合、冷却、凝固后形成牢固的接头。典型熔焊工艺有气焊、电弧焊(包括手工电弧焊、埋弧自动焊、气体保护焊)、电渣焊、激光焊、等离子弧焊、电子束焊、铝热焊等。

压焊是指焊件不论加热与否均施加一定压力,使两接合面紧密接触产生作用,从而使两焊件连接在一起。接触焊(包括点焊、缝焊、对焊)、冷压焊、爆炸焊、搅拌摩擦焊、超声波焊、真空扩散焊、高频焊等都属于压焊。

钎焊是采用比母材熔点低的金属材料作钎料,将焊件和钎料加热到高于钎料熔点却低于母材熔点的温度,利用液态钎料润湿母材、填充接头并与母材相互扩散实现连接焊件的方法。常见的钎焊有火焰钎焊、感应钎焊、电阻钎焊、盐浴钎焊和电子束钎焊等。根据温度分类,钎料熔点高于450℃时为硬钎焊(如锡焊),低于450℃时为软钎焊(如铜焊、银焊)。

6.1.3 焊接的应用

焊接方法在工业生产中用途广泛,主要用于以下方面。

(1)制造金属部件。焊接方法广泛应用于各种金属结构的制造,如桥梁、船舶、压力容器、电力装备、化工设备、机动车辆、矿山机械等。

(2)制造零件和工具。焊接方法适合于单件或小批量生产加工各类机器零件和工具,如机床床身、大型齿轮、飞轮、各种切削工具等。

(3)表面修复。可采用焊接方法修复、焊补某些有缺陷、失去精度或有特殊要求的工件,如齿轮、轧辊堆焊等。

近年来,焊接技术发展迅猛,焊接已从传统的热加工工艺发展到按材料、冶金、结构、力学、电子等多学科交叉的工程工艺学科,成为重大装备制造领域的关键核心技术。目前,焊接技术已经向自动化、智能化方向发展,新的焊接方法不断出现,特别是在焊接技术与计算机技术、工业控制技术相结合后,焊接制造更趋于精密化和智能化,各类焊接机器人和特种焊接技术的出现,更加扩大了焊接技术的应用范围。但从目前我国焊接技术的发展与应用来看,特别是从学生进行工程训练的角度来看,手工电弧焊仍是最基本、应用最广泛、最灵活的焊接方法。

6.1.4 焊接常用术语

(1)焊接接头。采用焊接方法连接的接头(简称接头)。
(2)全位置焊。熔化焊时,焊件接缝处的空间的位置,包括平焊、立焊、横焊和仰焊等。
(3)熔宽。焊缝表面宽度。
(4)熔深。焊缝的熔化深度。
(5)熔池。在电弧和其他热源作用下,焊条/焊丝端与被焊金属间局部融化的液态金属。
(6)余高。焊缝表面两焊趾连线上的那部分金属高度。

6.2 手工电弧焊

6.2.1 焊接设备及工具

1. 电焊机

手工电弧焊焊机按照电流的种类不同,可分为交流弧焊机和直流弧焊机两大类。

图6-2所示为交流弧焊机,交流弧焊机可将380V或220V的电源电压降到焊机空载电压(即60~90V),或工作电压20~40V,输出电流可根据焊接需要从几十安到几百安调节。焊接电流调节有初调和细调两种:初调是通过改变线圈的抽头接法来实现的,细调是通过

转动调节手柄来实现的。交流弧焊机结构简单、价格便宜、工作噪声小、性能可靠、维修方便、使用非常广泛。缺点是焊接电弧不够稳定，有些种类的焊条使用受到限制。

图 6-3 所示为整流式直流弧焊机，它是用整流元件将交流电转变为直流电的焊接电源。其输出端有固定的正负之分。由于电流方向不随时间的变化而变化，因此电弧燃烧稳定，运行使用可靠，有利于掌握和提高焊接质量。用直流弧焊机焊接时，又可分为直流正接与直流反接，如图 6-4 所示。正接法是焊件接电源正极，焊条接电源负极；反接法是焊件接电源负极，焊条接电源正极。实际手工电弧焊多采用直流正接法，因为正接时电弧中大部分热量集中在焊件，有利于加快焊件熔化，保证足够的熔深，因而多用于焊接中厚板；而直流反接法常用于薄钢板、有色金属(铝合金、铜合金、钛合金等)、不锈钢、铸铁等焊接。

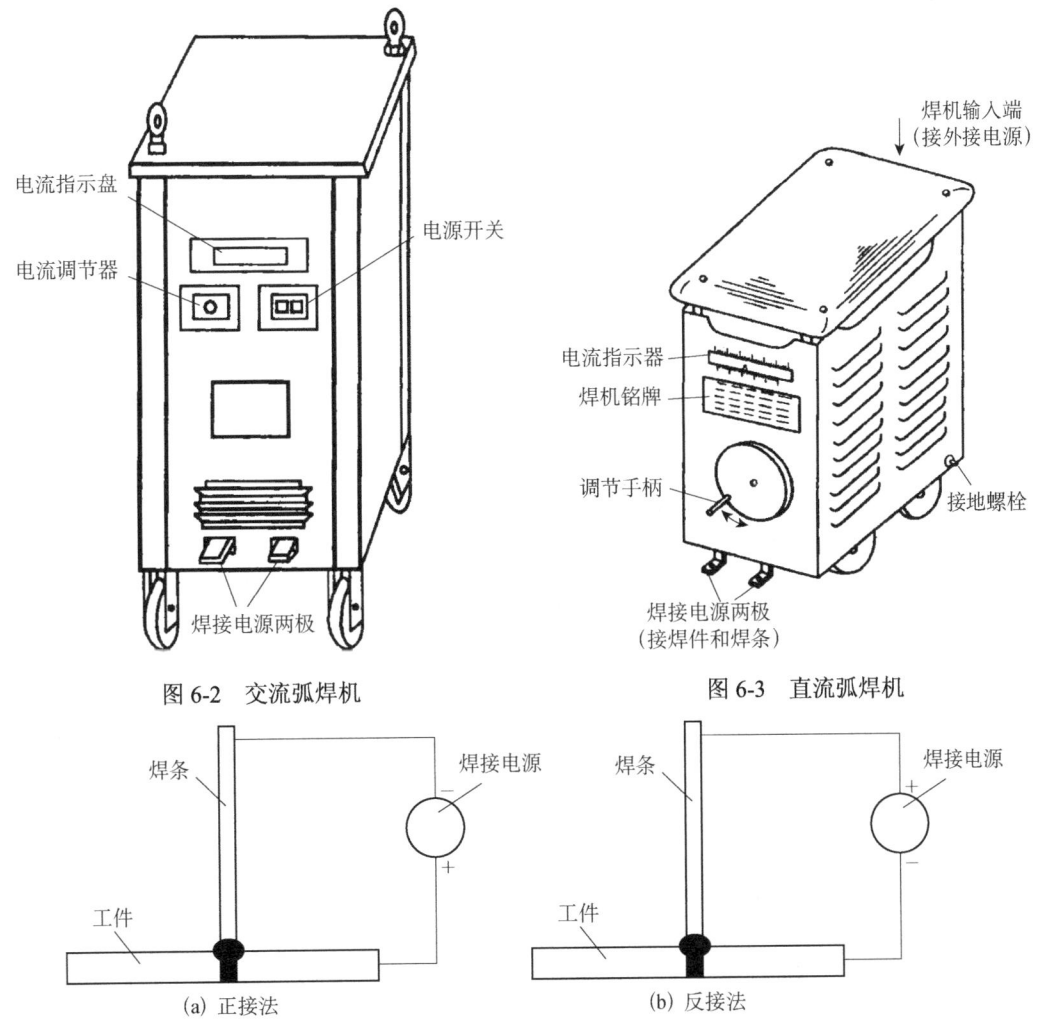

图 6-2 交流弧焊机　　　　图 6-3 直流弧焊机

图 6-4 直流弧焊机

手工电弧焊设备简单，操作方便、灵活，是工业生产中应用最广泛的一种焊接方法，适用于厚度 2mm 以上各种金属材料的焊接。

2. 电焊条

1) 电焊条的组成

电焊条是手工电弧焊时的焊接材料，由焊芯和药皮两部分组成，如图 6-5 所示。

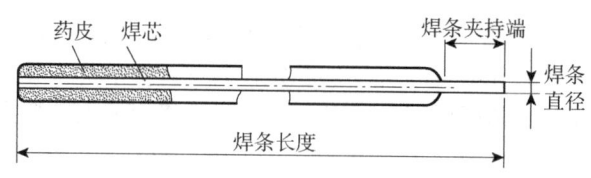

图 6-5 电焊条

焊芯是电焊条中被药皮包裹的金属棒丝。焊接时，焊芯有以下两个作用。

(1) 作为电极传导焊接电流，产生电弧。

(2) 作为填充金属与基本金属熔合形成焊缝。焊芯金属占整个焊缝金属重量的 50%～70%，所以焊芯质量的好坏将直接影响焊缝品质，因此，焊芯都是专门冶炼的，硫、磷含量极少。

药皮是压涂在焊芯表面上的涂料层，由矿石粉、铁合金粉和黏结剂(水玻璃)等原料按照一定比例配制而成，其主要作用如下。

(1) 改善焊接的工艺性能。使电弧稳定、飞溅少、产生有害气体少、焊缝成形美观、易脱渣等。

(2) 机械保护作用。利用药皮熔化后产生的气体和形成的熔渣，使熔融的液态金属与大气隔离防止氧化。

(3) 冶金作用。净化熔池，去除有害杂质，如氧、氢、硫、磷等，同时过渡微量合金元素，提高焊缝金属力学性能。

2) 电焊条种类

电焊条按照使用用途可分为：结构钢焊条(J 结)、铬和铬钼耐热钢焊条(R 热)、不锈钢焊条(A 奥)、堆焊焊条(D 堆)、低温钢焊条(W 温)、铸铁焊条(Z 铸)、铜和铜合金焊条(T 铜)、铝和铝合金焊条(L 铝)、特殊用途焊条(ST 特)等。

焊条按照熔渣化学性质可分为酸性焊条和碱性焊条。其中，酸性焊条是指药皮熔化后形成的熔渣以酸性氧化物为主的焊条，如 E4304、E5003 等，该类焊条工艺性能好，力学性能差；碱性焊条是指熔渣以碱性氧化物和氟化物为主的焊条，如 E4315、E5015 等，该类焊条力学性能好，但工艺性能差。

焊条型号是国家标准中的焊条代号，如标准规定碳钢焊条型号是以字母"E"加四位数字组成的。如 E4315，其中字母"E"表示焊条，前两位数字表示熔敷金属抗拉强度等级，第三位数字表示焊接位置("0"及"1"表示焊条适用于全位置焊接，即平焊、立焊、横焊、仰焊，"2"表示焊条仅适用于平焊及平角焊等)；第三、第四位数字组合时表示焊条的药皮类型及适用的电源种类。

焊条牌号是焊条行业统一的焊条代号，常用的酸性焊条牌号有 J422、J502 等，碱性焊条牌号有 J427、J506、J507 等。牌号中的"J"表示结构钢焊条；牌号中三位数字的前两位"42"或"50"表示焊缝金属的抗拉强度等级，分别为 420MPa 或 500MPa；最后一位数表示药皮类型和焊接电源种类，1～5 为酸性焊条，使用交流或直流电源均可，6～7 为碱性焊条，只能使用直流电源焊接。

3. 焊接辅助工具

1) 面罩和护目镜

面罩是防止焊接时的飞溅、弧光及其他辐射对焊工面部及颈部损伤的一种遮蔽工具，有手持式、头盔式和光控式三种。对面罩的要求是质轻、坚韧、绝缘性和耐热性好。

面罩正面安装有护目滤光片，即护目镜，起减弱弧光强度、过滤红外线和紫外线以保护焊工眼睛的作用。颜色有深浅之分，护目镜按照亮度的深浅分为 6 个型号(7～12 号)，号数越大，色泽越深。护目镜应根据焊接电流大小和焊接方法以及焊工的年龄与视力情况选择型号，常用 9～10 号。目前还有应用现代微电子和光控技术研制的光控面罩，在弧光产生的瞬间自动变暗；弧光熄灭的瞬间自动变亮，非常有利于焊工的操作。

2) 焊钳

焊条电弧焊时，用以夹持焊条进行焊接的工具称为焊钳，俗称电焊把(图 6-6)。除了夹持焊条作用，焊钳还起着传导焊接电流的作用。对焊钳的要求是导电性能好、外壳绝缘、重量轻、装换焊条方便、夹持牢固和安全耐用等，有 300 A 和 500 A 两种规格。

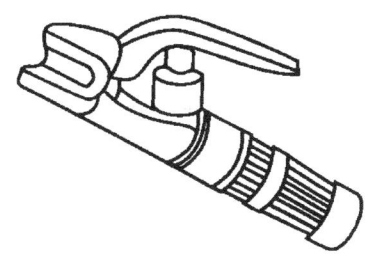

图 6-6　焊钳

6.2.2　手工电弧焊的工艺

1. 焊接的接头形式、坡口形式及焊接位置

1) 接头形式

用焊接方法连接的接头称为焊接接头。焊缝的形式是由焊接接头的形式决定的。在手工电弧焊中，根据焊件厚度、结构形状和适用条件，可将焊接接头细分为对接接头、角接接头、搭接接头和 T 形接头，如图 6-7 所示。

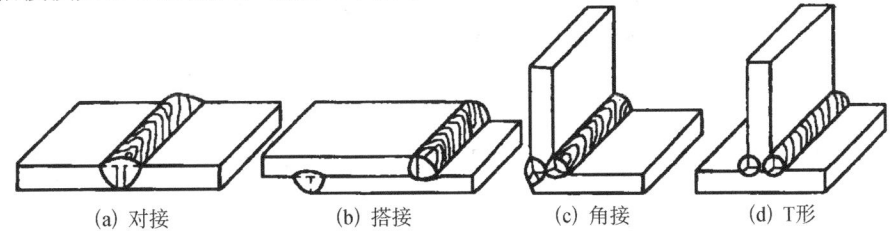

(a) 对接　　　(b) 搭接　　　(c) 角接　　　(d) T形

图 6-7　焊接接头形式

对接接头是指两焊件表面构成的近似 180°的接头形式，这种方式受力均匀，应力集中较小，强度较高，焊接质量好，应用最为广泛。搭接接头是指两焊件部分重叠构成的接头，搭接接头消耗钢板较多，在受外力作用时，因两工件不在同一平面上，故能产生很大的力矩，焊接接头应力复杂，一般应避免使用；但是搭接接头不需要开坡口，装配时尺寸要求不高，因此，对于一些不太重要的结构件，采用搭接接头可节省工时，降低制造成本。角接接头是指两焊件端部构成一个明显夹角的接头，T 形接头是指一个焊件端面与另一个焊件端面构成直角或者近似直角的接头。一般来讲，后三种接头受力复杂，易产生焊接缺陷。

2) 坡口形式

坡口是根据设计或工艺需要，将焊件的待焊部位加工成一定几何形状的经装配后构成的沟槽。预制坡口(俗称开坡口)的主要目的是保证焊缝根部焊透、保证焊接质量和连接强度，同时调整基本金属与填充金属的比例。焊条电弧焊焊缝坡口的基本形式和尺寸详见 GB/T 985.1—2008。对接接头坡口的基本形式有 I 形坡口、Y 形坡口、X 形坡口、U 形坡口等，如图 6-8 所示。Y 形坡口加工方便；X 形坡口由于焊缝对称，焊接应力与变形小；U 形坡口容易焊透，焊件变形小，焊接锅炉、高压容器等重要的厚壁构件时常用 U 形坡口；在板厚相同的情况下，X 形和 U 形坡口的加工比较费工时。

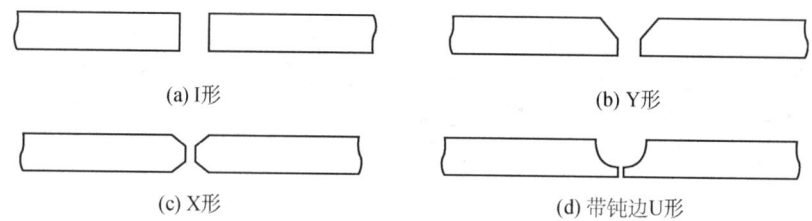

图 6-8 对接接头坡口的基本形式

角接接头和 T 形接头的坡口形式如图 6-9 所示。

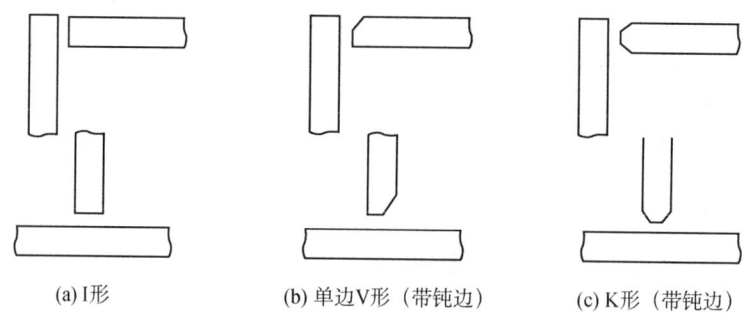

图 6-9 角接和 T 形接头的坡口

在设计、选择坡口形式时,需综合考虑以下因素。

(1)达到设计所需的焊缝熔深,有利于焊缝成形,这是保证焊接接头工作性能的主要因素。

(2)具有可达性,即焊工能按照工艺要求自如地进行运条。

(3)有利于控制焊接变形,降低焊接应力,主要是为了避免焊接裂纹,减少焊后矫正的工作量。

(4)经济性,要综合考虑坡口加工费用和焊材消耗数量。

3) 焊接位置

按焊接时焊条在空间所处的位置不同可分为平焊、横焊、立焊和仰焊,如图 6-10 所示。焊接结构的位置不同,焊工施焊的难度也有差异,对焊接质量和生产效率也有影响。平焊时,操作方便,劳动强度小,液态金属不会外流,飞溅小,易于保证焊缝质量,是最理想的操作空间位置,应尽可能地采用。立焊和横焊因熔池(铁水)在重力作用下有下滴的趋势,因此,操作难度大,生产效率低,焊缝质量也不易保证。而仰焊位置最差,操作难度最大,不易掌握。

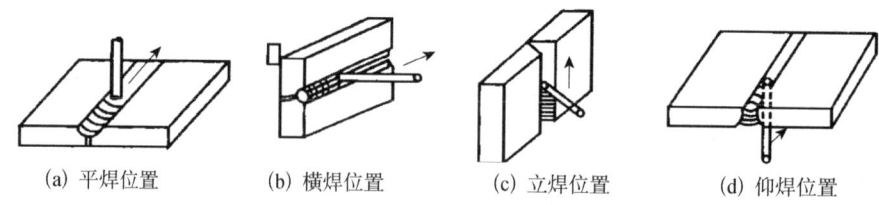

图 6-10 对接的焊接位置

2. 焊接规范的选择

焊条电弧焊的工艺参数主要包括:焊条直径、焊接电流、焊接电压、焊接速度、焊接层数、层间温度、预热温度等。无论是何种焊接方法,焊接参数的选择是否合理将直接影响焊缝的形状、尺寸、焊接质量和生产效率。因此如何选择焊接参数是焊接生产中一个至关重要的问题。

1) 焊条直径

焊条直径大小对焊接质量和生产效率的影响很大，一般可按表 6-1 选择焊条的直径。为了提高生产率，在保证焊接质量的前提下应该尽可能选用大直径焊条。

表 6-1　焊条直径的选择　　　　　　　　　　　　（单位：mm）

焊件厚度	≤1.5	2	3	4～5	6～12	≥12
焊条直径	1.5	2	3.2	3.2～4	4～5	4～6

需多层多道焊的接头，第一层焊缝应该选用小直径焊条，后面各层可以选用大直径焊条以加大熔深和提高熔敷效率。

在横焊、立焊和仰焊等位置焊接时，由于重力作用，熔化金属容易下淌，应该选用小直径焊条，因为小的焊接熔池形态便于控制。搭接接头、T 形接头易存在未焊透缺陷，所以应该选用较大直径的焊条以提高生产率。

2) 焊接电流的选择

(1) 电流种类选择。用交流电源焊接时，电弧稳定性差。采用直流电源焊接时，电弧稳定、柔顺、焊接飞溅少，但是电弧磁偏吹现象比交流电源严重。如低氢型焊条（如 J507、J506）电弧稳定性差，通常必须采用直流弧焊电源；用小电流焊接薄板时，也常为了引弧容易、电弧稳定而采用直流弧焊电源。

(2) 极性选择。在直流电弧焊或电弧切割时还要考虑焊件与电源输出端的接法，具体有正接和反接两种。所谓正接就是焊件接电源的正极、焊条接电源负极的接线法，正接也称为正极性；反接就是焊件接电源负极，焊条接电源正极的接线法，反接也称为反极性，如图 6-11 所示。对于交流电源来说，由于极性是交变的，所以不存在正接和反接。

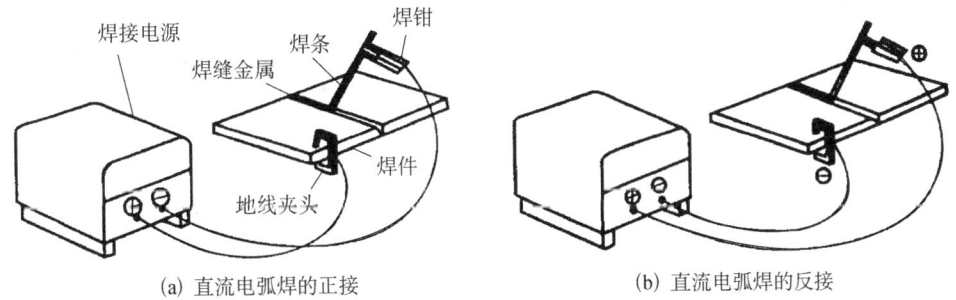

图 6-11　直流电弧焊正接与反接法

使用酸性焊条（如 E4303 等）焊接厚钢板时可采用直流正接，以获得较大的熔深；而在焊接薄钢板时则采用直流反接，可防止烧穿。使用碱性低氢型焊条（如 E5015 等）时，无论焊接厚板还是薄板，均采用直流反接，这样能减少飞溅和气孔，并使电弧燃烧稳定。

(3) 电流大小。焊接电流大小要根据焊条类型、焊条直径、接头形式、焊件厚度、焊接位置等因素综合考虑。其中最主要的是焊条直径和焊接位置。有两种方法可以确定焊接电流。

① 经验公式。一般焊接碳钢时，焊接电流与焊条直径存在以下关系：

$$I = kd$$

其中，I 为焊接电流(A)；d 为焊条(即焊芯)直径(mm)；k 为经验系数，可以按表 6-2 确定。

表 6-2　焊条直径与经验系数的关系

焊条直径/mm	Φ1.6	Φ2～2.5	Φ3.2	Φ4～6
k	20～25	25～30	30～40	40～50

根据上面经验公式计算出的焊接电流，只是大概的参考数值，在实际使用时还应该根据具体情况灵活掌握。例如，使用不锈钢焊条时，为了减少焊条发红、药皮脱落，焊接电流应该取下限。

②由焊接工艺评定确定。对于普通焊接结构，利用经验公式确定焊接电流一般已经足够。但是对于某些特殊金属材料如合金钢焊接或重要的焊接结构如锅炉压力容器的焊接等，必须按焊接工艺评定合格后的工艺来确定焊接电流。

在相同焊条直径的条件下，平焊位置时，焊接电流可以大些，其他位置焊接时焊接电流应该小些。在同等条件下，碱性焊条使用焊接电流一般比酸性焊条小10%左右，否则容易产生气孔。

此外，电流大小的选择，还与接头形式和焊缝在空间的位置等因素有关。立焊、横焊时的焊接电流应比平焊减少10%～15%，仰焊则减少15%～20%。

3) 电弧长度

电弧电压由电弧长度来决定，电弧长则表示电弧电压高，反之则低。电弧长度是焊芯的熔化端到焊接熔池表面的距离。电弧长度主要取决于焊工的知识、经验、视力和手工技巧。正常的弧长是小于或等于焊条直径，即所谓短弧焊。弧长超过焊条直径的为长弧焊，在使用酸性焊条时，为了预热待焊接部分或降低熔池的温度和加大熔宽，有时将电弧稍微拉长进行焊接。碱性低氢型焊条，采用短弧焊可减少气孔等缺陷。

4) 焊接速度

焊接过程中，焊接速度应该均匀适当，既要保证焊件焊透又要保证不焊穿，同时还要使焊缝宽度和余高、焊缝成形符合设计要求。焊接速度直接影响焊接生产率，所以应该在保证焊缝质量的基础上尽量采用较大的焊条直径和焊接电流，同时根据具体情况适当加快焊接速度，以提高焊接生产率。

5) 焊接层数

厚板焊接常在开坡口的基础上采用多层焊或多层多道焊。焊接层数增多对提高焊缝的塑性和韧性有利，因为后焊焊道对先焊焊道有回火作用，使热影响区晶粒细化，尤其对易淬火钢效果明显。但是随着焊接层数增多，生产效率下降，焊接缺陷概率也增加，往往焊接变形也随之增加。层数过少，每层焊缝厚度过大，接头容易过热引起晶粒粗化，反而不利。一般每层焊缝厚度以不大于4～5mm为好。

焊接层数主要根据焊件厚度、焊条直径、坡口形式和装配间隙来确定，可以作如下近似估算：$n=\delta/d$，其中 n 为焊接层数，δ 为焊接厚度，d 为焊条（即焊芯）直径（mm）。

3. **焊前准备**

手工电弧焊焊接前的准备事项主要有焊条烘干、焊件焊前清理及必要的预热。

(1) 焊条烘干。焊条烘干的目的是在焊条出现受潮情况时，通过烘干去除受潮焊条中的水分，以减少熔池和焊缝中的氢，并防止产生氢气孔和冷裂纹。对于不同药皮类型的焊条，其烘干工艺不尽相同，应按具体情况处理。

(2) 焊前清理。焊前清理是指在必要时对接头、坡口及其附近的表面上的油、锈、漆和水等污染物进行清除，特别是用碱性焊条焊接时，清理要求更为严格和彻底，否则极易产生气孔和延迟裂纹。

(3) 预热。预热是指为防止产生焊接裂纹，在焊接前对焊件整体或局部进行适当加热的工艺措施。通过预热处理，可减小接头焊后的冷却速度、避免产生淬硬组织和减小焊接应力与变形。是否需要预热及预热温度的高低，主要由母材特性、厚度、焊条种类以及焊接结构特点决定。

需要考虑预热的情况主要包括：刚性大的焊接结构，焊接性差而容易产生裂纹的母材，以及焊接热导率很高的材料(如铜、铝及其合金)。预热焊接不仅能源消耗大、生产率低，而且焊工劳动条件差，只要条件允许尽量不预热或低温预热焊接。低氢型焊条水分很低，抗裂性好，采用低氢型焊条焊接可以降低预热温度。只要允许，可按低强匹配原则选用焊条，即采用熔敷金属的强度低于母材，而塑性和韧性优于母材的焊条施焊，这样可以降低预热温度或不预热。

4．手工电弧焊的基本操作

1) 引弧

电弧焊时，引燃焊接电弧的过程叫做引弧。焊接电弧焊通常使用的引弧方法是接触引弧法，根据操作手法的不同，又可分为直击引弧法和擦划引弧法。

(1) 直击法，也叫敲击法。使焊条与焊件表面垂直接触，当焊条的末端与焊件表面轻轻一碰，便迅速提起焊条，并保持一定距离，立即引燃电弧，如图 6-12(a)所示。操作时必须掌握好手腕上下动作的时间和距离，撞击力不宜过猛，否则会造成药皮成块脱落，导致电弧不稳，影响焊接质量。

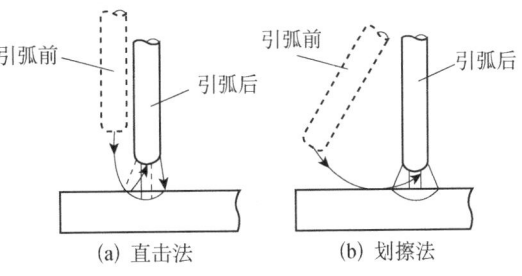

(2) 划擦法。类似于划火柴的动作，将焊条末端对准焊件，然后将焊条在焊件表面轻

图 6-12 引弧方法

划一下(轻划长度为 20mm 左右，并应落在焊缝范围内)，当电弧引燃后趁金属还没有开始大量熔化的瞬间，立即使焊条末端与被焊表面维持在 2～4mm 的距离内，电弧就能稳定地燃烧，如图 6-12(b)所示。操作时手腕顺时针方向旋转，使焊条端头与焊件接触后再离开。

上述两种引弧方法应根据具体情况灵活应用。擦划法引弧虽比较容易，但这种方法使用不当时，会擦伤焊件表面。为尽量减少焊件表面的损伤，应在焊接坡口处擦划，擦划长度以 20～25mm 为宜。在狭窄的地方焊接或焊件表面不允许有划伤时，应采用直击法引弧。直击法引弧较难掌握，焊条的提启动作太快并且焊条提得过高，电弧易熄灭；动作太慢，会使焊条粘在工件上。当焊条粘在工件上时，应迅速将焊条左右摆动，使之与焊件分离；若仍不能分离时，应立即松开焊钳切断电源，以免短路时间过长而损坏电焊机。

引弧对焊接质量有一定的影响，经常因为引弧不好而造成始焊的缺陷。在引弧时应做到以下几点。

(1) 工件坡口处无油污、锈斑，以免影响导电能力和防止熔池产生氧化物。

(2) 在接触时，焊条提起时间要适当。太快，气体未电离，电弧可能熄灭；太慢，焊条和工件粘在一起，无法引燃电弧。

(3) 焊条的端部要有裸露部分，以便引弧。若焊条端部裸露不均，则应在使用前用锉刀加工，防止在引弧时，碰击过猛使药皮成块脱落，引起电弧偏吹和保护不良。

(4) 引弧位置应选择适当，开始引弧或因焊接中断重新引弧，一般均应在离始焊点后面 10～20mm 处引弧，然后移至始焊点，待熔池熔进再继续移动焊条，以消除可能产生的引弧缺陷。

2) 运条

引弧后，首先必须掌握好焊条与工件之间的角度。焊接时，焊条应有三个基本运动，如图 6-13 所示：

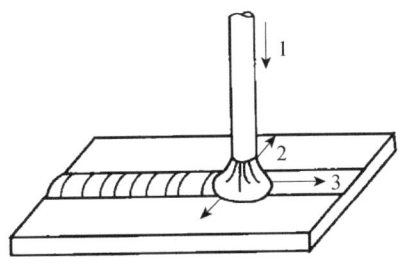

1-焊条送进；2-焊条摆动；3-沿焊缝移动

图 6-13 运条的基本动作

①焊条向下均匀送进，送进速度应等于焊条熔化速度，以保持弧长稳定，如弧长过长，则电弧会飘摆不定，气体保护不佳，引起金属飞溅或熄弧，如过短，则容易短路。②焊条沿焊接方向逐渐移动，移动速度应等于焊接速度，移动速度过慢，焊缝就过高、过宽，外形不整齐，甚至会烧穿工件。移动过快，则熔化不足，焊缝过窄，甚至焊不透。③焊条做横向摆动，以获得适当的焊缝宽度。

在实际操作中，应根据工件厚度、接头形式和焊条直径等条件，以及在焊接过程中根据熔池形状和大小的变化，合理地选择三个速度的大小、灵活地调整三者之间的关系，把熔池控制在所需要的形状和尺寸范围之内。运条的方法很多，常用的运条方法有直线运条法、直线往复运条法、锯齿形运条法、月牙形运条法、三角形运条法、圆圈形运条法、8字形运条法等。表6-3列出常用的运条方式的特点、适用范围。

表6-3 各种运条方式的特点及应用场合

运条方式	运条轨迹	特点	适用场合
直线运条		电弧稳定，成形好，熔深大，熔宽小	用于3～5mm板，不开坡口对接平焊
直线往复运条		焊速快，散热快，焊缝浅而窄	用于3mm以下的薄板焊接及间隙较大的多层焊的第一层打底焊
锯齿形运条		运动到边缘稍停，可以防止咬边，通过摆动可以控制金属流动、焊缝宽度，改善焊缝成形	用于厚板，平、仰、立焊的对接和填角焊焊缝
月牙形运条	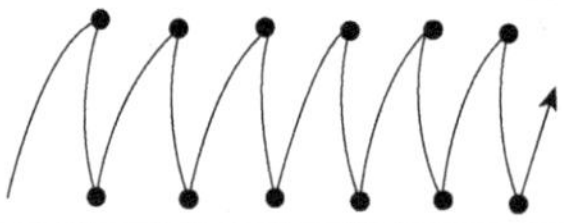	运动到两边停留，可减少咬边和未焊透。金属熔化良好，熔池保温时间较长，可以减少气孔和夹渣	用于要求高、中厚板对接平焊缝和角焊缝
三角形运条 ①斜三角形 ②正三角形	 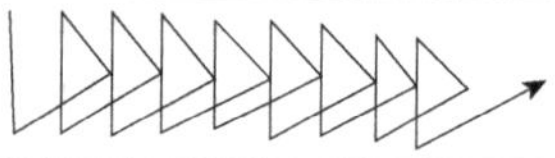	借助焊条摆动，能控制金属熔化状况，减少气孔和夹渣以获得良好焊缝。能一次焊出较厚的焊缝	用于平焊、仰焊、填角焊 用于有坡口的立焊和填角焊
圆圈形运条 ①斜圆圈 ②正圆圈	 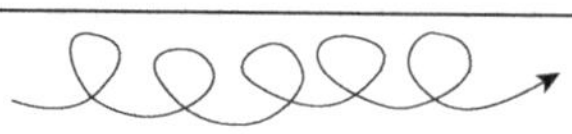	借助焊条不断画圆运动，控制熔化金属不下淌，使熔化金属保持较高温度，气体和熔渣有足够的浮出时间	用于平焊、仰焊、填角焊、横焊 用于厚件平焊
8字形运条	 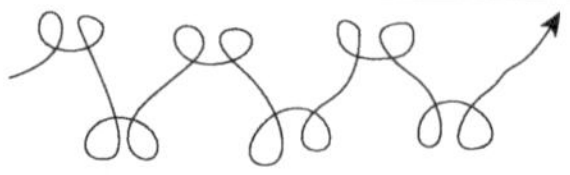	焊缝边缘加热充分、熔化均匀，焊透性好，可控制两边停留时间不同，调节热量分布	用于开坡口的厚件对接焊和不等厚件的对接焊

3) 焊缝的连接

由于受焊条长度的限制，焊缝前后两段出现连接接头是不可避免的，焊缝接头处存在应力不均匀，焊接时应防止产生过高焊缝、脱节、宽窄不一致等缺陷。焊缝的连接有以下四种情况，如图6-14所示。

(1) 中间接头。后焊的焊缝从先焊的焊缝尾部开始焊接,如图6-14(a)所示。要求在弧坑前约10 mm处引弧,电弧长度比正常焊接时略长些,然后转移到弧坑。压低电弧,稍做摆动,再向前正常焊接。这种焊缝接头连接的方法应用最广泛,适用于单层焊及多层焊的表层接头。

(2) 相背接头。两焊缝起头处相接。如图6-14(b)所示。要求先焊焊缝起头处略低些,后焊焊缝必须在先焊焊缝末端稍前处引弧,然后稍拉长电弧将电弧逐渐引向前条焊缝的始端,并覆盖前条焊缝的端头,待焊平后,再向焊接方向移动。

(3) 相向接头。两条焊缝的收尾相接,如图6-14(c)所示。当后焊的焊缝焊到先焊的焊缝收尾处时,焊接速度应稍慢些,填满先焊的焊缝的弧坑后,以较快的速度再向前焊一段,然后熄弧。

(4) 分段退焊接头。先焊焊缝的起头和后焊焊缝的收尾相接,如图6-14(d)所示。要求后焊的焊缝焊至靠近前条焊缝始端时,改变焊条角度,使焊条指向前条焊缝的始端,拉长电弧,待形成熔池后,再压低电弧往回移动,最后返回到原来熔池处收弧。

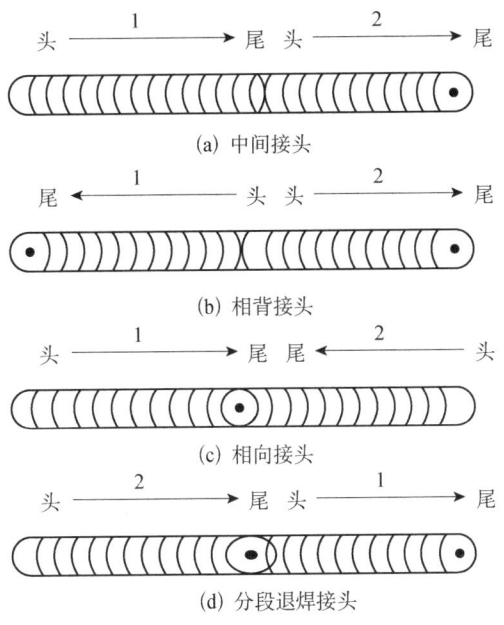

1-先焊焊缝;2-后焊焊缝

图6-14 焊缝连接的四种情况

4) 收尾

电弧中断和焊接结束时,应把收尾处的弧坑填满。若收尾时立即拉断电弧,则会形成比焊件表面低的弧坑。在弧坑处常出现疏松、裂纹、气孔、夹渣等现象,因此焊缝完成时的收尾动作不仅是熄灭电弧,而且要填满弧坑。收尾动作有以下几种。

(1) 画圈收尾法。焊条移至焊缝终点时,做圆圈运动,直到填满弧坑再拉断电弧。主要适用于厚板焊接的收尾。

(2) 反复断弧收尾法。收尾时,焊条在弧坑处反复熄弧、引弧数次,直到填满弧坑。此法一般适用于薄板和大电流焊接,但碱性焊条不宜采用,因其容易产生气孔。

(3) 回焊收尾法。焊条移至焊缝收尾处立即停止,并改变焊条角度回焊一小段。用于碱性焊条。

当换焊条或临时停弧时,应将电弧逐渐引向坡口的斜前方,同时慢慢抬高焊条,使得溶池逐渐缩小。当液体金属凝固后,一般不会出现缺陷。

6.2.3 手工电弧焊安全技术

在焊接时要与电、可燃及易爆的气体、易燃的液体、有毒有害的烟尘、电弧光的辐射、焊接热源的高温等接触。若不遵守安全操作规程,就可能引起触电、灼伤、火灾、爆炸和中毒等事故。

1. 预防触电的安全知识

(1) 弧焊设备的外壳必须接地,而且接地线应牢靠,以免由于漏电而造成触电事故。

(2) 弧焊设备的初级接线、修理和检查应由电工进行,焊工不可私自随便拆修。次级接线由焊工进行连接。

(3) 推拉电源闸刀时应戴好干燥的皮手套。

(4)焊钳应可靠绝缘。中断工作时,焊钳应放在安全的地方,防止焊钳与焊件之间产生短路而烧坏焊机。

(5)焊接时工作服、手套、绝缘鞋应保持干燥。

(6)在容器或狭小的工作场所施焊时,须两人轮流操作,其中一人在外监护,以防发生意外,立即切断电源便于急救。

(7)在潮湿的地方工作时,应用干燥的木板或橡胶片等绝缘物坐垫板。

(8)在光线暗的地方,容器内操作或夜间工作时,使用的照明灯的电压应不大于36V。

(9)更换焊条时,不仅应戴好手套,而且应避免身体与焊件接触。

(10)焊接电缆必须有完整的绝缘,不可将电缆放在焊接电弧附近或高温的焊缝金属上,避免高温而烧坏绝缘层;同时要避免擦碰磨损。焊接电缆如有破损应立即进行修理或调换。

2. 预防火灾和爆炸地安全知识

(1)焊接前要认真检查工作场地周围是否有易燃、易爆物品(如棉纱、油漆、汽油、煤油、木屑、乙炔发生器等),如周围存在易燃、易爆物,应将这些物品搬离工作点5m以外。

(2)在高空作业时更应注意防止金属火花飞溅而引起的火灾。

(3)严禁在有压力的容器和管道上进行焊接。

(4)焊补储存过易燃物的容器(如汽油箱等)时,焊前必须将容器内介质放尽,并碱水清洗内壁,再用压缩空气吹干,应将所有孔盖打开,确认安全可靠方可焊接。

(5)焊条头及焊后的焊件不能随便乱扔,要妥善管理,更不能扔在易燃、易爆物品的附近,以免发生火灾。

3. 预防有害气体和烟尘的安全知识

(1)焊接场地应有良好的通风,以排除烟尘和有害气体。

(2)在容器内或狭小的地方焊接时应采用压缩空气通风。

(3)避免多名焊工拥挤在一起施焊。

4. 预防弧光辐射的安全知识

(1)焊工必须使用专用的有电焊防护玻璃的面罩,而且防护玻璃的号数要适宜。

(2)焊接时要穿工作服,防止弧光灼伤皮肤。

(3)引弧时要注意防止伤害他人眼睛。

(4)在工作场地和人多的地方,尽可能地使用遮光板,避免周围人受弧光伤害。

5. 预防烫伤的安全知识

(1)焊接时易产生高温金属飞溅物,同时使用过的焊条头及焊件温度也很高,因此应注意防止烫伤。

(2)在焊接场所,要戴好电焊手套,禁止用赤裸的手触摸焊条头和焊件,穿戴好工作服,裤子要盖过脚面或戴脚盖。

(3)清渣时,要注意防止热的渣壳烫伤面部和眼睛。

6.3 气 焊

气焊是利用可燃性气体乙炔和助燃性气体氧气混合燃烧所产生的高热量来熔化工件与焊丝的一种焊接方法,如图6-15所示。气体火焰是由可燃气体乙炔(C_2H_2)和助燃气体氧气(O_2)混合燃烧而形成的,当火焰产生的热量能熔化母材和填充金属时,就可以用于焊接。气焊最常使用的气体是乙炔和氧气。气焊的火焰温度最高处可达3150℃左右。与手工电弧焊相比,火焰加热容易控制熔池温度,易于实现均匀焊透和单面焊双面成形;气焊设备简单,移动方便,施工场地不限,气焊不需要用电,因此在没有电源的地方也可以应用。但气体火焰温度比电弧低,热量分散,加热较为缓慢,生产效率低,焊件变形严重。另外,其保护效果较差,焊接接头质量不高。所以气焊主要适用于3mm以下的低碳钢薄板和薄壁焊件以及铸铁件的焊补,对铝、铜及其合金,当质量要求不高时,也可采用气焊。

6.3.1 气焊设备及焊接材料

1. 气焊设备

气焊设备主要由氧气瓶、乙炔瓶、焊炬等组成,如图6-16所示。

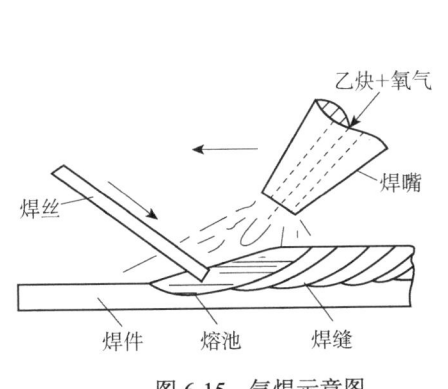

图 6-15 气焊示意图

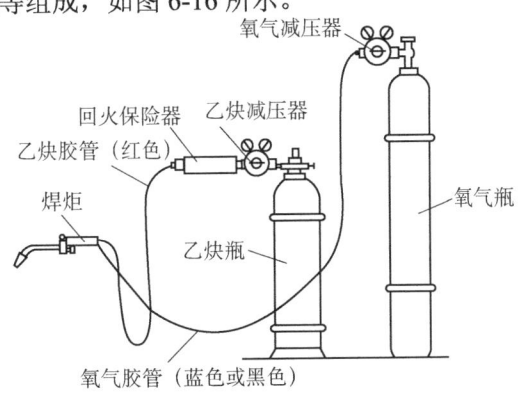

图 6-16 气焊设备及其连接

1) 氧气瓶

氧气瓶是运送和贮存高压氧气的容器,如图 6-17 所示,其容积为 40 L,工作压力为 15MPa。按照规定,氧气瓶外表漆成天蓝色,并用黑漆标明"氧气"字样。保管和使用时应防止沾染油污;放置时必须平稳可靠,不应与其他气瓶混在一起;不许曝晒、火烤及敲打,以防爆炸。使用氧气时,不得将瓶内氧气全部用完,最少应留 100～200kPa,以便在再装氧气时吹除灰尘和避免混进其他气体。

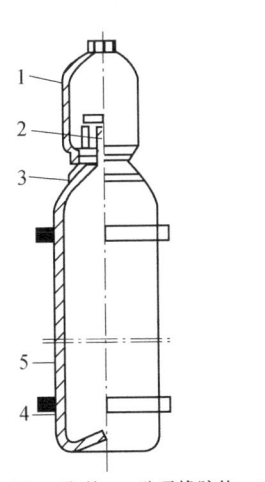

1-瓶帽;2-瓶阀;3-瓶箍;4-防震橡胶垫;5-瓶体

图 6-17 氧气瓶

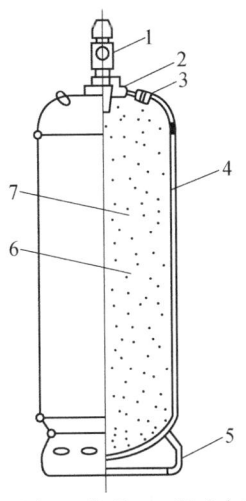

1-瓶阀;2-瓶颈;3-可溶安全塞;4-瓶体;
5-瓶座;6-溶剂;7-多空物质

图 6-18 乙炔钢瓶

2) 乙炔瓶

乙炔瓶是贮存和运送乙炔的容器,如图 6-18 所示。国内最常用的乙炔瓶公称容积为 40L,工作压力为 1.5MPa。其外形与氧气瓶相似,外表漆成白色,并用红漆写上"乙炔""不可近火"等字样。在瓶体内装有浸满丙酮的多孔性填料,可使乙炔既稳定又安全地贮存在瓶内;使用乙炔瓶时,除应遵守氧气瓶的使用要求外,还应该注意:瓶体的温度不能超过 30~40℃;搬运、装卸、存放和使用时都应竖立放稳,严禁在地面上卧放并直接使用,如果要使用已卧放的乙炔瓶,必须先直立后静止 20min,再连接乙炔减压器后使用;不能遭受剧烈震动。

3) 回火防止器

回火防止器有干式和湿式两种,如图 6-19、图 6-20 所示。

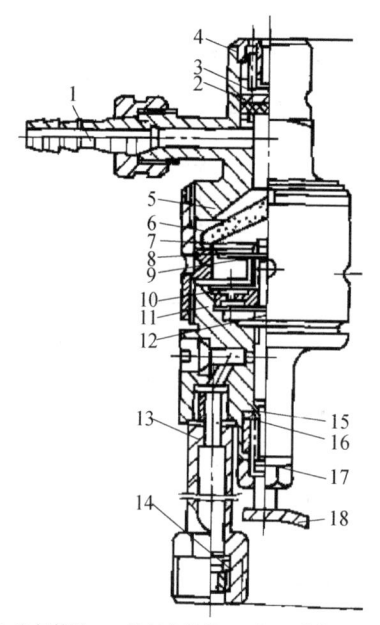
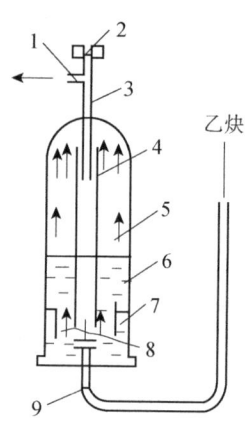

1-出气接头;2-泄气密封垫;3-调压弹簧;4-调节螺母;5-上主体;
6-粉末冶金片;7-密封圈;8-承压片;9-托位弹簧;10-导向圈;
11-下主体;12-阀芯;13-进气管;14-过滤片;15-复位阀杆;
16-复位弹簧;17-O形密封圈;18-手柄

1-出气管;2-防爆膜;3-分水管;
4-分水板;5-水位阀;6-筒体;7-分气板;
8-止回阀;9-进气管

图 6-19 干式回火防止器   图 6-20 湿式回火防止器

干式回火防止器一般安装在乙炔气瓶上,而湿式回火防止器用在乙炔发生器上。干式回火防止器的工作原理是:正常工作时,乙炔气经过滤网由进气管进入,流经锥形阀芯周围,由导向圈的小孔及承压片周围的空隙流出,然后透过粉末冶金片,最后由出气接头输出。当回火发生时,爆炸气体顶开泄气阀(由调压弹簧控制)排至大气。同时,由于粉末冶金片的非直线微孔,使火焰传播速度趋近于零,从而使粉末冶金片背后的混合气体不致着火,起到了阻火作用。爆炸气体的冲击波透过粉末冶金片作用于承压片上,推动阀芯的锥体紧压下主体的锥孔上,切断气源,停止供气。当回火停止再继续使用时,向上推动复位阀杆,借助复位弹簧的弹力,使阀芯被顶回原位,乙炔气重新注入。

湿式回火防止器在正常工作时,乙炔气由进气管流经止回阀、分气板、分水板和分水管从出气管输出。当发生回火时,筒内压力增高,压迫水面并通过水层使止回阀瞬时关闭,进气管暂时停止供气。同时,爆炸气体将筒体顶部的防爆膜冲破,散发到大气中。由于水层起着隔火作用,这样就能有效地防止乙炔发生器的爆炸。

4) 减压器

减压器是将高压气体降为低压气体的调节装置。

对于不同性质的气体,必须选用符合各自要求的专用减压器。通常,气焊时所需的工作压力一般都比较低,如氧气压力一般为 0.2～0.4MPa,乙炔压力最高不超过 0.15MPa。因此,必须将气瓶内输出的气体压力降压后才能使用。减压器的作用是降低气体压力,并使输送给焊炬的气体压力稳定不变,以保证火焰能够稳定燃烧,简单来说,就是减压、调压、量压、稳压。减压器在专用气瓶上应安装牢固。各种气体专用的减压器,禁止换用或替用。

常用的减压器构造和工作原理如图 6-21 所示。调压螺钉松开时,活门弹簧将活门关闭,减压器不工作,从氧气瓶来的高压气体停留在高压室,高压表指示出高压气体压力,即氧气瓶内的压力。减压器工作时,拧入调压螺钉,使调压弹簧受压,活门被打开,高压气体流入低压室,由于气体体积膨胀,使气体压力降低,低压表指示出低压气体压力。随着低压室中气体压力增加、压迫薄膜及调压弹簧,使活门的开启度逐渐减小。当低压室内的压力达到一定值时,又会将活门关闭。控制调压螺钉的拧入程度,可以改变低压室的气体压力,从而获得所需的工作压力。

在焊接时,低压室的气体从出气口通往焊炬,低压室内压力降低,这时薄膜上鼓,使活门重新开启,高压气体进入低压室,以补充输出气体。当输出的气体增多或减少时,活门的开启度也会相应增大或减小,自动调节输出的气体使之稳定。

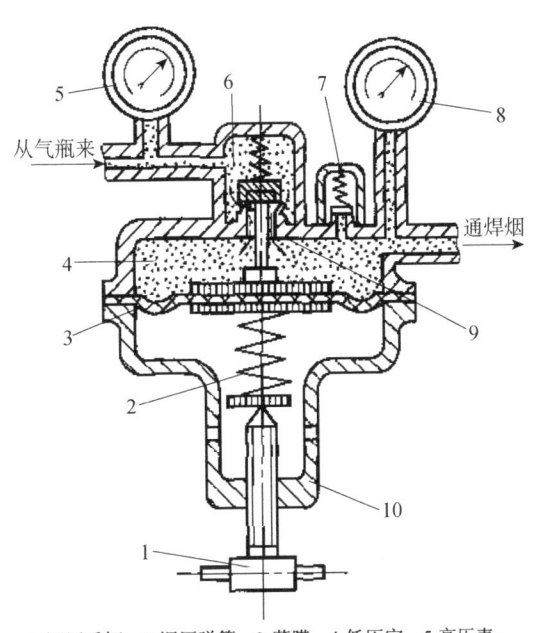

1-调压手柄；2-调压弹簧；3-薄膜；4-低压室；5-高压表；
6-高压室；7-安全阀；8-低压表；9-通道；10-外壳

图 6-21 减压器

5) 焊炬

焊炬又称焊枪,是气焊的主要工具。焊炬的作用是将可燃气体和氧气按一定比例均匀地混合,以一定的速度从焊嘴喷出适合焊接要求和稳定燃烧的火焰。

焊炬按可燃气体与氧气的混合方式分为等压式和射吸式两类,常用的是射吸式,结构如图 6-22 所示。现以常用的 H01-6 型焊炬为例介绍其工作原理。打开氧气调节阀,氧气立即从喷嘴快速射出,这时,在喷嘴的外围形成真空,即产生负压和吸力。此时再打开乙炔气调节阀,乙炔气就会聚集在喷嘴外围,并很快被氧气吸入射吸管、进入混合管再从焊嘴喷出。

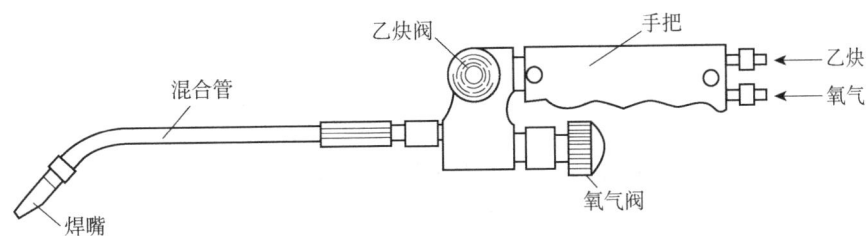

图 6-22 射吸式焊炬

6) 回火保险器

回火保险器是装在乙炔减压器和焊炬之间，防止火焰沿乙炔管道回烧的安全装置。正常气焊时，气体火焰在焊嘴外面燃烧，但当气体压力不足、焊嘴阻塞、焊嘴离焊件太近或者焊嘴过热时，气体火焰会进入喷嘴内逆向燃烧（即回火）。发生回火时，应立即关闭乙炔阀。

2. 焊丝与焊剂

(1) 焊丝。气焊所用的焊丝是没有药皮的光金属丝，其成分与工件基本相同，原则上要求焊缝与工件达到相等的强度。一般情况下，焊丝的化学成分应与母材相匹配，例如，焊接低碳钢时，常用的焊丝为 H08 和 H08A。

(2) 焊剂。焊接合金钢、铸铁和有色金属时，熔池中容易产生高熔点的稳定氧化物，如 Cr_2O_3、SiO_2 和 Al_2O_3 等，致使焊缝中夹渣。故在焊接时，使用适当的焊剂，可与这类氧化物结成低熔点的熔渣，以利于浮出熔池。因为金属氧化物多呈碱性，所以一般都用酸性焊剂，如硼砂、硼酸等。焊铸铁时，往往有较多的 SiO_2 出现，因此通常又会采用碱性焊剂，如碳酸钠和碳酸钾等。使用时，通常用焊丝将焊剂蘸在端部送入熔池。焊接低碳钢时，只要接头表面干净，就不必使用焊剂。

6.3.2 气焊的工艺

1. 气焊火焰

气焊使用的气体通常是乙炔和纯氧气，二者混合燃烧形成的火焰称为氧炔焰；调节氧气和乙炔气的不同比例，可以得到三种不同性质的氧炔焰，如图 6-23 所示。

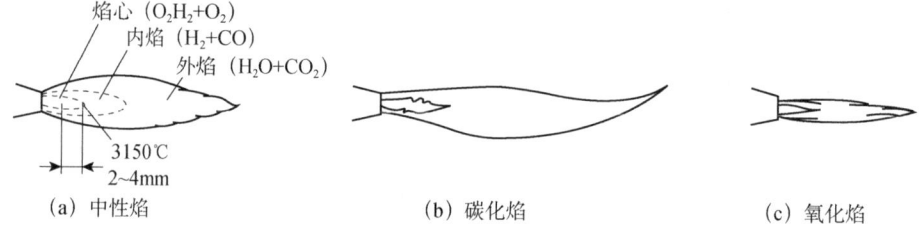

图 6-23 氧乙炔焰的种类

(1) 中性焰。氧气与乙炔气的体积之比在 1.0～1.2 时形成中性焰。中性焰由白亮的焰心以及内焰和外焰组成。焰心端部之外 2～4mm 处的温度最高，可达 3150℃。焊接时，应使熔池和焊丝处于内焰的此高温点处加热。由于内焰是由 H_2 和 CO 组成的，能保护熔池金属不受空气的氧化和氮化，因此一般都应用中性焰进行焊接。

(2) 碳化焰。氧气与乙炔气的体积之比略低于 1.0 时形成碳化焰。碳化焰长而无力，焰心轮廓不清，温度较中性焰稍低，通常可达 2700～3000℃。

碳化焰常用于高碳钢、铸铁及硬质合金的焊接；但不能用于低、中碳钢的焊接。原因是火焰中乙炔气燃烧不完全，会使焊缝增碳而变脆。

(3) 氧化焰。氧气与乙炔气的体积之比略高于 1.2 时形成氧化焰。氧化焰短小有劲，焰心呈锥形，温度较小焰稍高，可达 3100～3300℃。氧化焰对熔池金属有较强的氧化作用，一般不常采用；实际应用中，只在焊接黄铜、镀锌铁板时才采用轻微氧化焰。

2. 焊接规范

对气焊的接头形式和焊接空间位置等工艺问题的考虑，与手工电弧焊基本相同。气焊的焊接规范主要是确定焊丝的直径、焊嘴的大小以及焊嘴对工件的倾斜角度。

焊丝的直径是根据工件的厚度而定的，参考表 6-4。焊接厚度为 3mm 以下的工件时，所用的焊丝直径与工件的厚度基本相同。焊接较厚的工件时，焊丝直径应小于工件厚度。焊丝直径一般不超过 6mm。

表 6-4 焊丝直径的选择

焊件厚度/mm	1.0~2.0	2.0~3.0	3.0~5.0	5.0~10	10~15
焊丝直径/mm	1.0~2.0	2.0~3.0	3.0~4.0	3.0~5.0	4.0~6.0

焊炬端部的焊嘴是氧乙炔混合气体的喷口，焊接厚的工件时应选用较大口径的焊嘴。此外，焊接时焊嘴中心线与工件表面之间夹角 α 的大小，将影响火焰热量的集中程度。焊接厚件时，应采用较大的夹角，使火焰的热量集中，以获得较大的熔深。焊接薄件时则相反。夹角的选择如图 6-24 所示。

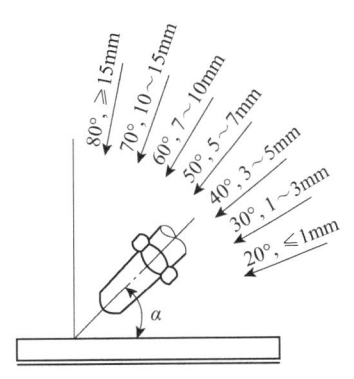

图 6-24 焊嘴倾角与焊件厚度的关系

3. 气焊的基本操作

气焊操作之前应仔细检查，根据焊件厚度选择焊炬和焊嘴。首先，检查乙炔管、氧气管，确保不漏气；其次，检查射吸状况，氧气管接上、不接乙炔管，将焊炬上的两种气体调节阀均打开，用手堵在乙炔进气管上，若感到有吸力则说明射吸作用正常；最后，检查焊炬各接头及气体通道是否通畅。检查合格后进行气焊，气焊时需要注意以下几点。

1) 点火、熄火、调节火焰

点火与熄火时，要注意两种气体打开和关闭的顺序。点火时，先微开氧气阀门，再开乙炔气阀门，然后将焊嘴靠近明火点燃火焰。若乙炔气不纯时，会出现连续"放炮"声，这时可放出不纯的乙炔气，再重新点火。点火后应立即调整火焰大小和形状，直至调整到所需的火焰形状。

熄火时，则先关闭乙炔气阀门，再关闭氧气阀门，这样可防止产生烟灰。工作结束时将氧气瓶阀和乙炔瓶阀关闭，并收好焊炬。

调节火焰是指调节火焰的种类和大小。通常点火后，得到碳化焰，若逐渐开大氧气阀门，则可调成中性焰和氧化焰。反之，若减少氧气或加大乙炔气，则可得到碳化焰。火焰的大小根据焊件的厚度和操作者的技术熟练程度综合考虑。若要减小火焰，应先减少氧气，后减少乙炔气；若要增大火焰，应先增加乙炔气，后增大氧气。

2) 焊接方向

气焊操作是右手控焊炬，左手拿焊丝；可以向左焊，也可以向右焊，如图 6-25 所示。

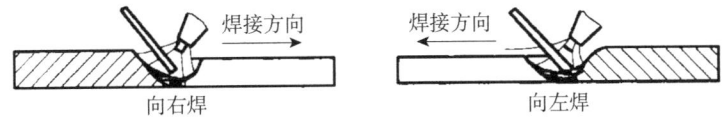

图 6-25 气焊焊接方向

向右焊时，焊炬在前，焊丝在后，通常适用于焊接厚度较大的工件。这种焊法的火焰对熔池保护较严，并有利于把熔渣吹向焊缝表面，还能使焊缝缓慢冷却，以减少气孔、夹渣和裂纹等焊接缺陷，因此焊接质量较好。但是，焊丝挡住视线，操作不便。

向左焊时，焊丝在前，焊炬在后，通常适用于焊接薄板。这种焊的火焰吹向待焊部分的接头表面，能起预热作用，因此焊接速度较快。又因操作较为方便，所以一般都采用向左焊。

3) 气焊操作要领

以平焊为例,气焊要领包括焊嘴角度、火焰高度、加热温度和焊接速度。

(1) 焊嘴角度。焊嘴角度在起焊点要与焊件垂直,便于迅速加热焊件,这是由于焊嘴垂直于焊件表面(焊嘴中心线与焊件表面夹角为90°)时,火焰热量最为集中,工件可以吸收的热量也最大。正常焊接时,焊嘴与焊缝呈一定的夹角,夹角的大小根据工件的厚度调节,随着焊嘴倾斜(夹角小于90°),焊件吸收的热量也随之下降。气焊操作时,对于熔点高、导热性好、厚度较大的焊件,要使接头处吸收的热量大,夹角应调整至接近90°;反之,焊接薄件时,夹角应小些,以防止焊穿。

(2) 火焰高度。焊接时,火焰高度以保证火焰的最高温度处加热焊件为宜,一般要保持焰心距焊件2~3mm。这样加热速度快,效率高,对熔池保护效果好,也不会回火。

(3) 加热温度。温度是焊接操作的关键,要把焊件加热到熔化,再加焊丝。加焊丝时,要把焊丝插入熔池,使其熔化;不能在焊件没熔化时加焊丝,加焊丝的速度要适当,速度过快时,会把熔池戳穿。

(4) 焊接速度。焊接的速度应根据焊件厚度和操作者的熟练程度来控制,过慢会使熔池塌下去;过快则易未焊透。气焊结束时,要多加焊丝,填满焊坑。

6.3.3 气焊安全操作规程

(1) 检查橡胶软管接头、氧气表、减压阀等应坚固牢靠,无泄漏、严禁油脂、泥垢沾染气焊工具、氧气瓶。

(2) 严禁将氧气瓶乙炔发生器靠近热源和电闸箱;并不得放在高压线及一切电线下面;切勿在强阳光下暴晒,应该在操作工点的上方处,以免引起爆炸。四周应设围栏、悬挂"严禁烟火"标志,氧气瓶、乙炔发生器与焊、割炬(也称焊、割枪)的间距应在10m以上,特殊情况也应采取隔离防护措施,其间距也不应小于5m,同一地点有两个或以上乙炔发生器,其间距不得小于10m。

(3) 氧气瓶应集中存放,不准吸烟和明火作业,禁止使用无减压阀的氧气瓶。

(4) 氧气瓶应直立放置,设支架稳固,防止倾倒;横放时,瓶嘴应垫高。

(5) 焊、割炬装接胶管应有区别,不准交换使用,氧气瓶用红色软管,乙炔用绿色软管。使用新软管时,应先排除管内杂质灰尘,使管内畅通。

(6) 不得将橡胶管放在高温管道和电线上,或将重物或热的物件压在软管上,更不得将软管与电焊用的导线敷设在一起。

(7) 安装减压器时,应先检查氧气瓶阀门接头不得有油腻,并略开氧气瓶阀门吹除污垢,然后安装减压器,人身或面部不得正对氧气瓶阀门出气口,关闭氧气瓶阀门时,须先松开减压器的活门螺丝(不可紧闭)。

(8) 焊、割嘴堵塞,可用通针将嘴通一下,禁止用铁丝通嘴。

(9) 开启氧气瓶阀门时,禁止用铁器敲击,应用专门工具,动作要缓慢,不得面对减压器。

(10) 点火前,急速开启焊、割炬阀门,用氧气吹风,检查喷嘴出口。无风时不准使用,试风时切忌对准脸部。

(11) 点火前,可先用氧气阀调节阀稍微打开后,再打开乙炔调节阀,用点火枪点火后,即可调节火焰的大小和形状。点燃后的焊炬不能离开手,应先关乙炔阀,再关氧气阀,使火焰熄灭后才准放下焊炬,不准放在地上。严禁用烟头点火。

(12) 进入容器内焊接时,点火和熄火均应在容器外进行。

(13) 如焊、割储存过油类的容器时,应将容器上的孔盖完全打开,先用碱水清洗容器内壁，后再用压缩空气吹干，充分做好安全防护工作。

(14) 氧气瓶压力指针应灵敏正常，瓶内氧气不许用尽，必须预留余压，至少要留 0.1～0.2MPa 的氧气，拧紧阀门，瓶阀门严禁沾染油脂，瓶壳处应注上"空瓶"标记。

(15) 焊、割作业时，禁止使用橡胶软手套操作，禁止用焊、割炬的火焰作照明。氧气、乙炔软管需横跨道路和轨道时，应在轨道下面穿过或吊挂出去。以免被车轮碾压损坏。

(16) 发生回火时，应迅速关闭焊、割炬上的调节阀，再关闭调节阀，可使回火很快熄灭。如紧急时（仍不熄火），可拔掉乙炔软管，再关闭一级氧气阀和乙炔阀门，并采取灭火措施。稍等后再打开氧气调节阀，吹出焊、割炬内的残留余焰和碳质微粒，才能再作焊、割作业。

(17) 如发现焊炬出现爆破声或手感有震动现象，应急速关闭乙炔阀和氧气阀，冷却后再继续作业。

(18) 拧紧氧气瓶嘴安全帽，将氧气瓶和乙炔瓶置放在规定地点，离开作业场地前，应进行卸压。

6.4 其他焊接方法

现代工业对焊接的要求越来越高，新的焊接方法也不断出现。电弧焊以电极和工件之间的电弧作为热源，是目前应用最广泛的焊接方法。除了手工电弧焊，常用的焊接方法还有锡焊、埋弧焊、气体保护焊、电阻焊等。

6.4.1 锡焊

锡焊是利用低熔点的金属焊料加热熔化后，渗入并充填金属件连接处间隙的焊接方法。因焊料常为锡基合金，故名锡焊。常用烙铁作加热工具。广泛用于电子工业中。

6.4.2 埋弧焊

埋弧自动焊是利用焊丝连续送进，在焊剂层覆盖作用下产生电弧，自动进行焊接的一种方法。它以连续送进焊丝代替手工电弧焊的更换焊条，以颗粒状的焊剂代替焊条药皮，如图 6-26 所示。焊接时，焊接机头上的送丝机构将焊丝送入电弧区并保持选定的弧长，电弧在焊剂层下面燃烧，使焊丝、接头及焊剂熔化形成熔池，并在焊剂保护下形成焊缝。焊机带着焊丝均匀地沿坡口移动，或焊机机头不动，工件匀速运动以完成工件的焊接过程。埋弧自动焊的焊丝输送与电弧移动均由专门机构控制完成。

埋弧自动焊具有生产效率高、焊缝质量高、劳动条件好及操作容易等优点。埋弧自动焊适用于中、厚板（6～60mm）的焊接，可焊接碳素钢、低合金钢、不锈钢、耐热钢和紫铜等。埋弧自动焊只适于平焊位置的对接和角接的平直长焊缝，或较大直径的环缝平焊；不能焊接空间位置与不规则形状焊缝。埋弧自动焊在核电装备、造船、化工容器、桥梁及冶金、机

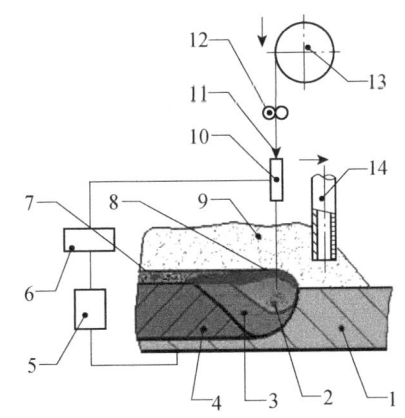

1-母材；2-电弧；3-金属熔池；4-焊缝金属；5-焊接电源；
6-电控箱；7-凝固熔渣；8-熔融熔渣；9-焊剂；
10-导电嘴；11-焊丝；12-焊丝送进轮；
13-焊丝盘；14-焊剂输送管

图 6-26 埋弧自动焊

械制造中应用最为广泛。

6.4.3 气体保护焊

气体保护焊是利用外加气体作为电弧介质，并利用它来保护电弧和焊接区的电弧焊。常用的气体保护焊有氩弧焊和二氧化碳气体保护焊。

1. 氩弧焊

用氩气作为保护气体的电弧焊称为氩弧焊。按电极材料不同可分为非熔化极（钨极）氩弧焊和熔化极氩弧焊两种，如图 6-27 所示。非熔化极氩弧焊是电弧在非熔化极（通常是钨极）和工件之间燃烧，在焊接电弧周围流过一种不和金属起化学反应的惰性气体（常用氩气），形成一个保护气罩，使钨极端头，电弧和熔池及已处于高温的金属不与空气接触，能防止氧化和吸收有害气体。从而形成致密的焊接接头，其力学性能非常好。焊丝通过送丝轮送进，导电嘴导电，在母材与焊丝之间产生电弧，使焊丝和母材熔化，并用惰性气体氩气保护电弧和熔融金属来进行焊接的。

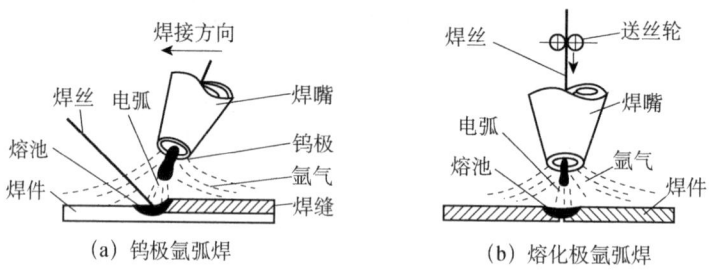

图 6-27 氩弧焊喷嘴

熔化极氩弧焊和钨极氩弧焊的区别：一个是焊丝作电极，并被不断熔化填入熔池，冷凝后形成焊缝；另一个是采用保护气体做电极，随着熔化极氩弧焊的技术应用，保护气体已由单一的氩气发展出多种混合气体的广泛应用，如 Ar 80%＋CO_2 20%的富氩混合保护气。

氩气是一种惰性气体，它既不与金属起化学反应，也不溶解于熔池中，能有效地保护熔池，而且电弧热量集中，焊件热影响区小，焊件变形小，因此焊接接头质量高。此外，氩弧焊时无熔渣，故不需清渣，无夹渣缺陷；可进行全位置的焊接，并能焊接 0.5mm 以下的薄板。所以，它适用于铝、钛、镁、铜及其合金和各种不锈钢、耐热钢等难焊材料的焊接；但因氩气价格较贵，氩弧焊主要用于重要结构的焊接。

2. CO_2 保护焊

二氧化碳气体保护焊简称 CO_2 保护焊，是利用 CO_2 气体作为保护介质的气体保护焊，其基本原理是通过焊件和焊丝做电极产生焊接电弧，通入干燥、预热的 CO_2 气体对焊接区域保护，以自动或半自动方式进行焊接。焊丝由送丝机构连续向熔池送进，二氧化碳气体不断由喷嘴喷出，排开熔池周围的空气，形成气体保护区，代替焊条药皮和焊剂来保护焊缝质量，如图 6-28 所示。其中，半自动 CO_2 焊在生产中应用最广泛，其设备主要包括焊接电源、焊枪、送进系统、供气系统和控制系统等，焊接时，电源需采用直流反接。

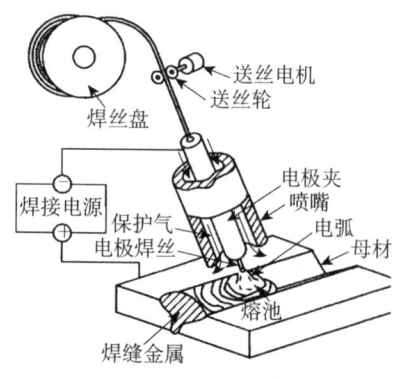

图 6-28 CO_2 保护焊原理示意图

CO_2 保护焊的优点是：由于焊接采用 CO_2 气体，因此成本低廉；焊接电流密度大，热量利用率高，因此生产效率高；焊接薄板时，比气焊速度高，变形小；操作灵活，适用于各种位置的焊接；焊接抗裂性能和力学性能好，焊接质量高。但二氧化碳气体保护焊的表面成形较差，飞溅较多，高温时二氧化碳气体会分解，使电弧气氛具有强烈的氧化性，导致合金元素氧化烧损，故不能用于焊接有色金属和高合金钢。

6.4.4 电阻焊

电阻焊是将焊件组合后通过电极施加压力，利用电流通过接头的接触面及邻近区域产生的电阻热进行焊接的方法。电阻焊的基本形式有点焊、缝焊和对焊三种，如图6-29所示。电阻焊生产率高，不需填充金属、焊接变形小。电阻焊时，焊接电压低(几伏)，焊接电流很大(几千安至几万安)，故要求电源功率大，且焊接时间很短(仅几秒)。电阻焊设备较复杂，投资较大，适用于大批量生产。

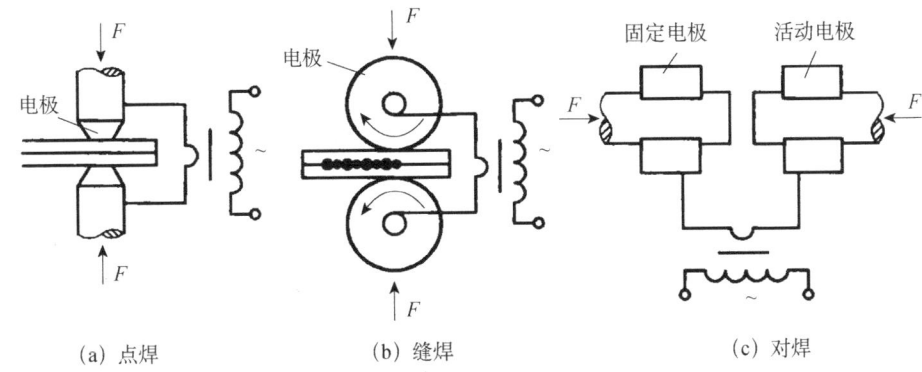

图 6-29 电阻焊的类型

1. 点焊

点焊是将焊件装配成搭接接头，并压紧在两电极之间，利用电阻热熔化母材金属，形成焊点的电阻焊方法。点焊主要用于薄板搭接结构、金属网和交叉钢筋构件等。点焊的工艺过程如下。

(1) 预压，保证工件接触良好。

(2) 通电，使焊接处形成熔核及塑性环。

(3) 断点锻压，使熔核在压力作用下冷却结晶，形成组织致密、无缩孔、裂纹的焊点。

2. 缝焊

缝焊是将焊件装配成搭接或对接接头，并置于两滚轮电极之间，滚轮加压并转动焊件，连续或断续送电，形成一条连续焊缝的电阻焊方法。缝焊主要用于焊接焊缝较为规则、要求密封的结构，板厚一般在3mm以下。

3. 对焊

对焊是使焊件沿整个接触面焊合的电阻焊方法，广泛用于焊接杆状和管状零件，如钢轨、刀具、钢筋、管道等。对焊分为电阻对焊和闪光对焊两种。

(1) 电阻对焊。电阻对焊是将焊件装配成对接接头，使其端面紧密接触，利用电阻热加热至塑性状态，然后断电并迅速施加顶锻力完成焊接的方法，电阻对焊主要用于截面简单、直径或边长小于20 mm和强度要求不太高的焊件。

(2) 闪光对焊。闪光对焊是将焊件装配成对接接头，接通电源，使其端面逐渐移近达到局部接触，利用电阻热加热这些接触点，在大电流作用下产生闪光，使端面金属熔化，直至端部在一定深度范围内达到预定温度时，断电并迅速施加顶锻力完成焊接的方法。

闪光对焊的接头质量比电阻焊好，焊缝力学性能与母材相当，而且焊前不需要清理接头的预焊表面。闪光对焊常用于重要焊件的焊接，可焊同种金属，也可焊异种金属（铝-钢、铝-铜等）；可焊直径 0.01mm 的金属丝，也可焊截面 20000mm^2 的金属棒和型材。

6.4.5 焊接机器人

焊接加工一方面要求焊工要有熟练的操作技能、丰富的实践经验、稳定的焊接水平；另一方面，焊接又是一种劳动条件差、烟尘多、热辐射大、危险性高的工作。工业机器人的出现使人们首先想到用它代替人的手工焊接，减轻焊工的劳动强度，同时也可以保证焊接质量和提高焊接效率。

1. 焊接机器人的应用

工业机器人在焊接领域的应用最早是从汽车装配生产线上的电阻点焊开始的。原因在于电阻点焊的过程相对比较简单，控制方便，且不需要焊缝轨迹跟踪，对机器人的精度和重复精度的控制要求比较低。点焊机器人在汽车装配生产线上的大量应用大大提高了汽车装配焊接的生产率和焊接质量，同时又具有柔性焊接的特点，即只要改变程序，就可在同一条生产线上对不同的车型进行装配焊接。

由于机器人控制速度和精度的提高，尤其是电弧传感器的开发并在机器人焊接中得到应用，使机器人电弧焊的焊缝轨迹跟踪和控制问题在一定程度上得到很好的解决，机器人焊接在汽车制造中的应用从原来比较单一的汽车装配点焊很快发展为汽车零部件和装配过程中的电弧焊。机器人电弧焊的最大的特点是柔性，即可通过编程随时改变焊接轨迹和焊接顺序，因此最适用于被焊工件品种变化大、焊缝短而多、形状复杂的产品。这正好又符合汽车制造的特点。尤其是现代社会汽车款式的更新速度非常快，采用机器人装备的汽车生产线能够很好地适应这种变化。

2. 焊接机器人的编程方法

焊接机器人的编程方法目前还是以在线示教方式（Teach-in）为主，但编程器的界面比过去有了不少改进，尤其是液晶图形显示屏的采用使新的焊接机器人的编程界面更趋友好、操作更容易。然而机器人编程时焊缝轨迹上的关键点坐标位置仍必须通过示教方式获取，然后存入程序的运动指令中。这对于一些复杂形状的焊缝轨迹来说，必须花费大量的时间示教，从而降低了机器人的使用效率，也增加了编程人员的劳动强度。目前解决的方法有以下两种。

（1）示教编程。示教编程时只是粗略获取几个焊缝轨迹上的关键点，然后通过焊接机器人的视觉传感器（通常是电弧传感器或激光视觉传感器）自动跟踪实际的焊缝轨迹。这种方式虽然仍离不开示教编程，但在一定程度上可以减轻示教编程的强度，提高编程效率。但由于电弧焊本身的特点，机器人的视觉传感器并不是对所有焊缝形式都适用。

（2）离线编程。采取完全离线编程的办法，使机器人焊接程序的编制、焊缝轨迹坐标位置的获取、程序的调试均在一台计算机上独立完成，不需要机器人本身的参与。机器人离线编程早在多年以前就有，只是由于当时受计算机性能的限制，离线编程软件以文本方式为主，编程员需要熟悉机器人的所有指令系统和语法，还要知道如何确定焊缝轨迹的空间位置坐标，因此，编程工作并不轻松省时。随着计算机性能的提高和计算机三维图形技术的发展，如今的机器人离线编程系统多数可在三维图形环境下运行，编程界面友好、方便，而且，获取焊缝轨迹的坐标位置通常可以采用"虚拟示教"（virtual Teach-in）的办法，用鼠标轻松点击三维虚拟环境中工件的焊接部位即可获得该点的空间坐标；在有些系统中，可通过 CAD 图形文件中事先定义的焊缝位置直接生成焊缝轨迹,然后自动生成机器人程序并下载到机器人控制系统。从而大大提高了机器人的编程效率,也减轻了编程员的劳动强度。

3. 焊接机器人未来研究的热点及发展方向

目前国际机器人界都在加大科研力度,进行机器人共性技术的研究。从机器人技术发展趋势看,焊接机器人和其他工业机器人一样,不断向智能化和多样化方向发展。

(1) 工业机器人性能不断提高,而单机价格不断下降。

(2) 机械结构向模块化、可重构化发展。

(3) 工业机器人控制系统向基于 PC 的开放型控制器方向发展,便于标准化、网络化。

(4) 机器人中的多传感器系统日益重要。

(5) 虚拟现实技术在机器人中的作用已从仿真、预演发展到用于过程控制。

(6) 微型和微小机器人技术是机器人研究的一个新领域和重点发展方向。

(7) 当代遥控机器人系统的发展特点不是追求全自动系统,而是致力于操作者与机器人的人机交互控制,即遥控加局部自主系统构成完整的监控遥控操作系统,使智能机器人走出实验室进入实用化阶段。

(8) 机器人化机械研究开发包括并联机构机床(VMT)与机器人化加工中心(RVIC)的开发研究,以及机器人化无人值守和具有自适应能力的多机遥控操作的人形散料输送设备的研究开发。这种开发的新型装置已成为国防研究的热点之一。

6.5 焊接缺陷防止及检验

由于焊接方法、焊接材料及焊接工艺等因素的影响,会产生不同类型的缺陷。其中气孔、夹渣、裂纹等缺陷主要受冶金因素的影响,这里主要讲述因焊接参数选择不当造成的焊接缺陷。

6.5.1 焊接缺陷产生及防止

1. 焊缝外形尺寸不符合要求

焊缝外形尺寸不符合要求主要包括焊缝表面高低不平、焊缝波纹粗劣、纵向宽度不均匀、余高过高或过低等。如图 6-30 所示。坡口角度不当、装配间隙不均匀、焊接参数选择不当、操作人员施焊水平等因素均会不同程度地导致焊缝尺寸不符合要求。为防止上述缺陷,应该严格按照设计规定进行施工,正确选择坡口角度、装配间隙及焊接参数,并且培

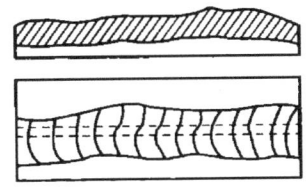

(a) 焊缝高低不平、宽度不均、波形粗劣

(b) 余高过高或过低

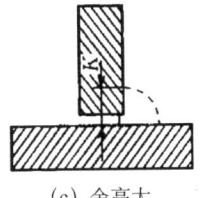

(c) 余高大

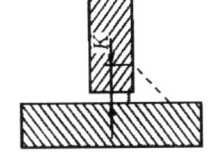

(d) 过渡不圆滑

图 6-30 不符合要求的焊缝外形尺寸

训焊工,熟练掌握焊接操作技术。

2. 咬边

咬边(图 6-31)是出于焊接参数选择不当,或操作方法不正确,沿焊趾的母材部位产生的沟槽或凹陷。咬边产生的原因可能是采用大电流高速焊接或焊接角焊缝时焊脚尺寸过大、电压过高或者焊枪角度选择不当等。为了避免咬边现象的发生要正确选择焊接参数,熟练掌握焊接操作技术。

3. 未焊透和未熔合

焊接接头根部在焊接时未完全熔透的现象称为未焊透,焊道与母材之间或焊道与焊道之间未能完全熔化结合的现象称为未熔合。如图 6-32 所示。这种现象的产生可能是焊接电流过小、焊速过高、坡口尺寸不合适及

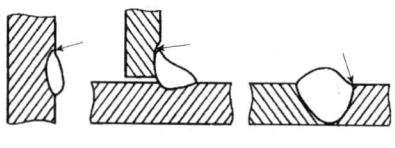

图 6-31 咬边

焊丝偏离焊缝中心或受到磁偏吹影响等原因。采取的相应对策是正确选择焊接参数、坡口形式及装配间隙,并确保焊丝对准焊缝中心。同时注意坡口两侧及焊道层间的清理,使熔敷金属与母材金属之间充分熔合。

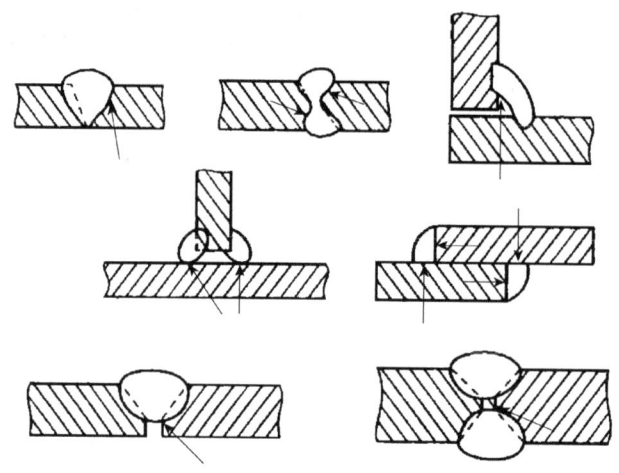

图 6-32 未焊透和未熔合

4. 焊瘤

在焊接过程中,熔化的金属流淌到焊缝之外未熔化的母材上所形成的金属瘤称为焊瘤。如图 6-33 所示。生成焊瘤的可能原因是填充金属量过多、焊接速度慢、电弧电压过低,电流过大、焊丝直径过长等都会产生焊瘤。采取的相应措施是尽量使焊缝处于水平位置,焊接速度不宜过低,焊丝伸长不宜过长,注意坡口及弧长的选择等。

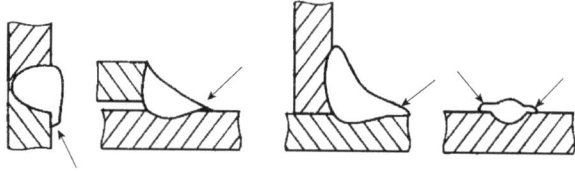

图 6-33 焊瘤

5. 焊穿及塌陷

焊缝上形成穿孔的现象称为焊穿。熔化的金属从焊缝背面漏出,使焊缝正面下凹、背面凸起的现象称为塌陷。如图 6-34 所示。形成焊穿或塌陷的可能原因是焊接电流过大、焊接速

度过小或坡口间隙过大等。在气体保护焊时，气体流量过大也可能导致焊穿。采取的措施是尽量使焊接电流与焊接速度配合恰当。当电流比较大时，选择焊接速度就大些，同时严格控制工件的装配间隙。气体保护焊时还应注意气体流量不宜太大，以免造成切割效应。

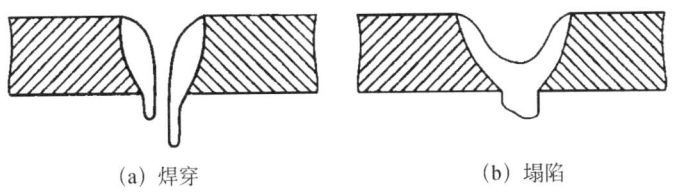

(a) 焊穿　　　　　　　(b) 塌陷

图 6-34　焊穿及塌陷

6.5.2　焊后检验

对焊接接头进行必要的检验是保证焊接质量的重要措施。因此，工件焊完后应根据产品技术要求对焊缝进行相应的检验，凡不符合技术要求所允许的缺陷，需及时进行返修。焊接质量的检验包括外观检查、无损探伤、气（水）密性试验和力学性能试验四个方面。后三者是互相补充的，而以无损探伤为主。

1. 外观检查

外观检查一般以肉眼观察为主，有时用 5～20 倍的放大镜进行观察。通过外观检查，可发现焊缝表面缺陷，如咬边、焊瘤、表面裂纹、气孔、夹渣及焊穿等。焊缝的外形尺寸还可采用焊口检测器或样板进行测量。

2. 无损探伤

隐藏在焊缝内部的夹渣、气孔、裂纹等缺陷的检验。目前使用最普遍的是采用 X 射线检验，另外还有超声波探伤和磁力探伤。

X 射线检验是利用 X 射线对焊缝照相，根据底片影像来判断内部有无缺陷、缺陷多少和类型。再根据产品技术要求评定焊缝是否合格。

3. 水压试验和气压试验

对于要求密封性的受压容器与压力管道，须进行水压试验和(或)进行气压试验，以检查焊缝的密封性和承压能力。其方法是向容器内注入 1.25～1.5 倍工作压力的清水或等于工作压力的气体(多数用空气)，停留一定的时间，然后观察容器内的压力下降情况，并在外部观察有无渗漏现象，根据这些可评定焊缝是否合格。

4. 焊接试板的力学性能试验

无损探伤可以发现焊缝内在的缺陷，但不能说明焊缝与热影响区的金属的力学性能如何，因此有时对焊接接头要作拉伸、冲击、弯曲等试验。所用焊接试板最好与圆筒纵缝一起焊成，以保证施工条件一致。然后将试板进行力学性能试验。实际生产中，一般只对新钢种的焊接接头进行这方面的试验。

6.6　实　践　课　题

6.6.1　引弧、运条、连接及收尾

练习并掌握手工电弧焊引弧、运条、连接及收尾等基本操作技能。

1. 实习工具及材料

(1)焊机。交流焊机。

(2) 工件。250mm×100mm×5mm 低碳钢板 1 块。
(3) 焊条。E4303(J422)，直径 3.2 mm。
(4) 辅助工具。钢丝刷、面罩、焊接手套、敲渣锤等。

2. 操作过程与要领

1) 引弧

引弧方法可分为擦划法和敲击法两种。

引弧前的准备工作如下。

(1) 将焊接处表面的油污、锈斑等清理干净。

(2) 将焊条末端药皮去除，使焊芯裸露以便于引弧。

(3) 将焊条找准引弧位置，左手持焊帽，挡住面部，准备引弧。

引弧操作时注意焊条提起速度要适当，太快难以形成电弧，太慢焊条与焊件易粘在一起。当焊条粘住焊件时，一般将焊条左右摆动几下就可以脱离焊件，不能脱离时，应马上把焊钳松开，防止由于短路时间太长而烧毁焊机。

2) 运条

运条是指沿焊条中心线向熔池送进、沿焊接方向移动、横向摆动三个动作。

焊接时三个基本动作必须配合得当，以保证焊接电弧长度稳定、焊接速度适当、摆幅前后一致，才能得到外观与尺寸合格的焊缝。

直线运条法运条简单、焊道窄，锯齿形运条法焊道略宽。

3) 焊缝的连接

焊缝的连接有四种情况：中间接头、相背接头、相向接头和分段焊接头。

接头连接的完整与否，不仅和操作技术有关，同时还和接头处的温度高低有关。温度越高，接头处越平整。中间接头电弧中断的时间要短，换焊条动作要快。

4) 收尾(熄弧)

焊条移到焊缝终点时，提起焊条即可熄弧，可在弧坑处反复熄弧填满。

6.6.2 平敷焊

利用平敷焊在钢板上焊一条直线，示意图如图 6-35 所示。

1. 实习工具及材料

(1) 焊机。交流焊机。

(2) 工件。250mm×200 mm×5mm 低碳钢板 1 块。

(3) 焊条。E4303，Φ3.2mm。

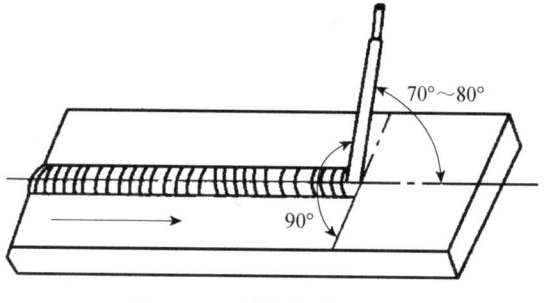

图 6-35 平敷焊操作示意图

(4) 辅助工具。钢丝刷、錾子、锉刀、敲渣锤等。

2. 操作过程与要领

(1) 清理工件，如锈迹、油污等。

(2) 在工件上划出直线，并打冲眼作标记。

(3) 工件平放，连接好接地线。

(4) 启动焊机并调节电流。

(5) 平敷焊时一般采用蹲姿，在距工件端部约 10mm 处引弧，稍拉长电弧对起头预热，然后压低电弧(弧长小于等于焊条直径)并减小焊条与焊接方向角度，从工件端部施焊。

(6) 焊接采用直线形运条，并仔细观察熔池状态。

(7) 采用反复断弧收尾法将弧坑填满熄弧。

(8) 用敲渣锤从焊缝侧面敲击熔渣使之脱落，焊缝两侧飞溅可用打磨机清理。

在操作时应注意，当焊接过程中需更换焊条或停弧时，应缓慢拉长电弧至熄灭，防止出现弧坑；在处理接头时，首先清理原弧坑熔渣，在原弧坑前约 10 mm 处引弧，稍拉长电弧到原弧坑 2/3 处预热，压低电弧稍作停留，待原弧坑处熔合良好后，再进行正常焊接。

第7章 铸造技术

7.1 铸造概述

铸造是一种液态金属成形方法。将金属加热到液态，使其具有流动性，然后浇入具有一定形状型腔的铸型中，液态金属在重力场或外力场(压力、离心力、电磁力等)作用下充满型腔，冷却并凝固成具有型腔形状的铸件。铸造的种类较多，根据生产方式不同，可分为砂型铸造、特种铸造(如金属型铸造、压力铸造、熔模铸造等)两大类，其中应用最为广泛的是砂型铸造，大约占世界铸造总产量的60%。

铸造工艺具有以下优点。

(1)对材料的适应性很强。铸造可适应大多数金属材料的成形，对不宜锻压和焊接的材料，铸造具有独特的优势。

(2)适用范围广。铸造几乎不受零件的形状复杂程度、尺寸大小、生产批量的限制，可以铸造壁厚从0.3mm到1m、质量从几克到几百吨的各种金属铸件。

(3)铸件成本低。由于铸造原材料来源丰富，铸件的形状接近于零件，可减少切削加工量，从而降低铸造成本。

其缺点也很明显，如工序多、铸件质量不稳定、废品率较高等。另外铸件的力学性能较差，又受到最小壁厚的限制，因而铸件较为笨重。为此，铸造成形工艺常用来制造形状复杂，特别是内腔复杂的零件，如复杂的箱体、阀体、叶轮、发动机汽缸体、螺旋桨等。

7.2 砂型铸造

砂型铸造是一种以砂作为主要造型材料，制作铸型的传统铸造工艺。砂型一般采用重力铸造工艺，有特殊要求时也可采用低压铸造、离心铸造等工艺。砂型铸造的适应性很广，小件、大件、简单件、复杂件、单件、大批量件都可采用。砂型比金属型耐火度更高，因而如铜合金和黑色金属等熔点较高的材料也多采用这种工艺。砂型铸造的典型工艺过程包括模样和芯盒的制作、型砂和芯砂配制、造型制芯、合箱熔炼金属、浇注、落砂、清理及检验。图7-1是套筒砂型铸造的生产工艺过程。

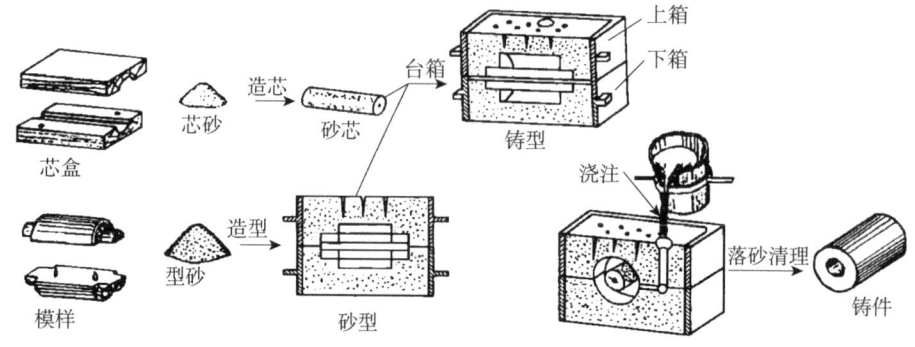

图 7-1 套筒砂型铸造工艺过程示意图

7.2.1 造型

1. 型砂

1) 型砂的组成

型砂是指按一定比例配制的造型材料，经过混制而成为符合造型要求的混合料。型砂通常由原砂、黏结剂和水配制而成，有时还加入煤粉、木屑等附加物。紧实后的型砂结构示意图如图7-2所示。

(1) 砂。原砂即新砂，它的主要成分是石英(SiO_2)，熔点高达1700℃，耐火度较高。铸造用砂，要求原砂中SiO_2含量为85%~97%。SiO_2的颗粒以圆形、大小均匀为佳。根据铸件特点，铸造用砂对原砂的颗粒度、形状和含泥量等有着不同的要求。砂粒越粗，则耐火度和透气性越好；较多角形和尖角形的硅砂透气性好；含泥量越小，透气性越好等。

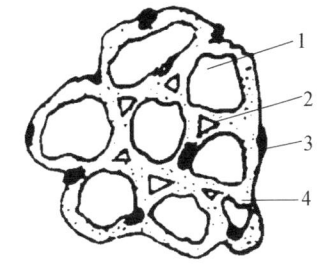

1-砂粒；2-空隙；3-附加物；4-黏土模

图7-2 型砂结构示意图

(2) 黏结剂。能使砂粒相互黏结的物质称为黏结剂。常用的黏结剂是黏土；黏土主要分为普通黏土和膨润土两类。湿型(造型后砂型不烘干)砂型普遍采用黏结性能较好的膨润土，而干型(造型后砂型烘干)砂型多采用普通黏土。

(3) 水。通过水使黏土和原砂混成一体，并具有一定的强度和透气性。水分过多，易使型砂湿度过大，强度低，造型时易黏模，使造型操作困难；水分过少，型砂则干而脆，造型、起模困难。因此，水分要适当，当黏土和水分的重量比为3∶1时，强度达最大值。

(4) 附加物。为了改善型砂性能而加入的物质称为附加物。通常加入煤粉和木屑，加入煤粉能防止铸件黏砂，使铸件表面光洁。加入木屑，可改善铸型和芯的退让性与透气性。

(5) 扑料和涂料。为防止铸件表面黏砂，并使铸件表面光滑，常在铸型型腔表面覆盖一层耐火材料。通常在铸铁件的湿型表面，扑撒一层石墨粉或滑石粉；铸钢件的湿型表面，扑撒一层石英粉。对于干型芯的表面，则刷一层涂料，铸铁可用石墨粉加黏土水剂。

2) 型砂的性能

型砂的性能直接影响铸件的质量。型砂性能差会使铸件产生气孔、砂眼、黏砂、夹砂等铸造缺陷。良好的型砂应具备下列性能。

(1) 透气性。型砂能让气体透过的性能称为透气性。高温金属液浇入铸型后，型内充满大量气体，这些气体必须由铸型内顺利排出去，否则将会使铸件产生气孔或浇不足等缺陷。

(2) 强度。型砂抵抗外力破坏的能力称为强度。型砂必须具备足够高的强度才能在造型、搬运、合箱过程中不引起塌陷，浇注时也不会破坏铸型表面。型砂的强度也不宜过高，否则会因透气性、退让性的下降使铸件产生缺陷。

(3) 耐火性。指型砂抵抗高温热作用的能力。耐火性差，铸件易产生黏砂。型砂中SiO_2含量越多，型砂颗粒越大，耐火性越好。

(4) 退让性。指铸件在冷凝时，型砂可被压缩的能力。退让性不好，铸件易产生内应力或开裂。型砂越紧缩，退让性越差。在型砂中加入木屑等物质可以提高退让性。

(5) 可塑性。可塑性指型砂在外力作用下变形，外力去除后仍保持所赋予形状的能力。可塑性好，造型、起模、修型方便，铸件表面质量高。砂型中黏土含量越多，砂粒越细，可塑性越好。

3) 型砂的制备

黏土砂根据在合箱和浇注时的砂型烘干与否分为湿型砂、干型砂和表干型砂。湿型砂造型后不需烘干,生产效率高,主要应用于生产中、小型铸件;干型砂要烘干,主要靠涂料保证铸件表面质量,可采用粒度较大的原砂,其透气性好,铸件不容易产生冲砂、黏砂等缺陷,主要用于浇注中、大型铸件;表干型砂只在浇注前对型腔表面用适当方法烘干,其性能兼具湿型砂和干型砂的特点,主要用于中型铸件生产。

湿型砂由新砂、旧砂、黏土、附加物及适量的水组成。铸铁件用的湿型砂配比(质量比)一般为旧砂50%~80%、新砂5%~20%、熟土6%~10%、煤粉2%~7%、重油1%、水3%~6%。各种材料通过混制工艺使成分混合均匀,黏土膜均匀包覆在砂粒周围,混砂时先将各种干料(新砂、旧砂、黏土和煤粉)一起加入混砂机进行干混后,再加水湿混。型(芯)砂混制处理好后,应进行性能检测,对各组元的含量(如黏土的含量、有效煤粉的含量、水的含量等)、砂的性能(如紧实率、透气性、湿强度、韧性参数)进行检测,以确定型(芯)砂是否达到相应的技术要求,也可用手捏的感觉对某些性能进行粗略的判断。

2. 造型模具、工具

1) 模样和芯盒

用来获得铸件外形的模具称为模样,用来获得铸件内腔的模具称为芯盒,如图7-1所示。有时芯盒制成的型芯,也可以用来获得铸件的外形。按制造模样和芯盒所用材料的不同,可分为木模、金属模和塑料模三类。

(1) 木模。用木材制成的模样和芯盒。木材质轻,易于加工成形,生产周期短、成本低。但不耐用、易变形,是单件或小批量生产中应用最广泛的模样材料。

(2) 金属模。用金属材料制作的模样和芯盒。常用的金属材料有铝合金、铜合金和灰口铸铁等。铝合金具有质轻、易于加工成形、不易生锈等优点,是最常用的金属模样材料。

(3) 塑料模。塑料模的性能介于木模与金属模之间。

在实际生产中,木模的应用最为广泛。由于木模形成铸型的型腔,故木模的结构一定要考虑铸造的特点。如为便于取模,在垂直于分型面的木模壁上要做出斜度(称拔模斜度);木模上壁与壁的连接处应采用圆角过渡;在零件的加工部位上,要留出切削加工时切除的多余金属层(称加工余量),考虑金属冷却后尺寸变小,木模的尺寸要比零件尺寸大一些(称收缩余量);而在零件上有孔的部位,木模上是实心无孔,且凸起一块(称型芯头)。可见木模与零件是有区别的。因此,木模一般不直接按照零件图纸来制造,但须以零件图为基础,对零件进行铸造工艺设计,并绘制出铸造工艺图后,再制造木模和型芯盒。

2) 砂箱

砂箱的作用是便于砂型的翻转、搬运和防止金属液将砂型冲垮等(图7-3)。砂箱一般采用铸铁制造,常做成长方形框架结构,但脱箱造型的砂箱一般用木材制造,也可用铝制造。砂箱的尺寸应使砂箱内侧与模样和浇口及顶部之间留有30~100 mm距离,这个距离称为吃砂量。吃砂量的大小应视模样大小而定。砂箱大小的选择应适中,如果砂箱选择过大,则耗费型砂,增多舂砂工时,工人劳动强度大;如果砂箱过小,则模样周围舂不紧,在浇注时易于跑火,易造成冲砂、漏箱缺陷。砂箱选用多大合适,应根据具体情况而定。

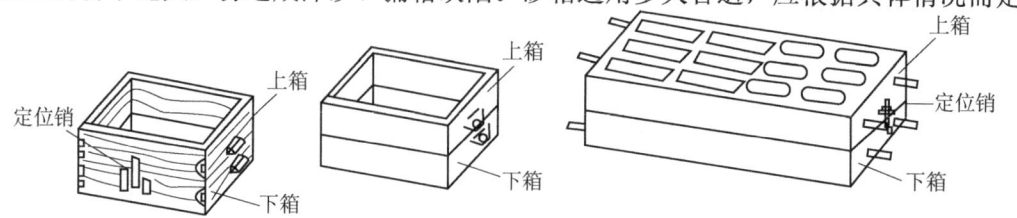

图7-3 砂箱

3) 辅助工具

(1) 铁锹。又称铁锨,用来铲运和拌和型(芯)砂(图 7-4)。

(2) 砂舂。砂舂的作用是舂实型砂,分为地面造型用砂舂和一般造型用砂舂(图 7-5),砂舂一端为扁头,另一端为平头,扁头用来舂实模样周围及砂箱靠边处或狭窄部分的型砂,平头用以舂平砂型表面。

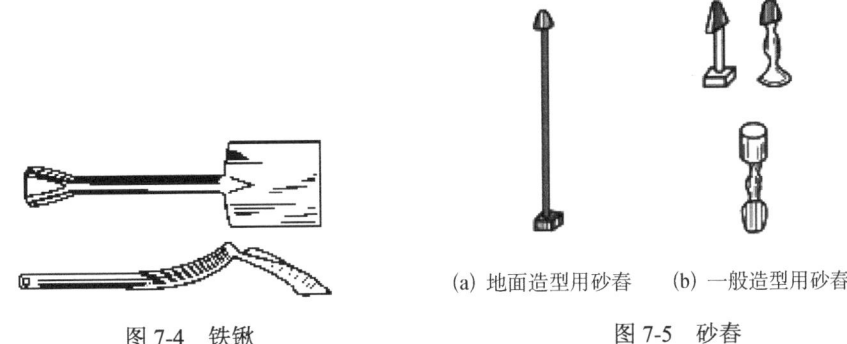

图 7-4 铁锹   图 7-5 砂舂

(3) 刮板。一般采用平直的木板或铁板制成,长度应比砂箱宽度长些,又称刮尺(图 7-6)。在砂型舂实后,用来刮去高出砂箱的型砂。

(4) 通气针。又称气眼针,用来扎出通气的孔眼,一般采用钢条或铁丝制成,有直的和弯的两种(图 7-7)。

(5) 起模针和起模钉。用来起出砂型中的模样。工作端为尖锥形的叫起模针,用于起出较小的模样;工作端为螺纹形的叫起模钉,用于起出较大的模样(图 7-8)。

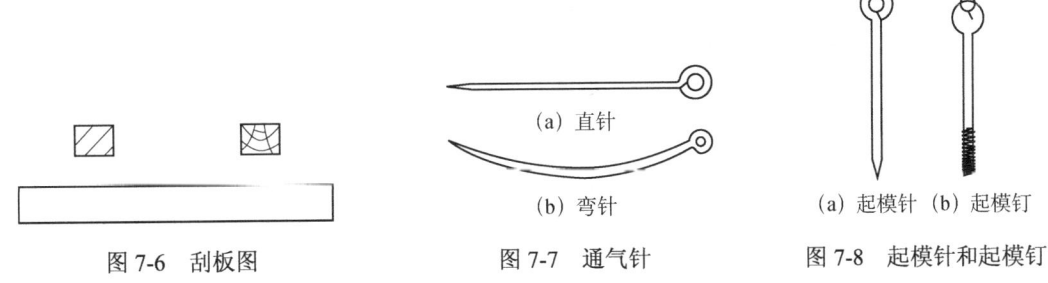

图 7-6 刮板图   图 7-7 通气针   图 7-8 起模针和起模钉

(6) 掸笔。起模前,使用掸笔润湿模样边缘的型砂,或在小的砂型和砂芯上涂刷涂料(图 7-9)。

(7) 排笔。用来在砂型大的表面刷涂料或清扫砂型(芯)上的灰砂,可分为扁头和圆头两种(图 7-10)。

(8) 皮老虎。用来吹去砂型上散落的灰土和砂粒,使用时不可用力过猛,以免损坏砂型,如图 7-11 所示。

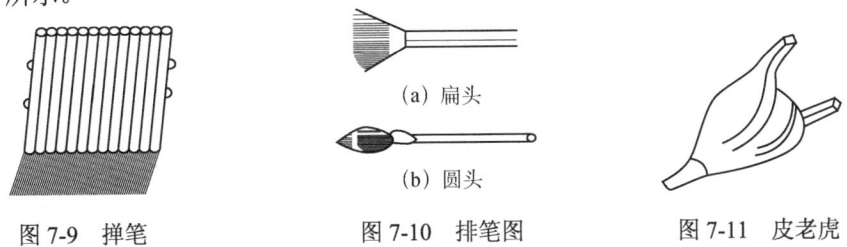

图 7-9 掸笔   图 7-10 排笔图   图 7-11 皮老虎

(9) 镘刀。又称刮刀,头部一般用工具钢制成,根据头部形状可分为平头镘刀、圆头镘刀、尖头镘刀,手柄用硬木制成,如图 7-12 所示。镘刀的主要作用是修理砂型(芯)的较大平面区域,切割大的沟槽,开挖浇冒口及在砂型插钉时把钉子拍入砂型等。

(10)提钩。又称砂钩,用工具钢制成,有直提钩和带后跟提钩两种类型(图 7-13),主要用来修理砂型(芯)中深而窄的底面和侧壁及提出落在砂型中的散砂。

(11)压勺。一端为弧面,另一端为平面,勺柄斜度为 30°,多由钢制成,如图 7-14 所示。供修理砂型(芯)较小平面,开设较小浇口时使用。

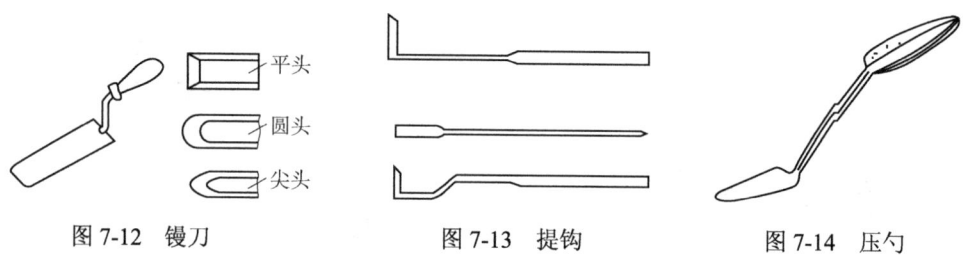

图 7-12 镘刀　　　　图 7-13 提钩　　　　图 7-14 压勺

3. 造型方法

1)手工造型

手工造型是用手工操作来完成的造型工序,主要包括紧砂、起模、修型及合箱等,手工造型是最基本的造型方法,具有操作灵活、生产准备时间短、适用范围广等优点,但生产率低、劳动强度大、铸件质量不易保证,手工造型铸件质量在很大程度上取决于工人的技术水平和熟练程度。到目前为止,在单件、小批量生产的铸造车间中,手工造型仍占很大比重。

手工造型方法很多,如刮板造型、分模造型、整模造型、地坑造型等,各种造型方法有不同的特点和应用范围。

(1)整模造型。整模造型是用一个整体结构的模样来造型,造型时整个模样全部放置在一个砂箱内,所以不会由于上、下模样定位不准确而出现错箱缺陷,整模造型的分型面是平面。整模造型过程如图 7-15 所示。整模造型适用于操作简便,容易获得形状和尺寸精度较高的型腔。它适用于形状简单、最大截面在一端的零件,如齿轮坯、轴承座、罩、壳等。

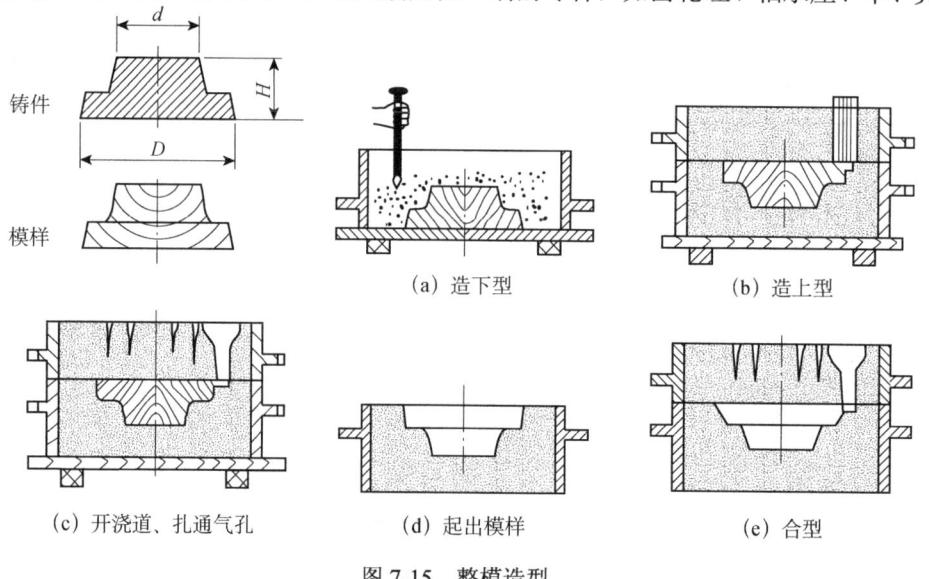

图 7-15 整模造型

(2)分模造型。在手工造型中,分模造型应用最为广泛。当铸件最大截面不是在一端,而是在中部,不适宜做成整模,需将模样沿最大截面处分成两半,并用定位销加以定位,这种模样成为分开模。分模造型时,模样分别放在上下箱内。分模造型操作较简便,又适用于形状较复杂的铸件，如套筒、管子、阀体等。其造型过程如图 7-16 所示。

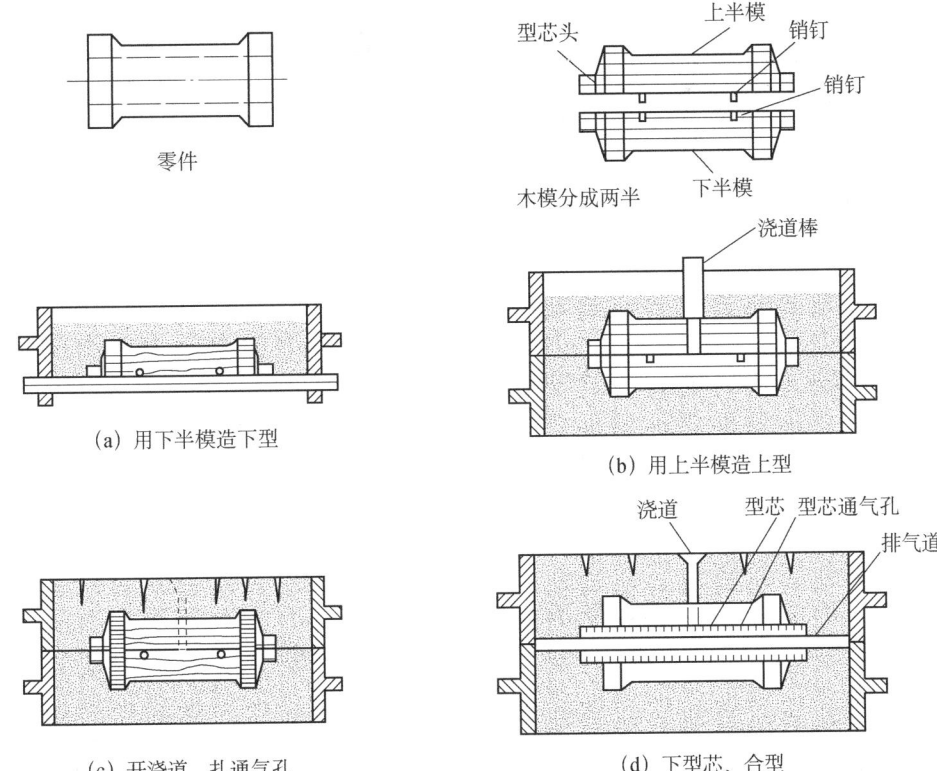

图 7-16 分模造型

（3）挖砂造型和假箱造型。当铸件的最大截面不在端部，而模样又不便分开时，常将模样做成整体结构，造型时把妨碍起模的型砂挖掉，造上型时再把挖掉的部分做出，这种手工造型方法称为挖砂造型，图 7-17 中手轮零件的模样造型即为挖砂造型。挖砂造型的分型面是曲面，挖砂时只有挖到模样最大截面处时，才能取出模样。分型面应平整光滑，坡度尽量小，以免上型吊砂过陡。挖砂造型生产效率低，对工人的操作技能要求较高，所以只适用于单件小批量生产。

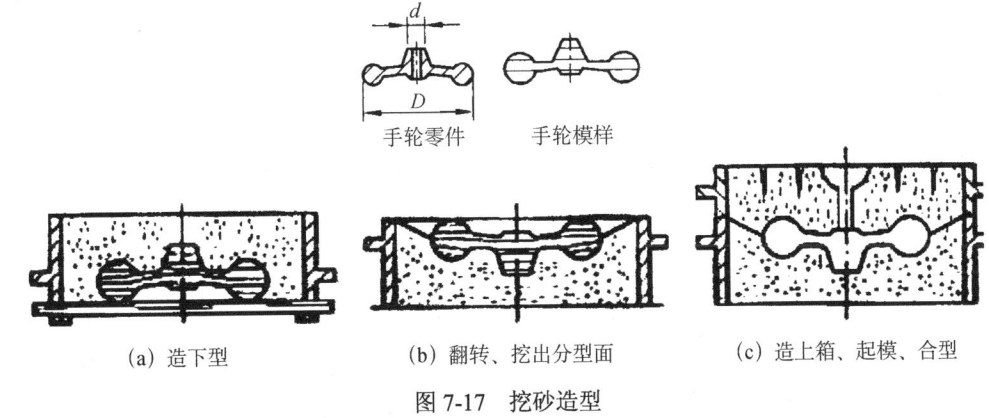

图 7-17 挖砂造型

当生产数量较多时，一般采用假箱造型。假箱造型是用高度紧实的硬砂型代替造型底板，在此硬砂型上不必挖砂就可造出下型，然后再在下型上造出上型。其造型过程如图 7-18

所示。由于硬砂型只用于造型，并不用于浇注液体金属，故称为假箱。

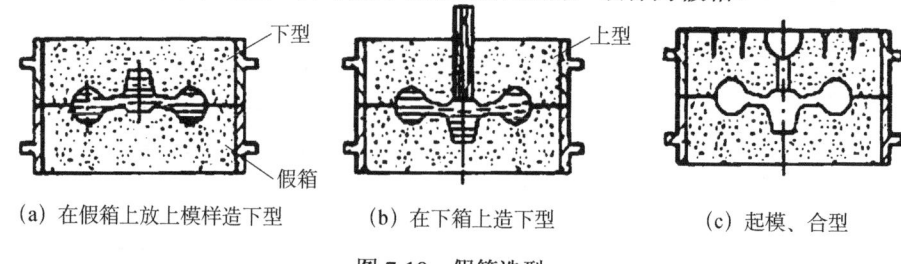

(a) 在假箱上放上模样造下型　　(b) 在下箱上造下型　　(c) 起模、合型

图 7-18　假箱造型

(4) 刮板造型。刮板造型主要适用于单件、小批量生产较大尺寸的旋转体铸件（如带轮、飞轮、大齿轮等），可降低模样材料成本，缩短制模时间。刮板的形状与铸件截面形状相适应，一般用木板做成。造型时，刮板绕着固定的中心轴旋转，刮制出所需要的型腔。图 7-19 所示为带轮铸件刮板造型过程，在选好的砂箱内先捣实一部分型砂，使刮板轴能定位并转动自如，用刮板的小端 $fghij$ 面刮制下砂型，再用刮板的大端 $abcde$ 面刮制上砂型，挖制好浇道后合型即得所需砂型。

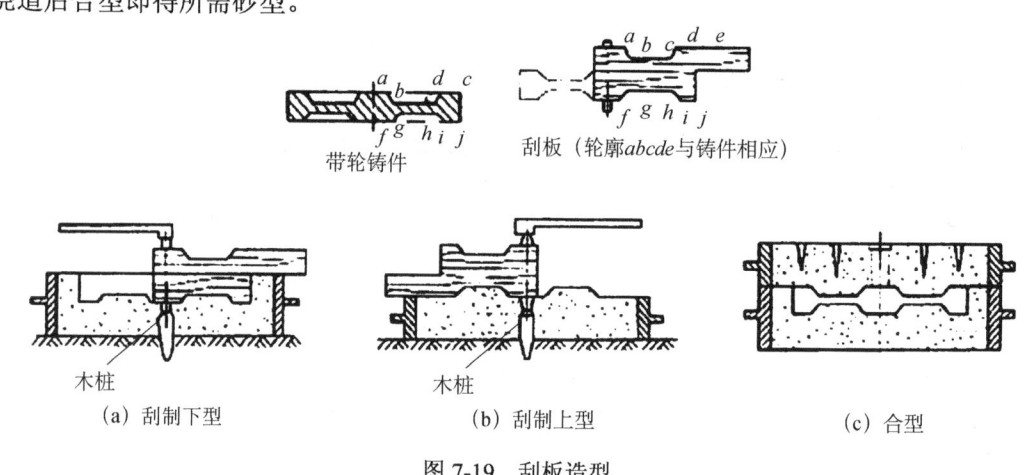

带轮铸件　　刮板（轮廓 $abcde$ 与铸件相应）

(a) 刮制下型　　(b) 刮制上型　　(c) 合型

图 7-19　刮板造型

(5) 地坑造型。地坑造型是指在平面以下的砂坑中或特制的地坑中制造下砂型的造型方法。当生产一些大型铸件，数量又少且没有现成的砂箱时，为了降低铸造成本，缩短生产周期，常采用地坑造型方法。

根据铸件的大小和数量，在砂地上挖出一个每边比造型所需的长度长 150~200mm，比模样高度深 100~150mm 的坑，在坑的四角各堆上一堆砂，在砂堆上沿坑的长度方向放两条平直的挡板，在挡板上再放上一个平直的刮板。

用水平仪先校正其中一块挡板，然后把水平仪放到刮板上，通过刮板再校正另一块挡板，使两块挡板的上平面处于同一水平面上，在挡板的两侧铲入少量型砂并舂实，以便固定挡板，舂砂时要小心，避免挡板移动，挡板固定好后，可向坑中铲入处理过的松散型砂，把地坑装满并高一些，必要时，可将下面的型砂稍加舂实。

在两块挡板上各放上一块厚约 10mm 的垫板，沿着垫板用刮板刮去高出垫板的型砂。去掉垫板，压下高出挡板的型砂，一个将刮板的一端按在挡板上，另一个将另一端由上向下压，将高出挡板的型砂压下，并依次压成扇形面，接着另一个人用同样的方法压出另一个扇形面，轮流交叉进行，直到高出挡板的型砂全部被压入，最后用刮板沿着挡板将型砂刮平。

(6) 活块造型。铸件上有妨碍起模的小凸台、筋条等。制模时将这些部分做成活动的(即活块)。起模时,先起出主体模样,然后再从侧面取出活块。造型费工,工人技术水平要求高。适用于单件小批生产、带有突出部分难以起模的铸件。如图 7-20 所示。

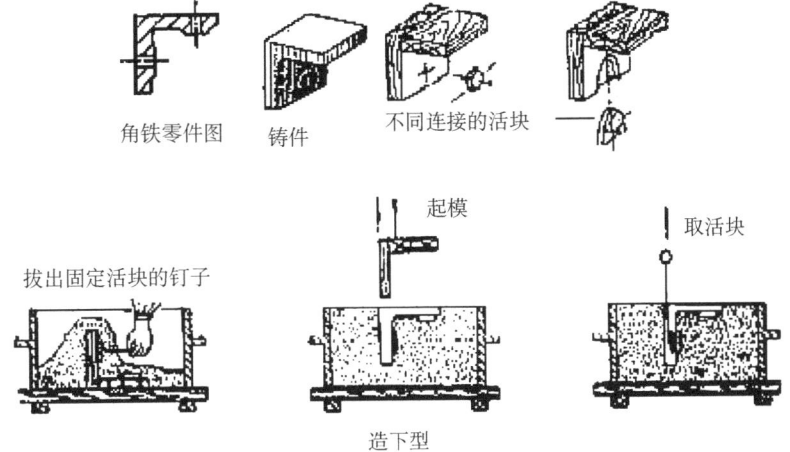

图 7-20 带凸台的角铁活块造型工艺

2)机器造型

虽然手工造型的方法多种多样,成本低,但工人的劳动强度大,尤其是紧砂和起模,既影响生产率,又不易保证铸件质量,在工业批量生产铸件时,常采用机器造型。机器造型的实质是用机器代替手工紧砂和起模。机器造型机的种类很多,目前常用的机器造型机有震压式造型机等。

图 7-21 所示为震压式造型机和震压紧砂过程。造型时,把单面模板固定在造型机的工作台上,扣上砂箱,加型砂,如图 7-21(b)所示。当压缩空气进入震实活塞底部时,便将其上的砂箱举起一定的高度,排气孔接通,见图 7-21(c),震实活塞连同砂箱在自重的作用下复位,完成一次震实。重复多次直到型砂紧实。再使压实气缸进气,如图 7-21(d)所示,压实活塞带动工作台连同砂箱一起上升,与造型机上的压板接触,将砂箱上部较松的型砂压实而完成紧砂的全过程。一般震压式造型机的震动频率为 150~500 次/分钟。造型机上大都安装了起模装置,常用的起模装置有落模起模、顶箱起模、翻转落箱起模和漏模起模等四种。图 7-22(a)为顶箱起模示意图,当砂型紧实后,造型机的四根顶杆同时垂直向上将砂箱顶起完成起模;图 7-22(b)为落模起模示意图,起模时将砂箱托住,模样下落,与砂箱分离,这两种方法均适用于形状简单、高度较小的模样起模。

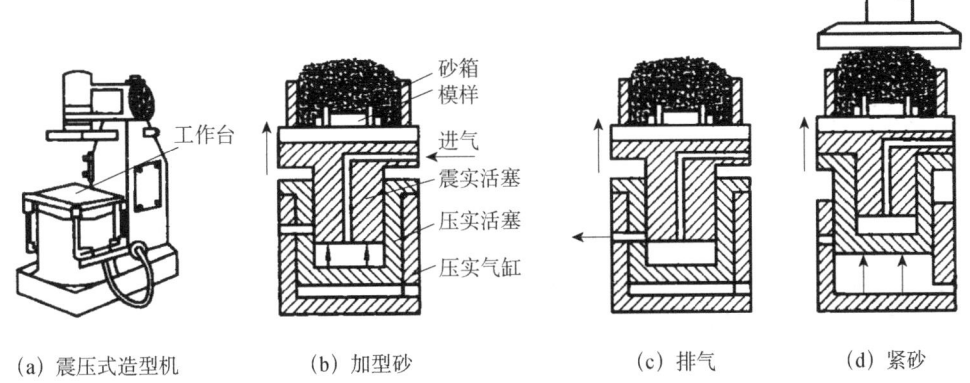

图 7-21 震压式造型机和震压紧砂过程

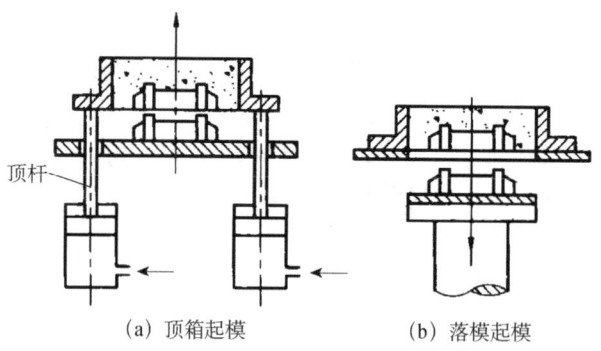

(a) 顶箱起模　　　(b) 落模起模

图 7-22　机器造型的起模方法

7.2.2　造芯

1. 型芯的作用

当制作空心铸件，或铸件具有影响起模的外凸，或铸件的外壁内凹时，经常要用到型芯，制作型芯的工艺过程称为造芯。图 7-23 为常见型芯的作用，型芯可手工制造，也可用机器制造。形状复杂的型芯需分块制造，然后浇合成形。

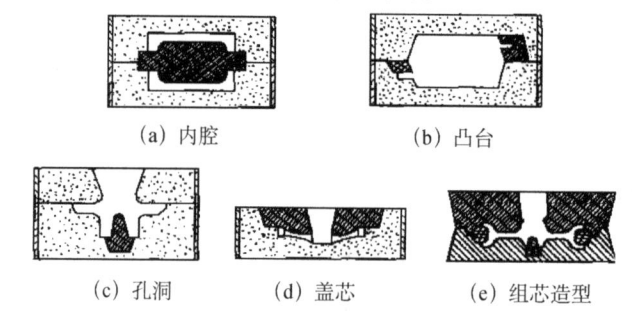

(a) 内腔　　　　(b) 凸台

(c) 孔洞　　(d) 盖芯　　(e) 组芯造型

图 7-23　型芯的作用

砂芯主要用来形成铸件的内腔、凹坑和孔洞等部分，浇注时砂芯的大部分或部分表面被液态金属包围，铁水对砂芯的热作用、机械作用非常强烈，排气条件恶劣，出砂、清理也很困难，因此，对砂芯的性能要求一般比型砂高。

为了提高型芯的刚度和强度，需在型芯中放入芯骨；为了提高型芯的透气性，需在型芯的内部制作通气孔；另外型芯需烘干使用以提高型芯的强度和透气性。

2. 芯砂

芯砂通常可用熟土砂作为原料，但黏土含量比型砂高，并提高芯砂使用比例。生产质量要求较高的铸件时，芯砂可采用钠水玻璃砂、油砂或合脂砂制成。

3. 型芯的基本结构

在制造中空铸件或有妨碍起模的凸台时，往往采用型芯，型芯是砂型的一部分，主要包括以下几种。

(1) 自带型芯，以型砂制成的砂垛代替型芯。

(2) 水平型芯，型芯在铸型中的位置是水平的。

(3) 竖芯，又称垂直型芯。

(4) 特殊型芯，常见的有悬吊式、悬臂式和引伸式等。

(5) 外型芯，在铸件中有阻碍起模的凸出位置时，为方便起模，可用型芯形成铸件外形。

型芯的设计要点很多，主要包括型芯数量、形状、型芯头结构、下芯顺序及芯骨与通气等。其中，型芯头是芯子的重要组成部分，起定位、支撑型芯和排除芯子内气体的作用。而型芯头泛指支撑芯子的芯子头和铸型的型芯座，图7-24所示为型芯的结构示意图。

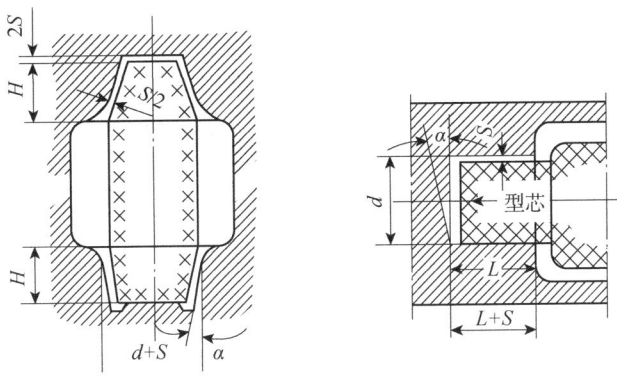

图 7-24　型芯的结构示意图

4. 造芯方法

手工制芯可分为芯盒制芯和刮板制芯。芯盒制芯是应用较广的一种手工制芯方法，按芯盒结构的不同，又可分为整体式芯盒制芯、分式芯盒制芯及脱落式芯盒制芯。

(1) 整体式芯盒制芯。对于形状简单且有一个较大平面的砂芯，可采用整体式芯盒制芯，见图 7-25。

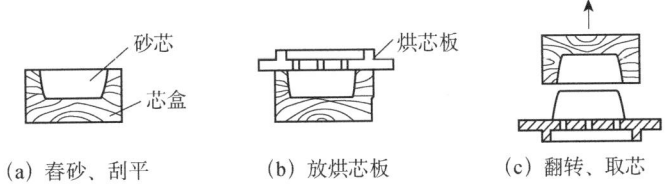

(a) 春砂、刮平　　　　(b) 放烘芯板　　　　(c) 翻转、取芯

图 7-25　整体式芯盒制芯方法

(2) 分式芯盒制芯。分式芯盒制芯的工艺过程如图 7-26 所示，也可以采用两半芯盒分别填砂制芯，然后组合使两半砂芯黏合后取出砂芯的方法。

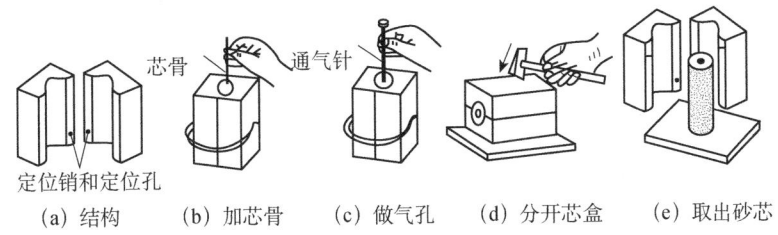

(a) 结构　　(b) 加芯骨　　(c) 做气孔　　(d) 分开芯盒　　(e) 取出砂芯

图 7-26　分式芯盒制芯方法

(3) 脱落式芯盒制芯。脱落式芯盒制芯的操作方法和分式芯盒制芯类似，不同的是把芯盒部分做成活块，取芯时，从不同方向分别取下各个活块（图 7-27）。

5. 造芯工艺

由于型芯在铸件铸造过程中所处的工

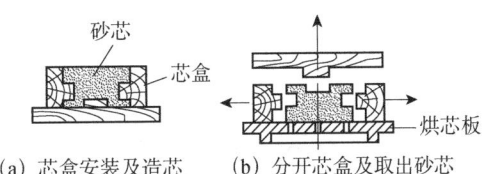

(a) 芯盒安装及造芯　　(b) 分开芯盒及取出砂芯

图 7-27　脱落式芯盒制芯方法

作条件比砂型更恶劣,因此型芯必须具备比砂型更高的强度、耐火度、透气性和退让性。制型芯时,除选择合适的材料外,还必须采取以下工艺措施。

1) 放芯骨

为了保证砂芯在生产过程中不开裂、不折断、不变形,通常在砂芯中埋置芯骨,以提高其强度和刚度。

中、大型砂芯芯骨一般采用铸铁或用型钢焊接制成,小型砂芯通常采用易弯曲变形、回弹性小的退火铁丝制作芯骨,如图 7-28 所示。中、大型砂芯芯骨由芯骨框架和芯骨齿组成,为了便于运输,一些大型的砂芯在芯骨上设计了吊环。

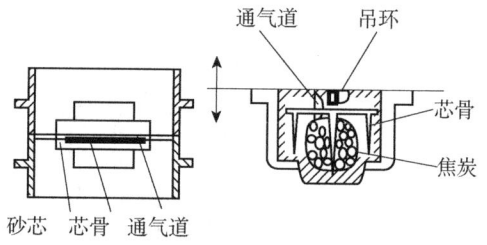

图 7-28　型芯的组成与使用

2) 开通气道

砂芯在高温金属液的作用下,浇注过程中会迅速产生大量气体。当砂芯排气不良时,气体会侵入金属液使铸件产生气孔缺陷,为此制砂芯时除采用透气性好的芯砂外,应在砂芯中开设排气道,在型芯出气位置的铸型中开排气通道,以便将砂芯中产生的气体引出型外。砂芯中开排气道的方法有用通气针扎出气孔、用蜡线或尼龙管做出气孔和用通气针挖出气孔等三种,另外砂芯内加填焦炭也是一种增加砂芯透气性的措施。

3) 刷涂料

刷涂料的作用在于降低铸件表面的表面粗糙度,减少铸件黏砂、夹砂等缺陷。中、小铸钢件和部分铸铁件一般可用硅粉涂料,大型铸钢件用刚玉粉涂料,石墨粉涂料常用于铸铁件生产。

4) 烘干

砂芯被烘干后可以提高强度和增加透气性。烘干需遵循低温进炉、合理控温、缓慢冷却的原则。动土砂芯的烘干温度为 250～350 ℃,油砂芯为 200～220 ℃,合脂砂芯为 200～240 ℃,烘干时间为 1～3h。

7.2.3　浇铸

1. 铸造合金

铸造合金分为黑色铸造合金和有色铸造合金两大类。黑色铸造合金包括铸钢、铸铁,工业生产中铸铁件所占比重最大。有色铸造合金主要指铝合金、铜合金、镁合金等。

铸铁是一种以铁、碳、硅为基础的多元合金,其中碳元素的质量分数范围为 2.0%～4.0%,硅元素的质量分数范围为 0.6%～3.0%,此外还含有锰、硫、磷等元素。铸铁按用途可分为常用铸铁和特种铸铁。常用铸铁包括灰铸铁、可锻铸铁、球墨铸铁、蠕墨铸铁;特种铸铁有抗磨铸铁、耐蚀铸铁及耐热铸铁等。下面介绍几种常用铸铁。

1) 灰铸铁

灰铸铁通常是指断面呈灰色,碳元素在基体中以片状石墨形式存在。灰铸铁生产简单、成本低、成品率高。灰铸铁的力学性能低于其他类型铸铁,但其具有良好的耐磨性和吸震性,较低的缺口敏感性,良好的铸造工艺性能,使其在工业中得到了广泛应用。目前灰铸铁产量约占铸铁产量的 80%。

在铸铁中碳以游离状态的形式聚集出现,就形成了石墨。灰铸铁的性能取决于基体中石墨的形态和数量。石墨软而脆,在铸铁中石墨的数量越多、石墨片越粗、端部越尖,铸铁的强度就越低。灰铸铁的常见牌号有 HT100、HT200、HT300 等,"HT" 为 "灰铁" 汉语拼音字首,后三位数字是材料的抗拉强度最小值,单位为 MPa。

2) 球墨铸铁

球墨铸铁由金属基体和球状石墨组成。通过对铁水进行变质处理(球化处理),石墨在基体中以球状形式存在,避免了灰铸铁中尖锐石墨边缘的存在,缓和了石墨对金属基体的破坏,从而使铸铁的强度得到提高,韧性有很大的改善。球墨铸铁的牌号有 QT400-18、QT450-10、QT600-3 等多种,其命名规则与灰铸铁一致,只是后 1～2 位代表断裂伸长率(%)。

球墨铸铁的强度和硬度较高,具有一定的韧性,综合力学性能佳,在汽车、农机船舶、冶金、化工等行业都有广泛应用,其产量仅次于灰铸铁。

3) 可锻铸铁

可锻铸铁又称玛铁或玛钢,它是将白口铸铁坯件经石墨化退火而成的一种铸铁,具有高的强度、塑性和冲击韧度,可以部分代替碳钢使用。

可锻铸铁的显微组织由金属基体和团絮状石墨组成。由于石墨呈团絮状,大大减轻了对金属基体的割裂作用,故抗拉强度得到明显提高,强度一般达 300～400MPa,最高可达 700MPa。尤为可贵的是这种铸铁有着相当高的塑性与韧性($\delta \leqslant 12\%$,$Akv \leqslant 30J/cm^2$),可锻铸铁因此而得名,其实它并不能真正用于锻造。

可锻铸铁的制造工艺如下:先铸造出白口铸铁,随后退火使 Fe_3C 分解得到团聚状石墨。为保证在通常的冷却条件下铸件能得到合格的白口组织,其成分通常是 $w(C)=2.2\%～2.8\%$,$w(Si)=1.2\%～2.0\%$,$w(Mn)=0.4\%～1.2\%$,$w(P) \leqslant 0.1\%$,$w(S) \leqslant 0.2\%$。然后进行长时间的石墨化退火处理,温度在 900～980℃,长时间保温。

可以看出,可锻铸铁的生产过程复杂,退火周期长,能源耗费大,铸件的成本较高,应用和发展受到一定限制,某些传统的可锻铸铁零件已逐渐被球墨铸铁代替。

2. 合金的熔炼

铸造合金的熔炼是铸件生产的主要工序之一,是获得优质铸件的关键,若熔炼控制不当,会使铸件因成分和力学性能不合格而报废。铸铁是应用最多的铸造合金,故以铸铁合金为例介绍合金的熔炼。

对铸铁熔炼的基本要求是:符合要求的化学成分,且含较少的气体和夹杂物;烧损率低;铁水应有足够的温度;金属消耗少。熔炼铸铁可用冲天炉、电弧炉、感应电炉等,目前应用较多的是冲天炉。冲天炉主要由炉底、炉体、烟囱、前炉、加料系统、送风系统等部分组成,其结构如图 7-29 所示。炉壳由钢板焊成,炉内砌有耐火砖炉衬。炉子上部有加料口,下部有一环形风带。鼓风机鼓出的空气经风管、风带、风口进入炉内。风口以下为炉缸,炉缸与前炉相通。前炉下部有一出铁口,侧上方有一出渣

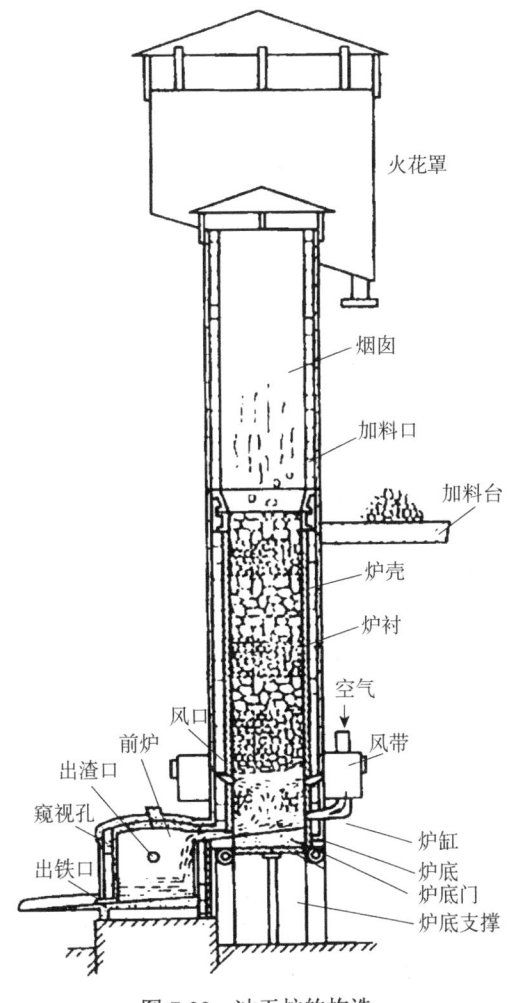

图 7-29 冲天炉的构造

口。冲天炉是利用对流传热原理进行熔炼的。熔炼时，高温炉气自下而上运动，低温炉料自上而下移动。在此对流过程中，炉料不断吸收炉气的热量，当金属炉料下降到底焦顶面时被熔化。熔化后的铁水沿底焦缝隙滴入炉缸，最后从出铁口流出。

3. 浇铸系统的分类

造型时引导液体金属进入型腔的通道称为浇注系统。典型的浇注系统由直绕道、横绕道、外浇口和内浇口组成，如图 7-30 所示。冒口的作用是排气、浮渣和补缩，保证铸件质量，对厚薄相差大的铸件，都要在厚大部分的上方适当开设冒口。

外浇口的作用是减轻金属液流的冲击，使金属液平稳地流入直绕道，其形状一般为池形。直浇道是圆锥形的垂直通道，其作用是使液体金属产生一定的静压力，并引导金属液迅速充填型腔。横浇道断面为梯形的水平通道，位于内浇口的上面，其作用是挡渣及分配金属液进入内浇道。当铸造简单的小铸件时，横浇道有时可省去。内浇口是和型腔相连接的金属液通道，其作用是控制金属液流入型腔的方向和速度。

内浇口开设的位置和方向对铸件的质量影响很大。内浇口一般不应开在铸件的重要部位，以免造成内浇口附近的金属冷却速度慢、组织粗大、力学性能差。当壁厚相差较大时，内浇口多开在厚处以便补缩；当铸件壁厚相差不大时，内浇口多开在薄壁处，使铸件各处冷却较均匀。内浇口开设的方向，要有利于顺利导入金属液，防止直接冲击砂芯成形腔内壁(图 7-31)。

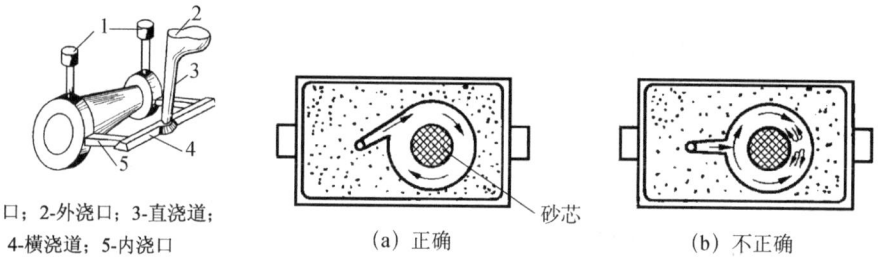

1-冒口；2-外浇口；3-直浇道；
4-横浇道；5-内浇口

图 7-30　浇注系统及冒口　　　　　图 7-31　内浇口的位置

4. 浇铸工艺

把金属液浇入铸型的过程称为浇注。浇注是铸造生产中的一个重要环节。浇注工艺是否合理直接关系到铸件质量与操作者安全。

1) 浇注前的准备工作

铸型合箱紧固后，浇注前应做好下述准备工作。

(1) 了解浇注合金的种类、牌号、待浇注铸型的数量和估算所需金属液的重量。
(2) 检查浇包的修理质量、烘干预热情况及其运输与倾转机构的灵活性和可靠性。
(3) 熟悉各种铸型在车间所处的位置，以便确定浇注次序。
(4) 检查冒口、冒口圈的安放及铸型的紧固情况。
(5) 清理浇注场地，确保浇注安全。

浇注常用工具有浇包、挡渣构等。浇注前应根据铸件的大小、批量选择合适的浇包，并对浇包和挡渣钩等工具进行烘干，以免降低金属液温度及引起液体金属的飞溅。

2) 浇注工艺

为了获得合格铸件，必须控制浇注温度、浇注速度，严格遵守浇注操作规程。

(1) 浇注温度。浇注温度过高，金属液在铸型中收缩量增大，易产生缩孔、裂纹及黏砂等缺陷；温度过低，则金属液流动性差，又容易出现浇不足、冷隔和气孔等缺陷。合适的浇注温度应根据合金的种类和铸件的大小、形状及壁厚来确定。对形状复杂的薄壁灰铸铁件，浇注温度应为 1400℃左右；对形状较简单的厚壁灰铸铁件，浇注温度为 1300℃左右；而铝合金的浇注温度一般在 700℃左右。

(2) 浇注速度。浇注速度太快，铸型中的气体来不及排出而易产生气孔、冲砂、抬箱和跑火等缺陷；浇注速度太慢，金属液冷却快，易产生浇不足、冷隔以及夹渣等缺陷。铝合金液浇注时勿断流，以防铝液氧化。

(3) 浇注要点。应该根据规定的速度和时间范围进行浇注，浇注前需除去浇包中金属液面上的熔渣；浇注时应避免金属液流的飞溅和中断；开始慢浇，且不能直冲浇口，以免冲毁砂型；中间快浇，以充满浇注系统；浇口杯中应始终保持一定数量的金属液，防止渣、气进入铸型；快充满时应慢浇，防止溢出和减小抬箱力。有冒口的铸型，浇注后期应进行点浇和补浇。浇注后应注意引燃从铸型排出的气体。待铸件凝固完毕，及时卸除压铁和箱卡，以减少铸件收缩阻力，避免裂纹。

7.2.4 铸件落砂、清理及质量分析

1. 落砂和清理

1) 铸件的落砂

从砂型中取出铸件的工作称为落砂。落砂时应注意铸件的温度，落砂过早，铸件温度过高，暴露于空气中急速冷却，易产生过硬的白口组织，形成铸造应力与裂纹；落砂过晚，将过长地占用生产场地和砂箱，使生产率降低。一般说来，应在保证铸件质量的前提下尽早落砂，一般铸件落砂温度在 400~500℃。铸件在砂型中合适的停留时间与铸件形状、大小、壁厚及合金种类等有关。形状简单、小于 10kg 的铸铁件，可在浇注后 20~40min 落砂；10~30kg 的铸铁件可在浇注后 30~60 min 落砂。落砂的方法有手工落砂和机械落砂两种，工业生产中多采用各种落砂机落砂。

2) 清理

(1) 浇冒口的清理。铸件的浇注系统和冒口必须去除。对于中小型铸铁件，可用锤打掉浇冒口。铸钢件的浇冒口清理多采用氧气切割或电弧切割。不能用气割法切除浇冒口的铸钢件和大部分铝镁合金铸件，常采用车床、圆盘锯及带锯等进行切割。在大批量生产中，许多定型铸铁、铸钢生产线都采用专用浇冒口切除线，甚至配备专用机器人或机械手来完成。

(2) 芯砂的清理。

①水力清砂除芯。它是利用高压水来切割、冲刷铸件上残留的芯砂与黏砂的一种有效方法。该法无粉尘，劳动条件大大改善；生产效率高，为手工清砂的 5~10 倍。缺点是需要庞大的沉淀池和湿砂干燥设备。为了提高清砂效果，特别是清理铸钢件芯砂时，可在高压水射流中加入砂子，这种方法还可部分地用来清理铸件表面的黏砂，称为水砂清砂法。

②水爆清砂除芯。待铸件冷却到适当温度，从铸型中取出立即浸入水中，水迅速进入砂芯，急剧汽化膨胀，当水汽达到一定压力后便产生爆炸，使砂芯爆裂而脱离铸件。水爆清砂设备主要包括水爆池和吊车，设备简单。

(3) 铸件的表面处理。铸件的表面处理包括去除铸件内外表面的黏砂、分型面和芯头处的披缝、毛刺、冒口切除痕迹等工序。其方法如下。

①手工清理。适用于单件、小批量和形状复杂的零件。

②喷丸、抛丸清理。喷丸清理是用 4.90~5.88MPa 的压缩空气，使弹丸从喷嘴以 50~70m/s 的高速喷射到铸件表面，将黏附在铸件表面的型砂、氧化皮等清除掉。抛丸清理是用高速旋转的叶轮将弹丸以 60~80m/s 的速度呈扇形扩散角抛射到铸件表面进行清理。

③滚筒清理。将铸件装入滚筒,利用铸件之间以及铸件与附加角铁之间的摩擦、碰撞来去除铸件表面熟砂、毛刺和氧化铁皮。其设备结构简单,易于制造,清理效果较好;缺点是生产率低,噪声大,适合于中小型铸造车间。

2. 铸件的质量分析

在实际生产中,为了找出铸件产生缺陷的原因,常需对铸件缺陷进行分析,以便采取措施加以防止。对于铸件设计人员来说,了解铸件缺陷及产生原因,有助于正确地设计铸件结构,并结合铸造生产时的实际条件,合理拟定铸造工艺。

铸件的缺陷很多,常见的铸件缺陷名称、特征及产生的主要原因见表7-1。

表7-1 常见的铸件缺陷及产生原因

缺陷名称	特征	产生的主要原因
气孔	在铸件内部或表面有大小不等的光滑孔洞	型砂含水过多,透气性差;起模和修型时刷水过多;砂芯烘干不良或砂芯通气孔堵塞;浇注温度过低或浇注速度太快等
缩孔、补缩冒门	缩孔多分布在铸件厚断面处,形状不规则,孔内粗糙	铸件结构不合理,如壁厚相差过大,造成局部金属积聚;浇注系统和冒口的位置不对,或冒口过小;浇注温度太高,或金属化学成分不合格,收缩过大
砂眼	在铸件内部或表面有充塞砂粒的孔眼	型砂和芯砂的强度不够;砂型和砂芯的紧实度不够;合箱时铸型局部损坏;浇注系统不合理,冲坏了铸型
粘砂	铸件表面粗糙,粘有砂粒	型砂和芯砂的耐火性不够;浇注温度太高;未刷涂料或涂料太薄
错箱	铸件在分型面处有错移	模样的上半模和下半模未对好;合箱时上、下砂箱未对准
冷隔	铸件上有未完全融合的缝隙或洼坑,其交接处是圆滑的	浇注温度太低;浇注速度太慢或浇注过程曾有中断;浇注系统位置开设不当或浇道太小
浇不足	铸件不完整	浇注时金属量不够;浇注时液体金属从分型面流出;铸件太薄;浇注温度太低;浇注速度太慢
裂缝	铸件开裂,开裂处金属表面氧化	铸件结构不合理,壁厚相差太大;砂型和砂芯的退让性差;落砂过早

7.3 特种铸造

1. 压力铸造

将液态或半液态金属在高压(5~150 MPa)下高速(充型时间为0.01~0.28s)充填到金属铸型中,并在压力下凝固以获得铸件的工艺,称为压力铸造,简称压铸。

压铸机种类很多,但原理相似,图7-32描述了卧式压铸机压铸基本过程。压型是压力铸造生产铸件的模具,主要由动型和定型两个大部分组成。动型随压铸机的动模底板移动,完成开合型动作,定型固定在压铸机的定模底板上。压型中还装有抽芯和顶出机构等,用于抽出型芯、顶出铸件等。

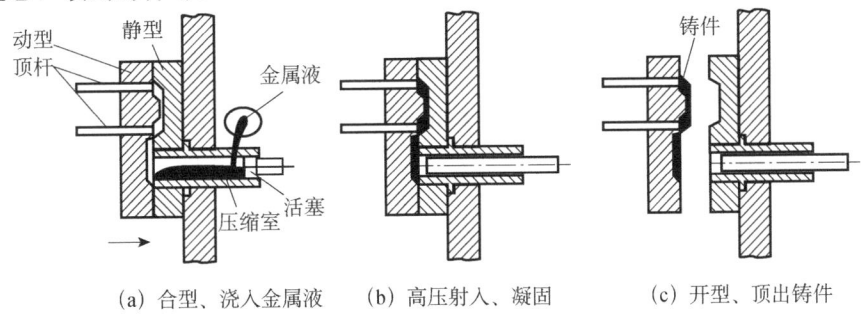

图 7-32 压铸工艺过程示意图

压力铸造的优点有以下几个方面。

(1) 压铸件在高压下结晶凝固,组织致密,其力学性能比砂型铸件提高20%~40%。
(2) 由于金属液在高压下成形,因此可以铸出壁很薄、形状很复杂的铸件。
(3) 压铸件表面粗糙度可达$Ra0.8$~$3.2\mu m$,铸件尺寸公差等级可达IT4~IT8(尺寸公差0.26~1.6mm),一般不需再进行机械加工。
(4) 生产率很高,每小时可铸几百个铸件,而且易于实现半自动化、自动化生产。

2. 熔模铸造

熔模铸造又称为失蜡铸造,是用易熔材料(如蜡料)制成精确的可熔性模样并组装成蜡模组,然后在模样表面上反复涂上若干层耐火材料,经过干燥、硬化成整体壳型,然后加热型壳,熔去蜡模,再经高温熔烧制成耐火型壳,将液体金属浇入型壳中,金属冷凝后敲掉型壳获得铸件的方法。熔模铸造生产流程为:压制蜡型→制作蜡型组→制模壳→熔模(失蜡)→焙烧模壳→填砂→浇注→治理,如图7-33所示。

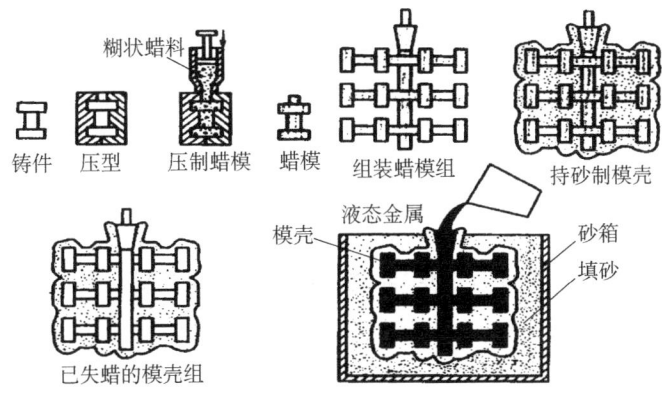

图 7-33 熔模铸造的生产流程

熔模铸造的优点是适用于各种铸造合金,特别是一些高熔点合金和难以切削加工的合金铸件;可铸造出形状复杂的薄壁铸件;铸件精度高,表面质量好。但是熔模铸造工艺繁杂,生产周期长;原材料价格贵,铸件成本高,影响铸件质量的因素多,必须严格控制各道工艺的质量。所以熔模铸造是一种精密铸造,是少切削和无切削加工工艺的重要方法,它主要用于制造汽轮机、涡轮发动机的叶片与叶轮、汽车、拖拉机、纺织机械、机床、电器、风动工具、仪器上的小零件及刀具、工艺品等。

3. 金属型铸造

金属型铸造用铸铁、铸钢或其他合金制造铸型,液态合金在重力作用下浇入金属铸型以获得铸件。故金属铸型可反复使用几百乃至数万次,故又称永久型。

一般金属型用铸铁或耐热钢做成,结构如图7-34所示。

金属型具有下列优点。

(1)一型多铸,一个金属铸型可以做几百个甚至几万个铸件。

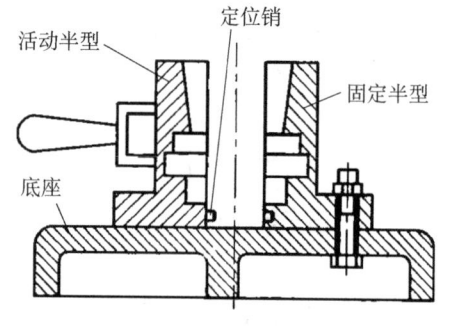

图 7-34 金属型铸造

(2)冷却速度较快,铸件组织致密,力学性能较好。
(3)铸件表面光洁,尺寸准确,铸件尺寸公差等级可达 IT6~IT9(尺寸公差为 0.5~2.2mm)。
(4)生产效率高。

但金属型铸造也存在如下缺点。
(1)金属铸型成本高,加工费用大。
(2)金属铸型冷却速度快,铸件易产生裂纹。
(3)金属铸型没有退让性,不宜生产形状复杂的铸件。
金属型铸造常用于大批量生产有色金属铸件,如铝、镁、铜合金铸件,也可浇铸铁件。

4. 离心铸造

有些部件或者机械零件,需要用到筒形零件(轴承、衬套)等较多,所以在以上金属型铸造的基础上,可细分出离心铸造,此方法目前也使用比较广泛(图7-35)。

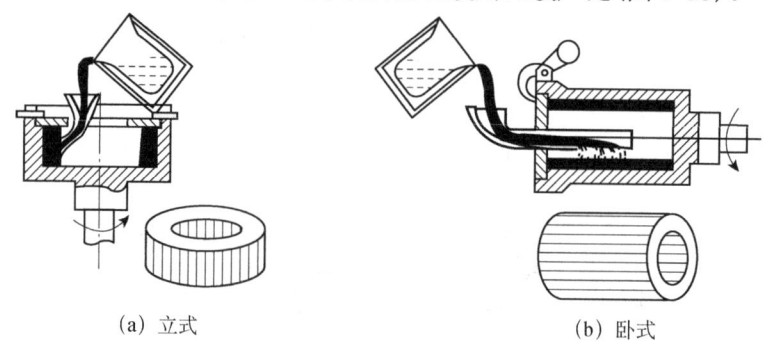

(a) 立式　　　　　　　　　　　(b) 卧式

图 7-35 离心铸造

7.4 铸造安全操作规范

1. 造型

(1)工作场地必须保持整洁。

(2)造型时注意避免压勺、通气针等物刺伤人，卧模型和用手塞砂子时注意铁刺和铁钉。
(3)抹箱时砂子应过筛，以免有杂物伤人。
(4)扣箱和翻箱时，动作要协调一致。
(5)不得在砂箱悬挂的情况下修型。
(6)使用手提灯时，应注意检查灯头、灯线是否漏电。
(7)操作人员穿戴好劳动保护品。

2. 化铁炉
(1)场地保持整洁，炉上操作人员一定要穿戴好劳动保护品。
(2)做好开炉前的准备工作，并检查设备完好情况。
(3)上料不得太满，上料时炉子附近不得有人停留，严禁潮湿及易爆物进入炉内。
(4)化铁炉附近不得有积水，打炉时附近不得站人。
(5)使用工具不得乱扔，打锤时不准戴手套。
(6)看风眼时不准对正风眼，停风时打开风眼。
(7)雨天不准开炉。

3. 浇注
(1)车间内要整洁，浇注前要穿戴好劳动保护品。
(2)开炉前做好一切准备工作，铁水包要烘干。运铁水车要检修完好。道路要畅通。
(3)为保证产品质量，一定要坚持"五不浇"的原则：即没压箱不浇，没埋箱不浇，温度低不浇，没打渣不浇，铁水量不够不浇。
(4)浇注前渣勺应预热。
(5)浇注前应准备好堵火窝头，跑火时严禁用手堵铁水。
(6)开天车人员应服从浇注人员指挥，抬包浇注时应协调一致。
(7)浇注时要引气，不能将头部对看冒口。
(8)铁水放花时，浇注人员要坚守岗位，不得慌乱。
(9)浇注后剩余的铁水，一定要倒在干燥合适的地方。

第二篇　先进制造技术

第 8 章　数控车削技术

8.1　数控车削概述

数控车床又称为 CNC 车床，即使用计算机数字控制的车床，是目前使用极为广泛的数控机床之一。数控车床将编制完成的加工程序输送到数控系统中，由数控系统通过 X、Z 坐标轴伺服电机控制车床进给运动部件的工作顺序、位移和进给速度，再配合主轴的转速和转向，即可加工出各种形状不同的轴类和盘类等回转体零件。

8.1.1　数控车削的原理

数控车床是一种高度自动化的机床，在加工工艺与加工表面形成方法上，与普通机床是基本相同的，最根本的不同在于实现自动化控制的原理与方法上。数控车床是用数字化的信息来实现自动化控制的，将与加工零件有关的信息——工件与刀具相对运动轨迹的尺寸参数(进给执行部件的进给尺寸)，切削加工的工艺参数(主运动和进给运动的速度、切削深度等)，以及各种辅助操作(主运动变速、冷却润滑液关停、刀具更换、工件夹紧松开等)等加工信息——用规定的文字、数字和符号组成的代码，按一定的格式编写成加工程序单，将加工程序通过控制介质输入数控装置中，由数控装置经过分析处理后，发出各种与加工程序相对应的信号和指令控制机床进行自动加工。数控车床的数字控制的原理与过程通过下述的数控车床组成可得到更明确的说明。

8.1.2　数控车床的组成

数控车床是由数控程序及存储介质、输入输出设备、计算机数控装置、伺服系统、机床本体组成，如图 8-1 所示。

1. 数控程序及存储介质

数控程序是数控车床自动加工零件的工作指令。在对加工零件进行工艺分析的基础上确定零件坐标系在机床坐标系上的相对位置；刀具与零件相对运动的尺寸参数；零件加工的工艺路线或加工顺序、切削加工的工艺参数以及辅助装置的动作等，从而得到零件的所有运动、尺寸、工艺参数等加工信息，然后用标准的文字、数字和符号组成的数控代码，按规定的方法输入格式，编制零件加工的数控程序单。编制程序的工作可由人工进行，或者在数控车床以外用自动编程计算机系统来完成，比较先进的数控车床，可以在数控装置上直接编程。

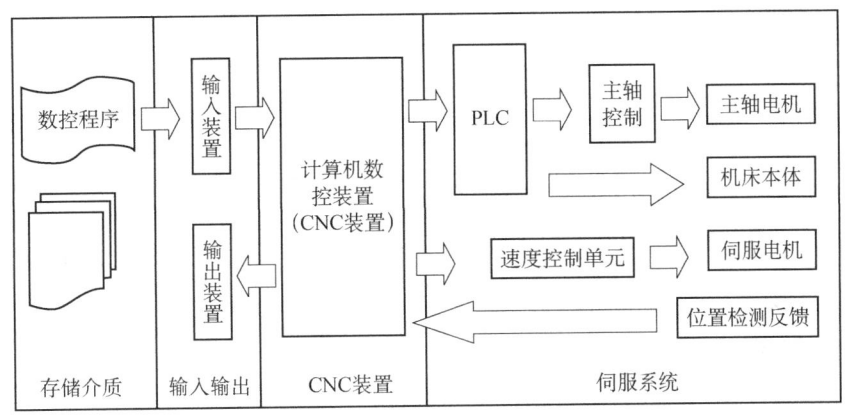

图 8-1 数控车床的组成

程序必须存储在某种存储介质中,如纸带、磁带或磁盘等,采用何种存储载体,取决于数控装置的设计类型。

2. 输入、输出装置

存储介质上记载的加工信息通过输入装置输送给机床数控系统,机床内存中的零件加工程序可以通过输出装置传送到存储介质上。输入、输出装置是机床与外部设备的接口,目前输入装置主要有纸带阅读机、软盘驱动器、MDI 方式、RS232C 串行通信口等。

3. CNC 装置的数控系统

CNC 装置是数控加工用专用计算机,除具有一般计算机结构外,还有与数控机床功能有关的功能模块结构和接口单元。CNC 装置由硬件和软件组成,软件在硬件的支持下运行,离开软件,硬件便无法工作,两者缺一不可。CNC 装置的硬件主要由中央处理单元(CPU)、各类存储器、输入输出接口、位置控制以及其他各类接口组成,如图 8-2 所示。

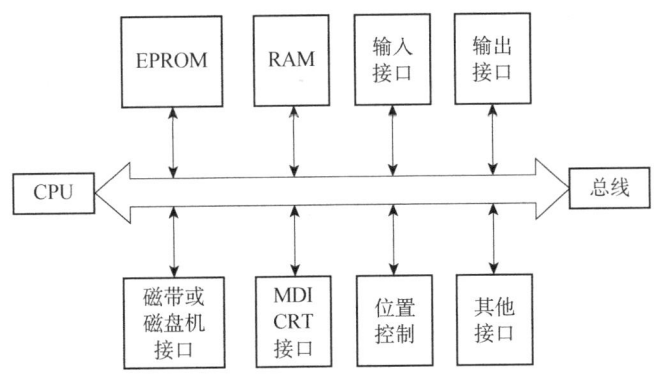

图 8-2 数控车床 CNC 的组成

4. 数控车床的进给伺服系统

数控车床的伺服系统分类有开环伺服系统、闭环伺服系统、半闭环伺服系统。数控车床的进给传动系统常用进给伺服系统来工作,数控车床伺服系统是以机床移动部件的位置和速度为控制量的自动控制系统,又称随动系统、拖动系统或伺服系统。机床进给伺服系统,一般由位置控制、速度控制、伺服电动机、检测部件以及机械传动机构五大部分组成。但习惯上所说的进给伺服系统,只是指速度控制、伺服电动机和检测部件三部分,而且,将速度控制部分称为伺服单元或驱动器。

5. 车床本体

车床本体是加工运动的实际机械部件，主要包括：主运动部件，进给运动部件(如工作台、刀架)和支承部件(如床身、立柱等)，还有冷却、润滑、转位部件，如夹紧、换刀机械手等辅助装置，如图 8-3 所示。数控车床主体通过专门设计，各个部位的性能都比普通车床优越，如结构刚性好，能适应高速和强力车削需要；精度高，可靠性好，能适应精密加工和长时间连续工作等。

图 8-3 数控车床

(1) 主轴。数控车床主轴的回转精度直接影响零件的加工精度；其功率大小与回转速度影响加工的效率；其同步运行、自动变速及定向准停等要求影响车床的自动化程度。例如，主轴的径向跳动和端面跳动将直接影响被加工零件的形状和位置精度，并且不可能通过采取其他的工艺(如补偿方法等)措施给予弥补；主轴的功率大小对车床进行强力切削的性能有直接影响(如受阻降速或闷车)；其同步运行则是自动加工螺纹及螺旋面零件所必须具有的功能等。

(2) 床身及导轨。数控车床的床身分为平床身、斜床身、平床身斜滑轨、直立床身等，除了采用传统的铸造床身，也有采用加强钢筋板或钢板焊接等结构，以减轻其结构重量，提高其刚度。数控车床床身上的导轨结构有传统的滑动导轨(金属型)，也有新型的滑动导轨(贴塑导轨)。贴塑导轨的摩擦系数小，耐磨性、耐腐蚀性及吸振性好，润滑条件优越。在倾斜床身，导轨基体上粘贴塑料面后，切屑不易在导轨面上堆积，减轻了清除切屑的工作。

(3) 机械传动机构。除了部分主轴箱内的齿轮传动等机构，数控车床已在原普通车床传动链的基础上，作了大幅度的简化，如取消了挂轮箱、进给箱、溜板箱及其绝大部分传动机构，而仅保留了纵、横向进给的螺纹传动机构，并在驱动电动机至丝杆间增设了可消除其侧隙的齿轮副(少数车床未增设)。数控车床主轴变速分为有级变速、无级变速以及分段无级变速三种形式，其中有级变速仅用于经济型数控机床上，大多数数控机床均采用无级变速或分段无级变速。

(4) 刀架。刀架是自动转位刀架的简称，它是数控车床普遍采用的一种最简单的自动换刀设备。由于自动转位刀架上的各种刀具不能按加工要求自动进行装、卸，故它只能属于自动换刀系统中的初级形式，不能实现真正意义上的自动换刀。刀架的基本结构形式和组合形式分别见图 8-4 和图 8-5。

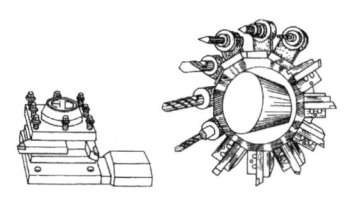

(a) 四工位刀架　(b) 转塔式刀架

图 8-4 基本结构形式的自动转位刀架

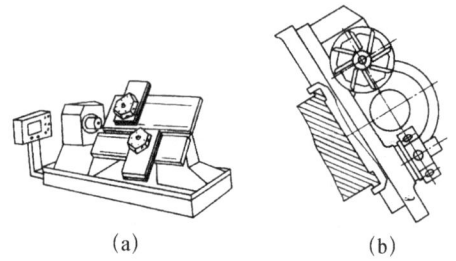

(a)　　　(b)

图 8-5 组合形式的自动转位刀架

(5) 辅助装置。数控车床的辅助装置较多，除与普通车床所配备的相同或相似的辅助装置外，数控车床还可配备自动编程系统、对刀仪、位置检测反馈装置、自动排屑装置等。

8.1.3 数控车削的特点

(1) 加工精度高。数控机床是按数字形式给出的指令进行加工的。目前数控机床的脉冲当量普遍达到了 0.001mm，而且进给传动链的反向间隙与丝杠螺距误差等均可由数控装置进行补偿，因此，数控机床能达到很高的加工精度。对于中、小型数控机床，其定位精度普遍可达 0.03mm，重复定位精度为 0.01mm。

(2) 自动化程度高，劳动强度低。数控机床对零件的加工是按事先编好的程序自动完成的，操作者除了安放穿孔带或操作键盘、装卸工件、对关键工序的中间检测以及观察机床运行，不需要进行复杂的重复性手工操作，劳动强度与紧张程度均可大为减轻，加上数控机床一般有较好的安全防护、自动排屑、自动冷却和自动润滑装置，操作者的劳动条件也大为改善。

(3) 生产效率高。零件加工所需的时间主要包括机动时间和辅助时间两部分。数控机床主轴的转速和进给量的变化范围比普通机床大，因此数控机床的每一道工序都可选用最有利的切削用量。由于数控机床的结构刚性好，因此，允许进行大切削量的强力切削，这就提高了切削效率，节省了机动时间。因为数控机床的移动部件的空行程运动速度快，所以工件的装夹时间、辅助时间比一般机床少。

数控机床更换被加工零件时几乎不需要重新调整机床，故节省了零件安装调整时间。数控机床加工质量稳定，一般只做首件检验和工序间关键尺寸的抽样检验，因此节省了停机检验时间。当在加工中心上进行加工时一台机床实现了多道工序的连续加工，生产效率的提高更为明显。

(4) 对加工对象的适应性强。数控机床上改变加工零件时，只需重新编制程序，输入新的程序就能实现对新的零件的加工，这就为复杂结构的单件、小批量生产以及试制新产品提供了极大的便利。对那些普通手工操作的普通机床很难加工或无法加工的精密复杂零件，数控机床也能实现自动加工。

(5) 经济效益良好。数控机床虽然价格昂贵，加工时分到每个零件上的设备折旧费高，但是在单件、小批量生产的情况下：①使用数控机床加工，可节省划线工时，减少调整、加工和检验时间，节省了直接生产费用；②使用数控机床加工零件一般不需要制作专用夹具，节省了工艺装备费用；③数控加工精度稳定，减少了废品率，使生产成本进一步下降；④数控机床可实现一机多用，节省厂房面积，节省建厂投资。因此，使用数控机床仍可获得良好的经济效益。

8.1.4 数控车削的应用

数控机床有普通机床所不具备的许多优点，其应用范围越来越广，但它并不能完全代替普通机床，也还不能以最经济的方式解决机械加工中的所有问题，数控机床最适合加工具有以下特点的零件。

(1) 高精度零件加工。一些高精度的零件可在特殊精密数控车床上加工出来，如复印机中的回转鼓、录像机上的磁头及激光打印机上的多面反射体等超精零件，这些零件的几何轮廓精度高达 0.01μm，表面粗糙度数值达到 Ra0.02μm。

(2) 高难度零件加工。成形面零件、非标准螺距(或导程)、变螺距、等螺距与变螺距或圆柱与圆锥螺旋面之间作平滑过渡的螺旋零件都可在数控车床加工。

(3) 淬硬工件的加工。在大型模具加工中。有不少尺大且形状复杂的零件。这些零件热处理后的变形量较大，磨削加工有困难，而在数控车床上可以用陶瓷车刀对淬硬后的零件进行车削加工，以车代磨，提高加工效率。

8.2 数控车床的编程

8.2.1 数控车床的坐标系

1. 坐标轴定义

GSK980TDb 使用 X 轴、Z 轴组成的直角坐标系，X 轴与主轴轴线垂直，Z 轴与主轴轴线方向平行，接近工件的方向为负方向，离开工件的方向为正方向，如图 8-6 所示。

按刀座与机床主轴的相对位置划分，数控车床有前刀座坐标系和后刀座坐标系，图 8-7 为前刀座的坐标系，图 8-8 为后刀座的坐标系。从图中可以看出，前、后刀座坐标系的 X 轴方向正好相反，而 Z 轴方向是相同的。（在以后的图示和例子中，暂以前刀座坐标系来说明编程的应用。）

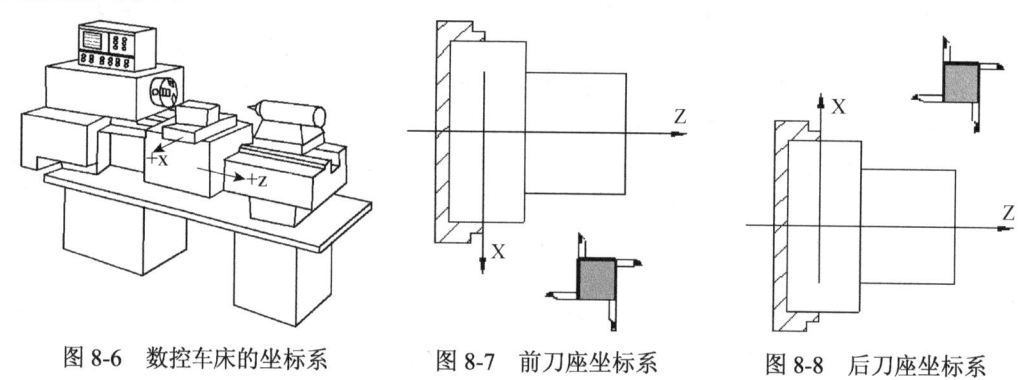

图 8-6 数控车床的坐标系　　图 8-7 前刀座坐标系　　图 8-8 后刀座坐标系

2. 机床坐标系和机床零点

机床坐标系是 CNC 进行坐标计算的基准坐标系，是机床固有的坐标系。机床零点是机床上的一个固定点，由安装在机床上的零点开关或回零开关决定。通常情况下回零开关安装在 X 轴和 Z 轴正方向的最大行程处。如果车床上没有安装零点开关，请不要进行机床回零操作，否则可能导致运动超出行程限制、机械损坏。

3. 工件坐标系与程序零点

工件坐标系是按零件图纸设定的直角坐标系，又称浮动坐标系或编程坐标系。当零件装夹到机床上后，根据工件的尺寸用 G50 设置刀具当前位置的绝对坐标，在 CNC 中建立工件坐标系。通常工件坐标系的 Z 轴与主轴轴线重合，X 轴位于零件的首端或尾端。工件坐标系一旦建立便一直有效，直到被新的工件坐标系所取代。用 G50 设定工件坐标系的当前位置称为程序零点，执行程序回零操作后就回到此位置。

示例：XOZ 为机床坐标系，$X_1O_1Z_1$ 为 X 轴在工件首端的工件坐标系，$X_2O_2Z_2$ 为 X 轴在工件尾端的工件坐标系，O 为机床零点，A 为刀尖，A 在上述三坐标系中的坐标如下（图 8-9）：

A 点在机床坐标系中的坐标为 (x, z)；

A 点在 $X_1O_1Z_1$ 坐标系中的坐标为 (x_1, z_1)；

A 点在 $X_2O_2Z_2$ 坐标系中的坐标为 (x_2, z_2)；

本系统以工件坐标系作为编程的坐标系，建议加工程序的第一段用 G0 指令绝对坐标编程对 X 和 Z 轴进行定位。通常将工件右端面中心点设置为工件原点(编程原点)及 X0.00，Z0.00 坐标。

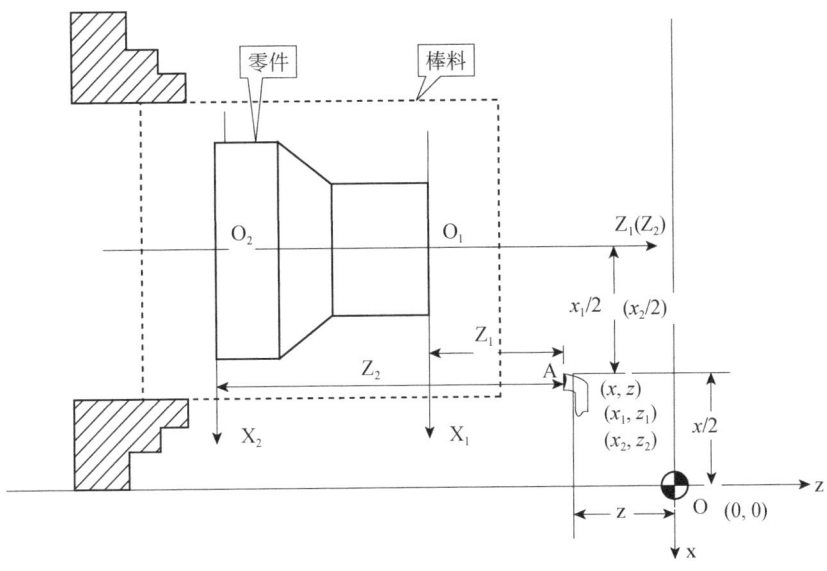

图 8-9　A 点在不同坐标系中的坐标示意图

4. 绝对坐标编程、相对坐标编程和混合坐标编程

编写程序时，需要给定轨迹终点或目标位置的坐标值，按编程坐标值类型可分为绝对坐标编程、相对坐标编程和混合坐标编程三种编程方式。使用 X、Z 轴的绝对坐标值编程(用 X、Z 表示)称为绝对坐标编程；使用 X、Z 轴的相对位移量(以 U、W 表示)编程称为相对坐标编程；GSK980TDb 允许在同一程序段 X、Z 轴分别使用绝对编程坐标值和相对位移量编程，称为混合坐标编程。

示例：A→B 直线插补(图 8-10)。

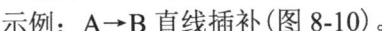

图 8-10　A→B 直线插补坐标编程

绝对坐标编程：　　　　　G01 X200. Z50.；
相对坐标编程：　　　　　G01 U100. W-50.；
混合坐标编程：　　　　　G01 X200. W-50.；或 G01 U100. Z50.；

5. 直径编程和半径编程

按编程时 X 轴坐标值以直径值还是半径值输入可分为直径编程、半径编程。

定义了坐标系之后，可用绝对坐标(X，Z 字段)，相对坐标(U，W 字段)，或混合坐标(X/Z，U/W 字段，绝对和相对坐标同时使用)进行编程。相对坐标是相对于当前位置的坐标，对于 X 轴，还可使用直径编程或半径编程(注：系统的初态为直径编程)。

8.2.2　数控车床的程序构成及运行

为了完成零件的自动加工，用户需要按照 CNC 的编程格式编写零件程序(简称程序)。CNC 执行程序完成机床进给运动、主轴起停、刀具选择、冷却、润滑等控制，从而实现零件的加工。以图 8-11 的零

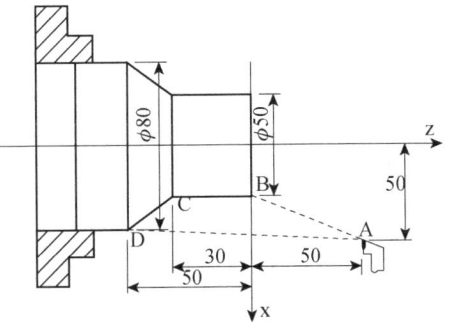

图 8-11　零件

件为例,若要刀具走出 A→B→C→D→A 的轨迹,程序示例如下。

```
O0001;                    (程序名)
N0005 M12;                (夹紧工件)
N0010 G0 X100 Z50;        (快速定位至 A 点)
N0015 T0101               (换 1 号刀执行 1 号刀偏)
N0020 M3 S600;            (启动主轴,置主轴转速 600r/min)
N0025 M8;                 (开冷却液)
N0030 G1 X50 Z0 F600;     (以 600mm/min 速度靠近 B 点)
N0040 W-30 F200;          (从 B 点切削至 C 点)
N0050 X80 W-20 F150;      (从 C 点切削至 D 点)
N0060 G0 X100 Z50;        (快速退回 A 点)
N0070 T0100               (取消刀编)
N0080 M5;                 (停止主轴)
N0090 M9;                 (关冷却液)
N0100 M13;                (松开工件)
N0110 M30;                (程序结束)
```

1. 程序的构成

程序是由以"OXXXX"(程序名)开头、以"%"号结束的若干行程序段构成的。程序段以程序段号开始(可省略),以";"或"*"结束的若干个代码字构成。程序的一般结构如图 8-12 所示。GSK980TDb 最多可以存储 384 个程序,为了识别区分各个程序,每个程序都有唯一的程序名(程序名不允许重复),程序名位于程序的开头由 O 及其后的四位数字构成。

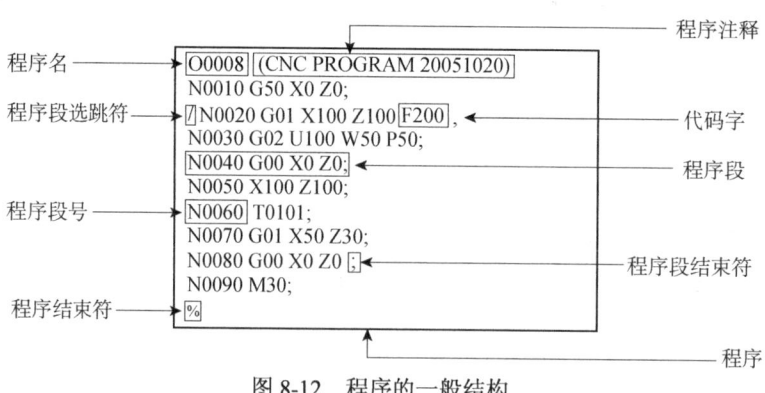

图 8-12 程序的一般结构

代码字是用于命令 CNC 完成控制功能的基本代码单元,代码字由一个英文字母(称代码地址)和其后的数值(称为代码值,分为有符号数或无符号数)构成。代码地址规定了其后代码值的意义,在不同的代码字组合情况下,同一个代码地址可能有不同的意义。代码字各部分示例如图 8-13 所示。

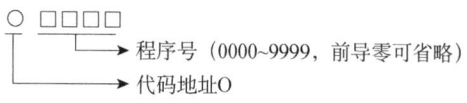

图 8-13 代码字各部分示例

程序段由若干个代码字构成,以";"或"*"结束,是 CNC 程序运行的基本单位。程序段之间用字符";"或"*"分开,本手册中用";"表示。程序段各部分示例如图

8-14 所示。程序段号由地址 N 和后面四位数构成：N0000~N9999，前导零可省略。程序段号应位于程序段的开头，否则无效。程序段号可以不输入，但程序调用、跳转的目标程序段必须有程序段号。程序段号的顺序可以是任意的，其间隔也可以不相等，为了方便查找、分析程序，建议程序段号按编程顺序递增或递减。

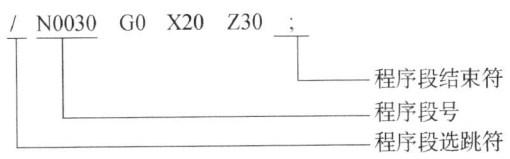

图 8-14 程序段各部分示例

如在程序执行时不执行某一程序段(而又不想删除该程序段)，就在该程序段前插入"/"，并打开程序段选跳开关。程序执行时此程序段将被跳过、不执行。如果程序段选跳开关未打开，即使程序段前有"/"，该程序段仍会执行。"%"为程序文件的结束符，在通信传送程序时，"%"为通信结束标志。新建程序时，CNC 自动在程序尾部插入"%"。

为方便用户查找程序，每个程序可编辑不超过 20 个字符(10 个汉字)的程序注释，程序注释位于程序名之后的括号内，在 CNC 上只能用英文字母和数字编辑程序注释；在 PC 上可用中文编辑程序注释，程序下载至 CNC 后，CNC 可以显示中文程序注释。

2. 程序的运行

必须在自动操作方式下才能运行当前打开的程序，GSK980TDb 不能同时打开 2 个或更多程序，因此，GSK980TDb 在任一时刻只能运行一个程序。打开一个程序时，光标位于第一个程序段的行首，在编辑操作方式下可以移动光标。在自动操作方式的运行停止状态，用循环启动信号(机床面板的键或外接循环启动信号)从当前光标所在的程序段启动程序的运行，通常按照程序段编写的先后顺序逐个程序段执行，直到执行了 M02 或 M30 代码，程序运行停止。光标随着程序的运行而移动，始终位于当前程序段的行首。

8.2.3 数控车床的基本编程指令

1. 准备功能 G 代码

G 代码由代码地址 G 和其后的 1~2 位代码值组成，用来规定刀具相对工件的运动方式、进行坐标设定等多种操作。

G 代码字分为 00、01、02、03、06、07、16、21 组。除 01 与 00 组代码不能共段外，同一个程序段中可以输入几个不同组的 G 代码字，如果在同一个程序段中输入了两个或两个以上的同组 G 代码字，最后一个 G 代码字有效。没有共同参数(代码字)的不同组 G 代码可以在同一程序段中，功能同时有效并且与先后顺序无关。G 代码指令字的功能详见表 8-1。

表 8-1 GSK980TDb 数控车床 G 代码字一览表

指令字	组别	功能		备注
G00		快速移动		初态 G 代码
G01		直线插补		
G02	01	圆弧插补(逆时针)	<前刀架坐标系>	
G03		圆弧插补(顺时针)	<前刀架坐标系>	模态 G 代码
G05		三点圆弧插补		
G6.2		椭圆插补(逆时针)		
G6.3		椭圆插补(顺时针)		

续表

指令字	组别	功能	备注
G7.2	01	抛物线插补（逆时针）	模态 G 代码
G7.3		抛物线插补（顺时针）	
G32		螺纹切削	
G34		变螺距螺纹切削	
G90		轴向切削循环	
G92		螺纹切削循环	
G94		径向切削循环	
G04	00	暂停、准停	非模态 G 代码
G50		坐标系设定	
G70		精加工循环	
G71		轴向粗车循环	
G72		径向粗车循环	
G73		封闭切削循环	
G74		轴向切槽多重循环	
G75		径向切槽多重循环	
G76		多重螺纹切削循环	
G20	06	英制单位选择	模态 G 代码
G21		公制单位选择	
G96	02	恒线速开	模态 G 代码
G97		恒线速关	初态 G 代码
G98	03	每分进给	初态 G 代码
G99		每转进给	模态 G 代码

下面对常用的 G 代码进行说明。

1) 相关定义

起点：当前程序段运行前的位置。

终点：当前程序段执行结束后的位置。

X：终点位置 X 轴的绝对坐标。

U：终点位置与起点位置 X 轴绝对坐标的差值。

Z：终点位置 Z 轴的绝对坐标。

W：终点位置与起点位置 Z 轴绝对坐标的差值。

F：切削进给速度。

2) 快速定位 G00

代码格式：`G00 X(U) Z(W);`

代码功能：X 轴、Z 轴同时从起点以各自的快速移动速度移动到终点。

两轴是以各自独立的速度移动，短轴先到达终点，长轴独立移动剩下的距离，其合成轨迹不一定是直线，如图 8-15 所示。

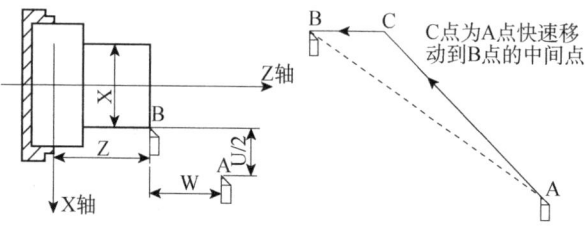

图 8-15 运动轨迹图

代码说明：X(U)、Z(W)可省略一个或全部，当省略一个时，表示该轴的起点和终点坐标值一致；同时省略表示终点和始点是同一位置，X 与 U、Z 与 W 在同一程序段时 X、Z 有效，U、W 无效。

示例：刀具从 A 点快速移动到 B 点(图 8-16)。

程序：

G0 X20 Z25;   （绝对坐标编程）
G0 U-22 W-18;   （相对坐标编程）
G0 X20 W-18;   （混合坐标编程）
G0 U-22 Z25;   （混合坐标编程）

3) 直线插补 G01

代码格式：G01　X(U)_　Z(W)_　F_；

代码功能：运动轨迹为从起点到终点的一条直线，如图 8-17 所示。

代码说明：X(U)、Z(W)可省略一个或全部，当省略一个时，表示该轴的起点和终点坐标值一致；同时省略表示终点和始点是同一位置。

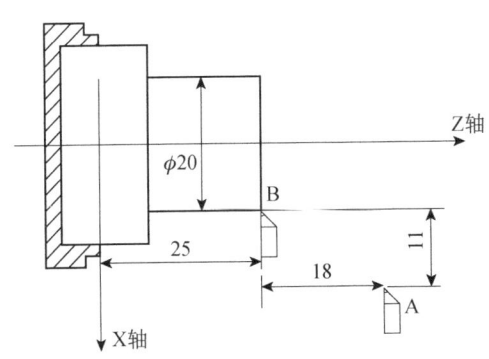

图 8-16　刀具从 A 点快速移动到 B 点

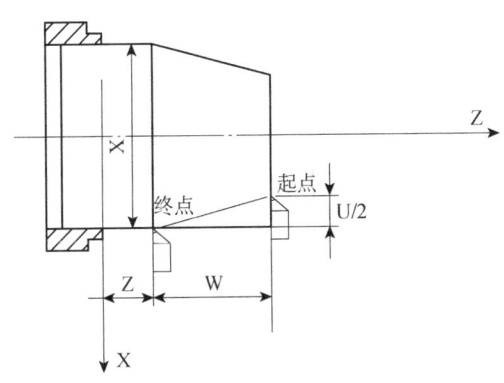

图 8-17　直线插补

F 代码值为 X 轴方向和 Z 轴方向的瞬时速度的向量合成速度，实际的切削进给速度为进给倍率与 F 代码值的乘积；F 代码值执行后，此代码值一直保持，直至新的 F 代码值被执行。后述其他 G 代码使用的 F 代码字功能相同时，不再详述。

示例：从直径 $\Phi40$ 切削到 $\Phi60$ 的程序代码，如图 8-18 所示。

程序：

G01 X60 Z7 F500;   （绝对值编程）
G01 U20 W-25;   （相对值编程）
G01 X60 W-25;   （混合编程）
G01 U20 Z7;   （混合编程）

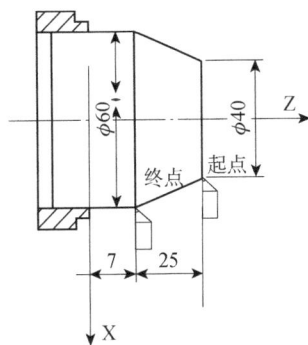

图 8-18　直线插补示例

4) 圆弧插补 G02　G03

代码格式：G02 或 G03　X(U)_　Z(W)_　R_或 I_K_；

代码功能：G02 代码运动轨迹为从起点到终点的顺时针(后刀座坐标系)/逆时针(前刀座坐标系)圆弧；G03 代码运动轨迹为从起点到终点的逆时针(后刀座坐标系)/顺时针(前刀座坐

标系)圆弧。

代码轨迹图见图 8-19 和图 8-20。

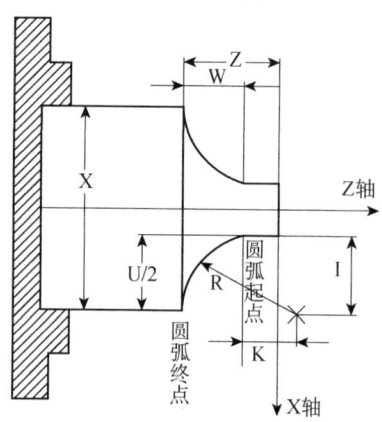

图 8-19　G02 轨迹图

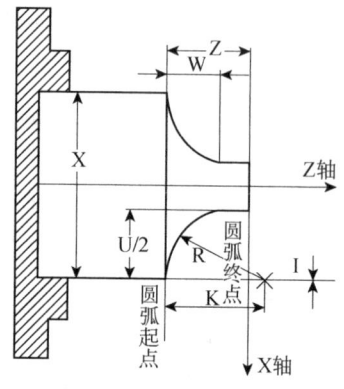

图 8-20　G03 轨迹图

代码说明：R 为圆弧半径；I 为圆心与圆弧起点在 X 方向的差值，用半径表示；K 为圆心与圆弧起点在 Z 方向的差值。圆弧中心用地址 I、K 指定时，其分别对应于 X、Z 轴，I、K 表示从圆弧起点到圆心的向量分量，是增量值，如图 8-21 所示。

I＝圆心坐标 X－圆弧起始点的 X 坐标

K＝圆心坐标 Z－圆弧起始点的 Z 坐标

I、K 根据方向带有符号，I、K 方向与 X、Z 轴方向相同，则取正值；否则，取负值。

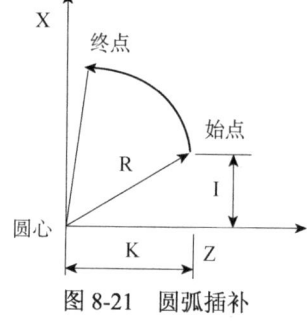

图 8-21　圆弧插补

圆弧方向：G02/ G03 圆弧的方向定义，在前刀座坐标系和后刀座坐标系是相反的，见图 8-22。

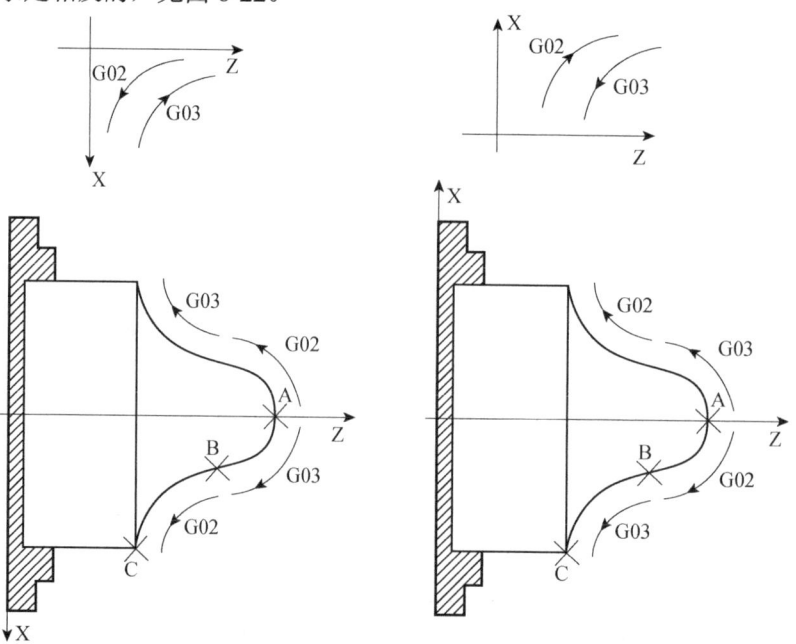

图 8-22　圆弧插补的方向

示例：从直径 Φ63.06 切削到 Φ45.25 的圆弧程序代码，见图 8-23。

程序：

G02 X63.06 Z-20.0 R19.26 F300；或
G02 U17.81 W-20.0 R19.26 F300；或
G02 X63.06 Z-20.0 I17.68 K-6.37；或
G02 U17.81 W-20.0 I17.68 K-6.37 F300；

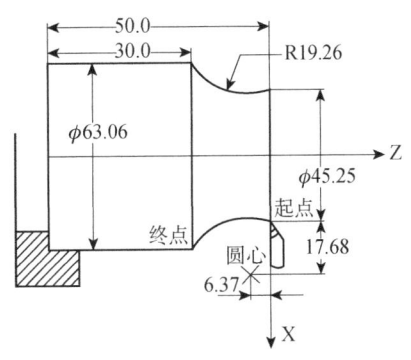

图 8-23 圆弧插补示例

5) 暂停代码 G04

代码格式：G04 P__；或 G04 X__；或 G04 U__；或 G04；

代码功能：各轴运动停止，不改变当前的 G 代码模态和保持的数据、状态，延时给定的时间后，再执行下一个程序段。

代码说明：G04 延时时间由代码字 P__、X__或 U__指定；P 值取范围为-99999999～99999999（单位：ms）；X、U 代码范围为-99999999～99999999×最小输入增量（单位：s）。

6) 每分钟进给和每转进给

代码格式：G98 F__；（前导零可省略，给定每分进给速度）

代码功能：以 mm/min 为单位给定切削进给速度，G98 为模态 G 代码，如果当前为 G98 模态，可以不输入 G98。

代码格式：G99 F__；

代码功能：以 mm/r 为单位给定切削进给速度，G99 为模态 G 代码。如果当前为 G99 模态，可以不输入 G99。CNC 执行 G99 F__时，把 F 代码值（mm/r）与当前主轴转速（r/min）的乘积作为代码进给速度控制实际的切削进给速度，主轴转速变化时，实际的切削进给速度随着改变。使用 G99 F__给定主轴每转的切削进给量，可以在工件表面形成均匀的切削纹路。

G98、G99 为同组的模态 G 代码，只能一个有效。G98 为初态 G 代码，CNC 上电时默认 G98 有效。每转进给量与每分钟进给量的换算公式：

$$F_m = F_r \times S$$

其中，F_m 为每分钟的进给量（mm/min）；F_r 为每转进给量（mm/r）；S 为主轴转速（r/min）。

7) 倒角功能

倒角功能是在两轮廓间插入一段直线或圆弧，使刀具能比较平滑地从一轮廓过渡到另一轮廓。GSK980TDb 具有直线和圆弧两种倒角功能。下面简单介绍直线连直线的直线倒角和圆弧倒角两种情况。

(1) 直线倒角。直线轮廓之间、圆弧轮廓之间、直线轮廓与圆弧轮廓之间插入一直线。直线倒角的代码地址为 L，倒角直线的长度用 L 指定，取值范围 0～1000 mm，如果 L 指定的值超过范围，则忽略 L 代码。直线倒角必须在 G01、G02 或 G03 代码段中使用。

代码格式：G01 X(U)_ Z(W)_ L_；
　　　　　G01 X(U)_ Z(W)_；

代码功能：在两直线插补代码段中插入一段直线段（图 8-24）。

(2) 圆弧倒角。直线轮廓之间、圆弧轮廓之间、直线轮廓与圆弧轮廓之间插入一圆弧，圆弧与轮廓线间进行切线过渡。圆弧倒角的代码地址为 D，倒角圆弧的半径用 D 指定，取值范围 0～1000mm，如果 D 指定的值超过范围，则忽略 D 代码。圆弧倒角必须在 G01、G02 或 G03 代码段中使用。

代码格式：G01　X(U)_　Z(W)_　D_;
　　　　　G01　X(U)_　Z(W)_;

代码功能：在两段直线插补段中插入一段圆弧，插入的圆弧段与两直线相切，半径值用 D 指定(图 8-25)。

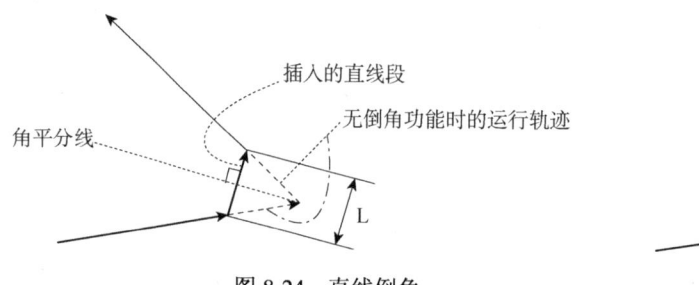
图 8-24　直线倒角

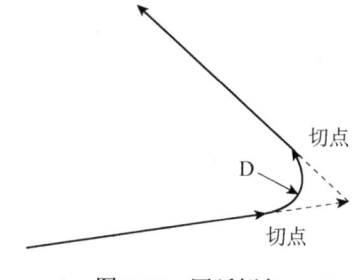
图 8-25　圆弧倒角

8) G71 轴向粗车循环、G70 精加工循环

代码意义：系统根据精车轨迹、精车余量、进刀量、退刀量等数据自动计算粗加工路线，沿与 Z 轴平行的方向切削，通过多次进刀→切削→退刀的切削循环完成工件的粗加工。G71 的起点和终点相同。本代码适用于非成形毛坯(棒料)的成形粗车。代码循环轨迹如图 8-26 所示。

代码格式：G00 X__ Z__;　（坯料直径）
　　　　　G71 U(Δd) R(e) F__;
　　　　　G71 P(ns) Q(nf) U(Δu) W(Δw);
　　　　　N(ns) G0/G1 X(U)..;
　　　　　........;
　　　　　....;
　　　　　....;
　　　　　....
　　　　　N(nf).....;
　　　　　G70 P(ns) Q(nf);

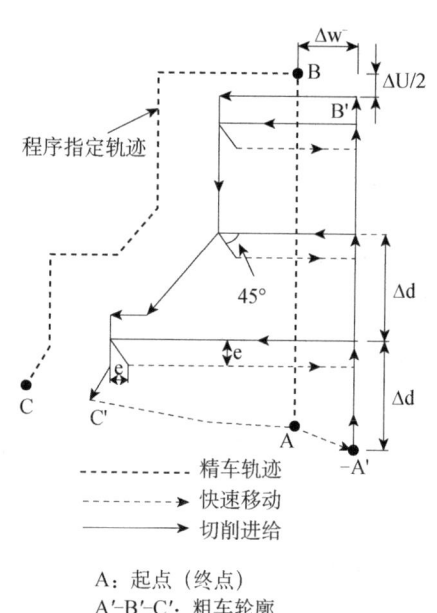
图 8-26　G71 代码循环轨迹

代码说明：Δd 为粗车时 X 轴的切削量(半径值)；e 为粗车时 X 轴的退刀量(半径值)；ns 为精车轨迹的第一个程序段的段号；nf 为精车轨迹的最后一个程序段的段号；Δu 为 X 轴的精加工余量(直径值)；Δw 为 Z 轴的精加工余量。

9) G72 径向粗车循环

代码意义：系统根据精车轨迹、精车余量、进刀量、退刀量等数据自动计算粗加工路线，沿与 X 轴平行的方向切削，通过多次进刀→切削→退刀的切削循环完成工件的粗加工，G72 的起点和终点相同。本代码适用于非成形毛坯(棒料)的成形粗车。代码循环轨迹如图 8-27 所示。

代码格式：G00 X_ Z_ ;　　　（坯料直径）
　　　　　G72 W(Δd) R(e) F__ ;
　　　　　G72 P(ns) Q(nf) U(Δu) W(Δw) ;
　　　　　N(ns) G0/G1 Z..;
　　　　　........ ;
　　　　　.... ;
　　　　　.... ;
　　　　　....
　　　　　N(nf)..... ;
　　　　　G70 P(ns) Q(nf) ;

代码说明：Δd 为粗车时 Z 轴的切削量；e 为粗车时 Z 轴的退刀量；ns 为精车轨迹的第一个程序段的段号；nf 为精车轨迹的最后一个程序段的段号；Δu 为 X 轴的精加工余量(直径值)；Δw 为 Z 轴的精加工余量。

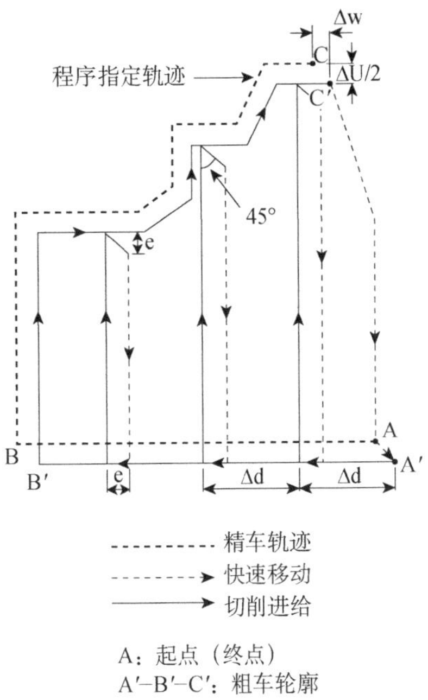

10) G92 螺纹切削循环

代码格式：G92 X(U)_ Z(W)_ F_ J_ K_ L_ ;
　　　　　（公制直螺纹切削循环）
　　　　　G92 X(U)_ Z(W)_ I_ J_ K_ L_ ;　　　（英制直螺纹切削循环）
　　　　　G92 X(U)_ Z(W)_ R_ F_ J_ K_ L_ ;　　　（公制锥螺纹切削循环）
　　　　　G92 X(U)_ Z(W)_ R_ I_ J_ K_ L_ ;　　　（英制锥螺纹切削循环）

图 8-27 G72 代码循环轨迹

代码说明：X 为切削终点 X 轴绝对坐标；U 为切削终点与起点 X 轴绝对坐标的差值；Z 为切削终点 Z 轴绝对坐标；W 为切削终点与起点 Z 轴绝对坐标的差值；R 为切削起点与切削终点 X 轴绝对坐标的差值(半径值)，当 R 与 U 的符号不一致时，要求 $|R| \leq |U/2|$；F 为螺纹导程；I 为螺纹每英寸牙数；J 为螺纹退尾时在短轴方向的移动量；K 为螺纹退尾时在长轴方向的长度。不带方向，如长轴是 X 轴，该值为半径指定；L 为多头螺纹的头数。

代码循环轨迹如图 8-28 示。

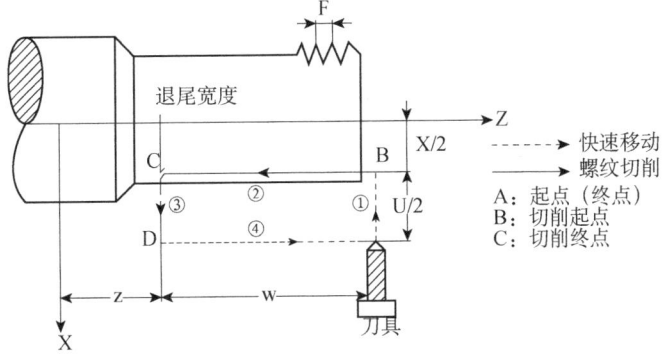

图 8-28 G92 代码轨迹循环图

2. 辅助功能 M 代码

M 代码由代码地址 M 和其后的 1~2 位数字或 4 位数组成,用于控制程序执行的流程或输出 M 代码到 PLC。一个程序段中只能有一个 M 代码,详见表 8-2。

表 8-2 控制程序执行的流程 M 代码一览表

代码	功能
M00	程序暂停
M02	程序停止
M03	主轴正转
M04	主轴反转
M05	主轴停转
M08	冷却液开
M09	冷却液关
M30	程行结束,并返回第一段程序
M98	子程序调用
M99	从子程序返回;若 M99 用于主程序结束(即当前程序并非由其他程序调用),程序反复执行
M9000~M9999	调用宏程序(程序号大于 9000 的程序)

下面对常用的 M 代码进行简单的说明。

1) 程序暂停 M00

代码格式:M00;或 M0;

代码功能:执行 M00 代码后,程序运行停止,显示"暂停"字样,按循环启动键后,程序继续运行。

2) 逆时针转、顺时针转和主轴停止控制 M03、M04 和 M05

代码格式:M03;或 M3;
　　　　　M04;或 M4;
　　　　　M05;或 M5;

代码功能:M03 为逆时针转;M04 为顺时针转;M05 为主轴停止。

3) 冷却泵控制 M08、M09

代码格式:M08;或 M8;
　　　　　M09;或 M9;

代码功能:M08 为冷却泵开;M09 为冷却泵关。

4) 程序结束 M02

代码格式:M02;或 M2;

代码功能：在自动方式下，执行 M02 代码，当前程序段的其他代码执行完成后，自动运行停止，光标停留 M02 代码所在的程序段，不返回程序开头。若要再次执行程序，必须让光标返回程序开头。

5) 程序运行结束 M30

代码格式：M30；

代码功能：在自动方式下，执行 M30 代码，当前程序段的其他代码执行完成后，自动运行结束，加工件数加 1，取消刀尖半径补偿，光标返回程序开头(是否返回程序开头由参数决定)。

3. 其他代码

1) 进给功能 F

表示刀具切削移动时的进给速度，由地址码 F 和后面若干位数字构成。这个数字的单位取决于每个数控系统所采用的进给速度 G98 或 G99 的指定方法。如 G98 F100 表示进给速度为 100 mm/min，G99 F0.2 表示进给速度为 0.2mm/r。

2) 主轴转速功能 S

由地址码 S 和在其后面的若干位数字组成，单位为转速单位(r/mm)。例如，S800 表示主轴转速为 800r/min。

3) 刀具功能 T

由地址码 T 和若干位数字组成。刀具功能的数字是指定的刀号。数字的位数由所用系统决定。GSK 980TDb 代码格式为 T□□○○，其中□□为目标刀具号，○○为刀具偏置号。

8.3 数控车削的操作

数控车削的工艺流程简单介绍如下。

(1) 熟悉图纸。领到加工图后，分析加工工艺，合理地安排加工工序、加工表单。
(2) 编写加工程序。根据加工工艺，编制出合理的加工程序。
(3) 开启机床总电源以及 CNC 系统电源。
(4) 机床回零。对机床进行返回参考点的操作，对机床坐标初始化。
(5) 程序输入。把编好的程序通过合理的方式输送到 CNC 的存储器中。程序输入方式如下。

①手动输入。在 CNC 程序编辑状态下，通过 MDI 面板输入，适合于简单的较小的程序输入。

②RS232 接口输入。由计算机串口通过数据接口将程序代码传送到 CNC 中保存后再运行，适合于计算机辅助编写的较大的程序输入。

(6) 在机床上模拟运行加工程序，用以检查程序正确与否。检查可以通过图形显示和空运行两种方法完成。发现与编程思想不相符的一定要弄清原因，并及时地改正错误。再进行模拟加工确认是否已修改正确。

(7) 机床回零。再次对机床进行返回参考点的操作，对机床坐标重新初始化过程中所产生的误差。

(8) 安装工件。使用夹具(一般为三爪卡盘)正确安装准备好的试加工工件。
(9) 安装刀具。根据编程选择的刀具进行刀具的安装调试。
(10) 对刀。完成工件坐标系的设定，确定程序加工起点。
(11) 首件试切削。通过程序的单步运行来完成第一个工件的试加工。

(12) 检验。检验加工工件的尺寸精度与位置精度是否符合要求。

(13) 加工。检验合格后开始进行完整的全自动加工。

8.3.1 数控车床的面板

1. 面板简介

GSK 980TDb、GSK 980TDb-V 采用集成式操作面板,面板包括状态指示灯、编辑键盘、显示菜单和机床面板四大部分,划分如图 8-29 所示。

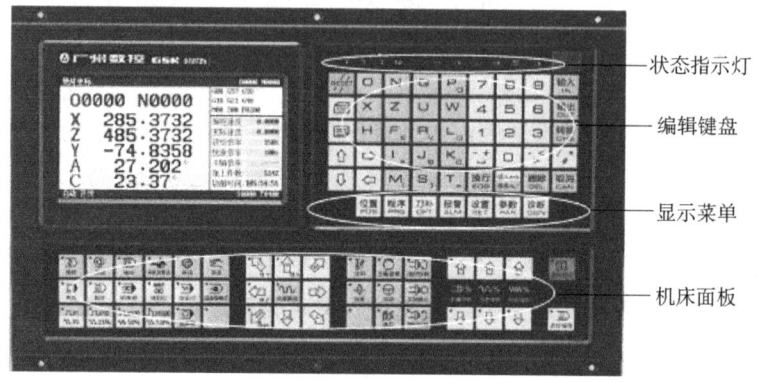

图 8-29 集成式操作面板组成

1) 状态指示灯

状态指示灯各按钮见表 8-3。

表 8-3 状态指示灯

按键	名称	按键	名称
X○ Y○ Z○ 4th○	轴回零结束指示灯	○∿	快速指示灯
○	单段运行指示灯	○	程序段选跳指示灯
○	机床锁指示灯	○ MST	辅助功能锁指示灯
○	空运行指示灯		

2) 编辑键盘

编辑键盘各按钮简介见表 8-4。

表 8-4 编辑键盘

按键	名称	功能说明
RESET	复位键	CNC 复位,进给、输出停止等
O N G / X Z U W / S T	地址键	地址输入
H F R L / I J K		双地址键,反复按键,在两者间切换
-+ /*	符号键	双地址键,反复按键,在两者间切换

续表

按键	名称	功能说明
7 8 9 / 4 5 6 / 1 2 3 / 0	数字键	数字输入
. < >	小数点	小数点输入
输入 IN	输入键	参数、补偿量等数据输入的确定
输出 OUT	输出键	启动通信输出
转换 CHG	转换键	信息、显示的切换
插入 INS 修改 ALT / 删除 DEL / 取消 CAN	编辑键	编辑时程序、字段等的插入、修改、删除（插入INS/修改ALT 为复合键，可在插入、修改、宏编辑间切换）
换行 EOB	EOB 键	程序段结束符的输入
↑ → / ↓ ←	光标移动键	控制光标移动
▤ / ▦	翻页键	同一显示界面下页面的切换

3) 显示菜单

显示菜单各按钮简介见表 8-5。

表 8-5 显示菜单

菜单键	备注
位置 POS	进入位置界面，位置界面有相对坐标、绝对坐标、综合坐标、坐标&程序等四个页面
程序 PRG	进入程序界面，程序界面有程序内容、程序目录、程序状态、文件目录四个页面
刀补 OFT	进入刀补界面、宏变量界面、刀具寿命管理(参数设置该功能)，反复按键可在三界面间转换，刀补界面可显示刀具偏置磨损；宏变量界面可显示 CNC 宏变量；刀具寿命管理可显示当前刀具寿命的使用情况并设置刀具的组号
报警 ALM	进入报警界面、报警日志，反复按键可在两界面间转换。报警界面有 CNC 报警、PLC 报警两个页面；报警日志可显示产生报警和消除报警的历史记录
设置 SET	进入设置界面、图形界面(980TDb)特有，反复按键可在两界面间转换。设置界面有开关设置、参数操作、权限设置、梯形图设置(2 级权限)、时间日期显示(参数设置)；图形界面可显示进给轴的移动轨迹
参数 PAR	进入状态参数、数据参数、螺补参数界面、U 盘高级功能界面(识别 U 盘后)。反复按键可在各界面间转换
诊断 DGN	进入 CNC 诊断界面、PLC 状态、PLC 数据、机床软面板、版本信息界面。反复按键可在各界面间转换。CNC 诊断界面、PLC 状态、PLC 数据显示、CNC 内部信号状态、PLC 各地址、数据的状态信息；机床软面板可进行机床软键盘操作；版本信息界面显示 CNC 软件、硬件及 PLC 的版本号
图形 GRA	进入图形界面(GSK 980TDb-V 特有)，可显示进给轴的移动轨迹

4) 机床面板

机床面板各按钮简介见表 8-6。

表 8-6 机床面板

按键	名称	功能说明	功能有效时操作方式
进给保持键	进给保持键	程序、MDI 代码运行暂停	自动方式、录入方式
循环启动键	循环启动键	程序、MDI 代码运行启动	自动方式、录入方式
进给倍率键	进给倍率键	进给速度的调整	自动方式、录入方式、编辑方式、机床回零、手脉方式、单步方式、手动方式、程序回零
进给倍率100%按键	进给倍率100%按键（980TDb-V）		
快速倍率键	快速倍率键	快速移动速度的调整	自动方式、录入方式、机床回零、手动方式、程序回零
主轴倍率键	主轴倍率键	主轴速度调整（主轴转速模拟量控制方式有效）	自动方式、录入方式、编辑方式、机床回零、手脉方式、单步方式、手动方式、程序回零
手动换刀键	手动换刀键	手动换刀	机床回零、手脉方式、单步方式、手动方式、程序回零
点动开关键	点动开关键	主轴点动状态开/关	
C/S轴切换(980TDb)	C/S轴切换(980TDb)	切换主轴速度/位置控制	
C/S 轴切换(980TDb-V)	C/S 轴切换(980TDb-V)	切换主轴速度/位置控制	
润滑开关键	润滑开关键	机床润滑开/关	
冷却液开关键	冷却液开关键	冷却液开/关	
卡盘控制键(980TDb-V)	卡盘控制键(980TDb-V)	卡盘夹紧/松开	自动方式、录入方式、编辑方式、机床回零、手脉方式、单步方式、手动方式、程序回零
尾座控制键(980TDb-V)	尾座控制键(980TDb-V)	尾座进/退	
液压控制键(980TDb-V)	液压控制键(980TDb-V)	液压输出开/关	
主轴控制键	主轴控制键	顺时针转主轴停止逆时针转	机床回零、手脉方式、单步方式、手动方式、程序回零
快速开关	快速开关	快速速度/进给速度切换	自动方式、录入方式、手动方式

续表

按键	名称	功能说明	功能有效时操作方式
	X轴进给键	手动、单步操作方式各轴正向/负向移动	机床回零、单步方式、手动方式、程序回零
	Z轴进给键		
	Y轴进给键		
	4#轴进给键		
	Cs轴进给键（980 TDb-V）		
	手脉控制轴选择键	手脉操作方式各轴选择	手脉方式
	手脉/单步增量选择与快速倍率选择键	手脉每格移动1/10/100/1000最小当量单步每步移动1/10/100/1000最小当量 快速倍率F0、25%、F50%、F100%	自动方式、录入方式、机床回零、手脉方式、单步方式、手动方式、程序回零
	选择停	选择停有效时，执行M01暂停	
	单段开关	程序单段运行/连续运行状态切换，单段有效时单段运行指示灯亮	自动方式、录入方式
	程序段选跳开关	程序段首标有"/"号的程序段是否跳过状态切换，程序段选跳开关打开时，跳段指示灯亮	
	机床锁住开关	机床锁住时机床锁住指示灯亮，进给轴输出无效	自动方式、录入方式、编辑方式、机床回零、手脉方式、单步方式、手动方式、程序回零
	辅助功能锁住开关	辅助功能锁住时辅助功能锁住指示灯亮，M、S、T功能输出无效	自动方式、录入方式
	空运行开关	空运行有效时空运行指示灯点亮，加工程序/MDI代码段空运行	
	编辑方式选择键	进入编辑操作方式	自动方式、录入方式、机床回零、手脉方式、单步方式、手动方式、程序回零
	自动方式选择键	进入自动操作方式	录入方式、编辑方式、机床回零、手脉方式、单步方式、手动方式、程序回零
	录入方式选择键	进入录入（MDI）方式	自动方式、编辑方式、机床回零、手脉方式、单步方式、手动方式、程序回零
	机床回零方式选择键	进入机床回零操作方式	自动方式、录入方式、编辑方式、手脉方式、单步方式、手动方式、程序回零
	单步/手脉方式选择键	进入单步或手脉操作方式（两种操作方式由参数选择其一）	自动方式、录入方式、编辑方式、机床回零、手动方式、程序回零
	手动方式选择键	进入手动操作方式	自动方式、录入方式、编辑方式、机床回零、单步方式、程序回零
	程序回零方式选择键	进入程序回零操作方式	自动方式、录入方式、编辑方式、机床回零、手脉方式、单步方式、手动方式

2. 熟悉机床面板操作

（1）打开程序目录。

程序—翻页（切换到"程序目录"界面）。

(2) 打开一个程序。

举例：打开 O 0001 号程序。

编辑—程序(切换到"程序内容"界面)—O0001-换行(或 ↓)。

(3) 按顺序快速打开程序目录里的所有程序。

举例：在编辑下打开程序 O0001。

按 O ↓，就会自动打开下一个程序 O0002；再按 O ↓，又自动打开下一个程序 O0003；依此类推。反之，按 O ↑，就会往上按顺序快速打开所有程序。

(4) 把当前程序复制到新建程序里。

举例：把 O 0001 号程序复制到新建程序 O 0008 号程序里。

在编辑下打开 O 0001 号程序，按 O 0008—转换，复制完成。

(5) 把当前程序改名。

举例：把 O 0001 号程序名改为 O 0008 号程序名）。

在编辑下打开 O 0001 号程序，按 O 0008—修改，改名完成。

(6) 编写新的程序。

举例：编写 O 0001 号程序。

编辑—程序(切换到"程序内容"界面)—O0001-换行(不能与已有程序重命名)

(7) 删除一个程序。

举例：删除 O 0001 号程序。

编辑—程序(切换到"程序内容"界面)—O0001-删除

(8) 全部程序一次删除。

编辑—程序(切换到"程序内容"界面)—O— —999—删除

(9) 输入转速。

举例：输入 S500 转速。

录入—程序(切换到"程序状态"界面)—M03 S500—输入—循环启动；

输入转速后，要使主轴旋转，可按 手轮 或 手动—正转。

(10) 转动刀架。

举例：把刀架转动到 1 号刀位。

方法 1：录入—程序(切换到"程序状态"界面)—T0100 或 T0101-输入—循环启动；

方法 2：手动—换刀。

(11) 刀补值清零。

刀补(切换到"刀具偏置磨损"界面)光标移到所需序号 X—输入；Z—输入

(12) U 盘操作功能。

①CNC 盘文件导入 U 盘。插入 U 盘、在 编辑 方式下、按 程序 切换至(文件目录)页面，按 转换 识别 U 盘，按 ↑ 或 ↓ 选中所需 CNC 程序文件，按 输出 把文件复制至 U 盘。

②U 盘文件导入 CNC 盘。插入 U 盘、先按上述步骤识别 U 盘，再按 转换 切换至 U 盘，按 ↑ 或 ↓ 选中所需 U 盘程序文件，按 输出 把文件复制至 CNC 盘。

8.3.2 程序编制

数控编程是指从零件图纸到获得数控加工程序的全部工作过程。编制方法有手动编程和自动编程。编程工作主要包括：分析零件图纸→制订工艺→数值处理→编写程序→制作控制介质→校验数控程序。

(1) 分析零件图样和制订工艺方案。这项工作的内容包括：对零件图样进行分析，明确加工的内容和要求;确定加工方案;选择适合的数控机床;选择或设计刀具和夹具;确定合理的走刀路线及选择合理的切削用量等。这一工作要求编程人员能够对零件图样的技术特性、几何形状、尺寸及工艺要求进行分析,并结合数控机床使用的基础知识,如数控机床的规格、性能、数控系统的功能等,确定加工方法和加工路线。

(2) 数值处理。在确定了工艺方案后,就需要根据零件的几何尺寸、加工路线等,计算刀具中心运动轨迹,以获得刀位数据。数控系统一般均具有直线插补与圆弧插补功能,对于加工由圆弧和直线组成的较简单的平面零件,只需要计算出零件轮廓上相邻几何元素交点或切点的坐标值,得出各几何元素的起点、终点、圆弧的圆心坐标值等,就能满足编程要求。当零件的几何形状与控制系统的插补功能不一致时,就需要进行较复杂的数值计算,一般需要使用计算机辅助计算,否则难以完成。

(3) 编写零件加工程序。在完成上述工艺处理及数值计算工作后,即可编写零件加工程序。程序编制人员使用数控系统的程序指令,按照规定的程序格式,逐段编写加工程序。程序编制人员应对数控机床的功能、程序指令及代码十分熟悉,才能编写出正确的加工程序。

(4) 制作控制介质(程序导入)。程序单编写好之后,操作者必须将加工信息输入数控装置,也可根据数控系统输入、输出装置的不同,先将程序移至某种控制介质上。常用的有 U 盘、磁盘、磁带等。

(5) 校验数控程序。将编写好的加工程序输入数控系统,就可控制数控机床的加工工作。一般在正式加工之前,要对程序进行检验。通常可采用机床空运转的方式,来检查机床动作和运动轨迹的正确性,以检验程序。在具有图形模拟显示功能的数控机床上,可通过显示走刀轨迹或模拟刀具对工件的切削过程,对程序进行检查。对于形状复杂和要求高的零件,也可采用铝件、塑料或石蜡等易切材料进行试切来检验程序。通过检查试件,不仅可确认程序是否正确,还可知道加工精度是否符合要求。若能采用与被加工零件材料相同的材料进行试切,则更能反映实际加工效果,当发现加工的零件不符合加工技术要求时,可修改程序或采取尺寸补偿等措施。

8.3.3 机床加工

1. 数控车床的对刀

对刀的目的是将刀具的对刀点与程序原点或其他便于对刀点重合,也可在任何便于对刀处,但该点与程序原点之间必须有确定的坐标联系。为简化编程,允许在编程时不考虑刀具的实际位置,GSK 980TDb 提供了定点对刀、试切对刀及回机床零点对刀三种对刀方法,通过对刀操作来获得刀具偏置数据。下面主要介绍常用的试切对刀。

以图 8-30 所示工件为例,介绍试切对刀操作步骤如下(以工件端面建立工件坐标系)。

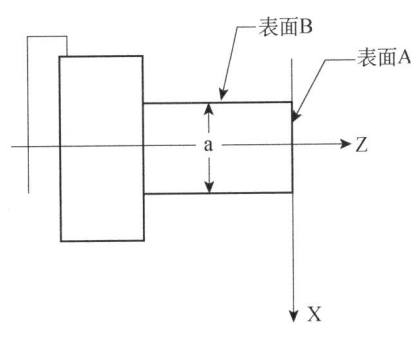

图 8-30 试切对刀

1) 对 1 号外圆刀

Z 向:主轴正转→手轮→用手轮把车刀 X 轴方向车一刀端面 A(约 0.5 mm),在 Z 轴不动的情况下沿 X 轴方向退刀→刀补(切换到"刀具偏置磨损"界面),光标移到 01 序号)→Z0→输入。

X 向:主轴正转→手轮→用手轮把车刀 Z 轴方向车一刀外圆表面 B,在 X 轴不动的情况下沿 Z 轴方向退刀,→主轴停止→测量外圆直径→刀补(切换到"刀具偏置磨损"界面)→(光标移到 01 序号)→ X25.32 (假如外圆测量值是 Φ25.32)→ 输入 。

2)对 2 号切断刀

方法和对 1 号外圆刀相同。(注意:把光标移到 02 序号。在对 Z 向时,由于 1 号刀已车好端面,因此 2 号刀不能再车端面,只能轻碰端面。)

3)对 3 号螺纹刀

方法和对 1 号、2 号刀相同。(注意:把光标移到 03 序号。在对 Z 向时,由于车刀刀尖是 60 度,因此刀尖不能轻碰端面,刀尖只能与端面基本对齐。)

4)检验对刀是否正确

检验 Z 向时,车刀要在毛坯直径外面;检验 X 向时,车刀要在毛坯端面外面,以防车刀直接与毛坯碰撞。

(1)1 号外圆刀(T0101)检验。 录入 → 程序 (切换到"程序状态"界面→ T0108-输入 → 循环启动位置 → 翻页 (找到"绝对坐标"界面)→用手轮把车刀摇至 Z0,查看车刀刀尖是否与端面对齐;再用手轮把车刀摇至 X25.32(假如外圆测量值是 Φ25.32),查看车刀刀尖是否在 Φ25.32 外圆上面。

(2)2 号切断刀(T0202)检验。检验方法和 1 号刀相同。

(3)3 号螺纹刀(T0303)检验。检验方法和 1 号刀相同。

2. 零件加工

1)程序刀尖轨迹空运行

先把刀补清零,否则图形坐标不正确。还要注意应在对刀前做程序刀尖轨迹空运行,如果在对刀后做,则车刀 X 向和 Z 向坐标会变。

编辑 → 程序 (切换到"程序内容"界面)→ 复位 (或光标移到程序第一段)→ 自动 → 设置 → 机床锁 → 辅助锁 → 空运行 ,如果原来已有图,就按 R 把原来的图清掉)→ S (开始作图)→ 循环启动 。

需要注意的是,对刀前记得把 机床锁 → 辅助锁 → 空运行 功能全部取消。

2)不同长度工件的对刀

举例:原来对刀时工件夹长 80mm 任意夹长,现在工件指定夹长 50mm。加工时就应该重新对刀。

重新对刀时,只需把所有刀号的 Z 方向设置为零点即可,所有刀号的 X 向都不用重新对刀。

3)修改刀补

(1)为了预防外圆车小,应在图纸标注直径尺寸上预留 0.3,修改方法是:

刀补 (切换到"刀具偏置磨损"界面)→光标移到所需序号的下一位(举例,如果是修改 01 序号,光标则移到 01 序号的下一行) U → 0.3 → 输入 。

(2)如果外圆还大 0.3,修改方法是:

刀补 (切换到"刀具偏置磨损"界面)→光标移到所需序号的下一位(举例,如果是修改 01 序号,光标则移到 01 序号的下一行) U → -0.3 → 输入 。

4)把车刀移动到指定的坐标位置

举例:把 1 号车刀移动到 X32、Z1 位置。

录入 → 程序 (切换到"程序状态"界面) T0101 → G00 → X32 → Z8-输入 → 循环启动 。

用此方法可以检验对刀是否正确。

5)自动加工零件

先把车刀移动到转刀架不碰工件的安全位置。

编辑 → 程序 → 复位 (或光标移到程序第一行)→ 自动 → 循环启动 (加工第一件零件时,

应把快速倍率调到 F0，左手放在 急停 按键旁，如果出现紧急情况或发现车刀走的线路不是自己预想的编程线路立即按 急停，重复加工第二件零件以上可把快速倍率调回到 100%。

需要注意的是，批量加工时，定刀定位，工件从夹爪伸出的长度应比对刀时伸出的长度多 0.5mm，预留车端面。每件装夹的长度尽量一样。直接按 循环启动。

6) 进给保持（程序暂停）

(1) 在自动加工运行程序时，想中途停下检查零件尺寸，操作方法是：进给保持→手动→主轴停止。

(2) 暂停后，想再继续加工，操作方法是：手动→正转→自动→循环启动。

运行程序时按 复位 和 进给保持 的区别是，在运行程序时想中途停下，如按 进给保持 键，想再继续加工，则是从程序暂停的那一行往下运行。如按 复位 键，再想继续加工。车刀应先远离工件，在选有刀号的这一行按 自动→运行。

7) 在程序中任选一段运行（选段时，应选有刀号的这一行）

举例：如果槽的直径还大，应该先修改刀补，再打开程序，把光标移到 T0202 M03 S400 这一行，按 手动→正转→自动→循环启动。

G70 精车选段举例：有一零件编程，外圆用 G71（或 G72、G73）粗车、用 G70 精车。车完后发现外圆直径还大，应该先修改刀补，再车一刀外圆符合图纸尺寸要求。返修时，为了不浪费时间，可直接从 G70 开始运行，方法如下。

(1) 先把刀架转动到 T0101 位置。

(2) 录入→程序（切换到"程序状态"界面）T0101→输入→循环启动 执行刀具偏置。

(3) 按 手动→正转→自动→循环启动（精车完这行后，如果不想往下加工，可按 进给保持→复位）。

需要注意的是，不能在循环程序中间选段。

8) 数控车床简单的手动切削操作

手动切削操作即不编程，用手轮摇动，利用"相对坐标"界面里的 W 和 U 坐标，加工零件长度和外圆。需要注意的是，此方法不能加工圆弧和锥度。

(1) 加工零件长度。先 X 轴方向车 刀端面，再 X 轴方向退刀。位置—翻页 找到"相对坐标"界面，按 W（此时 W 字体不停地闪动）—取消（此时 W 坐标值为 0），加工时就看 W 值。需要长度多少，W 值就负值多少。

(2) 加工零件外圆。先 Z 轴方向车一刀外圆，再 Z 轴方向退刀。位置—翻页 找到"相对坐标"界面，按 U（此时 U 字体不停地闪动）—取消（此时 U 坐标值为 0），加工时就看 U 值（U 为直径值）。需要外圆多少，U 值就负值多少。

8.4 平面数控车削实践课题

(1) 需加工的轴类工件如图 8-31 所示，材料为 $\Phi 25 \times 100$，45#钢。

(2) 所用刀具见图 8-32。

(3) 分析。

①定位基准是坯料的外圆，用三爪自定心卡盘装夹。

②1 号外圆粗车刀，材料是硬质合金钢，主偏角 90°，副偏角 45°；2 号外圆精车刀，材料是高速钢，主偏角 90°，副偏角 45°；3 号切槽刀，材料是高速钢，刀宽是 3mm，以左刀尖为定位点。4 号螺纹刀，牙型角是 55°～60°。

③制订加工方案是从右到左，从大到小。粗加工后，径向加工余量为 0.5mm，轴向为 0.2mm。

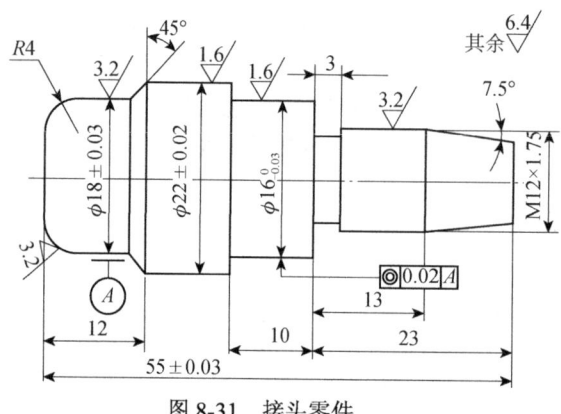

图 8-31 接头零件

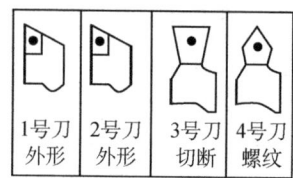

图 8-32 刀具

④可以用平面几何解析计算法或代数法进行计算节点的坐标值。

⑤编写加工程序，见表 8-7。

表 8-7 工件加工程序

程序	说明
O0001;	程序名
M3 S700;	主轴转速为 700 转
T0101;	粗车外圆刀
G0 X25 Z1;	定位到 X25 Z1 位置
G71 U1 R1 F100;	
G71 P10 Q110 U0.5 W0.2;	
N10 G0 X9 Z1;	
N20 G1 X12 Z-10;	
N30 Z-23;	
N40 X16;	
N50 Z-33;	外圆粗车循环
N60 X22;	
N70 Z-43;	
N80 X18 Z-45;	
N90 Z-51;	
N100 G03 X10 Z-55 R4;	
N110 G01 X25;	
G0 X100 Z100;	定位到 X100 Z100 位置，准备换车
T0202;	换精车外圆刀
G0 X25 Z1;	定位到 X25 Z1 位置，准备精车
G70 P10 Q110 F50;	精车外形
G0 X100 Z100;	定位到 X100 Z100 位置，准备换车
T0303;	换切槽刀
S500 ;	转速为 500 转
G0 X16 Z-23;	定位到 X16 Z-23 位置
G1 X9 F30;	切退刀槽
X20;	
G0 X100 Z100;	定位到 X100 Z100 位置，准备换车
T0404;	换螺纹刀
G0 X15 Z2;	定位到 X15 Z2 位置，准备车螺纹
G92 X11 Z-22 F1.75;	
X10.7;	
X10.5;	
X10.3;	
X10.1;	加工螺纹
X9.9;	
X9.8;	
X9.7;	

续表

O0001;	程序名
G0 X100 Z100;	定位到X100 Z100位置，准备换车
T0303;	换切刀槽
G0 X30 Z-58;	定位到X30Z-58位置，准备切断
G1 X0 F30;	切断工件
G0 X100;	刀具退回加工原点
Z100;	
M5;	停止主轴转动
M30;	结束程序
%;	结束程序符

8.5 数控车床安全操作规范

1. 安全操作基本注意事项

(1) 工作时请穿好工作服、安全鞋，戴好工作帽及防护镜，不允许戴手套操作机床。
(2) 注意不要在机床周围放置障碍物，工作空间应足够大。
(3) 注意不要移动或损坏安装在机床上的警告标牌。
(4) 某一项工作如需要两人或多人共同完成时，应注意相互间的协调一致。
(5) 不允许采用压缩空气清洗机床、电气柜及NC单元。

2. 工作前的准备工作

(1) 机床开始工作前要预热，认真检查润滑系统工作是否正常，如机床长时间未开动，可先采用手动方式向各部分供油润滑。
(2) 使用的刀具应与机床允许的规格相符，有严重破损的刀具要及时更换。
(3) 调整刀具所用工具不要遗忘在机床内。
(4) 大尺寸轴类零件的中心孔是否合适，中心孔如太小，工作中易发生危险。
(5) 刀具安装好后应进行一、二次试切削。
(6) 检查卡盘夹紧工作的状态。
(7) 机床开动前，必须关好机床防护门。

3. 工作过程中的安全注意事项

(1) 禁止用手接触刀尖和铁屑，铁屑必须要用铁钩子或毛刷来清理。
(2) 禁止用手或其他任何方式接触正在旋转的主轴、工件或其他运动部位。
(3) 禁止加工过程中进行测量、变速，更不能用棉丝擦拭工件，也不能清扫机床。
(4) 车床运转中，操作者不得离开岗位，机床发现异常现象立即停车。
(5) 经常检查轴承温度，过高时应找有关人员进行检查。
(6) 在加工过程中，不允许打开机床防护门。
(7) 严格遵守岗位责任制，机床由专人使用，他人使用需经本人同意。
(8) 工件伸出车床100mm以外时，须在伸出位置支撑架或顶尖等。
(9) 学生必须在操作步骤完全清楚时进行操作，遇到问题立即向教师询问，禁止在不知道规程的情况下进行尝试性操作，操作中如机床出现异常，必须立即向指导教师报告。
(10) 手动原点回归时，注意机床各轴位置要距离原点-100mm以上，机床原点回归顺序为：首先+X轴，其次+Z轴。
(11) 使用手轮或快速移动方式移动各轴位置时，一定要看清机床X、Z轴各方向"+、

—"号标牌后再移动。移动时先慢转手轮观察机床移动方向无误后方可加快移动速度。

(12)学生编完程序或将程序输入机床后,需先进行图形模拟,准确无误后再要进行机床试运行,并且刀具应离开工件端面200mm以上。

(13)程序运行注意事项。

①对刀应准确无误,刀具补偿号应与程序调用刀具号符合。

②检查机床各功能按键的位置是否正确。

③光标要放在主程序头。

④加注适量冷却液。

⑤站立位置应合适,启动程序时,右手作按停止按钮准备,程序在运行当中手不能离开停止按钮,如有紧急情况立即按下停止按钮。

(14)加工过程中认真观察切削及冷却状况,确保机床、刀具的正常运行及工件的质量。并关闭防护门以免铁屑、润滑油飞出。

(15)在程序运行中须暂停测量工件尺寸时,要待机床完全停止、主轴停转后方可进行测量,以免发生人身事故。

(16)关机时,要等主轴停转3分钟后方可关机。

(17)未经许可,禁止打开电器箱。

(18)各手动润滑点,必须按说明书要求润滑。

(19)修改程序的钥匙,在程序调整完后,要立即拿掉,不得插在机床上,以免无意改动程序。

(20)每日必须使用切削油循环0.5小时,冬天时间可稍短一些,切削液要定期更换,一般在1~2个月。

(21)机床若数天不使用,则每隔一天应对NC及CRT部分通电2~3小时。

4. 工作完成后的注意事项

(1)清除切屑、擦拭机床,使用机床与环境保持清洁状态。

(2)注意检查或更换磨损坏了的机床导轨上的油擦板。

(3)检查润滑油、冷却液的状态,及时添加或更换。

(4)依次关掉机床系统电源和机床总电源。

第9章 数控铣削技术

9.1 数控铣削概述

数控铣床是主要采用铣削方式加工零件的数控机床,它能够进行外形轮廓铣削、平面或曲面形腔铣削及三维复杂型面的铣削,如模具、凸轮、叶片等,另外数控铣床还具有孔加工的功能,通过特定的功能指令可进行一系列孔的加工,如钻孔、扩孔、铰孔、镗孔和攻丝等。

9.1.1 数控铣削的原理

在数控铣床上,把被加工零件的工艺过程(如加工顺序、加工类别)、工艺参数(如主轴转速、进给速度、刀具尺寸)以及刀具与工件的相对位移,用数控语言编写成加工程序单,然后将程序输入到数控装置,数控装置便根据数控指令控制机床的各种操作和刀具与工件的相对位移,当零件加工程序结束时,机床会自动停止,加工出合格的零件,其工作原理如图9-1所示。

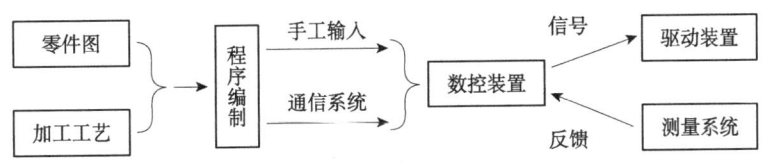

图9-1 数控铣床工作原理

9.1.2 数控铣床的组成

数控铣床一般由输入和输出装置、数控装置(CNC)、伺服单元、驱动装置(或称执行机构)、可编程控制器(PLC)及电气控制装置、辅助装置、机床本体及测量装置组成。

(1)输入和输出装置。它是机床数控系统和操作人员进行信息交流、实现人机对话的交互设备。输入装置的作用是将程序载体上的数控代码变成相应的电脉冲信号,传进并存入数控装置内。目前,数控机床的输入装置有键盘、磁盘驱动器、光电阅读机等,其相应的程序载体为磁盘、穿孔纸带。输出装置是显示器,有CRT显示器或彩色液晶显示器两种。输出装置的作用是:数控系统通过显示器为操作人员提供必要的信息。显示的信息可以是正在编辑的程序、坐标值以及报警信号等。

(2)数控装置(CNC)。它是计算机数控系统的核心,由硬件和软件两部分组成。它接收的是输入装置进来的脉冲信号,信号经过数控装置的系统软件或逻辑电路的编译、运算和逻辑处理后,输出各种信号和指令,控制机床的各个部分,使其进行规定的、有序的动作。这些控制信号中最基本的信号是各坐标轴(即做进给运动的各执行部件)的进给速度、进给方向和位移量指令(送到伺服驱动系统驱动执行部件做进给运动),还有主轴的变速、换向和启停信号,选择和交换刀具的刀具指令信号,控制冷却液、润滑油启停,控制工件和机床部件松开、夹紧,控制分度工作台转位的辅助指令信号等。数控装置主要包括微处理器(CPU)、存储器、局部总线、外围逻辑电路以及与CNC系统其他组成部分联系的接口等。

(3)可编程逻辑控制器(PLC)。数控机床通过 CNC 和 PLC 共同完成控制功能,其中,CNC 主要完成与数字运算和管理等有关的功能,如零件程序的编辑、插补运算、译码、刀具运动的位置伺服控制等。而 PLC 主要完成与逻辑运算有关的一些动作,它接收 CNC 的控制代码 M(辅助功能)、S(主轴转速)、T(选刀、换刀)等开关量动作信息,对开关量动作信息进行译码,转换成对应的控制信号,控制辅助装置完成机床相应的开关动作,如工件的装夹、刀具的更换、冷却液的开关等一些辅助动作。它还接收机床操作面板的指令,一方面直接控制机床的动作(如手动操作机床),另一方面将一部分指令送往数控装置,用于加工过程的控制。

(4)伺服单元。伺服单元接收来自数控装置的速度和位移指令。这些指令经伺服单元变换和放大后,通过驱动装置转变成机床进给运动的速度、方向和位移。因此,伺服单元是数控装置与机床本体的联系环节,它把来自数控装置的微弱指令信号放大成控制驱动装置的大功率信号。伺服单元分为主轴单元和进给单元等,伺服单元就其系统而言又有开环系统、半闭环系统和闭环系统之分。

(5)驱动装置。驱动装置把经过伺服单元放大的指令信号变为机械运动,通过机械连接部件驱动机床工作台,使工作台精确定位或按规定的轨迹作严格的相对运动,加工出形状、尺寸与精度符合要求的零件。目前常用的驱动装置有直流伺服电机和交流伺服电机,交流伺服电机正逐渐取代直流伺服电机。

伺服单元和驱动装置合称为伺服驱动系统,它是机床工作的动力装置,计算机数控装置的指令要靠伺服驱动系统付诸实施,伺服驱动装置包括主轴驱动单元(主要控制主轴的速度)、进给驱动单元(主要控制进给系统的速度和位置)。伺服驱动系统是数控机床的重要组成部分。从某种意义上说,数控机床的功能主要取决于数控装置,而数控机床的性能主要取决于伺服驱动系统。

(6)机床本体。即数控机床的机械部件,包括主运动部件、进给运动执行部件(工作台、拖板及其传动部件)和支承部件(床身、立柱等),还包括具有冷却、润滑、转位和夹紧等功能的辅助装置。加工中心类的数控机床还有存放刀具的刀库、交换刀具的机械手等部件,数控机床机械部件的组成与普通机床相似。由于数控机床高速度、高精度、大切削用量和连续加工的要求,其机械部件在精度、刚度、抗震性等方面要求更高。

此外,为保证数控机床功能的充分发挥,还有一些辅助系统,如冷却系统、润滑系统、液压(或气动)系统、排屑系统、防护系统等。

9.1.3 数控铣削的特点

数控铣床的加工通常具有以下优点。

(1)加工精度高。现在,数控装置的脉冲当量通常是 $1\mu m$,高精度的数控系统能达到 $0.1\mu m$,通常情况下都能保证工件精度。另外,数控加工还避免了操作人员的操作失误,同一批加工零件的尺寸同一性好,很大程度上提高了产品质量。因为数控铣床具有较高的加工精度,能加工很多普通机床难以加工或根本不能加工的复杂型面,所以在加工各种复杂模具时更显出其优越性。

(2)生产效率高。数控铣床上通常是不使用专用夹具等专用工艺设备的,在更换工件时,只需调用储存于数控装置中的加工程序、装夹工件和调整刀具数据即可,因而大大缩短了生产周期。数控铣床的主轴转速和进给速度都是无级变速的,因此有利于选择最佳切削用量。数控铣床具有快进、快退、快速定位功能,可大大减少机动时间。据统计,数控铣床加工比普通铣床加工生产效率可提高 3~5 倍,对于复杂的成形面加工,生产效率可提高十几倍,甚至几十倍。

(3)加工灵活、通用性强。数控铣床的最大特点是高柔性,即灵活、通用、万能,可以加工不同形状的工件。在数控铣床上能完成钻孔、镗孔、铰孔、铣平面、铣斜面、铣槽、铣曲面(凸轮)、攻螺纹等加工。在一般情况下,可以一次装夹就完成所需要的加工工序。

此外,采用数控铣床还能改善工人的劳动条件,大大减轻劳动强度。

9.1.4 数控铣削的应用

数控铣床可以加工许多普通铣床难以加工,甚至无法加工的零件。它以铣削加工为主,辅以各种孔加工方式以及螺纹铣削,主要可加工以下种类的零件。

1. 平面类零件

平面类零件是指加工面平行或垂直于水平面,以及加工面与水平面的夹角为一定值的零件。这类加工面可展开为平面。这类零件的数控铣削或孔加工相对比较简单,主要有平向凸轮、齿轮箱体和法兰盘等零件。

如图 9-2 所示的三个零件均为平面类零件。其中,曲线轮廓 M 垂直于水平面、可采用圆柱立铣刀加工。凸台侧面 N 与水平面呈一定角度,这类加工面可以采用专用的角度成形铣刀来加工。对于斜面 P,当工件尺寸不大时,可用斜板垫平后加工;当工件尺寸很大,斜面坡度又较小时,也常用行切加工法加工,这时会在加工面上留下进刀时的刀锋残留痕迹,要用钳修方法加以消除。

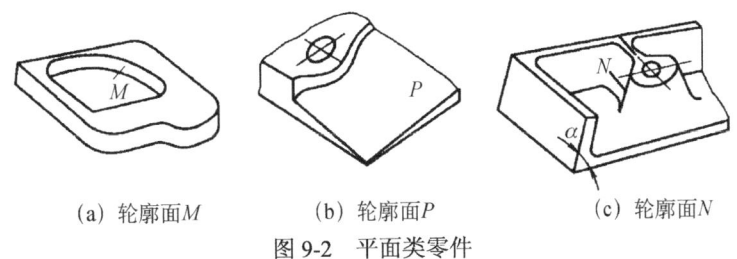

(a) 轮廓面 M　　(b) 轮廓面 P　　(c) 轮廓面 N

图 9-2　平面类零件

2. 变斜角类零件

变斜角类零件指加工面与水平面的夹角呈连续变化的零件,其加工面不能展开为平面,此类零件如飞机上的零件和移动凸轮等。图 9-3 所示零件的加工面就是一种变斜角类零件,从截面(1)至截面(2)变化时,其与水平面间的夹角从 $3°10'$ 均匀变化为 $2°32'$,从截面(2)到截面(3)时,又均匀变化为 $1°20'$,最后到截面(4),斜角均匀变化为 $0°$。变斜角类零件的加工面不能展开为平面。

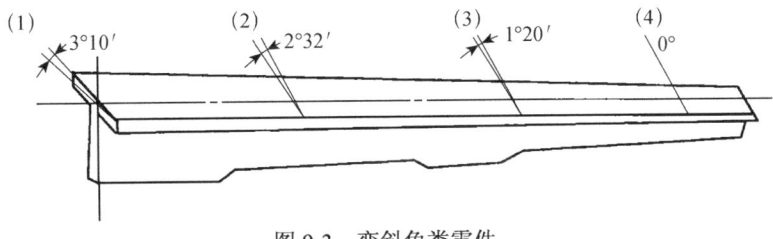

图 9-3　变斜角类零件

当采用四坐标或五坐标数控铣床加工变斜角类零件时,加工面与铣刀圆周接触的瞬间为一条直线。这类零件也可在三坐标数控铣床上,采用行切加工法实现近似加工。

3. 立体曲面类零件

加工面为空间曲面的零件称为立体曲面类零件。这类零件的加工面不能展开成平面,一般使用球头铣刀切削,加工面与铣刀始终为点接触。若采用其他刀具加工,易产生干涉而铣伤邻近表面。加工立体曲面类零件一般使用三坐标数控铣床,采用以下两种加工方法。

(1) 行切加工法。采用三坐标数控铣床进行二轴半坐标控制加工,即行切加工法。如图 9-4 所示,球头铣刀沿 XY 平面的曲线进行直线插补加工,当一段曲线加工完后,沿 X 方向进给 ΔX,再加工相邻的另一曲线,如此依次用平面曲线来逼近整个曲面。相邻两曲线间的距离 ΔX,比根据表面粗糙度的要求及球头铣刀的半径选取。球头铣刀的球半径应尽可能选得大一些,以增加刀具刚度,提高散热性,降低表面粗糙度值。加工凹圆弧时,铣刀球头半径必须小于被加工曲面的最小曲率半径。

(2) 三坐标联动加工。采用三坐标数控铣床三轴联动加工,即进行中间直线插补。如半球形,可用行切加工法加工;也可用三坐标联动的方法加工,这时数控铣床用 X、Y、Z 三坐标联动的空间直线插补,实现球面加工,如图 9-5 所示。

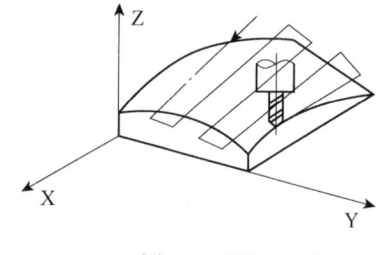

图 9-4　行切加工法

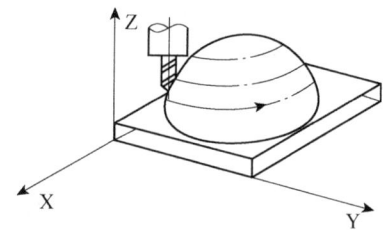

图 9-5　三坐标联动加工

9.2　数控铣床的编程

9.2.1　数控铣床的坐标系

1. 工件坐标系与工作平面

为了使机床和系统可以按照 NC 程序给定的位置加工,这些参数必须在一基准系统中给定,而该系统可以被传送给机床轴的运行方向。为此可以使 X、Y 和 Z 为坐标轴的坐标系,标准的坐标系采用右手笛卡儿直角坐标系,如图 9-6 所示。

NC 程序必须包含制定加工所在平面的信息。只有这样,控制系统才能在处理 NC 程序时正确计算刀具补偿值。此外,在特定类型的圆弧编程和极坐标系中,工作平面的数据同样重要。每两个坐标轴就可以确定一个工作平面,而第三个坐标轴垂直于该平面并确定刀具进给方向,如用于 2D 加工,如图 9-7 所示。

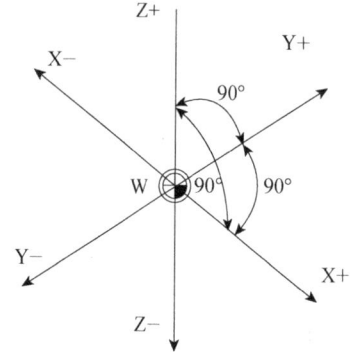

图 9-6　用于铣削的工作坐标系

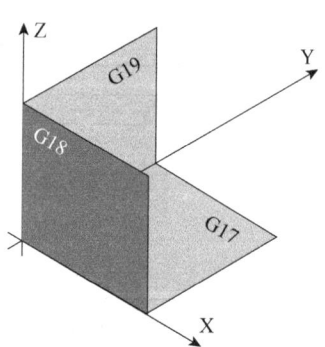

图 9-7　铣削时的工作平面

2. 机床坐标系

机床坐标系由所有实际存在的机床轴构成,坐标系与机床的相互关系取决于机床的类型。轴方向由所谓的右手"三指定则"确定(图9-8),站到机床前,伸出右手,中指与主要主轴进刀的方向相对,然后可以得到:大拇指为方向+X,食指为方向+Y,中指为方向+Z。立式铣床中的坐标系如图9-9所示。用A、B、C分别表示围绕坐标轴X、Y和Z的旋转运动。从坐标轴正方向观察,当顺时针旋转时旋转方向为正,如图9-10所示。

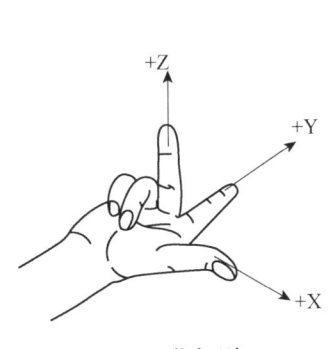

图 9-8 三指规则　　图 9-9 立式铣床坐标系　　图 9-10 X、Y和Z的旋转方向

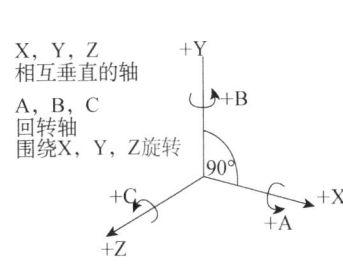

3. 编程坐标系

编程人员在编程时,需要把零件的尺寸转换为刀具运动的坐标,这就要在零件图样上确定一个坐标原点,这个坐标原点就是编程原点,它所决定的坐标系就是编程坐标系。其位置没有一个统一的规定,确定原则是以有利于坐标计算为准,同时尽量做到基准统一,即使编程原点与设计基准、工艺基准统一。

4. 各种坐标系的相互关系

工件坐标系实际上是编程坐标系从图纸上往零件上的转化,编程坐标系是在纸上确定的,工件坐标系是在工件上确定的。如果把图纸蒙在工件上,两者应该重合。数控程序中的坐标值都是按编程坐标系计算的,零件在机床上安装好后,刀具与编程坐标系之间没有任何关系,如何知道程序中的坐标所对应的点在工件上什么位置呢?这就需要确定编程原点在机床坐标系中的位置,通过工件坐标系把编程坐标系与机床坐标系联系起来,刀具就能准确地定位了。

如图9-11(a)所示的工件,编程坐标系原点取在O3点,工件装到工作台上后,如图9-11(b)所示,通过回零操作,把机床坐标系原点建立在O1点,要使刀具正确加工零件,必须把工件坐标系原点建立在图示的O2点,O2点在机床坐标系中的位置通过对刀获得。假设通过对刀,得到O2点离O1点间的距离为X方向100mm,Y方向50mm,Z方向40mm,则可通过G54指令或G92指令把工件坐标系原点建立在O2点,即指明了编程坐标系在机床坐标系中的位置。

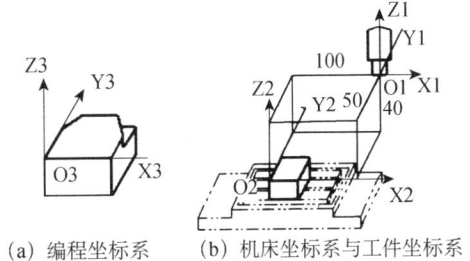

(a) 编程坐标系　　(b) 机床坐标系与工件坐标系

图 9-11 机床坐标系、编程坐标系与工件坐标系

9.2.2 数控铣削的程序运行

1. 程序运行的顺序

必须在自动操作方式下才能运行当前打开的程序,GSK980MDa不能同时打开两个或更多程序,因此,GSK980MDa在任一时刻只能运行一个程序。打开一个程序时,光标位于第一个程序段的行首,在编辑操作方式下可以移动光标。在自动操作方式的运行停止状态,

用循环启动信号(机床面板的"循环启动"键或外接循环启动信号)从当前光标所在的程序段启动程序的运行,通常按照程序段编写的先后顺序逐个程序段执行,直到执行了 M02 或 M30 指令,程序运行停止。光标随着程序的运行而移动。

2. 程序段内指令字的执行顺序

一个程序段中可以有 G、X、Y、Z、F、R、M、S、T 等多个指令字,大部分 M、S、T 指令字由 NC 解释后送给 PLC 处理,其他指令字直接由 NC 处理。M98、M99、M9000~M9999,以及以 r/min、m/min 为单位给定主轴转速的 S 指令字也是直接由 NC 处理。

当 G 指令与 M00、M01、M02、M30 在同一个程序段中时,NC 执行完 G 指令后,才执行 M 指令,并把对应的 M 信号送给 PLC 处理;当 G 指令字与 M98、M99、M9000~M9999 指令字在同一个程序段中时,NC 执行完 G 指令后,才执行这些 M 指令字;当 G 指令字与其他由 PLC 处理的 M、S、T 指令字在同一个程序段中时,由 PLC 程序决定 M、S、T 指令字与 G 指令字同时执行,或者在执行完 G 指令后再执行 M、S、T 指令字。

9.2.3 数控铣床的基本编程指令

1. 辅助功能 M 代码

M 代码由指令地址 M 和其后的 1~2 位数字或 4 位数组成,用于控制程序执行的流程或输出 M 代码到 PLC。一个程序段中只能有一个 M 指令,当程序段中出现两个或两个以上的 M 指令时,CNC 出现报警。

M98、M99、M9000~M9999 由 CNC 独立处理,不输出 M 代码给 PLC。M29 功能固定,输出 M 代码给 PLC;M02、M30 已由 NC 定义为程序结束指令,同时也输出 M 代码到 PLC,可由梯形图用于输入输出控制(关主轴、关冷却等)。M98、M99、M9000~M9999 作为程序调用指令,M02、M30 作为程序结束指令,PLC 程序不能改变上述指令意义。其他 M 指令的代码都输出到 PLC,由 PLC 程序定义指令功能,请参照机床厂家的说明书见表 9-1。

表 9-1 控制程序执行的流程 M 指令一览表

指令代码	功能
M02	程序运行结束
M03	主轴正转(顺时针)
M04	主轴反转(逆时针)
M05	主轴停止
M30	程序运行结束
M08	冷却液开
M09	冷却液关
M98	子程序调用
M99	从子程序返回;若 M99 用于主程序结束(即当程序并非由其他程序调用),程序反复执行
M9000~M9999	调用宏程序(程序号大于 9000 的程序)

(1) 程序结束 M02。指令功能为在自动方式下,执行 M02 指令,当前程序段的其他指令执行完成后,自动运行结束,光标停在 M02 指令所在的程序段,不返回程序开头。若要再次执行程序,必须让光标返回程序开头。

(2) 程序运行结束 M30。指令功能为在自动方式下,执行 M30 指令,当前程序段的其他指令执行完成后,自动运行结束,加工件数加 1,系统取消刀具半径补偿,并且光标返回程序开头。

(3) 程序暂停 M00。指令功能为执行 M00 指令后,程序运行停止,显示"暂停"字样,按循环启动键后,程序继续运行。

2. G 代码

G 代码由指令地址 G 和其后的 1~3 位指令值组成,用来规定刀具相对工件的运动方式、进行坐标设定等多种操作。G 代码一览表见表 9-2，其中模态 G 代码执行后其定义的功能或状态保持有效，直到被同组的其他 G 代码改变；非模态 G 代码的功能或状态一次性有效，每次执行该 G 代码时，必须重新输入该 G 代码字；初态 G 代码为系统上电后未经执行其功能或状态就有效的模态 G 代码。

表 9-2 G 代码一览表

指令字	组别	功能	备注
G04	00	暂停、准停	非模态 G 代码
G28		返回机械零点	
G00(初态 G 代码)	01	快速移动	模态 G 代码
G01		直线插补	
G02		圆弧插补(顺时针)	
G03		圆弧插补(逆时针)	
G73		钻深孔循环	
G74		左旋攻丝循环	
G80(初态 G 代码)		固定循环注销	
G81		钻孔循环(点钻循环)	
G82		钻孔循环(镗阶梯孔循环)	
G83		深孔钻循环	
G84		攻丝循环	
G85		镗孔循环	
G86		镗削循环	
G88		镗孔循环	
G89		镗孔循环	
G17(初态 G 代码)	02	XY 平面选择	
G18		ZX 平面选择	
G19		YZ 平面选择	
G90(初态 G 代码)	03	绝对值编程	
G91		相对值编程	
G94(初态 G 代码)	05	每分进给	
G95		每转进给	
G20	06	英制数据输入	模态掉电记忆
G21		公制数据输入	
G40(初态 G 代码)	07	取消刀具半径补偿	
G41		刀具半径左补偿	
G42		刀具半径右补偿	
G43	08	正方向刀具长度偏移	
G44		负方向刀具长度偏移	
G49(初态 G 代码)		刀具长度偏移注销	
G98(初态 G 代码)	10	在固定循环中返回初始平面	
G99		在固定循环中返回到 R 平面	
G50(初态 G 代码)	11	比例缩放取消	
G51		比例缩放开始	
G66	12	宏程序模态调用	模态 G 代码
G67(初态 G 代码)		宏程序模态调用取消	
G54(初态 G 代码)	14	工作坐标系 1	
G55		工作坐标系 2	
G56		工作坐标系 3	
G57		工作坐标系 4	
G58		工作坐标系 5	
G59		工作坐标系 6	
G68	16	坐标系旋转开始	
G69(初态 G 代码)		坐标系旋转取消	
G15(初态 G 代码)	17	极坐标指令方式取消	
G16		极坐标指令方式开始	
G50.1(初态 G 代码)	22	可编程镜像取消	
G51.1		可编程镜像开始	

下面对常用的 G 代码进行进一步说明。

1)相关定义

起点:当前程序段运行前的位置。

终点:当前程序段执行结束后的位置。

X:G90 时表示为终点 X 轴的绝对坐标,G91 时表示为相对于当前点 X 轴的增量值。

Y:G90 时表示为终点 Y 轴的绝对坐标,G91 时表示为相对于当前点 Y 轴的增量值。

Z:G90 时表示为终点 Z 轴的绝对坐标,G91 时表示为相对于当前点 Z 轴的增量值。

F:切削进给速度。

2)快速定位 G00

指令格式:G00 X__Y__Z__;

指令功能:X 轴、Y 轴、Z 轴同时从起点以各自的快速移动速度移动到终点,如图 9-12 所示。三轴是以各自独立的速度移动,短轴先到达终点,长轴独立移动剩下的距离,其合成轨迹不一定是直线。

指令说明:G00 为初态 G 代码;X、Y、Z 可省略一个或全部,当省略一个时,表示该轴的起点和终点坐标值一致;同时省略表示终点和始点是同一位置。

指令轨迹图:刀具以各轴独立的快速移动速度定位,通常刀具的轨迹不是直线。

示例:刀具从 A 点快速移动到 B 点,如图 9-13 所示。

G90 G0 X120 Y253 Z30;(绝对坐标编程)

G91 G0 X160 Y-97 Z-50;(相对坐标编程)

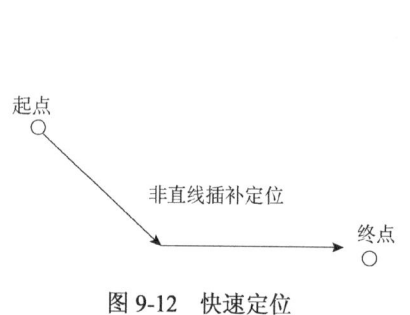

图 9-12　快速定位

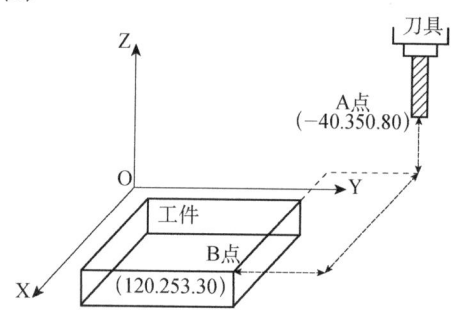

图 9-13　快速定位示例

3)直线插补 G01

指令格式:G01 X__ Y__ Z__ F__。

指令功能:运动轨迹为从起点到终点的一条直线。

X、Y、Z 取值范围:-99999999~99999999×最小指令单位;X、Y、Z 可省略一个或全部,当省略一个时,表示该轴的起点和终点坐标值一致;同时省略表示终点和始点是同一位置。

F 指令值:X 轴方向、Y 轴方向和 Z 轴方向的瞬时速度的矢量合成速度,实际的切削进给速度为进给倍率与 F 指令值的乘积;F 指令值执行后,此指令值一直保持,直至新的 F 指令值被执行。

轨迹指令图:运动轨迹为从起点到终点的一条直线(图 9-14)。

X 轴方向的速度为 $F_X = \alpha/L \times f$;Y 轴方向的速度为

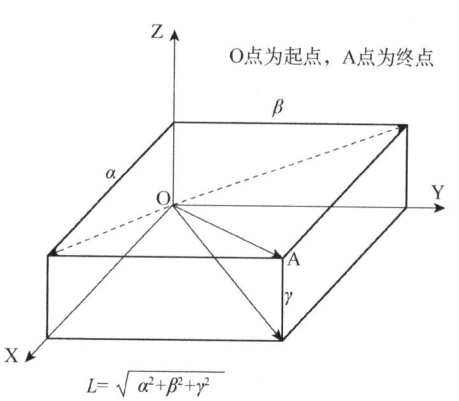

图 9-14　直线插补轨迹指令图

$F_Y=\beta/L\times f$；Z 轴方向的速度为 $F_Z=\gamma/L\times f$。

4）圆弧插补 G02、G03

XY 平面的圆弧：G17 G02/G03 X_ Y_ R_ F_；或 G17 G02/G03 X_ Y_ I_ J_ F_；

ZX 平面的圆弧：G18 G02/G03 X_ Z_ R_ F_；或 G17 G02/G03 X_ Y_ I_ K_ F_；

YZ 平面的圆弧：G19 G02/G03 Y_ Z_ R_ F_；或 G17 G02/G03 X_ Y_ J_ K_ F_；

指令功能：圆弧插补任何时候都是只有两个轴参与联动，来控制刀具沿圆弧在选择的平面中运动；若同时指定第三轴，则此时第三轴以直线插补方式参与联动，构成螺旋线插补。G02 代码运动轨迹为从起点到终点的顺时针；G03 代码运动轨迹为从起点到终点的逆时针。圆弧指令各部分的说明详见表 9-3。

表 9-3 圆弧插补指令说明

项目	指定内容		命令	意义
1	平面指定		G17	XY 平面圆弧指定
			G18	ZX 平面圆弧指定
			G19	YZ 平面圆弧指定
2	回转方向		G02	顺时针转 CW
			G03	逆时针转 CCW
3	终点位置	G90 方式	X、Y、Z 中的两轴	零件坐标系中的终点位置
		G91 方式	X、Y、Z 中的两轴	从始点到终点的距离
4	从始点到圆心的距离		I	X 轴始点到圆心的距离（带符号）
			J	Y 轴始点到圆心的距离（带符号）
			K	Z 轴始点到圆心的距离（带符号）
	圆弧半径		R	圆弧半径
5	进给速度		F	沿圆弧的速度

圆弧命令中，用地址 X、Y 或者 Z 指定圆弧的终点。对应于 G90 代码的是用绝对值表示，对应于 G91 代码的是用增量值表示，增量值是从圆弧的始点到终点的距离值。圆弧中心用地址 I、J、K 指定 I、J、K 根据方向带有符号。它们分别对应于 X、Y、Z。但 I、J、K 后面的数值是从圆弧始点到圆心的矢量分量，是含符号的增量值，如图 9-15 所示。

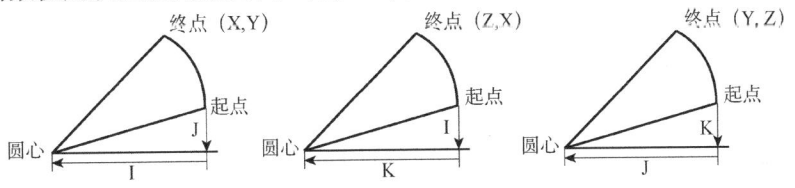

图 9-15 圆弧命令中的 I、J、K

圆弧中心除用 I、J、K 指定外，还可以用半径 R 来指定，如 G02 X_Y_R_ 或 G03 X_Y_R_。此时可画出下面两个圆弧，大于 180°的圆弧和小于 180°的圆弧。对于小于 180°的圆弧则半径用正值指定；对于大于 180°的圆弧则半径用负值指定。当指令等于 180°的圆弧时，半径指定用正负值都可。例如，在图 9-16 中，①的圆弧小于 180°时，程序为 G91 G02 X60.0 Y20.0 R50.0 F300.0，②的圆弧大于 180°时，程序为 G91 G02 X60.0 Y20.0 R-50.0 F300.0。

5）平面选择代码 G17、G18、G19

指令格式：G17……XY 平面

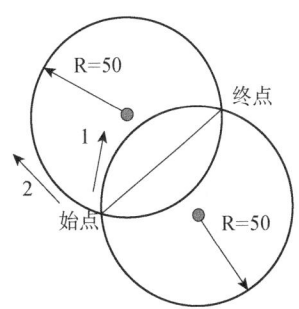

图 9-16 半径 R 指定圆弧

G18……ZX 平面
G19……YZ 平面

指令功能：用 G 代码选择圆弧插补的平面和刀具半径补偿的平面。
指令说明：在没指令的程序段里，平面不发生变化。
指令示例：G18 X_ Z_ ;　　ZX 平面
　　　　　X_ Y_ ;　　平面不变(ZX 平面)

6)刀具半径补偿 C(G40、G41、G42)
指令格式：G17/G18/G19 G41/G42 D_ ;
指令功能：刀具半径补偿功能。

表 9-4　刀具补偿代码

G 码	功能
G40	刀具半径补偿取消
G41	刀具半径左补偿
G42	刀具半径右补偿

用 G40、G41、G42 指令刀具半径补偿向量的取消及建立，如表 9-4 所示。它们与 G00、G01、G02、G03 指令组合，定义一个模式确定补偿向量的值、方向及刀具运动方向。

G41 或 G42 使系统进入补偿模式，G40 使系统取消补偿模式，需要注意的是，补偿平面的变更必须在取消补偿模式后进行。如果在补偿模式中执行，系统会显示报警，同时机械停止。

指令说明：

补偿平面——根据平面选择指令来确定补偿平面，C 刀补在补偿平面中计算。

补偿量——最多可设置32个补偿量，在程序中以 D 码指令后的两个数值即为补偿量的序号。

补偿向量——补偿向量是二维向量，等于 D 码指定的补偿值。补偿向量的计算是在控制单元内完成的，在每个程序段中，它的方向随着刀具路径适时修改。这个补偿向量在控制单元内完成，以便算出刀具移动须补偿多少，补偿路径(即刀具中心轨迹)等于编程路径加上或减去(由补偿方向决定)刀具半径(或直径)。

指令示例：

第一段程序段称为启动，在该段 G41 指令使补偿取消模式变为补偿模式；在本段的终点，刀具中心用刀具半径垂直于下一段程序路径(从 P1 至 P2)方向补偿；刀具补偿量用 D07 指定，即补偿号码设为 7，G41 表示刀具路径左补偿；补偿开始后，当工件形状编成如 P1→P2…P8→P9→P1，刀具路径补偿自动执行，如图 9-17 所示。

```
N00 G92 X0 Y0 Z0;
N01 G90 G17 G00 G41 D7 X250.0 Y550.0;    (补偿量必须用补偿号码预先设定)
N02 G01 Y900.0 F150;
N03 X450.0;
N04 G03 X500.0 Y1150.0 R650.0;
N05 G02 X900.0 R-250.0;
N06 G03 X950.0 Y900.0 R650.0;
N07 G01 X1150.0;
N08 Y550.0;
N09 X700.0 Y650.0;
```

```
N10 X250.0 Y550.0;
N11 G00 G40 X0 Y0;
```

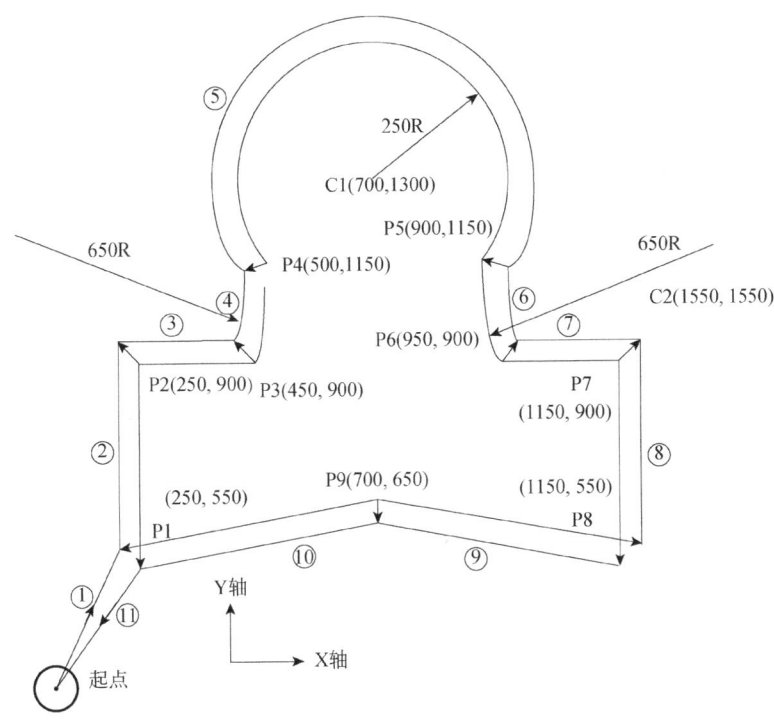

图 9-17 刀具半径补偿示例

7) 工件坐标系 G54~G59

指令格式：G54 工件坐标系 1
　　　　　G55 工件坐标系 2
　　　　　G56 工件坐标系 3
　　　　　G57 工件坐标系 4
　　　　　G58 工件坐标系 5
　　　　　G59 工件坐标系 6

指令功能：不需 G92 设定，机床就有六个工件坐标系，由 G54~G59 可选择其中的任意一个坐标系。

指令说明：X 为当前位置新的 X 轴绝对坐标；Y 为当前位置新的 Y 轴绝对坐标；Z 为当前位置新的 Z 轴绝对坐标。

这六个工件坐标系是由从机床零点到各自坐标系零点的距离（工件零点偏置）而设定的，如图 9-18 所示。

指令示例：

```
N10 G55 G90 G00 X100.0 Z20.0;
N20 G56 X80.5 Z25.5;
```

从工件坐标系 2 下的位置（X=100.0, Z=20.0）快速定位至工件坐标系 3 的位置（X=80.5, Z=25.5）。如 N20 程序段为 G91，则增量移动。N20 程序段开始执行时，绝对坐标位置值自动变为在 G56 坐标系下的坐标值，位置画面的绝对位置是在当前坐标系下的坐标值，如图

9-19 所示。

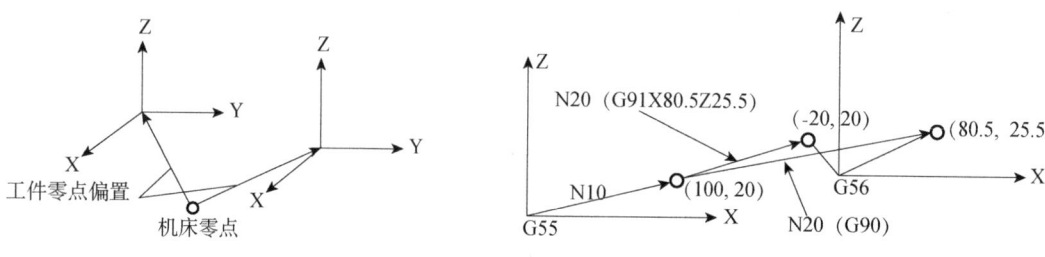

图 9-18　工件坐标系设定　　　　　图 9-19　工件坐标系示例一

在 G54 坐标系下，当刀具定位在(200，160)时如执行指令 G92 X100 Y100；则工件坐标系 1 偏移向量 A 为(X′，Y′)，同时，所有其他的工件坐标系也偏移向量 A，如图 9-20 所示。

8) 绝对值指令 G90 和增量值指令 G91

指令功能：作为指令轴移动量的方法，有绝对值指令和增量值指令两种方法。绝对值指令是用轴移动的终点位置的坐标值进行编程的方法。增量值指令是用轴移动量直接编程的方法。绝对值指令和增量值指令分别用 G90 和 G91 指令。

指令示例(图 9-21)：G90 X40.0 Y70.0 或 G91 X－60.0 Y40.0。

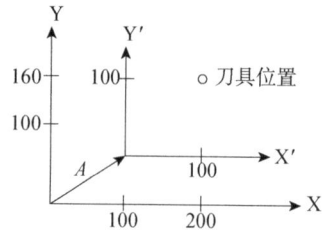 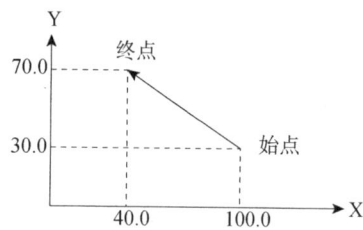

图 9-20　工件坐标系示例二　　　　　图 9-21　轴移动量指令示例

3. 其他代码

(1) 进给功能指令(F 指令)。进给功能用于指定进给速度，F 后的数字直接指令进给速度值。对于铣床，可分为每分钟进给(mm/min)和主轴每转进给(mm/r)两种，一般用 G94、G95 规定；对于铣床以外的控制，一般只用每分钟进给。F 值可以通过机床操作面板上的进给速度倍率开关进行修调。

(2) 主轴转速功能指令(S 指令)。主轴转速功能指令用来指定主轴的转速，单位 r/min。指定的速度可以通过机床操作面板上的主轴转速倍率开关进行修调。S 指令是模态指令，只有在主轴速度可调节时有效。

(3) 刀具功能指令(T 指令)。指令的格式为"T××××"，T 之后的数字分 2、4、6 位三种。对于四位数字来说，一般前两位数字代表刀具(位)号，后两位代表刀具补偿号。

9.3　数控铣削的加工

9.3.1　数控铣床的面板

以 GSK980MDa 采用集成式操作面板为例，其划分如图 9-22 所示，下面对各部分进行简介。

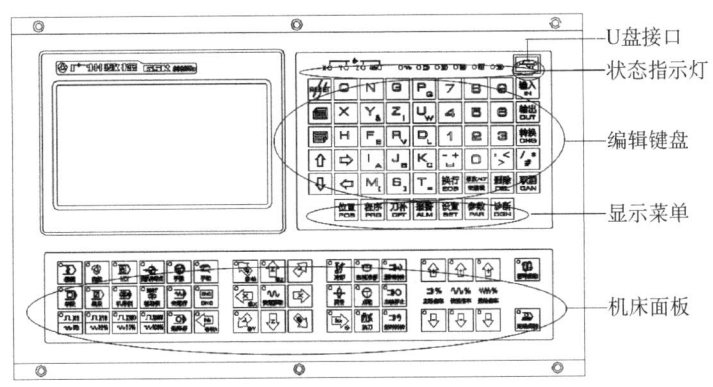

图 9-22　GSK980MDa 面板

1. 状态指示

状态指示各键功能简介见表 9-5。

表 9-5　状态指示

X Y Z 4th	各轴机械回零结束指示灯		快速指示灯
	单段运行指示灯		程序段选跳指示灯
	机床锁指示灯	MST	辅助功能锁指示灯
	空运行指示灯		

2. 编辑键盘

编辑键盘各键功能简介见表 9-6。

表 9-6　编辑键盘

按键	名称	功能说明
RESET	复位键	CNC 复位，进给、输出停止等
地址键区	地址键	地址输入 双地址键，反复按键，在两者间切换
符号键区	符号键	多地址键，反复按键，在多者间切换
数字键区	数字键	数字输入
. >	小数点、比较符	小数点输入，大于号、小于号的输入
输入 IN	输入键	参数、补偿量等数据输入的确定
输出 OUT	输出键	启动通信输出
转换 CHG	转换键	信息、显示的切换
参数ALT/宏编辑 删除DEL 取消CAN	编辑键	编辑时程序、字段等的插入、修改、删除，其中"修改 ALT/宏编辑"为复合键，反复按键可在"修改"和"宏输入"功能间切换
换行 EOB	EOB 键	程序结束符的输入
光标键	光标移动键	控制光标移动
翻页键	翻页键	同一显示界面下页面的切换

3. 显示菜单

显示菜单各键功能简介见表 9-7。

表 9-7 显示菜单

菜单键	备注
位置 POS	进入位置界面，有相对坐标、绝对坐标、综合坐标、坐标&程序四个页面
程序 PRG	进入程序界面，有程序内容、程序状态、程序预览、文件目录四个页面
刀补 OFT	进入刀补界面，有刀具偏置、宏变量、刀具寿命管理，刀补界面可显示刀具偏置值；宏变量界面显示 CNC 宏变量
报警 ALM	进入报警界面，有 CNC 报警、PLC 报警/警告、报警日志三个页面
设置 SET	进入设置界面
参数 PAR	进入参数界面，有状态参数、数据参数、螺补参数界面(反复按键可在各界面间转换)
诊断 DGN	进入诊断界面，有 CNC 诊断、PLC 状态、PLC 数据、版本信息四个界面(反复按键可在各界面间转换)，诊断界面、PLC 状态、PLC 数据显示 CNC 内部信号状态、PLC 各地址、数据的状态信息；版本信息界面显示 CNC 软件、硬件及 PLC 的版本号

4. 机床面板

显示菜单各键功能简介见表 9-8。

表 9-8 显示菜单

按键	名称	功能说明	功能有效时操作方式
进给保持	进给保持键	程序、MDI 指令运行暂停	自动方式、DNC、MDI 方式
循环启动	循环启动键	程序、MDI 指令运行启动	自动方式、DNC、MDI 方式
进给倍率	进给倍率键	进给速度的调整	自动方式、DNC、MDI 方式、编辑方式、机床回零、手脉方式、单步方式、手动方式
快速倍率	快速倍率键	快速移动速度的调整	自动方式、DNC、MDI 方式、机床回零、手动方式
主轴倍率	主轴倍率键	主轴速度调整(主轴转速模拟量控制方式有效)	自动方式、DNC、MDI 方式、编程方式、机床回零、手脉方式、单步方式、手动方式
点动	点动开关键	主轴电动状态开/关	机床回零、手脉方式、手动方式
润滑	润滑开关键	机床润滑开/关	自动方式、DNC、MDI 方式、编辑方式、机床回零、手脉方式、单步方式
冷却	冷却液开关键	冷却液开/关	自动方式、DNC、MDI 方式、编辑方式、机床回零、手脉模式、单步方式、手动方式

续表

按键	名称	功能说明	功能有效时操作方式
	主轴控制键	主轴顺时针旋转 主轴停止 主轴逆时针旋转	机床回零、手脉方式、单步方式、手动方式
	快速开关	快速速度/进给速度切换	手动方式
	手动进给键	手动但不操作方式X、Y、Z轴正/负向移动	机床回零、单步方式、手动方式
	手脉控制轴选择键	手脉操作方式X、Y、Z轴选择	手脉方式
	手脉/单步增量选择与快速倍率选择键	手脉每格移动 0.001/0.01/0.1/1mm 单步每格移动 0.001/0.01/0.1/1mm	自动方式、MDI方式、机床回零、手脉方式、单步方式、手动方式、DNC
	单段开关	程序单段运行/连续运行状态切换,单段有效时单段运行指示灯亮	自动方式、DNC、MDI方式
	程序段选跳开关	程序段首标有"/"号的程序段是否跳过状态切换,程序段选跳开关打开时,跳段指示灯亮	自动方式、DNC、MDI方式
	机床锁住开关	机床锁住时机床锁住指示灯亮,X、Y、Z轴输出无效	自动方式、DNC、MDI方式、编辑方式、机械回零、手轮方式、单步方式、手动方式
	辅助功能锁住开关	辅助功能锁住时辅助功能锁住指示灯亮,M、S、T轴输出无效	自动方式、DNC、MDI方式
	空运行开关	空运行有效时空运行指示灯点亮,加工程序/MDI指令段空运行	
	编辑方式选择键	进入编辑操作方式	自动方式、DNC、MDI方式、机床回零、手脉方式、单步方式、手动方式
	自动方式选择键	进入自动操作方式	录入方式、DNC、编辑方式、机床回零、手脉方式、单步方式、手动方式
	MDI(录入)方式选择键	进入录入(MDI)操作方式	自动方式、DNC、编辑方式、机床回零、手脉方式、单步方式、手动方式
	机械回零方式	进入机床回零操作方式	自动方式、DNC、MDI方式、编辑方式、手脉方式、单步方式、手动方式
	单步/手脉方式选择键	进入单步或手脉操作方式(两种操作方式由参数选择其一)	自动方式、DNC、MDI方式、编辑方式、机床回零、手动方式
	手动选择方式	进入手动选择方式	自动方式、DNC、MDI方式、编辑方式、机床回零、手脉方式、单步方式
	DNC方式选择键	进入DNC操作方式	自动方式下,按此键进入DNC方式

9.3.2 数控铣床的对刀

1. 对刀的概述

1) 对刀的原理

编程完毕的数控加工程序完全是一个基于工件坐标系的数控程序,丝毫体现不出程序原点与机床坐标系有任何联系。工件在机床上定位装夹后,必须确定工件在机床上的正确位置,以便与机床原有的坐标系联系起来,而这个过程就是对刀的过程。

2) 对刀的作用

对刀的目的是通过刀具或对刀工具确定工件坐标系原点(程序原点)在机床坐标系中的位置,并将对刀数据输入到相应的存储位置或通过 G92 指令设定。它是数控加工中最重要的操作内容,其准确性将直接影响零件的加工精度。

2. 对刀的方法

对刀操作分为 X、Y 向对刀和 Z 向对刀。对刀的准确程度将直接映影响加工精度。对刀方法一定要同零件加工精度要求相适应。根据使用的对刀工具的不同,常用的对刀方法有试切对刀法、寻边器对刀法、百分表(千分尺)对刀法。

1) 试切对刀法

用已安装在主轴上的刀具,通过手轮移动各轴,使旋转刀具与工件表面做微量的接触,这种方法简单方便,但会在工件上留下切削痕迹,且对刀精度较低。这种方法主要适用于毛坯零件,或工件外轮廓粗加工的情况。如图 9-23 所示,以对刀点(此处与工件坐标系原点重合)在工件表面中心位置为例(采用双边对刀方式)。

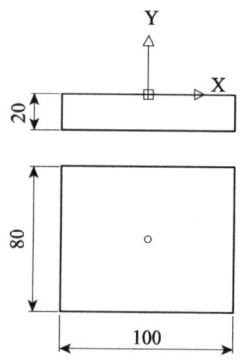

图 9-23 试切法对刀示意图

(1) X、Y 向对刀。

①将工件通过夹具装在工作台上,装夹时,工件的四个侧面都应留出对刀的位置。

②启动主轴中速旋转,快速移动工作台和主轴,让刀具快速移动到靠近工件左侧有一定安全距离的位置,然后降低速度移动至接近工件左侧。

③靠近工件时改用微调操作(一般用 0.01mm 来靠近),让刀具慢慢接近工件左侧,使刀具恰好接触到工件左侧表面(听切削声音、看切痕、看切屑,只要出现其中一种情况即表示刀具接触到工件),再回退 0.01mm。记下此时机床坐标系中显示的 X 坐标值,如-240.500 等。

④沿 Z 正方向退刀,至工件表面以上,用同样方法接近工件右侧,记下此时机床坐标系中显示的 X 坐标值,如-340.500 等。

⑤据此可得工件坐标系原点在机床坐标系中X坐标值为{-240.500+(-340.500)}/2=-290.500。同理可测得工件坐标系原点 W 在机床坐标系中的 Y 坐标值。

(2) Z 向对刀。

①将刀具快速移至工件上方。

②启动主轴中速旋转,快速移动工作台和主轴,让刀具快速移动到靠近工件上表面有一定安全距离的位置,然后降低速度移动让刀具端面接近工件上表面。

③靠近工件时改用微调操作(一般用 0.01mm 来靠近),让刀具端面慢慢接近工件表面(注意刀具特别是立铣刀时最好在工件边缘下刀,刀的端面接触工件表面的面积小于半圆,尽量不要使立铣刀的中心孔在工件表面下刀),使刀具端面恰好碰到工件上表面,再将 Z 轴

再抬高 0.01mm，记下此时机床坐标系中的 Z 值(如-140.400 等)，则工件坐标系原点 W 在机床坐标系中的 Z 坐标值为-140.400。

(3) 数据存储。将测得的 X、Y、Z 值输入机床工件坐标系存储地址 G5*（一般使用 G54～G59 代码存储对刀参数）中。

(4) 启动生效、检验。进入面板输入模式(MDI)，输入"G5*"，按启动键，运行 G5*使其生效。检验对刀是否正确，这一步是非常关键的。

2) 寻边器对刀法

由于在数控铣床或加工中心上加工的零件大多数都是已经进行过粗加工的零件，到数控铣床上，来进行半精加工甚至精加工，这时工件表面不允许出现切削痕迹。

寻边器的工作原理如图 9-24 所示。光电式寻边器一般由柄部和触头组成，它们之间有一个固定的电位差。触头装

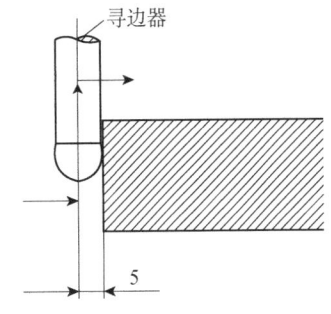

图 9-24　寻边器工作原理

在机床主轴上时，工作台上的工件(金属材料)与触头电位相同，当触头与工件表面接触时就形成回路电流，使内部电路产生光、电信号。这就是光电式寻边器的工作原理。

(1) 开机。在操作机床之前必须检查是否正常，并使机床通电。先开机床总电源，然后系统上电，最后松开急停按钮并回零。

(2) 回零。数控机床上有一个确定机床位置的基准点，这个点叫做参考点也叫机床零点。通常机床开机以后，第一件要做的事情就是使机床返回到参考点。回零时要注意机床工作台要距参考点有 100mm 以上的距离，防止机床超程产生报警。另外为了安全起见，机床回零时，必须使 Z 轴回零后才可使对 X 轴 Y 轴依次进行回零。当 X、Y、Z 三个坐标轴的参考点指示灯亮起时就说明机床回零工作已经完成。之后可以用较快的速度把工作台移动到需要的位置。

(3) 对刀。我们以粗加工过的零件毛坯，采用寻边器对工件进行分中对刀。

①X、Y 向对刀。

A. 在装夹工件时我们应该对平口钳的固定钳口进行找正。

B. 将工件装夹在平口钳上，装夹时，工件的四个侧边都应留出寻边器的测量位置。

C. 将寻边器正确地安装到轴上，并启动主轴，转速一般在 500～800r/min。

D. 快速移动工作台，让寻边器的探头靠近工件的左侧。

E. 改用手轮操作以×100 的进给倍率，让侧头慢慢接触工件的左侧(在使用手轮时一定要注意移动方向和速度避免损坏寻边器)，当寻边器发出红光并发出警报，离开工件改用×10 的进给倍率接触工件，再次报警时离开工件，离开工件改用×1 的进给倍率接触工件当再次报警时触头与工件的间隙为 1μm。

F. 抬起 Z 轴使寻边器离开工件，并按 POS 键并显示到综合坐标系记录下当前机械坐标系当中的 X 值。

G. 快速移动寻边器到工件右侧，并以测量左侧的方法来测量右侧。

H. 抬起 Z 轴使寻边器离开工件，并按 POS 键并显示到综合坐标系记录下当前机械坐标系当中的 X 值。

I. 把两次得到的 X 坐标系相加除以 2 得到的值输入 G54 坐标当中。此时 X 方向对刀完成。

J. 以对 X 的方法来对 Y 轴，得到的值输入 G54 坐标系中。到此 X、Y 的对刀完成。

②卸下寻边器换上刀具对 Z 向进行对刀。

A. 快速移动刀具接近工件,用塞尺(图 9-25)来测量刀尖与工件之间的间隙。

B. 在 G54 坐标系当中输入 Z 加当前塞尺厚度的值并按测量键。

C. 抬起 Z 轴,并验证。至此对刀操作完成。

③下面强调数控铣床对刀过处中的注意事项。

A. 根据加工要求正确选用对刀方法和工具,控制对刀误差。

B. 在对刀过程中可以通过调手轮上的进给倍率来提高对刀精度。

C. 对刀时需小心谨慎,尤其是要注意移动方向,避免发生碰撞危险。

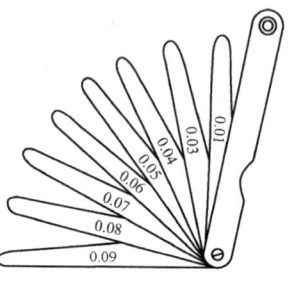

图 9-25 塞尺

D. 对刀数据一定要存入与程序对应的储存地址,防止因调用错误产生严重后果。

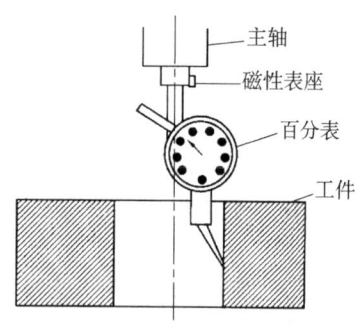

图 9-26 百分表(或千分表)对刀法

3) 百分表(或千分表)对刀法

该方法一般用于圆形工件的对刀。

(1) X、Y 向对刀。如图 9-26 所示,将百分表的安装杆装在刀柄上,或将百分表的磁性座吸在主轴套筒上,移动工作台使主轴中心线(即刀具中心)大约移到工件中心,调节磁性座上伸缩杆的长度和角度,使百分表的触头接触工件的圆周面,(指针转动约 0.1mm)用手慢慢转动主轴,使百分表的触头沿着工件的圆周面转动,观察百分表指针的便移情况,慢慢移动工作台的 X 轴和 Y 轴,多次反复后,待转动主轴时百分表的指针基本在同一位置(表头转动一周时,其指针的跳动量在允许的对刀误差内,如 0.02mm),这时可认为主轴的中心就是 X 轴和 Y 轴的原点。

(2) Z 向对刀。卸下百分表装上铣刀,用其他对刀方法如试切法、塞尺法等得到 Z 轴坐标值。

9.3.3 数控铣削的操作

(1) 开机回参考点。

(2) 把机床工作台移到机床中间(按负键,否则会超程),把工件放到工作台上。

(3) 用百分表找正,然后夹紧工件(如工件允许,夹紧后铣四方也可以,就不再用百分表找正);如果是使用平口钳,则先要校正钳口。

(4) 对刀,设置工件坐标系,输入刀具补偿值。

(5) 试运行,检查工件尺寸是否满足要求(不符合要求修改相应数据)。

(6) 加工工件。

(7) 完成加工,取出加工完成工件。

9.4 平面数控铣削实践课题

需进行平面内外轮廓加工的零件如图 9-27 所示,毛坯尺寸为 120mm×100mm×35mm,材料 45 钢。

1. 工艺分析

图样分析:该零件对内外轮廓和深度没有精度要求,可按自由公差计算,可以一次加工完成。

走刀路线:外轮廓的加工路线为 $a→b→c→d→e→f→g→h→i→b→j$,内轮廓的加工路线为 $k→l→m→n→o→p→r→s→t→k→w→m→l$。

工件坐标系的原点设置在毛坯的中心位置,如图9-27所示。读者也可以自行设置。基点的计算见程序。

刀具选择Φ10mm的高速钢立铣刀。刀号为T1(外轮廓加工时可以选择较大直径的道具,如此可以提高加工效率。但加工内轮廓,刀具的最大直径受零件内轮廓最小曲率半径的限制。在本例中为了应用一把刀具通过使用几个刀补的方法加工轮廓,故而选择了内外轮廓相同的刀具)。

夹具选择精密平口虎钳。毛坯尺寸120mm×100mm×35mm,装夹时长边方向为X轴方向。

切削用量:切削深度5mm,进给速度6mm/min,主轴转速400r/min。

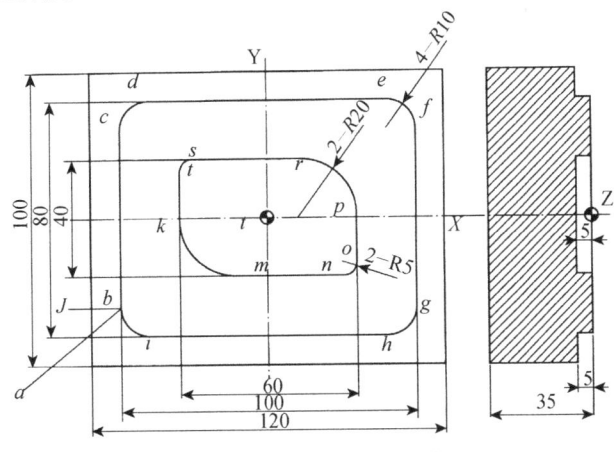

图9-27 平面轮廓加工示例

2. 操作步骤

(1)开机回参考点。

(2)装夹找正。

①将平口虎钳装在工作台上,并用磁力百分表拖平钳口。

②将毛坯装上平口虎钳,毛坯长边120mm,方向为X轴方向;短边100mm,方向为Y轴正方向;高度为35mm,方向为Z轴正方向。要求毛坯表面要平整,且保证表面高出虎钳表面10mm。工件坐标系原点在毛坯上表面中心。

(3)将刀具装入数控铣床主轴。

(4)对刀并输入零点偏置及刀具补偿参数。(工件坐标系用C54指定,具体过程略。)

(5)将程序输入系统。

(6)试件加工。

3. 加工程序(此程序只铣轮廓)

O0001;
G80 G90 G40 G49 G17;
M06 T1;
M03 S600;
G54 G90 G00 X0 Y0 Z10;
X-80 Y-60 M08;
G01 G43 Z-5 F60 H1;
G41 X-50 Y-30 D1;

```
Y-30;
G02 X-40 Y-40 R10;
G01 X40;
G02 X50 Y30 R10;
G01 Y-30;
G02 X40 Y-40 R10;
G01 X-40;
G02 X-50 Y-30 R10;
G00 Z10;
X-30 Y0;
G01 Z-5 F60;
G03 X-10 Y-20 R20;
G01 X25;
G03 X30 Y-15 R5;
G01 Y0;
G03 X10 Y20 R20;
G01 X-25;
G03 X-30 Y15 R5;
G01 Y0;
G00 G49 Z50 M09;
G40 X0 Y0;
M30;
```

第 10 章 电火花加工技术

电火花加工是指在一定的介质中,通过工具电极和工件电极之间在脉冲放电时产生的电腐蚀作用对导电材料进行加工,使工件的尺寸、形状和表面质量达到技术要求的一种加工方法。常用的电火花加工方法有电火花成形加工和电火花线切割两种。

10.1 电火花线切割

10.1.1 电火花线切割的概述

1. 电火花线切割的特点

电火花线切割是利用连续移动的细金属丝(钼丝、铜丝或者合金丝)做电极丝,对工件进行脉冲火花放电蚀除金属、切割成形。其具有如下特点。

(1)它以 0.03~0.35mm 的金属线为电极工具,不需要制造特定形状的电极,可节约电极的设计和制造费用。

(2)虽然加工的对象主要是平面形状,但是除了有最小直径(金属线半径+放电间隙)的限制,任何复杂的开头都可以加工。

(3)轮廓加工所需加工的余量少,能有效地节约贵重的材料。

(4)可无视电极丝损耗,加工精度高,因为高速走丝切割采用低损耗脉冲电源;慢速走丝线切割采用单向连续供丝,在加工区总是保持新电极丝加工。

(5)依靠微型计算机控制电极丝轨迹和间隙补偿功能,同时加工凹凸两种模具时,间隙可任意调节。

(6)采用乳化液或去离子的工作液,不必担心发生火灾,可以昼夜无人连续加工。

(7)无论被加工工件的硬度如何,只要是导体或半导体的材料都能实现加工。

(8)任何复杂开头的零件,只要能编制加工程序就可以进行加工,因而很适合小批零件和试制品的生产加工,加工周期短,应用灵活。

(9)采用四轴联动,可加工上、下面异形体,形状扭曲曲面体、变锥度和球形等零件。

2. 电火花线切割加工的应用

电火花线切割加工与电火花成形加工不同的是,它是用细小的电极丝作为电极工具,可以用来加工复杂型面、微细结构或窄缝的零件,具有广泛的应用。

1)加工模具

电火花线切割加工主要应用于冲模、挤压模、塑料模及电火花成形加工用的电极等。目前,其加工精度已达到可以与坐标磨床相竞争的程度,而且线切割加工的周期短、成本低,配合数控系统,操作简单,如图 10-1 所示。

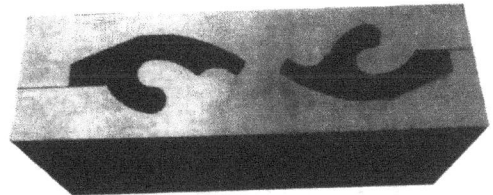

图 10-1 无轨电车爪手模具

2)加工具有微细结构和复杂形状的零件

电火花线切割利用细小的电极丝作为火花放电加工工具,又配有可以精确控制位置移动的数控系统,所以可以轻易加工出具有微细结构和复杂形状的零件,如图 10-2 所示。

3) 加工硬质导电材料

由于电火花加工不靠机械切割而是电火花蚀除，其加工难易与材料硬度无关，所以电火花线切割可以加工硬质导电的材料，如硬质合金材料。图 10-3 所示为加工高速钢车刀。

图 10-2 具有微细结构、窄缝、复杂型面和曲线的零件

图 10-3 加工高速钢车刀

4) 适合新产品试制

由于线切割加工可以一次成形，所以特别适合新产品试制。如果通过模具制造一些关键部件，则加工模具周期长且成本高，如果采用线切割则可以直接加工零件，从而降低成本并缩短新产品的试制周期。由于线切割加工用的电极丝尺寸远小于切削刀具尺寸，用它切割贵重金属可减少切缝消耗，从而提高原材料利用率。

10.1.2 电火花线切割的设备

1. 电火花线切割的设备

数控线切割机床(图 10-4)主要由机床本体、脉冲电源、控制系统、冷却系统和机床附件(如润滑装置)等几个部分组成。

1) 机床本体

机床本体是数控线切割加工设备的机械装置部分，主要由床身及工作台、运丝机构等组成。

(1) 床身及工作台。床身机座为方形箱体，通常为铸铁件，是工作台、走丝机构和丝架的支撑体式结构，内部安装电源和工作液箱。它应具有一定的刚度和强度，备有台面水平调整机构和便于搬运的吊装孔或吊钩。

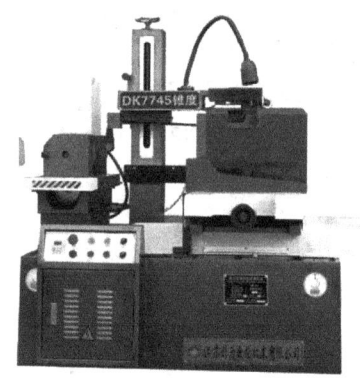

图 10-4 数控线切割机床

工作台用于装夹工件，主要由上下拖板、丝杠螺母副、齿轮传动机构和导轨等组成，上下拖板采用步进电机带滚珠丝杠副驱动。其工作原理是驱动电机通过变速机构将动力传给丝杠螺母副，并将其变成坐标轴的直线运动，从而获得各种平面图形的曲线轨迹。

(2) 运丝机构。丝架的主要功用是在电极丝按给定的线速度运动时，对电极丝起支撑作用，并使电极丝与工作台平面保持一定的几何角度。其通过导轮将电极丝引到工作台上，并通过导电块将高频脉冲电源连接到电极丝上；对于具有锥度切割功能的机床，丝架上还装有锥度切割装置。

走丝机构可分为高速走丝机构和低速入丝机构，目前国内生产的数控线切割机床基本上都是高速走丝机构。走丝机构的主要作用是带动电极丝按一定线速度运动，并将电极丝整齐地卷绕在贮丝筒上。

2) 脉冲电源

脉冲电源是电火花线切割机床加工的能量提供者，是数控电火花线切割机床的主要组成部分。它在两极之间产生高频高压的电脉冲，使电极丝与工件形成脉冲放电，通常又叫高频电源。其功能是把工频的正弦交流电流转变成适应电火花加工需要的脉冲电流，以提供电火花加工所需的放电能量。

脉冲电源是影响线切割加工质量的关键。线切割没有粗、精加工之分，在条件一定的情况下，机床的加工速度、尺寸精度、表面粗糙度及电极丝的损耗等指标主要取决于脉冲电源的性能，对应的工艺参数主要包括脉宽、脉间和功率(峰值电流)。脉宽是指脉冲电流的持续时间，脉宽越宽切割效率越高，但电蚀产物增多不容易及时排出；脉间是指两个相邻脉冲之间的时间，脉间越大加工越稳定，但切割速度也会越慢；功率(峰值电流)与放电电流的大小有关，峰值越大切割速度越快，但电流过大容易造成断丝。

3) 控制系统

数控电火花线切割机床控制系统的主要功能有两个，一是轨迹控制，主要是精确地控制电极丝相对于工件的运动轨迹；二是加工控制，主要是控制伺服进给速度、电源装置、走丝机构、工作液系统等。

现在的电火花线切割机床基本上都直接采用微型计算机控制。除了完成通常数控机床对工作台或上线架的运动进行控制，线切割的数控装置还需要根据放电状态，控制电极丝与工件的相对运动速度，以保证正确的放电间隙(0.01mm)。控制流程为：图样→程序→控制器→执行机构→工作台。

4) 冷却系统

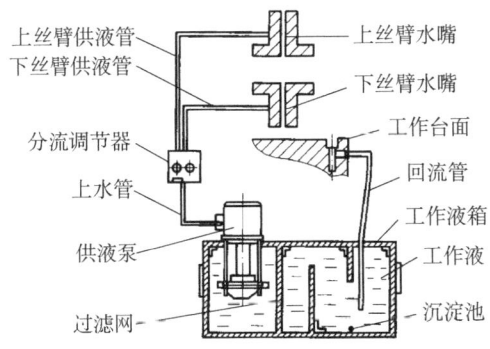

图 10-5 工作液循环系统示意图

工作液循环系统由工作液、工作液箱、工作液泵和循环导管等组成，结构示意图如图 10-5 所示。工作液水泵将工作液经过滤网吸入，通过上水管，分送到上下丝臂供液管。用分流调节器上的调节钮，来控制供液量的大小。加工后的废液，经工作台的排液口，靠工作液的自重流至工作液箱。工作液在箱内经过沉淀、过滤再流入泵箱。箱中的过滤网经过一段时间后需要更换。

冷却系统主要起绝缘、排屑、冷却等作用。脉冲放电的时候，空气被击穿导电，产生高温；脉冲间歇时，工作液进入放电间隙，使工件与电极丝之间迅速恢复至绝缘状态，使电弧熄灭，否则脉冲放电就会转变为持续的电弧放电，影响加工质量甚至烧断电极丝。在加工过程中，工作液顺着电极丝高速地流动，能把加工过程中蚀除的金属迅速地从电极之间冲走，使加工顺利进行。工作液还可冷却受热的电极丝和工件，防止工件变形。

2. 电火花线切割的原理

电火花线切割加工时，在电极丝和工件之间进行脉冲放电。如图 10-6 所示，电极丝接脉冲电源的负极，工件接脉冲电源的正极。当来一个电脉冲时，在电极丝和工件之间产生一次火花放电，放电通道的中心温度瞬时可高达10000℃以上，高温使工件金属熔化甚至少量汽化，高温也使电极丝和工件之间的工作液部分产生汽化，这些汽化后的工作液和金属蒸汽瞬

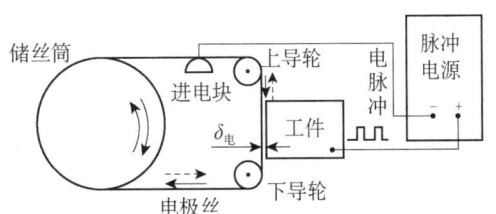

图 10-6 电火花切割加工放电原理

间迅速热膨胀,并带有爆炸的特性。这种热膨胀和局部微爆炸抛出熔化和汽化了的金属材料,从而实现对工件材料进行电蚀切割。通常认为电极丝与工件之间的放电间隙在 0.01mm 左右,若电脉冲的电压高,放电间隙会大一些。

为了保证火花放电时电极丝不被烧断,必须向放电间隙注入大量工作液,以使电极丝得到充分冷却。同时电极丝必须作高速轴向运动(运动速度在 8~10m/s),以避免火花放电总在电极丝的局部位置而使电极丝被烧断。电极丝的高速运动,有利于不断往放电间隙中带入新的工作液,同时也有利于把电蚀产物从间隙中带出去。

10.1.3 电火花线切割的编程基础

电火花线切割编程的方法可分为手工编程和计算机辅助自动编程,程序格式主要有 ISO 和 3B。对于简单的零件图形,我们可以采用手动编程的方法,再通过控制器键盘直接向系统输入程序;对于复杂的零件图形,手动编程时关于方位点的计算烦琐复杂且易出错,这时我们就采用自动编程。下面介绍 3B 手动编程和计算机辅助自动编程。

1. 3B 编程

1)坐标系

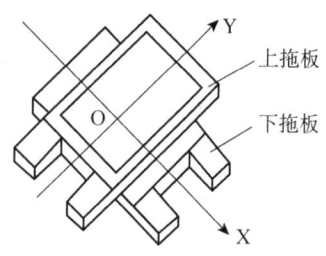

图 10-7 线切割机床坐标系

学习编程的第一步就是要掌握"坐标系"的概念:因为机床拖板的进给运功和尺寸控制都是靠"坐标"来定位和计算的。线切割机床上常用的是平面直角坐标系。在线切割机床上建立的坐标系,从左到右的方向为 X 轴,从前到后的方向为 Y 轴,两个轴的交点就是坐标原点,如图 10-7 所示。

要注意,工作坐标系原点的位置,并不是固定在"工作台"上,而在"工件"上,具体在工件哪个地方,是由编程人员根据工艺要求进行确定的。可见,加工坐标系的原点位置,会随工件安装位置的变化而变化。自动加工时,机床控制系统必须准确地知道工件原点的位置,才能正确地控制机床进行加工,而这可以通过"对丝"操作来实现的,对丝的目的就是让机床控制系统知道工件原点的位置。

2)程序格式

3B 代码程序格式是目前国产快走丝数控线切割机床采用最广泛的编程格式,其一般格式为"BXBYBJGZ",各项含义解释如表 10-1 所示。

表 10-1 3B 代码各项含义

代码	含义
B	分隔符,表示一段程序开始,并将 X、Y、J 的数值分隔开
X	X 轴坐标位,以 μm(微米)为单位,1μm 以下四舍五入
Y	Y 轴坐标值,以 μm(微米)为单位,1μm 以下四舍五入
J	计数长度,它等于加工线段在选定坐标轴上的投影长度
G	计数方向,有 GX 和 GY 两种,表示计数长度 J 是取 X 轴还是 Y 轴上的投影
Z	加工指定,包括直线、顺圆弧和逆圆弧各 4 种,共 12 种指令

需要注意的是,X、Y、J 的数值最多 6 位,而且都要取绝对值,即不能用负数。当 X、Y 的数值为 0 时,可以省略,即"B0"可以省略成"B"。例如,"B8868 B4400 B24268 GX NR3",这就是一段加工程序,其中:X=8868,Y=4400,J=24268,计数方向符号 G 是 GX,加工指令 Z 就是 NR3(一种圆弧)。现在先来看一个 3B 格式加工程序的片段:

    B0   B19900   B19900   GY L4;

```
B33875      B0        B33875      GX L1;
B0          B8100     B4500       GY SR1;
B8868       B4400     B24268      GX NR3;
...
```

上面四行程序的每一行叫做一个程序段，完成一个小的任务，一个零件的加工程序有很多行，分别完成很多个"小任务"，合起来就完成一个零件的加工。每一行又有五个部分，其中各部分含义见表 10-1。

3) 基本编程指令

常见的加工类型可分为直线和圆弧两种，下面分别作简单介绍。

(1) 直线指令。直线指令是让电极丝以当前位置为起点，直线走向目标点。3B 程序的第五部分"Z"代表加工类型。若要加工直线，就把程序段的第五部分"Z"写成 L 加数字（1～4）。其中 L 代表加工直线，数字代表不同的加工方向，L1 表示向右或右上方加工，L2 表示向上或左上方加工，L3 表示向左或左下方加工，L4 表示向下或右下方加工，如图 10-8 所示。

在直线指令中需要注意几点：①X、Y 分别是线段在 X 方向和 Y 方向加工的距离。②计数长度 J 取 X、Y 中较大的一个数的数值。③计数方向 G 也是取 X、Y 中较大的一个；X 大就写 GX，Y 大就写 GY；如果 X=Y，则直线 L1、L3 的方向写 GY；L2、L4 的方向写 GX。④如果直线与 X 轴或 Y 轴相重合，编程时 X、Y 均可不写。例如，程序"B0 B5000 B5000 GY L1"可简化为"BBB5000GY L1"，但是作为分隔符的"B"不能省略。

例如，按图 10-9 所示加工一条直线，可写出如下的程序段：

图 10-9(a) 程序为：B20000 B45000 B45000 GY L1;

图 10-9(b) 程序为：B35000 B15000 B35000 GX L4;

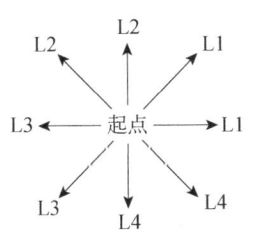

图 10-8　直线加工指令和方向

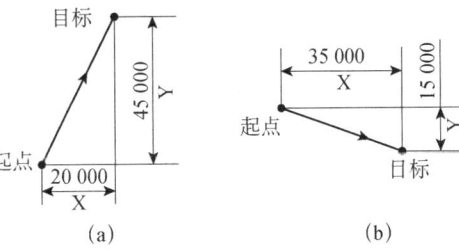

图 10-9　直线编程示例

(2) 圆弧指令。圆弧指令比直线加工指令要复杂一些。圆弧有两种旋转方向和四种起点方位。加工圆弧有顺时针和逆时针两种旋转方向，如图 10-10 所示。以圆心 O 为参考点。圆弧有四种起点方位，即四个象限，如图 10-11 所示。

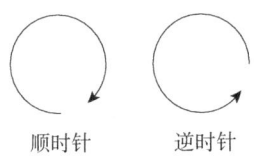

图 10-10　圆弧加工方向

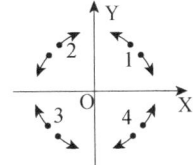

图 10-11　四种起点方位

圆弧加工的旋转方向与起点方位的搭配。形成 8 种不同组合，就产生了 8 种圆弧加工指令，逆时针和顺时针各 4 种。圆弧的加工指令如图 10-12 所示。其中，SR1 表示圆弧起点在第 1 象限，沿着顺时针方向加工；NR4 表示圆弧起点在第 4 象限，沿着逆时针方向加工；其他指令同理推知其含义。注意,起点在一个象限,而终点可以跨入其他象限,如图10-13所示。

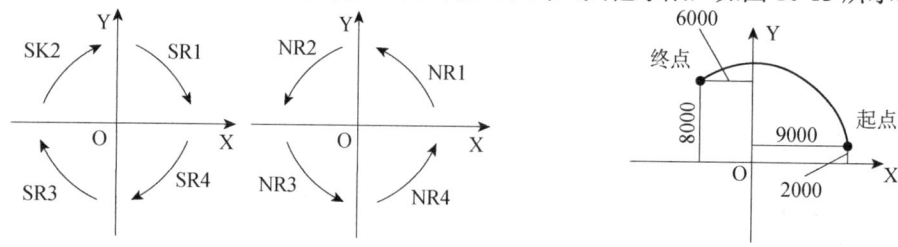

图10-12 圆弧起点方位和圆弧指令　　　图10-13 圆弧编程示例

编写圆弧加工指令时,是把圆弧的圆心作为相对坐标系原点(零点)。在圆弧指令中,X、Y是圆弧的起点坐标值,即圆弧起点与圆心连线在X、Y方向的投影长度;计数方向G取圆弧的终点与圆心在X、Y方向的距离值较小的一个方向,即X值小用GX,Y值小用GY;计数长度J应取从起点到终点的某一坐标移动的总距离,当计数方向确定后,J就是被加工曲线在该计数方向投影长度的总和。对圆弧来讲,它可能跨越几个象限,这时分别计算后相加。

例如,加工如图10-13所示的圆弧。首先,由起点到圆心的距离可知,X=9000,Y=2000;由终点与圆心的距离可知,X(6000)小于Y(8000),取小的方向,所以计数方向为GX。其次,计数长度J取整个圆弧在X方向的投影,即9000+6000=15000。最后,可知圆弧起点在第一象限,而且是逆时针方向,加工指令为NR1。由此写出程序如下:"B9000 B2000 B15000 GX NR1"。

4) 3B 代码编程示例

加工轮廓如图10-14所示,编写3B格式的线切割加工程序。先分析图样,计算相关数据;再确定加工方向,按轮廓线逆时针方向切割;然后设左下角为原点,穿丝孔在原点下5mm;最后不考虑电极丝补偿,编写程序如下(图10-15)。

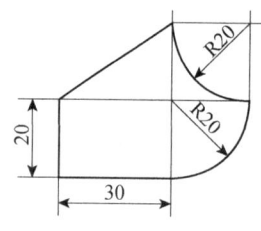　　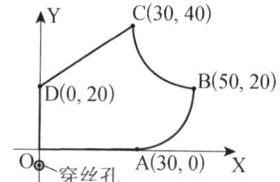

图10-14 加工图样　　　　　　　图10-15 加工数据

```
N0001   B        0    B     5000   B     5000   GY   L2；穿丝孔到原点
N0002   B    30000    B        0   B    30000   GX   L1；加工 OA 线段
N0003   B        0    B    20000   B    20000   GY   NR4；加工 AB 逆圆弧
N0004   B        0    B    20000   B    20000   GY   SR3；加工 BC 顺圆弧
N0005   B    30000    B    20000   B    30000   GX   L3；加工 CD 线段
N0006   B        0    B    20000   B    20000   GY   L4；加工 DO 线段
N0007   B        0    B     5000   B     5000   GY   L4；由原点回到穿丝孔
N0008   DD                                            ；停止
```

2. 自动编程

以 Towedm 线切割编程系统为例进行简单介绍,该系统是一个中文交互式图形线切割自动编程软件,用户利用键盘、鼠标等输入设备,按照屏幕菜单的显示及提示,只需将加工零件图形画在屏幕上，系统便可立即生成所需数控程序。本自动编程软件具有丰富的菜单意义，兼有绘图和编程功能，它可绘出曲线、圆弧、齿轮、非圆曲线组成的任何复杂图形。

1) 编程主界面

进入系统后，显示编程主界面，如图10-16所示。屏幕分四个窗口区间，即图形显示区、可变菜单区、固定菜单区和会话区。移动箭头键或鼠标，在所需的菜单位置上用鼠标单击确定（Enter）键，则选择了某一菜单操作。

2) 绘图命令

(1) 选择"点"，进入点菜单，各命令对应用法见表10-2。

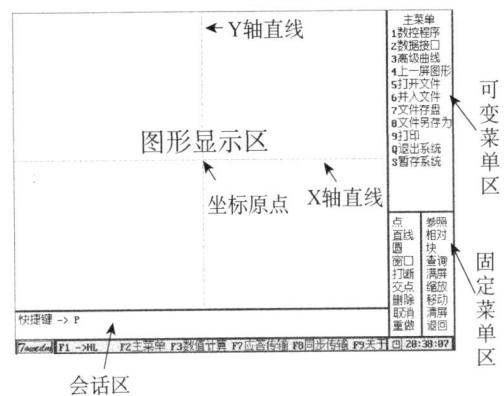

图10-16 Towedm系统编程主界面

表10-2 点菜单命令

菜单	屏幕显示	解释
极/坐标点	点<X,Y>= （若要选取原点，可在屏幕上选取坐标原点或直接打入字母O）	1. 普通输入格式：x,y 2. 相对坐标输入格式：@x,y（"@"为相对坐标标志，"x"是相对的x轴坐标，"y"是相对的y轴坐标）。以前一个点为相对参考点，可用光标先选一参考点 3. 相对极坐标输入格式：<a,l（"<"为相对极坐标标志，"a"指角度，"l"是长度）。以前一个点为相对参考点。如先用光标选一参考点，会提示输入极径和角度
光标任意点	用光标指任意点	用光标在屏幕上任意定一个点
圆心点	圆，圆弧=	求圆或圆弧的圆心点
圆上点	圆，圆弧= 角度=	求在圆上某一角度的点
等分点	选定线，圆，弧 = 等分数<N>= 起始角度<A>=	直线、圆或圆弧的等分点
点阵	点阵基点<X,Y>= 点阵距离<Dx,Dy>= X轴数<Nx>= Y轴数<Ny>=	从已知点阵端点开始，以(Dx,Dy)为步距，X轴数为X轴上点的数目，Y轴数为Y轴上点的数目作一个点阵列。改变步距Dx,Dy的符号就可以改变点阵端点为左上角、左下角、右上角和右下角。可使用此功能配合辅助作图，能加快作图速度。数控程序的阵列加工也需要此功能配合
中点	选定直线，圆弧 =	直线或圆弧的中点
两点中点	选定点一<X,Y>= 选定点二<X,Y>=	两点间的中点
CL交点	选定线圆弧一 = 选定线圆弧二 =	直线、圆或圆弧的交点，同"交点"功能有所不同，"CL交点"不要求线圆间有可视的交点，执行此操作时，系统会自动将线圆延长，然后计算它们的交点
点旋转	选定点<X,Y>= 中心点<X,Y>= 旋转角度<A>= 旋转次数 <N>=	旋转复制点
点对称	选定点<X,Y>= 对称于点，直线 =	求点的对称点
删除孤立点	删除孤立点	删除孤立的点
查两点距离	点一<X,Y>= 点二<X,Y>= 两点距离<L>=？？？	计算两点间的距离，当在光标捕捉范围内能捕捉一个点时，取该点为其中一个点，否则，取鼠标确认键按下时光标所在位置坐标值

(2) 选择"直线",进入直线菜单,各命令对应用法见表10-3。

表10-3 直线菜单命令

直线	屏幕提示	解释
二点直线	二点直线 直线端点<X,Y>= 直线端点<X,Y>= 直线端点<X,Y>=	过一点作直线 起点 到一点 到一点
角平分线	选定直线一 = 选定直线二 = 直线 <Y/N?>	求两直线的角平分线 选择两直线之一
点+角度	选定点〈X,Y〉= 角度〈A=90〉=	求过某点并与X轴正方向成角度A的辅助线 直接按Enter为90°
切+角度	切于圆,圆弧 角度<A>= 直线 <Y/N?>	切于圆或圆弧并与X轴正方向成角度A的辅助线
点线夹角	选定点<X,Y>= 选定直线 = 角度<A=90>= 直线 <Y/N?>	求过一已知点并与某条直线成角度A的直线
点切于圆	选定点<X,Y>= 切于圆,圆弧 直线 <Y/N?>	已知直线上一点,并且该直线切于已知圆
二圆公切线	切于圆,圆弧一 = 切于圆,圆弧二 = 直线 <Y/N?>	作两圆或圆弧的公切线。如果两圆相交,可选直线为两圆的两条外公切线。 如果两圆不相交,可选直线为两圆的两条外公切线加两条内公切线
直线延长	选定直线 = 交于线,圆,弧	延长直线直至与另一选定直线、圆或圆弧相交 有两个交点时,选靠近光标的交点
直线平移	选定直线 = 平移距离<D>= 直线 <Y/N?>	平移复制直线。如选定直线为实直线,复制后也为实直线。如选定直线为辅助线,结果也为辅助线
直线对称	选定直线 = 对称于直线 =	对称复制直线 已知某一直线,对称于某一直线
点射线	选定点<X,Y>= 角度 <A>= 交于线,圆,弧	过某点与X轴正方向成角度A并且相交于另一已知直线或圆或圆弧的直线 有两个交点时,选靠近光标的交点
清除辅助线		删除所有辅助线
查两线夹角	选定直线一 = 选定直线二 = 两线夹角 = ? ? ?	计算两已知直线的夹角

(3) 选择"直线",进入直线菜单,各命令对应用法见表10-4。

表10-4 直线菜单命令

菜单	屏幕显示	解释
圆心+半径	圆心 <X,Y>= 半径 <R>=	按照给定的圆心和半径作圆
圆心+切	圆心 <X,Y>= 切于点,线,圆 = 圆 <Y/N?>	已知圆心,已知圆相切于另一已知点、直线、圆或圆弧作圆 出现多个圆时,选择所要的圆
点切+半径	圆上点 <X,Y>= 切于点,线,圆 半径 <R>= 圆 <Y/N?>	已知圆上一点,已知圆与另一点、直线、圆或圆弧相切,并已知半径作圆
两点+半径	点一<X,Y>= 点二<X,Y>= 半径 <R>=	已知圆上两点,已知圆半径作圆

续表

菜单	屏幕显示	解释
心线+切	心线= 切于点，线，圆 半径 <R>= 圆 <Y/N?>	给定圆心所在直线，并已知圆相切于一已知点、直线、圆或圆弧作圆
双切+半径 （过渡圆弧）	切于点，线，圆 切于点，线，圆 圆 <Y/N?>	已知圆与两已知点、直线、圆或圆弧相切，并已知半径作圆。等同于 Autop 的过渡圆弧
三切圆	点，线，圆，弧一 = 点，线，圆，弧二 = 点，线，圆，弧三 = 圆 <Y/N?>	求任意三个元素的公切圆
圆弧延长	圆弧 交于线，圆，弧	延长圆弧与另一直线、圆或圆弧相交
同心圆	圆，圆弧 偏移值 <D>=	作圆或圆弧按给定数值偏移后的圆或圆弧
圆对称	圆，圆弧 对称于直线=	作圆或圆弧的对称圆、圆弧
圆变圆弧	圆 = 圆弧起点 <X,Y>= 圆弧终点 <X,Y>=	将选定圆按给定起始点和终止点编辑变成圆弧
尖点变圆弧	半径 <R>= 用光标指尖点	变尖点为圆弧。必须保证尖点只有两个有效图元（此处只能是直线或圆弧）且端点重合，否则此操作不能成功
圆弧变圆	圆弧 = 圆弧 = 按 Esc 退出	变圆弧为圆

（4）"窗口"命令是将选定矩形（窗口）内的图形放大显示。

（5）"打断"命令是要执行打断先要确定在你要打断的直线、圆或圆上有两个点存在。执行打断后光标所在的两点间的图元部分被剪掉。如果在执行打断操作前预先按下 Ctrl 键，将执行反向打断。此时光标两点间的图元被保留，其余的部分被剪掉。辅助线不能被打断。示例如图 10-17 所示，用光标打断（直线、圆、圆弧），操作完毕，按 Esc 键终止。

 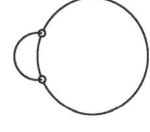

（a）打断前　　　　（b）打断后

图 10-17　打断

（6）"交点"命令的作用是捕捉交点，要求交点在两相交图元内。移动光标至需要求交点附近，按 Enter 键或鼠标左键，自动求出准确的交点。操作完毕，按 Esc 键终止。当只拾取点时也可以不预先使用此操作，而直接选图元交接处为点。

（7）"删除"命令的作用是删除几何元素，对点、直线、圆、圆弧进行删除，键入 ALL 后按回车，则全部图形将被删除，如删除某一元素，只要将光标移动到被删除的元素上，再按 Enter 键或鼠标左键。操作完毕，按 Esc 键终止。

（8）"取消"命令的作用是取消上一步操作，如果上一步操作中绘制了图元，就将它删除，如果上一步操作删除了图元，就将它恢复。会话区提示如下"取消上一步输入的图形；<Y/N>：Y"。

（9）"重做"命令的作用是将上一步取消操作中删除的图元或其他操作中删除的图元恢复，或将上一步取消操作恢复的图元再删除。只支持一步重做操作。

（10）"满屏"命令的作用是满屏幕显示整个图形。

（11）"缩放"命令的作用是将图形按输入的缩小或放大倍数缩小或放大显示。除了按以上方式缩小放大图形，也可以在作图的任一时候，按下 PageDown 执行缩小、PageUp 执行放大功能。

(12)"移动"命令的作用是拖动显示图形。其操作方法是：执行移动功能，当光标为十字线时按下鼠标确定键或敲回车键，使光标变为一个四向箭头，再移动光标就可以拖动图形了；要结束拖动状态只要再次按下鼠标确定键或再次敲击回车键就可以，光标将同时变回为原十字线图形。也可以在作图的任一时候，按下"Ctrl + 箭头键"来执行移动操作。

(13)"清屏"命令的作用是隐藏所有图形。

(14)"退回"命令的作用是退回主菜单，并在会话区显示当前文件名。

3）菜单命令

(1)"上一屏图形"的功能是恢复上一屏图形。当图形被放大或缩小之后，用此菜单轻便恢复上一图形状态。

(2)"打开文件"命令的功能是进入文件管理器（图 10-18），读取磁盘内的图形数据文件（DAT 文件）进行再编辑。可以通过打开一个不存在的图形文件来新建文件。

(3)"并入文件"命令的功能是进入文件管理器（图 10-18），并入一个图形数据文件。

(4)"文件存盘"命令的功能是将当前正在编辑的图形文件存盘。存盘后的图形数据文件名为当前文件名，以 DAT 为后缀。如未有文件名，进入文件管理器（图 10-18），可直接键入文件名。

(5)"文件另存为"命令的功能是进入文件管理器（图 10-18），将当前正在编辑的线切割图形文件换一个文件名存盘。存盘后当前文件名即为新的文件名。

(6)"退出系统"命令的功能是退出图形状态。

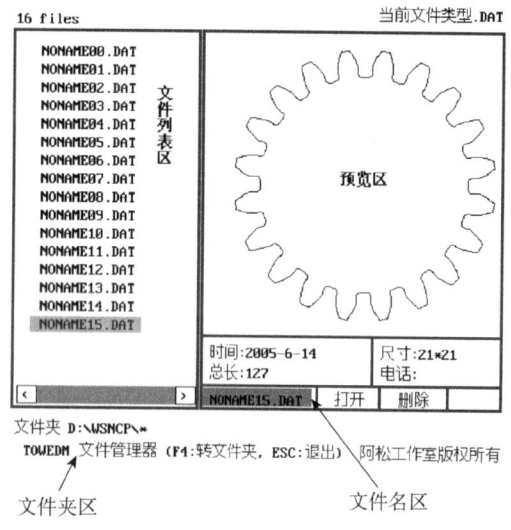

图 10-18 文件管理器

10.1.4 电火花线切割的操作

1．开机

合上机床输入电源总开关，此时机床护制面板上电压右指针应在 220V 左右，且相应的指示灯亮。打开计算机，进入系统主屏幕。检查操作面板上波段开关的位置是否正确。

2．确定起始切割点

电火花线切割加工的零件大部分是封闭图形，因此，切割的起始点即终点。为了减少工件切割表面上的残留切痕，应尽可能把起点选在切割表面的拐角处、容易修整的表面上或精度要求不高的表面上。

3．切割路线的确定

在整体材料上切割工件时，材料边角处的变形较大，因此确定切割路线时，应尽量避开坯料的边角处，合理的切割路线应使工件与其夹持部分分离的切割段安排在总的切割程序末端。

4．工件的装夹

工件的装夹方式对加工精度有直接影响。安装工件前，首先要确定基准面，装夹工件时，基准面应清洁无毛刺，工件上必须留有足够的夹持余量，对工件的夹紧力要均匀，不得使工件产生变形或翘起。要注意不得使工件夹具在加工时与丝架相碰。

5. 工艺参数的确定

工艺参数的选择是否恰当,对工件表面粗糙度、精度及切割速度起着决定的作用。例如,脉冲宽度增加、脉冲间隔减小、峰值电流增大都会使切割速度提高,但加工的表面粗糙度和精度将会下降。反之则可改善表面粗糙度和提高加工精度。

(1)脉宽。脉宽是单脉冲放电的决定因素之一,它对加工速度和表面粗糙度均有很大影响。脉宽大则表面粗糙度值大,加工速度快。

(2)脉间。调节脉间实际上是调节占空比,即调节输入功率,脉间加大有利于排除切缝中的切屑,使加工稳定性提高。但调节脉间不能改变单脉冲能量,因此对表面粗糙度影响不大,但对加工速度有较大影响。

(3)功率(峰值电流)。功率与放电电流的大小有关,峰值越大切割速度越快,但电流过大容易造成断丝。

(4)进给速度的调整。调节进给速度本身并不具有提高加工速度的能力,其作用是保证加工的稳定性,适当的变频进给速度,可保证加工稳定地进行,获得好的加工质量。

(5)走丝速度的调整。电极丝走丝速度与电极丝的冷却、切缝中的排屑均有关。对于不同厚度的工件应选择合适的走丝速度,工件越厚,走丝速度越快。

6. 试切与切割

对于加工质量要求较高的工件,正式加工前最好进行试切,通过试切可确定正式加工时的各种工艺参数,同时可检查程序的编制是否正确。

7. 停机

加工完毕,先关闭高频,关闭切削液,稍等一会关闭走丝。小心移开电极丝,取下零件。

10.1.5 电火花线切割实习课题

根据图 10-19 所示图样加工出符合图样要求的工件,加工步骤如下。

(1)开机床。

①控制柜"绿色按钮"→ 0/1 开关达到"正常"(工件加工完不会断电,绘制文件依然存在);

②打开机床主体电源(拉起"急停开关")→按下"运丝"→ 按下"水泵";

③打开控制系统("电脑开机")。

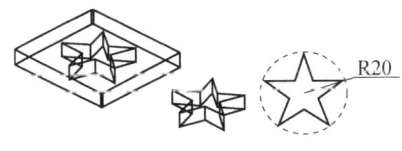

图 10-19 五角星加工

(2)绘图。

进入编程系统→打开PRO→进入绘图窗口→绘图:

①圆→ 圆心+半径 → 圆心捕捉软件原点 → 输入半径(15mm)→ 满屏;

②点 → 等分点 → 选定圆 → 等分数(5)→ 起始角度(0);

③直线 → 两点直线 → 点等分点连直线画出五角星;

④交点 → 点选要打断的点;

⑤打断 → 点选已打断需删除的线。

(3)生成代码。

退回→文件存盘→输入文件名称→保存→数控程序→加工路线→加工起始点(点选)→尖端圆弧半径→间隙补偿→自动生成代码→代码存盘。

(4)加工。

退回→退出系统(Y/N)→选择加工1→切割→选择文件名称→根据象限固定零件→关进给锁定(F12 暗)→开高频(F11 高亮)→开运丝→对刀→开冷却液→开进给锁定(F12 高亮)→

按 F1 开始加工→回车两次。

(5) 结束。

加工结束后，选 END(否则下次还是此图形)→ 关走丝 → 关水泵。

10.1.6 电火花线切割安全操作规程

(1) 操作者必须熟悉机床操作规程，开机前应检查各连线是否接触良好，电网供电是否正常，并应按设备润滑要求对设备相对运动部位进行润滑。

(2) 要注意开机的顺序，先开运丝电机，再开工作液泵，最后开高频。

(3) 装卸钼丝时，操作贮丝筒后，应及时将手摇柄拔出，防止贮丝筒转动时将手柄甩出伤人；换下来的废旧钼丝要放在规定的容器内，防止混入电路中或走丝机构中，造成电器短路、触电和断丝事故。

(4) 装拆工件时，一定要断开高频电源，以防止触电。在装拆过程中，特别注意不要用手、工具、夹具、工件等物件碰到钼丝，以防碰断钼丝；加工工件前，应确认位置已安装正确，防止碰撞丝架和因超行程撞坏丝杆、螺母等传动部件。

(5) 加工过程中，如果要改变电源参数，一定要在钼丝换向时间内操作。

(6) 在停止走丝电机时，一定要在丝筒有效行程内方可停走丝电机，以防止电机移动拉断钼丝；在正常停机情况下，一般把钼丝停在丝筒的一边，防止不小心碰断钼丝，造成全筒钼丝废掉。

(7) 机床送上高频电源后，不可用手或手持金属工具同时接触加工电源的两输出端(床身与工件)，以防止触电；紧急情况下，关走丝机构电源，即达到机床总停的目的；禁止用湿手、污手按开关或接触计算机操作键盘、鼠标等电器设备。

10.2 电火花成形

10.2.1 电火花成形的概述

1. 电火花成形的特点

电火花加工具有许多其他加工方法无可替代的特点，因而它已成为模具制造中较为先进的一种加工方法。

(1) 电火花成形必须制作工具电极，所以其最大问题就是电极制作问题。但是，工具电极材料不需要比工件材料硬，可以用如紫铜、石墨等材质较软、加工工艺性较好的材料制造。

(2) 脉冲放电的能量密度很高，可以加工用普通机械加工方法难以加工或无法加工的特殊材料，完成复杂形状工件的加工。然而，电极和工件之间需有一定间隙，这使得电极的尺寸形状与工件不能完全相同，产生一定的加工误差，误差的大小与间隙的大小有密切的关系。

(3) 加工时工具电极与工件不直接接触，两者之间的宏观作用力小，不受工具和工件刚度的限制，有利于实现微细加工。但是，加工精度受电极损耗的影响。电极在加工过程中同样会受到电腐蚀而损耗，如果电极损耗不均匀，就会影响加工精度。

(4) 加工部分形成残留变质层，工件上进行电加工的部位虽然很微细，但由于要经受上万摄氏度的高温加热后急速冷却，表面受到强烈的热影响，而生成电加工表面变质层。这种变质层容易造成加工部位的碎裂与崩刃。

(5) 操作容易，便于自动加工，只需要将电极和工件安装好后，开动机床便可实现自动控制和自动加工。容易选择和变更加工条件，电加工过程中可任意选择和变更加工条件，如任意选择粗加工和精加工等。

2. 电火花成形的应用

电火花加工的适用范围如下。

(1) 可以加工任何难加工的金属材料和导电材料。由于加工中材料的去除依靠放电时的电、热作用来实现,材料的可加工性主要取决于材料的导电性及热学特性,几乎与其力学性能无关。

(2) 加工中工具电极和工件不直接接触,没有机械加工的切削力,因此可以加工薄壁、弹性、低刚度、微细小孔、异形小孔等有特殊要求的零件。

(3) 可以加工形状复杂的表面。电火花加工可以简单地将工具电极的形状复制到工件上,因此特别适用于复杂表面形状工件的加工,如复杂型腔模具加工。

10.2.2 电火花成形的设备及原理

1. 电火花成形的设备

电火花成形机床主要由脉冲电源、机体和工作液循环系统三大部分组成,如图10-20所示。此外,为了确保电火花放电能持续稳定地进行,工具电极和工件应始终保持一定的放电间隙,因此必须具备自动调整工具电极伺服进给的控制系统。

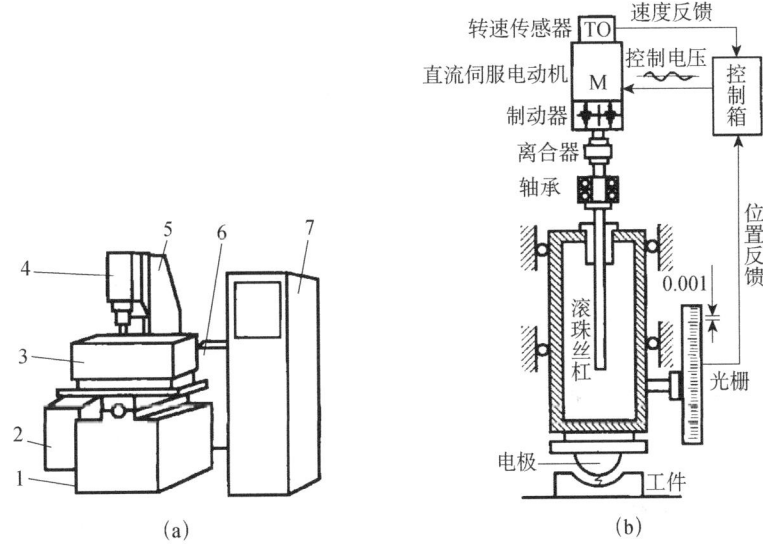

1-床身;2-液压油箱;3-工作液槽;4-主轴头;
5-立柱;6-工作液箱;7-电源箱

图 10-20 电火花穿孔、成形加工机床

1) 脉冲电源

脉冲电源的作用是将工频交流电转变成频率较高的直流脉冲电,以供给工具电极与工件之间的间隙在电火花加工时所需要的能量。脉冲电源对电火花加工的生产率、表面质量、加工过程的稳定性及工具电极的损耗等技术经济指标有很大的影响。

电火花成形机床所使用的脉冲电源种类较多。按工作原理可分为独立式脉冲电源和非独立式脉冲电源。其中独立式脉冲电源能独立形成和发生脉冲,不受放电间隙大小和两极间物理状态的影响,所以其应用较多;而非独立式脉冲电源又称弛张式脉冲电源,它应用最早,结构也简单,频率高。在小功率时脉冲宽度小,成本低,适于粗加工。但其加工欠稳定,能量利用率较低,电极损耗大,现在应用较少。

2) 机体

机体的作用是支撑工具电极及工件，保证它们之间的相对位置，并实现电极在加工过程中稳定的进给运动。机体主要包括床身、立柱、主轴头、工作台四个部分。

(1) 床身和立柱。床身和立柱为机床的基础件，立柱与纵横拖板安装于床身上，变速箱位于立柱顶部，主轴头安装在立柱的导轨上。床身和立柱必须有足够的刚度以尽可能减少床身和立柱的变形，这样才能保证电极和工件在加工过程中的相对位置，保证加工精度。

(2) 主轴头。主轴头的结构由伺服进给机构、导向机构、辅助机构三部分构成，它是电火花穿孔成形加工的一个关键部件，主要用于控制工件在工具电极之间的放电间隙。主轴头的质量直接影响加工的工艺指标（如生产率、几何精度以及表面粗糙度等），因此主轴头除结构之外，还必须满足以下几点要求。

① 保证加工稳定性，维持最佳放电时间，充分发挥脉冲电源的能力。

② 放电过程中，发生暂时的短路或起弧时，要求主轴能迅速抬起以中断电弧。

③ 为满足精密加工的要求，需保证主轴移动的直线性。

④ 主轴应有足够刚度，使电极上不均匀分布的工作液喷射力所造成的侧面位移最小，并且还要具备能承受大电极的安装而不致损坏主轴的防扭机构。

⑤ 主轴应有均匀的进给而无爬行，在侧向力和偏载力作用下仍能保持原有的精度和灵敏度。

(3) 工作台。工作台主要用于支撑装夹工件。工作台是在装夹找正时需经常移动的部件，通过两个手轮来移动上下拖扳，改变纵横向位置，达到电极和被加工件间所要求的相对位置。工作台上装有工作液箱，用以容纳工作液，使电极和工件浸泡在工作液中进行放电加工。

3) 工作液循环系统

工作液循环系统是电火花成形机床中不可缺少的一部分，其形成电火花击穿放电通道，在放电结束后可迅速恢复间隙的绝缘状态；对放电通道起到压缩作用，使放电能量集中，强化加工过程；在加工过程中，对电极和工件表面起到冷却和散热作用，确保放电间隙的热量平衡；及时冲走放电加工时产生的电蚀物，保持工具电极及工件间的清洁、稳定的间隙。

常用的工作液主要是煤油和变压器油的混合物。目前，国内外电火花加工用的工作液成分主要是煤油，加工过程中产生的电蚀产物颗粒很小，若不及时消除，工作液浑浊将会导致加工不稳定。

4) 自动进给调节系统

自动进给调节系统的作用是通过改变和调节主轴头进给速度至接近至等于蚀除速度，以维持一定的"平均"放电间隙，保证电火花加工正常而稳定地进行，从而获得较好的加工效果。常用自动进给调节系统有电液自动控制系统和电-机械式自动进给调节系统。数控电火花机床普遍采用电-机械式自动进给调节系统。

2. 电火花成形的原理

电火花加工就是利用火花放电现象产生电腐蚀而对金属材料进行加工的一种方法。电腐蚀实际上是电热和介质流体动力综合作用的结果，是应用最广泛的一种特种加工方法。

电火花加工原理如图 10-21 所示，工件与工具分别与脉冲电源的两输出端相接。自动进给调节系统使浸入绝缘液体介质的工具电极之间持续保持几微米到几十微米的很小放电间隙。当脉冲电压加到两极之间时，便在当时条件下相对间隙最小处或绝缘强度最低处击穿介质，此时介质被电离成电子和正离子，电场的作用使电子奔向阳极，正离子奔向阴极，在局部产生火花放电，放电通道中产生的瞬时高温使金属迅速熔化甚至气化。每次火花放电后，工件表面就形成一个微小的凹坑。此脉冲放电过程连续不断地重复，随着工具电极不断向工件电极的送进,工件表面重叠起无数个电蚀的小凹坑,从而将工具电极的轮廓形状精确地复制在工件上而成形。若将工具电极继续进给至打穿工件,就成为穿孔加工。

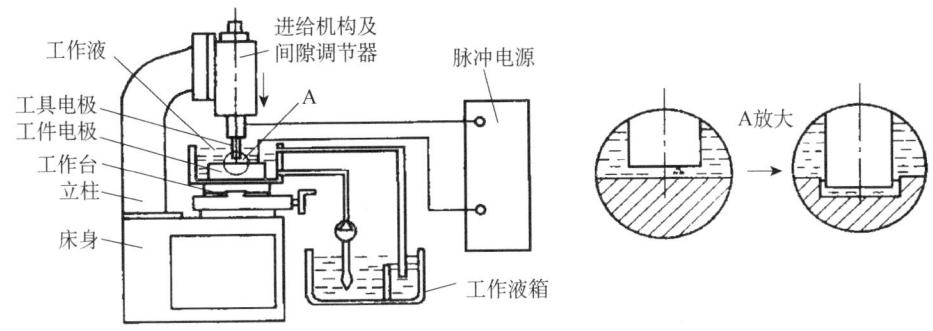

图 10-21 电火花加工原理示意图

10.2.3 电火花成形的操作

电火花成形的基本操作过程如下。

(1) 准备工作。合上机床输入电源总开关,启动总电源,启动计算机电源开关,相应的指示灯亮,稍等片刻,计算机屏幕上显示主菜单画面,然后根据提示启动强电开关。

(2) 工件的安装。工件的安装方法有很多种,现常采用弱磁力夹具进行工件的安装;此外,有的电火花机床的工作台上设置有螺纹孔,通过对工件非加工区域进行螺纹钻孔后用螺钉固定从而实现工件的装夹。工件装夹后一般要找正,主要是保证工件的坐标系与机床的坐标系方向一致。

(3) 调整工作液。加工液有可能会外喷,为了加工安全,加工液的液位必须比工件高出 50 mm,如图 10-22 所示,否则不要加工。若设定高度低并且在液面附近进行放电,将有火灾隐患。加工中由于某种原因低于液面时,液位检测器将自动停止放电加工。液位检测器的运作范围因机床不同有所差异,为了安全起见,建议液位设置为 70mm 以上。

(4) 选择电规准。根据加工工件的精度和加工面积确定电规准,包括高低压脉冲规准、输出的脉冲电流、脉冲间隔时间。粗加工时,应有较大的脉冲宽度、较大的工作电流、比较小的脉冲间隔,力求提高生产率;精加工时,为了获得较高的精度和表面质量,则减小脉冲宽度,减小工作电流,增大脉冲间隔等。将确定好的电规准输入计算机中。

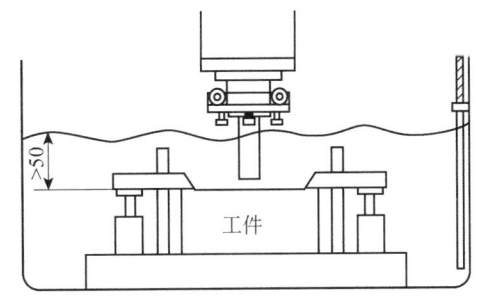

图 10-22 工作液液位高度

(5) 加工。通过计算机选择所要加工的程序段,启动机床进行自动加工。加工完毕后机床将自动停机。

(6) 加工完成。自动加工完成后,停止作业、卸下工具电极与工件,切断电源,停机擦净机床。

10.2.4 电火花成形安全操作规程

(1) 按照工艺规程做好加工前的一切准备工作,严格检查工具电极与工件是否都已校正和固定好。

(2)调节好工具电极与工件之间的距离,锁紧工作台面,启动工作液油泵,使工作液油面高于工件加工表面一定距离(30~100mm)后,才能启动脉冲电源进行加工。如果液面过低,加工电流较大,很容易引起火灾。发生火灾时,应立即切断电源,并用二氧化碳灭火器扑灭火苗,防止事故扩大化。

(3)加工过程中,操作人员不能一只手触摸工具电极,另一只手触碰机床,否则将有触电危险,严重时会危及生命。如果操作人员脚下没有的垫塑料等绝缘垫,则加工过程中不能触摸工具电极。

(4)为了防止触电事故的发生,应尽量不要带电工作,特别是在危险场所(如工作地周围有对地电压在 250V 以上的导体等)应禁止带电工作,如果必须带电工作,则应采取必要的安全措施(如站在橡胶垫上等)。

(5)加工完毕后,随即关断电源,收拾好工具,并将场地清扫干净。

(6)定期做好机床的维修保养工作,使机床经常处于良好状态。

(7)在电火花加工场所、不准吸烟,并要严禁其他明火。

第 11 章 激光加工技术

11.1 激光加工概述

激光加工技术是利用激光束与物质相互作用的特性对材料(包括金属与非金属)进行切割、焊接、表面处理、打孔及微加工等的一种加工新技术,涉及光、机、电、材料及检测等多门学科。由于激光加工热影响区域小,光束方向性好,几乎可以加工任何材料。常用来进行选择性加工和精密加工。由于激光加工的特殊特点,其发展前景广阔,目前已广泛应用于激光焊接、激光切割、表面改性、激光打标、切削加工、快速成形、激光钻孔和基板划片、半导体处理等。

11.1.1 激光加工的特点

(1) 由于它是无接触加工,并且高能量激光束的能量及其移动速度均可调,因此可以实现多种加工的目的。

(2) 它可以对多种金属、非金属加工,特别是可以加工高硬度、高脆性及高熔点的材料。

(3) 激光加工过程中无"刀具"磨损,无"切削力"作用于工件。

(4) 激光加工过程中,激光束能量密度高,加工速度快,并且是局部加工,对非激光照射部位没有影响或影响极小。因此,其热影响区小,工件热变形小,后续加工量小。

(5) 它可以通过透明介质对密闭容器内的工件进行各种加工。

(6) 由于激光束易于导向、聚集实现作各方向变换,极易与数控系统配合,对复杂工件进行加工,因此是一种极为灵活的加工方法。

(7) 使用激光加工,生产效率高,质量可靠,经济效益好。例如,①美国通用电器公司采用板条激光器加工航空发动机上的异形槽,不到 4 小时即可高质量完成,而原来采用电火花加工则需要 9 小时以上,仅此一项,每台发动机的造价可省 5 万美元;②激光切割钢件工效可提高 8~20 倍,材料可节省 15%~30%,大幅度降低了生产成本,并且加工精度高,产品质量稳定可靠。

11.1.2 激光加工的基本原理

1. 激光加工的起源

早期的激光加工由于功率较小,大多用于打小孔和微型焊接。到 20 世纪 70 年代,随着大功率二氧化碳激光器、高重复频率钇铝石榴石激光器的出现,以及对激光加工机理和工艺的深入研究,激光加工技术有了很大进展,使用范围随之扩大。数千瓦的激光加工机已用于各种材料的高速切割、深熔焊接和材料热处理等方面。各种专用的激光加工设备竞相出现,并与光电跟踪、计算机数字控制、工业机器人等技术相结合,大大提高了激光加工机的自动化水平和使用功能。

2. 激光加工的原理

激光加工是以激光为热源对工件进行热加工。激光加工是将激光束照射到工件的表面,以激光的高能量来切除、熔化材料以及改变物体表面性能的过程。从激光器输出的高强度激光经过透镜聚焦到工件上,其焦点处的功率密度高达 $10^7 \sim 10^{12} \text{W/cm}^2$,温度高达 $1 \times 10^4 \text{℃}$ 以上,任何材料都会瞬时熔化、气化。激光加工就是利用这种光能的热效应对材料进行焊接、打孔和切割等加工的。通常用于加工的激光器主要是固体激光器和气体激光器(图 11-1)。使用二氧化碳气体激光器切割时，一般在光束出口处装有喷嘴，用于喷吹氧、氮等辅助气体，以提高切割速度和切口质量。由于激光加工是无接触式加工，工具不会与工件的表面直接摩擦产生阻力，所以激光加工的速度极快、加工对象受热影响的范围较小而且不会产生噪声。由于激光束的能量和光束的移动速度均可调节，因此激光加工可应用到不同层面和范围上。

激光加工的基本原理如图 11-1 所示。通过光学系统把激光聚焦成一个直径小于 0.01mm 的极小光斑，其焦点处的功率密度可达 $10^8 \sim 10^{10} \text{W/cm}^2$，激光焦点达到 $10^4 ℃$ 左右的高温，将被加工材料瞬时熔化和气化，并产生强烈的冲击波，使熔化和气化的物质爆炸式地喷射出去，从而完成打孔和切割。

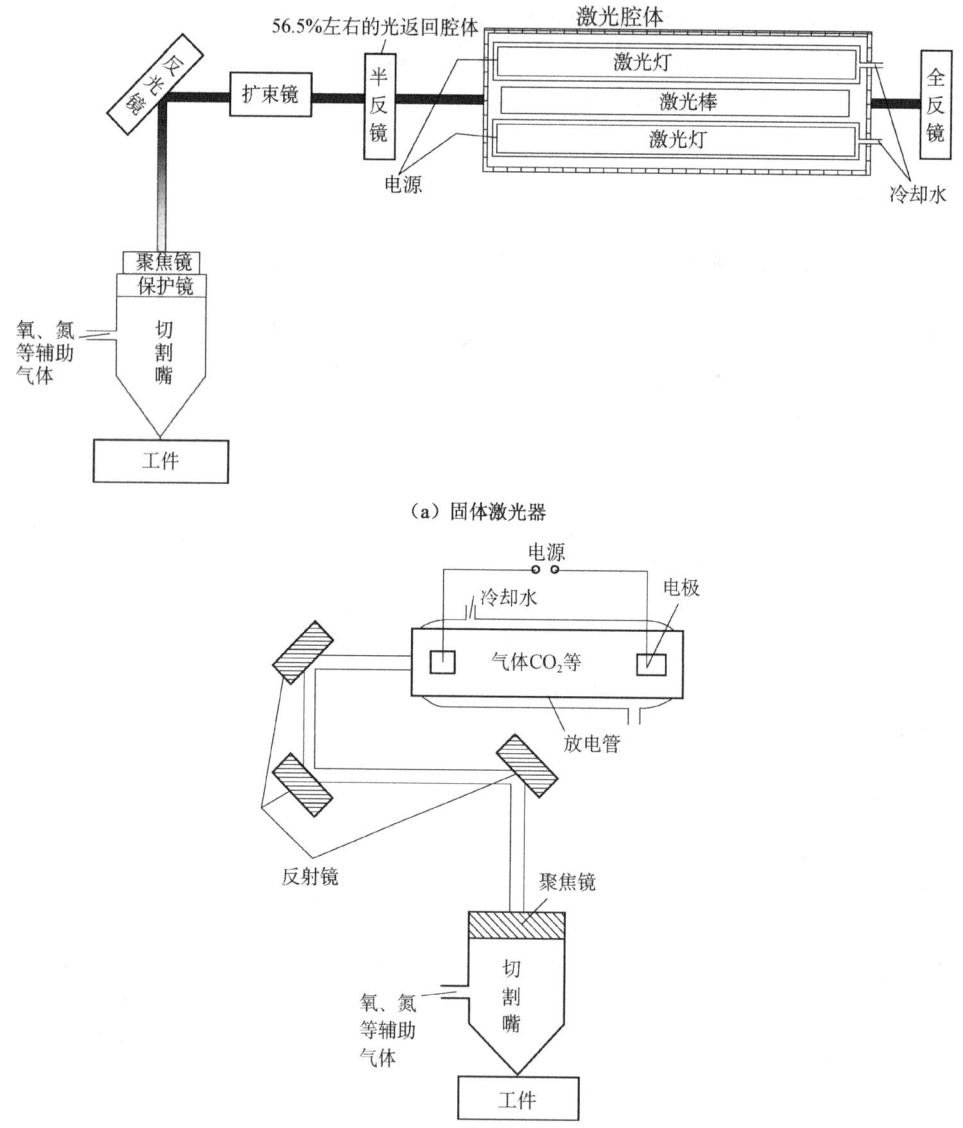

图 11-1 激光加工原理示意图

11.1.3 激光加工的应用

材料加工(如钻孔、切割、焊接以及淬火等)是加工金属材料时最常用的操作。自从引进了激光后,在加工的强度、质量以及范围等方面开创了全新的局面。激光加工作为先进制造技术已广泛应用于皮具塑胶、电子电器、航空、冶金、机械制造等国民经济重要部门,对提高产品质量、劳动生产率、自动化、无污染、减少材料消耗等起到越来越重要的作用。

(1) 激光切割。激光切割技术广泛应用于金属和非金属材料的加工中,激光切割是应用激光聚焦后产生的高功率密度能量来实现的。与传统的板材加工方法相比,激光切割具有高的切割质量、高的切割速度、高的柔性、广泛的材料适应性等优点。

(2) 激光雕刻。激光雕刻加工是利用高功率密度的聚焦激光光束作用在材料表面或内部,使材料汽化或发生物理变化,通过控制激光的能量、光斑大小、光斑运动轨迹和运动速度等相关参量,使材料形成要求的立体图形图案。

(3) 激光钻孔。激光钻孔是利用激光束聚集使金属表面焦点温度迅速上升,温升可达每秒 100 万摄氏度。当热量尚未发散之前,光束就烧熔金属至气化而产生一个个小孔。激光钻孔不受加工材料的硬度和脆性的限制,而且钻孔速度可快至可在几千分之一乃至几百万分之一秒内钻出小孔,且微孔面十分整齐光洁。

(4) 激光焊接。激光焊接是激光材料加工技术的重要应用之一,焊接过程属热传导型,即激光辐射加热工件表面,表面热量通过热传导向内部扩散,通过控制激光脉冲的宽度、能量、峰功率和重复频率等参数,使工件熔化从而形成特定的熔池。

(5) 激光淬火。激光淬火是用激光扫描刀具或零件上需要淬火的部位,使被扫描区域的温度升高,而未被扫描到的部位仍维持常温。由于金属散热快,激光束刚扫过,加工部位的温度就急骤下降,降温越快,硬度也就越高。如果再对扫描过的部位喷速冷剂,就能获得远比普通淬火要理想得多的硬度。

下面主要介绍激光切割和激光雕刻两种加工方法。

11.2 激光切割

11.2.1 激光切割的设备

1. 激光切割设备的分类

经过国内外近 20 多年的技术更新和工艺发展,激光切割工艺及激光切割机设备,正被广大板材加工企业所熟悉和接受,并以其加工效率高、加工精度高、切割断面质量好、可进行三维切割加工等诸多优势逐步取代等离子切割、水切割、火焰切割、数控冲床等传统板材加工手段。根据激光发生器的不同,目前市面上激光切割机大致可分固体(YAG)激光切割机、CO_2 激光切割机、光纤激光切割机三种,下面简单介绍各种激光切割机的特点。

1) 固体(YAG)激光切割机

YAG 激光切割机具有价格低、稳定性好的特点,但能量效率一般低于 3%,目前产品的输出功率大多在 800W 以下,由于输出能量小,主要用于打孔及薄板的切割。它的绿色激光束可在脉冲或连续波的情况下应用,具有波长短、聚光性好等特点,适于切削及精密加工,特别是在脉冲下进行孔加工最为有效。YAG 固体激光切割机激光器的波长不易被非金属吸收,故不能切割非金属材料,且 YAG 固体激光切割机需要解决的是提高电源的稳定性和寿命,即要研制大容量、长寿命的光泵激励光源,如采用半导体光泵可使能量效率大幅度地增长。

YAG 固体激光切割机主要优点是能切割其他激光切割机都无法切割的铝板、铜板以及大多数有色金属材料，机器采购价格便宜，使用成本低，维护简单，大部分关键技术已被国内企业所掌握，配件价格及维护成本低，且机器操作维护简单，对工人人员素质要求不高。但其主要缺点是只能切割 8mm 以下的材料，且切割效率相当低。

2) CO_2 激光切割机

CO_2 激光切割机可以稳定切割 20mm 以内的碳钢、10mm 以内的不锈钢、8mm 以下的铝合金。CO_2 激光器的波长为 10.6μm，比较容易被非金属吸收，可以高质量地切割木材、亚克力、PP、有机玻璃等非金属材料，但是 CO_2 激光的光电转化率只有 10%左右。CO_2 激光切割机在光束出口处装有喷吹氧气、压缩空气或惰性气体的喷嘴，用以提高切割速度和切口的平整光洁。为了提高电源的稳定性和寿命，对于 CO_2 气体激光要解决大功率激光器的放电稳定性。根据国际安全标准，激光危害等级分 4 级，CO_2 激光属于危害最小的一级。

CO_2 激光切割机的主要优点是功率大，一般功率都在 2000～4000W，能切割 25mm 以内的全尺寸不锈钢、碳钢等常规材料，以及 4mm 以内铝板和 60mm 以内的亚克力板、木质材料板、PVC 板，且在切割薄板时速度很快；另外，由于 CO_2 激光器输出的是连续激光，其是这三种激光切割机中切割断面效果最光滑最好的。

但其主要缺点是 CO_2 激光器大部分核心关键技术都掌握在欧美厂家手中，所以大部分机器价格昂贵，在 200 万以上，且配件耗材等相关维护费用极高，另外在实际使用时运营成本很高，且切割时耗气量很大。

3) 光纤激光切割机

光纤激光切割机由于它可以通过光纤传输，柔性化程度空前提高，故障点少、维护方便、速度快，所以在切割 4mm 以内薄板时光纤切割机有着很大的优势，但是受固体激光波长的影响它在切割厚板时质量较差。光纤激光切割机的波长为 1.06μm，不易被非金属吸收，故不能切割非金属材料。光纤激光的光电转化率高达 25%以上，在电费消耗、配套冷却系统等方面光纤激光的优势相当明显。根据国际安全标准，激光危害等级分 4 级，光纤激光由于波长短对人体尤其是眼睛的伤害大，属于危害最大的一级，出于安全考虑，光纤激光加工需要全封闭的环境。

光纤激光切割机的主要优点是光电转换率高、电力消耗少，能切割 12mm 以内的不锈钢板、碳钢板，是这三种机器中切割薄板速度最快的激光切割机，割缝细小、光斑质量好，可用于精细切割。其主要缺点是目前光纤激光器大部分核心关键技术都掌握在欧美等国家的少数生产厂家手中，所以大部分机器价格昂贵，大部分的机器价格在 150 万以上，小功率的也基本在 50 万元左右，切割时由于光纤割缝很细耗气量巨大，另外光纤激光切割机很难甚至不能切割铝板、铜板等高反射材料，且在切割厚板时速度很慢。

2. 固体(YAG)激光切割机

1) 设备的基本组成

固体(YAG)激光切割机是由主控柜、冷却水箱、空调、抽风机、工作台、空气压缩机、储气罐、干燥机等组成的，以某型号固体激光金属切割机(图 11-2)为例简单介绍各部分作用(表 11-1)。

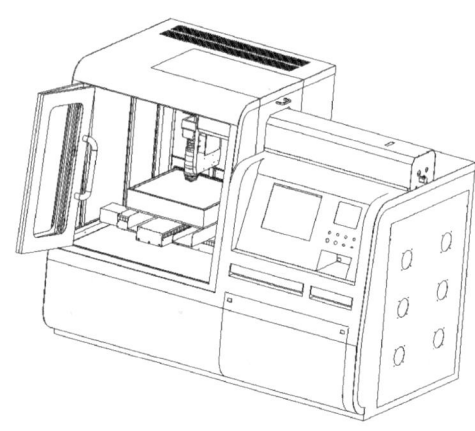

图 11-2 固体激光切割机

表 11-1 固体激光切割机各部分作用

序号	名称	说明	功能
1	激光光路系统	包括 YAG 晶体、激光器、扩束镜、同轴红光指示、自动跟随和聚焦镜	出激光,执行切割功能
2	主控机箱	激光电源、主控面板和各种电源线	激光器的主电器控制
3	工作台	XY 轴电动工作台及控制板	操作工作区
4	电脑数控系统	电脑、数控板卡及驱动软件	控制整机联动
5	制冷系统	包括水箱、水泵、室外空调压缩机、蒸发器和水管	给激光器恒温制冷

该固体激光金属切割机在进行加工前先要绘制所需形状的平面图形并导入设备,然后将 380V 的高压电能转换成脉冲能量,再经过不同型号的玻璃镜片进行各种反光、聚光、放大、折射以及聚焦等产生绿色激光光斑,最后配合以空气、氧气或氮气等气体中的任何一种气体对金属板材(如铁板、钢板、不锈钢、铝板等)进行局部性的高温融化,其加工路径是通过电脑指令伺服电机带动割炬在工作台上的 X 轴与 Y 轴的控制范围运动完成的。该切割机的冷却采用由水泵带动冷却水箱内的蒸馏水流经各承受高温光学部件进行冷却,再经空调制冷回流水箱的循环工作方式。

2) YAG 固体激光切割器

YAG 固体激光器(图 11-3)是借助光学泵将电能转化的光能量传送到工作介质中,使之在激光棒与电弧灯周围形成一个泵室。同时通过激光棒两端的反光镜,使光对准工作介质,对其进行激励以产生光放大,从而获得激光。

切割用 YAG 激光器的种类和主要用途如表 11-2 所示。

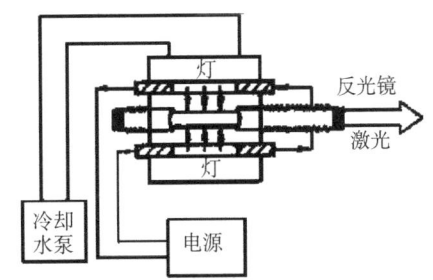

图 11-3 YAG 固体激光的结构原理

表 11-2 切割用 YAG 激光器的种类和主要用途

项目	连续激光器		脉冲激光器
	一般连续振荡	Q 开关振荡	
激励用灯	电弧灯		闪光灯
Q 开关	-	超声波 Q 开关	-
脉冲宽度/ms	-	50～500	0.1～20
重复频路/kHz	-	< 50	$(1～500)×10^{-6}$
平均数出功率/W	1～1800	100	1000
脉冲能量/mJ	-	1～30	100～150000
主要用途	用于碳素钢、不锈钢薄板(厚度小于 3mm)的切割	陶瓷和铝合金薄板(约 1mm)的精密切割	铜、铝合金板(厚度小于 20mm)的精密切割

3. CO_2 激光切割机

1) 设备的基本组成

CO_2 激光切割机主要由激光器、导光系统、数控运动系统、割炬、操作台、气源、水源及抽烟系统组成,典型的激光切割设备的基本构成如图 11-4 所示。

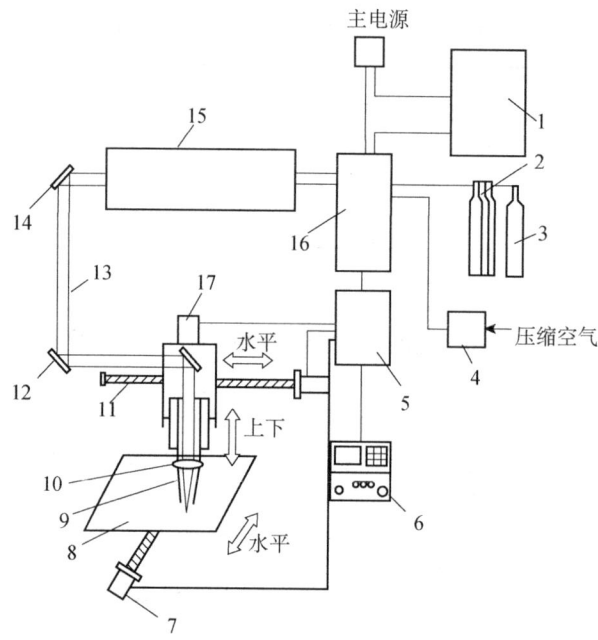

1—冷却水装置；2—激光气瓶；3—辅助气体瓶；4—空气干燥瓶；5—数控装置；6—操作盘；
7—伺服电动机；8—切割工作台；9—割炬；10—聚焦透镜；11—丝杠；12—反射镜；13—激光束；
14—反射镜；15—激光振荡器；16—激光电源；17—伺服电动机和割炬驱动装置

图 11-4 典型 CO_2 激光切割设备的基本构成

激光切割设备的各组成部分中，激光电源是供给激光振荡用的高压电源；激光振荡器是产生激光的主要设备；折射反射镜主要用于将激光导向所需要的方向，若是镜都要用保护罩加以保护；割炬主要包括枪体、聚焦透镜和辅助气体喷嘴等零件；切割工作平台则用于安放被切割工件，并能按控制程序正确而精确地进行移动，通常由伺机电机驱动；割炬驱动装置主要用于按照程序驱动割炬沿 X 轴和 Z 轴方向运动，内伺服电动机和丝杠等传动件组成；数控装置是对切割平台和割炬的运动进行控制，同时也控制激光器的输出功率；操作盘主要用于控制整个切割装置的工作过程；气瓶包括激光工作介质气瓶和辅助气瓶，用于补充激光振荡器的工作气体和供给切割用辅助气体；冷却水循环装置用于冷却激光振荡器，因为激光器是利用电能转换成光能的装置，如 CO_2 激光器的转换效率一般为 20%，剩余的 80%能量就变换为热量，而冷却水的作用是把多余的热量带走以保持振荡器的正常工作；空气干燥器用于向激光振荡器和光束通路供给洁净的干燥空气，以保持通路和反射镜的正常工作。

2) CO_2 气体激光器

CO_2 气体激光器(图 11-5)是以封闭在容器内的 CO_2 气体(实为 CO_2、N_2 和 He 的混合体)作为工作物质将经受激振荡后产生的光放大，气体通过施加高压电形成辉光放电状态，借助设在容器两端的反射镜使其在反射镜之间的区域不断受激励并产生激光。

CO_2 气体激光器主要有气体封闭容器式、低速轴流式、高速轴流式和横流式等类型。激

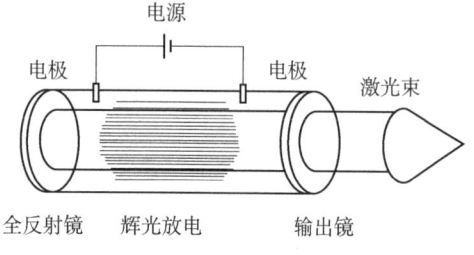

图 11-5 CO_2 激光器的基本结构

光切割一般使用轴流式 CO_2 气体激光器。几种 CO_2 激光器的主要特性如表 11-3 所示。

表 11-3 四种 CO_2 激光器的主要特性

类型	构成简图	实用输出功率/W	优点	缺点
气体封闭式	高压电源 $CO_2/N_2/He$ 热扩散冷却	100	结构简单	功率小，实用性差
低速轴流式	高压电源 $CO_2/N_2/He$ 气体注入冷媒 向冷媒的热扩散冷却气体	1000	可获得稳定的基模激光	外形尺寸较大，维护保养较难
高速轴流式	高压电源 $CO_2/N_2/He$ 鼓风机 热交换器	3000	可在体积不大的情况下获得较大的输出功率，维护保养方便	输出功率的稳定性取决于风机的可靠性
横流式	高压电源 $CO_2/N_2/He$ 气体流 热交换器 风机	15000	可获得很高的输出功率	光束能量分布为复式，功率较低

4. 激光切割设备的割炬

激光切割用割炬(图 11-6)主要由割炬体、聚焦透镜、反射镜和辅助气体喷嘴等组成。

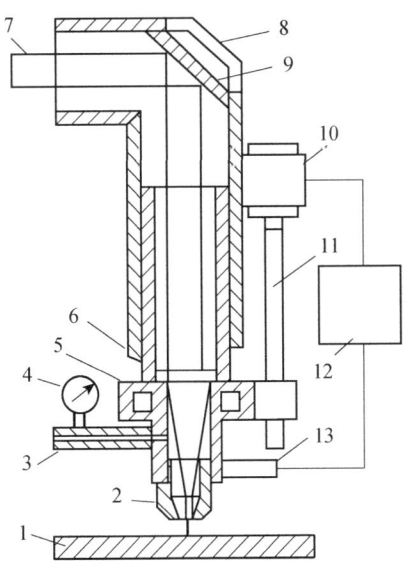

1-工件；2-切割喷嘴；3-氧气进气管；4-氧气压力表；5-透镜冷却水套；
6-聚焦透镜；7-激光束；8-反射镜冷却水套；9-反射镜；10-伺服电动机；
11-滚珠丝杠；12-放大控制及驱动装置；13-位置传感器

图 11-6 激光切割用割炬的结构

1) 聚焦透镜

聚焦透镜的作用是把射入割炬的平行激光束进行聚焦，以获得较小的光斑和较高的功率密度。透镜的形状有双凸形、平凸形和凹凸形三种,常采用能透过激光波长的材料制造,例如,固体激光常用光学玻璃,而 CO_2 气体激光因透不过普通玻璃,则采用 ZnSe、Ge 等材料制造,其中 ZnSe 最常用。

透镜的焦距对聚焦后光斑直径和焦点深度有很大影响。对于激光切割,希望聚焦光斑直径尽可能小,这样,功率密度就能提高,有利于实现高速切割;但透镜焦距减小时,焦点深度也较小,在切割厚度较大的板时难以获得垂直度好的切割面。另外,透镜焦距较小时,透镜与工件之间的距离也缩小,在切割过程中聚焦透镜易被溅射的熔渣等物质弄脏,影响切割的正常进行。因此,要根据切割厚度和切割质量要求等因素综合考虑,确定适当的焦距。

2) 反射镜

反射镜的功能是改变来自激光器的光束方向。固体激光器可使用由光学玻璃制造的反射镜反射其发出的光束,而对 CO_2 气体激光器发出的光则常用铜或反射率高的金属制造的反射镜进行反射。为避免反射镜受光照过热而损坏,反射镜使用时通常需用水进行冷却。

3) 喷嘴

喷嘴用于向切割区喷射辅助气体,其结构形状对切割效率和质量有一定影响,常用的有圆柱形、锥形和缩放形等。喷嘴需根据工件的材质、厚度、辅助气体压力等参数并要进行试验才能确定。激光切割一般采用同轴喷嘴,避免不同轴切割时产生大量飞溅;喷嘴孔的孔壁应光滑,以保证气流的顺畅,避免因出现紊流而影响切口质量;为了保证切割过程的稳定性,一般应尽量减小喷嘴端面至工件表面的距离(0.5~2.0mm)。激光切割常用的喷嘴形状见图11-7。

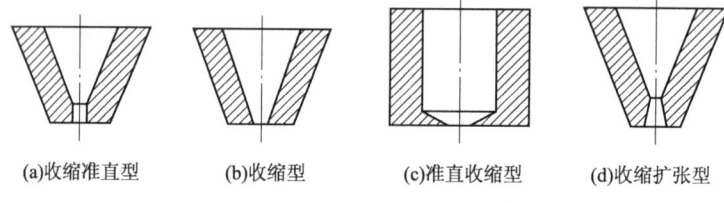

(a)收缩准直型　　(b)收缩型　　(c)准直收缩型　　(d)收缩扩张型

图11-7　激光切割常用的喷嘴形状

当用情性气体切割某些金属时,通常喷嘴在切割方向突然改变时常有空气卷入切割区而发生氧化或氮化,为保护切口区金属不致因空气入侵,则宜使用加保护罩的喷嘴。图11-8所示为加玻璃绒保护罩的喷嘴结构。

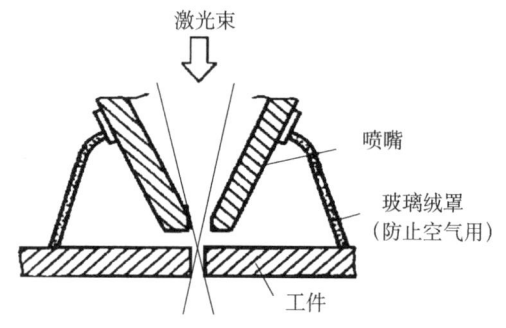

图11-8　加玻璃绒保护罩的喷嘴结构

11.2.2　激光切割的操作

1. 主要工艺参数及其控制

影响激光切割质量的主要因素有切割速度、焦点位置、辅助气体压力和激光输出功率。

(1)切割速度。对给定的激光功率密度和材料,其切割速度符合一个经验公式,只要在阈值以上,材料的切割速度与激光功率密度成正比;聚焦后的光斑大小对切割质量也有很大影响;另外,切割速度同样与被切材料的密度和厚度成反比。

(2)焦点位置。由于激光功率密度对切割速度影响很大,透镜焦长的选择很重要。激光束聚焦后光斑大小与透镜焦长成正比,光束经短焦长透镜聚焦后光斑尺寸很小,焦点处功率密度很高,切割效率高;但其缺点是焦深很短,调节余量小,综合而言通常比较适合高速切割薄型材料。由于长焦长透镜有较宽焦深,只要具有足够的功率密度,用来切割厚工件比较合适。

在确定适用何种焦长的透镜后,确保焦点与工件相对位置恒定是获得稳定的切割质量的关键,此时割缝最小、效率最高,可获得最佳切割效果。大多数情况下,光束焦点调整到刚处于喷嘴下,且喷嘴与工件表面距离为 1.5mm 左右较为合适。

(3) 辅助气体压力。通常材料切割都需要使用辅助气体,这就要涉及辅助气体的类型和压力。大多数金属激光切割使用氧气等活性气体,与炽热金属发生氧化放热反应,这部分附加热量可提高切割速度 1/3～1/2。激光切割实践表明,当辅助气体为氧时,它的纯度对切割质量有明显影响,如氧纯度降低 2%切割速度会降低 50%,并导致切口质量显著变坏。对于气体压力,当高速切割薄型材料时,需要较高的气体压入以防止切口背面黏渣;当材料厚度增加或切割速度较慢时,则气体压力应适当降低。

(4) 激光输出功率。激光切割中,常设置最大功率以获得高的切割速度,或用以切割较厚材料。

2. 激光加工操作示例

以某型号固体激光金属切割机的 LaserCut 软件为例,通过简单零件切割介绍激光加工的操作步骤。

(1) 绘图。通过二维软件绘制出要切割的图形,保存为 dxf 后缀的文件。

(2) "读 dxf"。启动切割软件(图 11-9),单击菜单栏中的"读 dxf"即读入要切割的图形;在切割软件内打开电子档后,检查该图档内是否有不需要加工的意外图元。如有意外图元则单击菜单栏中的"编辑",单击下拉菜单(图 11-10)中的"删除元素",然后通过鼠标选择需删除图元即可完成。

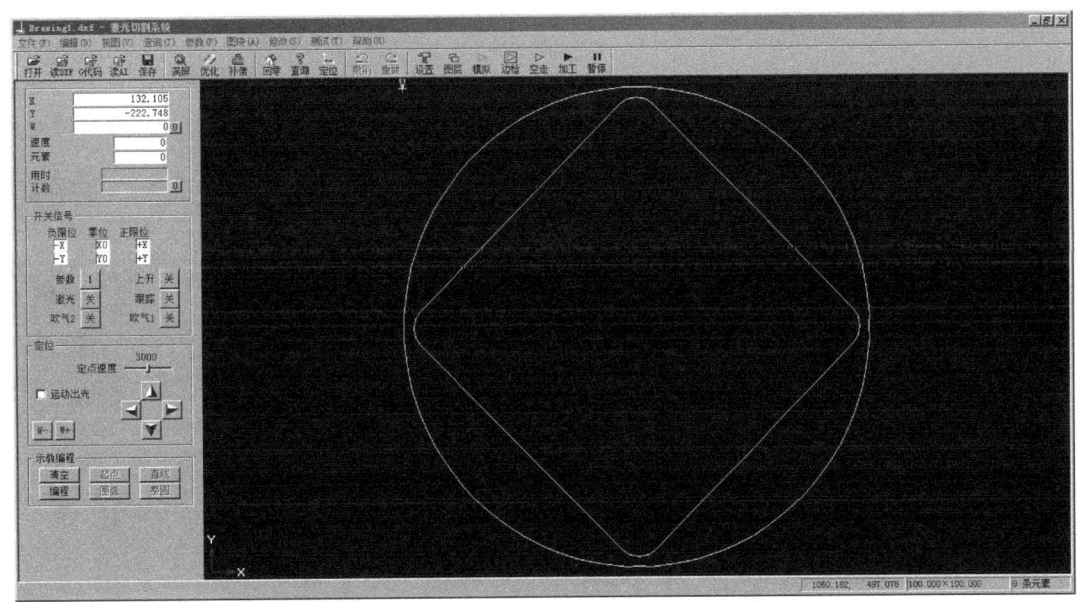

图 11-9 LaserCut 软件界面

(3) "满屏"。单击菜单栏中的"满屏"后图形会布满整个画面,方便我们查看图像尺寸,见图 11-9 中软件界面右下角,即当前需要加工图形的总体大小。如"457.000×875.000"中前面 457.000 表示 X 方向宽度为 457mm,"875.000"表示 Y 方向长度为 875mm。

(4) "优化"。单击菜单栏中的"优化"后软件自动排列出构成图形各线条的切割顺序。

(5) "模拟"。单击菜单栏中的"模拟"后会弹出"模拟速度倍率"对话框,在对话框内输入"速度倍率"后单击"确定"。软件会自动根据已经过"优化"后的线条加工顺序对图形进行模拟切割，此时机床不会工作。

需要注意的是，速度倍率值越大，模拟时速度越快；速度倍率值越小，模拟时速度越慢。如果不满意软件自动排出的切割顺序，可进行手动排序，操作方法为：单击软件左上方的"修改"，从下拉菜单(图 11-11)中选择"前排""后排""反向"及"指定起始元素"中的一项，即可实现加工顺序的改变。

(6)"补偿"。鼠标左键单击菜单栏中的"补偿"对图形进行补偿(图 11-12)。补偿量的设置方法为：单击软件左上方的"参数"选择"优化参数"，在"优化参数"界面的左下方有"补偿量 mm"的设置空格，在该空格内输入以毫米为单位的单边所需要补偿大小的数据，然后单击该界面下方的"确定"即可。

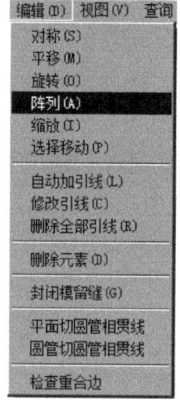
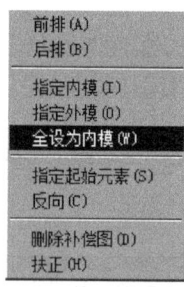

图 11-10　"编辑"下拉菜单　　　　图 11-11　"修改"下拉菜单

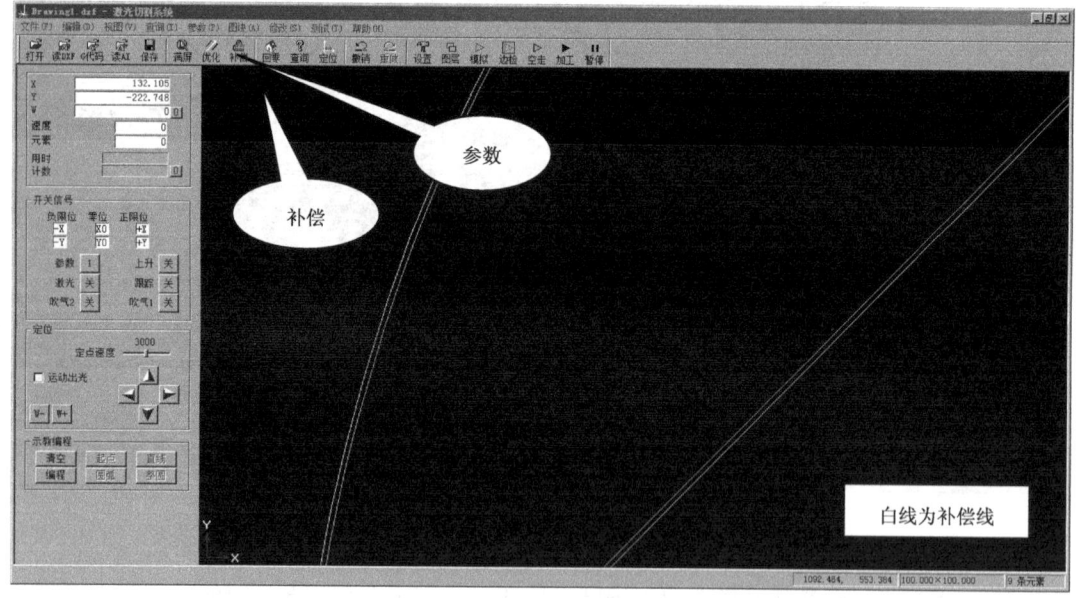

图 11-12　加工图形的补偿

通常情况下的补偿位置是内膜内补和外膜外补。其中，内膜是指一个封闭图形的外形线段以外的所有线段，外膜是指一个封闭图形的外形线段。如有需要可以单击菜单栏中的"修改"，从其下拉菜单(图 11-11)中选择"指定外膜""指定内膜"或"全设为内膜"等方式进行对图形补偿位置的修改。

(7)"加引线"。单击菜单栏中的"编辑",从下拉菜单(图 11-10)中选择"自动加引线"给当前图形添加切割引线,如果引线过长软件会弹出"引线过长"对话框。此时先关闭该对话窗口,检查引线过长的位置,再选择"编辑"下拉菜单(图 11-10)中的"修改引线"或"删除全部引线"删除引线,再在"优化参数"对话框(图 11-13)内的"引线长度 mm"空格内输入以毫米为单位的引线长度(一般引线长度设为以该图形内最小孔的一半)等方式完成对引线的修改。

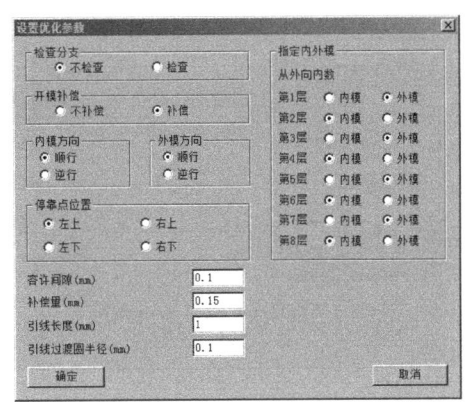

图 11-13 设置优化参数

(8)"定位"。将所需要加工的板材放在切割机的工作台面上的有效工作范围内后,再通过机床上的横梁在机床的 Y 轴正负方向移动,检查板材是否放置平行;再将激光头移动到红光点距板材边缘约 5mm 的位置;然后单击菜单栏中的"定位"后弹出对话框(图 11-14),选择其中的"左上角""左下角""右上角""右下角"或"鼠标指定"等方式进行定位。

(9)"边检"。定位完成后,单击菜单栏中的"边检",工作台上的横梁会从定位点开始,根据软件内图形总体大小对应的方形轮廓随软件的激光头图标绕该轮廓空走一圈。此时红光若在板材的范围内则说明此张板材可以加工该图形;若不在板材的范围内,就需要更换板材或重新排版。

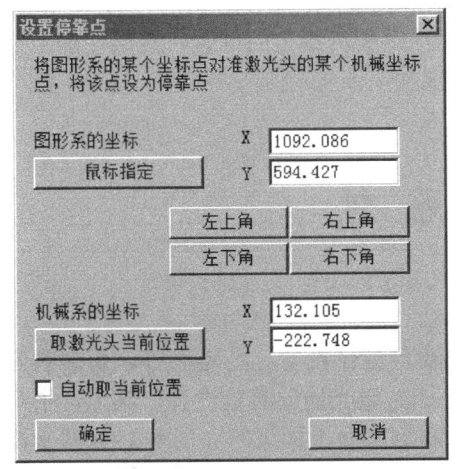

图 11-14 设置停靠点

(10)设置激光能量参数(图 11-15)和加工参数(图 11-16)。

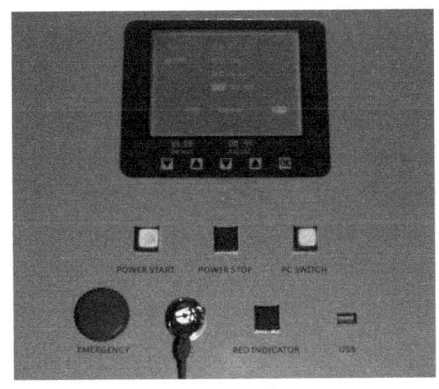

图 11-15 设置激光能量参数

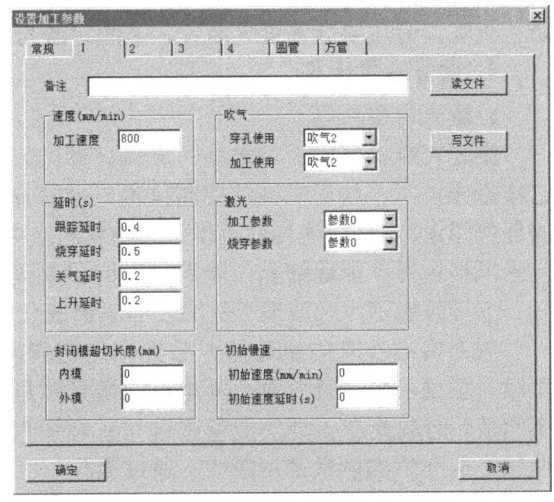

图 11-16 设置加工参数

(11)检查切割高度和吹气是否正常,通常喷嘴到板材之间的切割高度控制到 10mm 左右。

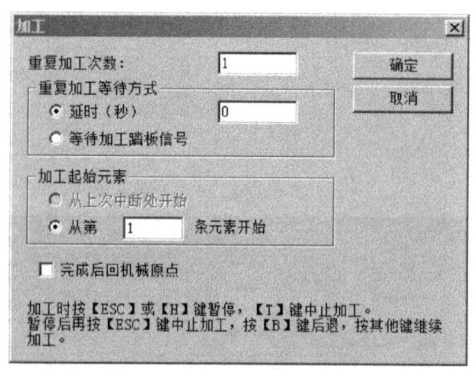

图 11-17 "加工"设置

(12)"加工"。单击软件菜单栏中的"加工",在加工设置界面(图 11-17)的"加工起始元素"方框内选择"从第 N 元素加工"并输入元素序号(如第 3 条则在空格内输入 3;通常刚开始加工时,空格内的默认值为"1"),单击"确定"后激光机就会根据输入的各种参数(图形、切割速度等)对板材进行自动切割。

(13)切割过程中如果遇到异常情况需要停止后处理,那么再次加工时,可以通过单击菜单栏中的"查询",再在软件界面内鼠标点选前次切割所在位置的线段,软件左侧就会显示出该线段数据的对话框,对话框的左上方是该线段的位置及线型。可在对话框内选择"起点"或"终点"后单击"移动至该点",激光头就会自动移动到所指定的位置,然后在加工设置界面内输入该线段的元素序号后单击确定便可以再次加工。

(14)完成加工,取出成品。

11.3 激光雕刻

11.3.1 激光雕刻的设备

激光雕刻设备一般有切割雕刻激光设备、振镜雕刻激光设备、内雕机等。切割雕刻主要适用于中小功率的 CO_2 激光器和千瓦级的大功率 CO_2 激光器的雕刻设备,其中,中小功率的 CO_2 激光雕刻切割机比较适用于非金属的薄板雕刻,而千瓦级的大功率 CO_2 激光器既可雕刻非金属,也可雕刻金属且能够雕刻厚板。振镜激光雕刻设备主要适用于金属雕刻的中小功率 YAG 激光器和非金属雕刻的小功率 CO_2 激光器的设备,只需在打标机上安装相应的板卡和驱动即可,振镜式激光雕刻一次雕刻的幅面较小。需要强调的是,激光雕刻非金属时可能产生有毒烟雾,所以需要有抽气装置;另外,有些材料是易燃物品,一定要注意防止火灾,旁边要准备灭火装置。下面对激光内雕技术及其设备做比较详细的介绍。

1. 设备内雕技术

1) 激光内雕原理

激光内雕机是用于对水晶、玻璃、有机玻璃等透明材料的内部进行雕刻的专门设备。它集激光技术、精密机械及控制技术、电脑及软件技术于一体,能够将电脑中设计或处理的任何图像、文字等逼真地再现于透明材料之中。激光玻璃内雕刻加工不仅制作图像独特、艺术风格迥异、雕琢细腻,能满足人们日益提高的审美追求,而且加工速度快、制作成本低、非接触加工,对玻璃工件的表面不造成任何损伤和污染。

激光内雕技术的原理是把激光聚焦在玻璃内部,通过扫描实现三维(3D)内雕。要实现激光雕刻,在玻璃中激光聚焦点的激光能量密度必须大于使玻璃破坏的临界值,称为损伤阈值。而激光在该处的能量密度与它在该点光斑的大小有关。对于同一束激光来说,光斑越小所产生的能量密度越大。通过聚焦,可以使激光的能量密度在到达要加工区之前低于玻璃的破坏阈值,而在希望加工的区域则超过这一临界值。脉冲激光的能量可以在瞬间使玻璃受热炸裂,从而产生微米至毫米数量级的微裂纹,由于微裂纹对光的散射而呈白色。通过已经设定好的计算机程序控制在玻璃内部雕刻出特定的形状,玻璃的其余部分则保持原样。

2) 激光内雕辅助成像技术

一般的 3D 成像技术是利用图形学方法获取 3D 图像的，需要投射高亮激光来测量对象，通过激光束的远近，进行物体的图像和模型处理；整个过程非常繁杂，要拍摄多次，才能获得对象的 3D 图像，代价昂贵，并且速度很慢，特别是不适于捕捉活动对象的图像，而只能运用在风景和不动的物体上。后来人们发明了 3D Flash 摄影技术，该技术在拍摄人体方面有绝对的优势，即 0.01s 内就可以获取高分辨率，获得人脸精确的三维数据。3D Flash 三维闪光灯可以和普通二维数字照相机连接，把特制光栅编码投影到物体表面，并且由数字相机摄取此编码图像；通过特殊的解码软件，对编码图像进行分析并找出图像的 X、Y、Z 轴的 3D 信息，此时处理出的人像是网格组成的 3D 网人像；接下来就是给人脸贴皮肤和上色，完成之后，一个 360°的 3D 完整头像就这样在电脑里制作出来了；电脑再将信息输入内雕机，就可以制作出完美的人像内雕工艺品了。

3) 激光多色着色内雕的原理

在金离子掺杂的硅酸盐玻璃中，通过改变激光作用时间和激光功率可以控制金纳米颗粒的尺寸分布，从而改变样品颜色及光学非线性。激光作用时间长，由于金的纳米表面等离子体共振产生的吸收峰位置红移，呈现出金纳米粒子的量子尺寸效应；随着激光输出功率的增大，吸收系数增大，表面等离子体共振产生的峰向短波方向移动，进而呈现出不同颜色。

目前这一技术已经实现了产业化，产生了一定的社会和市场效益，在国内外引起很大反响。

2. 激光内雕设备

激光加工系统与计算机数控技术相结合可构成高效自动化加工设备，为优质、高效和低成本的加工生产开辟了广阔的前景。而激光内雕机正是将激光技术和计算机技术结合起来的高新一体化新型激光外设加工设备。部分激光内雕机厂家生产的激光内雕机采用高性能的激光和数控技术，通过光学系统、控制系统和计算机软件，在水晶、玻璃内实现二维动态精密激光雕刻，解决了雕刻速度慢、系统工作不稳定、丢激光点，对图像和文字处理软件功能不全、使用计算机接口控制卡、激光爆炸点不均匀、自动控制装置不尽完善、设备性价比低等问题。全面提高了系统的效率、精度、可维护性、通用性和安全性。

一套完整的水晶内雕系统包括三维成像设备、成像处理编辑软件和激光水晶内雕机。通过三维扫描仪拍摄的图像或在微机中设计的图像、文字等，经过程序处理成数据文件后输入内雕机的微机中，通过软件就可以控制系统执行数据文件，完成内雕工作。

1) 三维成像设备

三维成像设备(图 11-18)包括一台 3D Camera 摄像机、一组计算机设备、一组支架，可以拍摄客户完整的 180°三维成像。

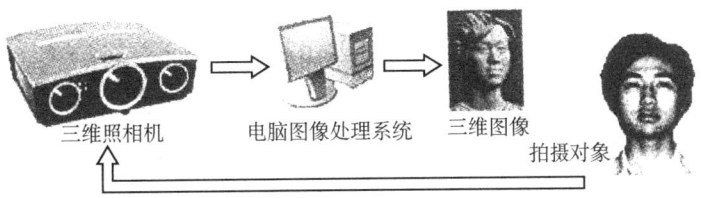

图 11-18　三维成像设备示意图

2) 成像处理编辑软件

成像处理编辑软件又称点云转换软件,它包括平面处理软件(3D Vision)和三维处理软件(3D Crystal)。它的作用就是把平面图形和三维模型处理成点云文件。

3) 激光水晶内雕机

激光水晶内雕机的作用是根据点云文件利用激光控制软件控制机床的移动和激光的输出,聚焦的激光将在水晶内部指定位置通过焦点的高温改变水晶内部组织形成不透明的微小缺陷(相当于微小点),最终由许多微小缺陷(微小点)组成整幅图像。激光内雕机由三部分组成:激光光路部分、电气控制部分及外壳机身部分,如图 11-19 所示。

激光光路部分包括激光器(包括激光头、激光电源、光纤、控制电缆)、扩束镜、扫描振镜(包括 X、Y 扫描振镜)、F-θ 透镜以及工作台。

电气控制部分主要包括工控机(电脑主机)、伺服系统和控制箱三大部分。

外壳机身部分即设备外壳。

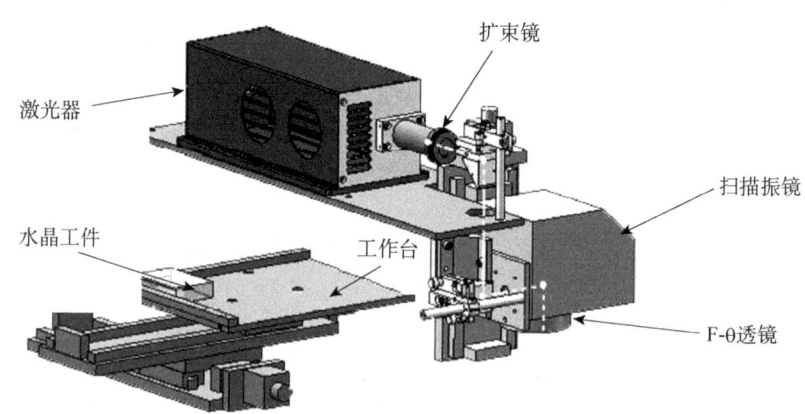

图 11-19 激光内雕机的组成

11.3.2 激光雕刻的操作

1. 激光雕刻加工工艺

1) 激光雕刻流程图

激光雕刻的工艺流程如图 11-20 所示。

2) 影响激光雕刻的因素

影响激光雕刻的因素主要包括激光的波长及能量、聚焦光斑的大小、离焦量、材料本身对激光的反射率、雕刻速度、光束的特性等。另外,激光雕刻的效果还与具体的雕刻软件相关参量的设置有直接关系,因设备和雕刻软件的不同会有所不同。

2. 加工步骤示例

点云转换软件包括 3D Vision 和 3D Crystal。下面以二维图片为例讲解 3D Vision 软件使用方法及水晶内雕的加工步骤。

3D Vision 软件的其中一个重要功能是处理平面照片,在水晶中形成一种略带浮雕效果的形象。如果导入本软件生成点云的照片其分辨率高、轮廓清晰,做成的点云效果也会更清晰和细腻。背景色最好是深色,浅色的背景会变成点云,极大地增加点数,导致更长的雕刻时间和更高的雕刻成本。

第 11 章 激光加工技术

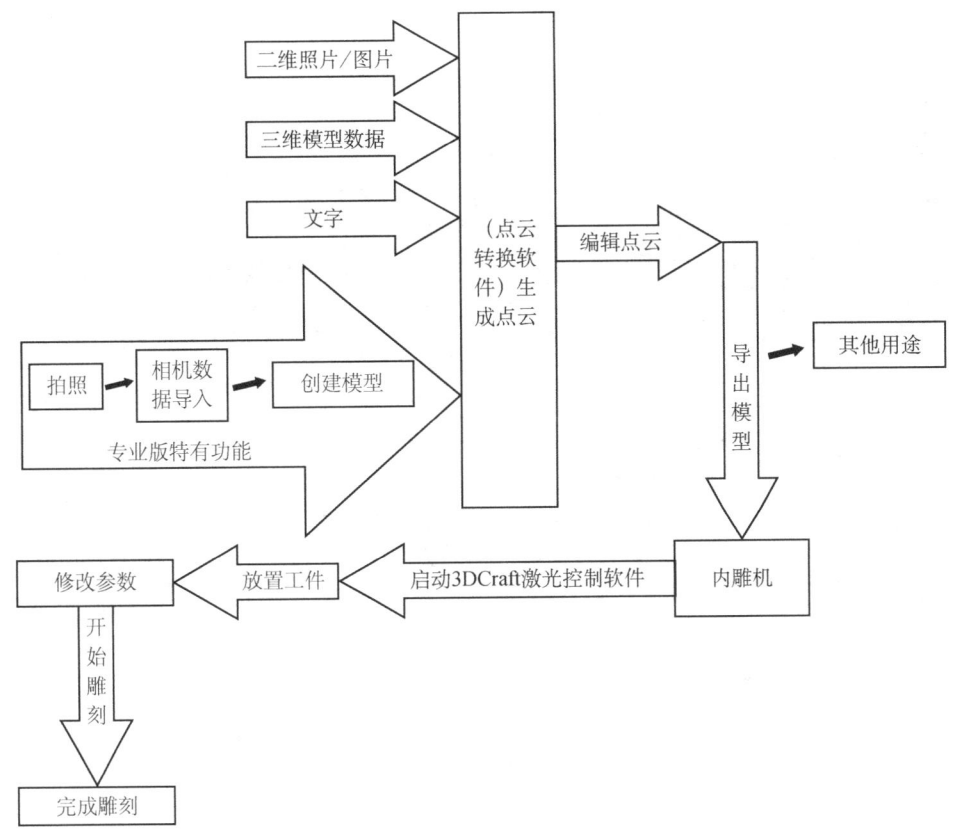

图 11-20 激光雕刻的工艺流程

(1) 启动软件。启动 3D Vision 软件，界面如图 11-21 所示。

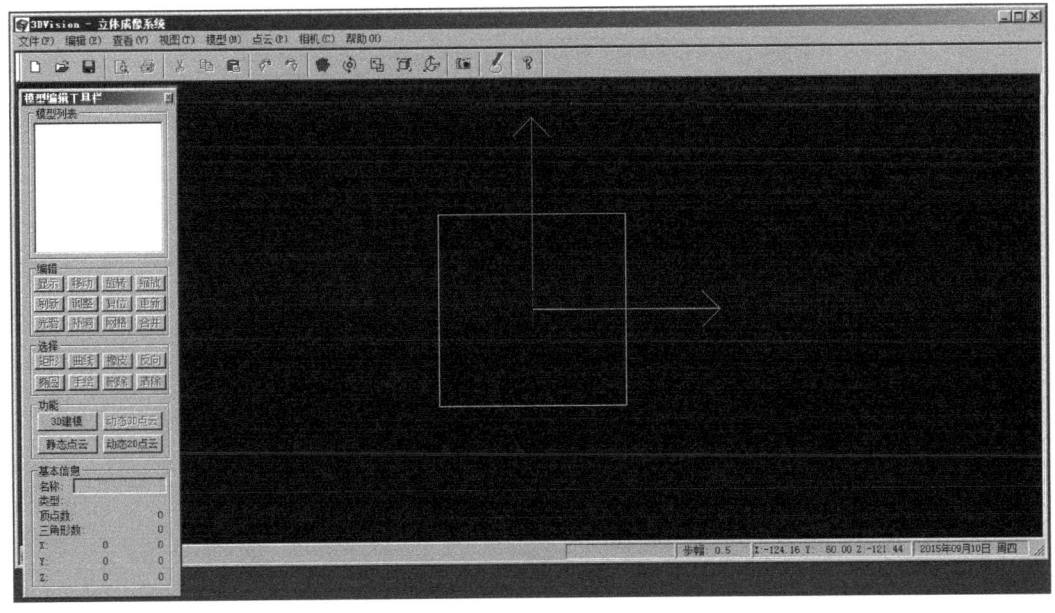

图 11-21 3D Vision 软件界面

(2) 单击软件界面左侧工具栏"功能"中的"静态点云"按钮，会出现"点云生成"对话框(图 11-22)。

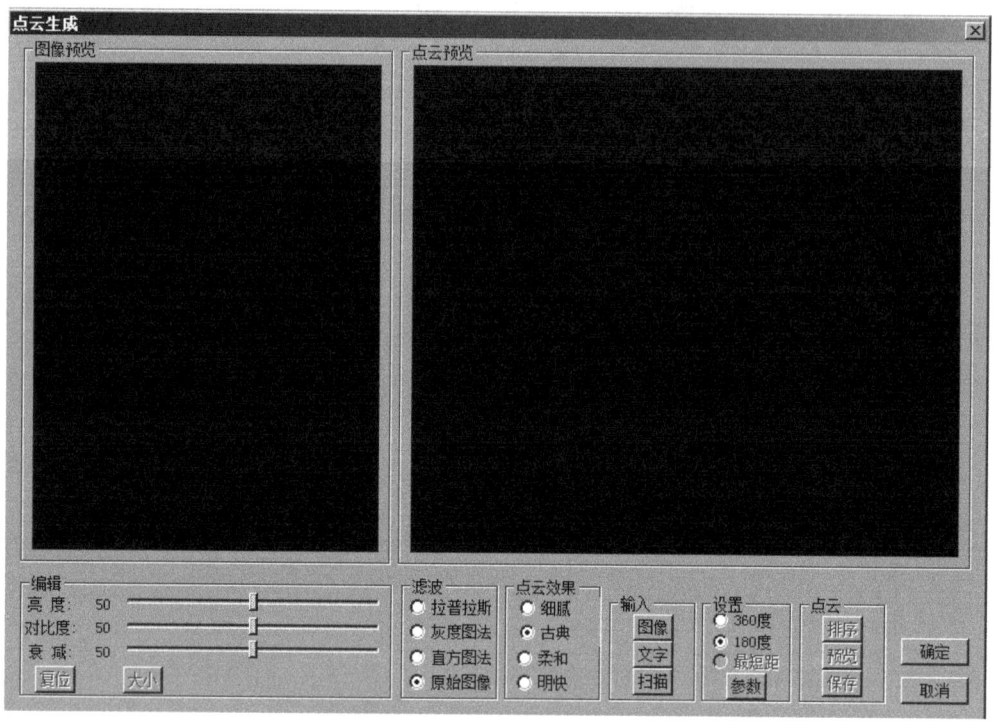

图 11-22 "点云生成"对话框

(3)单击"点云生成"对话框(图 11-22)中的"参数"打开"点云参数设置"对话框(图 11-23),设置水晶尺寸(即加工材料的实际尺寸)和层数(1~5),其他参数默认并单击"确定"。

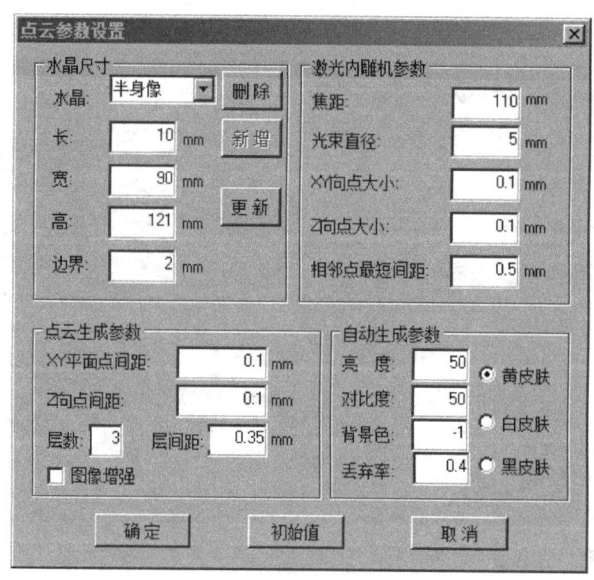

图 11-23 点云参数设置

(4)单击"点云生成"对话框(图 11-22)中的"扫描",导入要处理的图像,如图 11-24 所示。

图 11-24　导入处理图像

(5) 在图 11-24 界面中选择"滤波"为"原始图像","点云效果"为明快,再单击"预览",如图 11-25 所示;调节"亮度""对比度"以及"衰减"使人的面部轮廓清晰可见,然后单击"预览",重复操作直到达到想要的效果。

图 11-25　点云预览

(6) 单击点云生成对话框中"编辑"下的"大小",把宽高改到一定的大小(通常以材料宽高的 10 倍左右计算),如图 11-26 所示,修改完成后进入预览,按住鼠标左键不放,拉动点云预览窗口里的图像检查是否超出边界,如图 11-27 所示。重复以上操作直至达到想要的效果,确认无误单击"保存"。

图 11-26　"大小"设置

图 11-27　检查图像边界

(7) 如果要雕刻多张照片，重复步骤（4）～（6）即可，结果如图 11-28 所示。

图 11-28　增加雕刻图片

(8) 单击点云生成对话框"输入"中的"文字"，在编辑位置输入想要雕刻的字，选择字体、字形、字号等(图 11-29)。

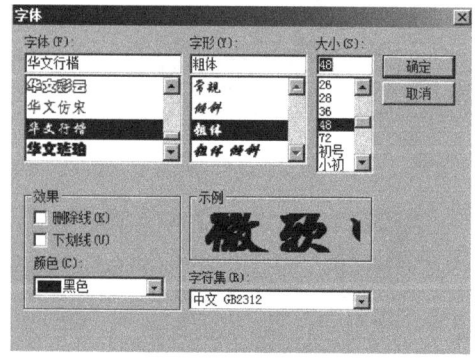

图 11-29　"字体"对话框

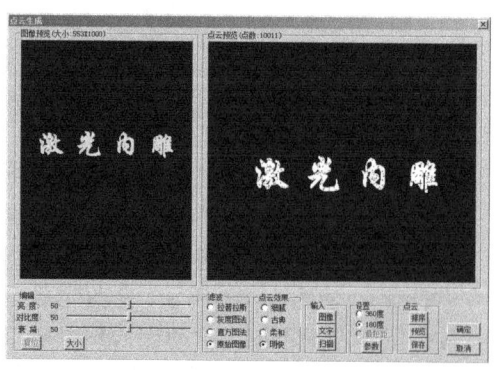

图 11-30　文字的点云生成预览

(9) 完成后进入预览(图 11-30),可重复以上操作直至达到所需效果后保存设置,进入主界面。通过模型编辑工具栏中的"移动""旋转""缩放"等,编辑已经处理过的 2 张图片和文字,如图 11-31 所示,最终达到自己喜好的大小和布局,如图 11-32 所示。

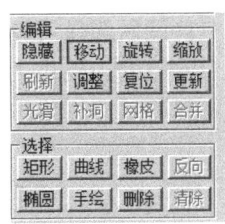

图 11-31　编辑多张图片布局

图 11-32　多张图片布局预览

(10) 检查各个方向是否超出材料边框,确定模型列表里面的所有模型更新处于灰色状态(确认数据已全部更新);选中所有要合并的图形,依次单击"编辑"区域的"合并""调整"及"更新",并使模型处于材料正中位置,如图 11-33 所示。

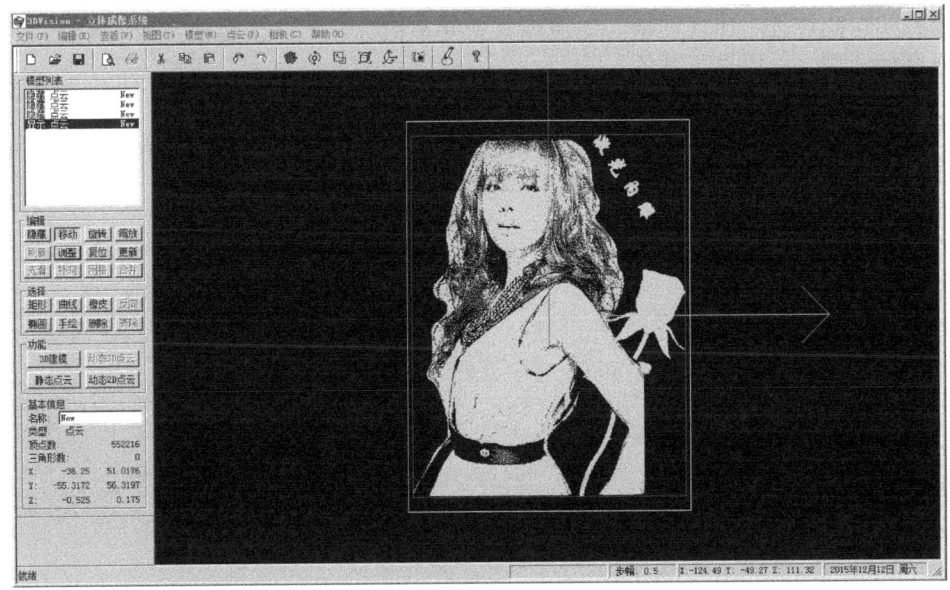

图 11-33　合并后的模型处于材料正中位置

(11) 最后选择菜单栏"模型"下拉菜单中的"模型导出",从而导出 DXF 格式的文件。

(12) 打开内雕机上的电脑和激光控制电源后启动激光控制软件,放入材料并在相应位置输入材料尺寸,然后调入 DXF 文件后单击开始进行加工,等待雕刻完成即可。

11.4　激光加工的安全操作规程

(1) 遵守一般切割机安全操作规程。严格按照激光器启动程序启动激光器,并进行调光和试机。

(2) 操作者须经过培训,熟悉切割软件、设备结构和性能,掌握操作系统有关知识。

(3) 按规定穿戴好劳动防护用品,在激光束附近必须佩带防护眼镜。

(4) 气瓶的使用、运输应遵守气瓶监察规程;禁止气瓶在阳光下暴晒或靠近热源;开启瓶阀时,操作者必须站在瓶嘴侧面。

(5) 开机前应检查聚集镜、反射镜是否清洁,激光器、机床的气路、水路是否通畅及有无泄漏。

(6) 空压机、冷干机过滤器每天早晨必须排水,外光路镜片侧吹风的前一级过滤器必须随时检查,不得有水或油,否则会污染镜片。

(7) 在未弄清某一材料是否能用激光照射或切割前,不要对其加工,以免产生烟雾和蒸汽。

(8) 设备开动时操作人员不得擅自离开岗位或托人代管,如的确需要离开时应停机或切断电源开关。

(9) 要将灭火器放在随手可及的地方;不加工时要关掉激光器或光闸;不要在未加防护的激光束附近放置纸张、布或其他易燃物。

(10) 保持激光器、激光头、床身及周围场地整洁、有序、无油污,工件、板材、废料按规定堆放。

(11) 开机后应手动低速沿 X、Y、Z 轴方向开动机床,检查确认有无异常情况。

(12) 工作时,注意观察板材起拱情况和工件掉落情况,以免与切割头发生碰撞事故。

(13) 如切割过程中出现挂渣、返渣或其他异常情况,应立刻暂停,查明原因,问题解决后再继续切割,以免损坏设备。

(14) 工作完毕,按正确的关机顺序关闭整个机组。

(15) 加工完的工件要在机床停止运行的情况下及时卸离工作台,且放置到指定地点,禁止在切割机床有效行程范围内码放工件或余料,避免碰撞设备。

第三篇 创新实践

第12章 慧 鱼

12.1 慧鱼概述

慧鱼(Fischertechnik)是技术含量很高的工程技术类创意智取拼装模型,所涉及领域极其广泛,其由机械构件、电气以及气动构件、传感器、计算机控制器及众多相关软件组成,通过计算机接口与软件编程进行控制。慧鱼由优质尼龙塑胶作为生产材料,尺寸精确且耐磨,其工业燕尾槽专利设计可以很好地使六面都拼接,更加体现了其灵活性。该模型产品系统化、种类多,能够真实再现机械系统构成、科学原理及控制过程,从而可以帮助学习者全面了解机电一体化流程;对于熟练操作人员来说,它的简易性、灵活性、牢固性和系统性更使其成为设计与仿真的良好工具。

12.1.1 慧鱼的应用

1. 慧鱼在教学方面的应用

近年来,慧鱼在教学与研究方面的影响越来越深,很多高校已将慧鱼纳入教学体系。凭借其自身特点,慧鱼模型为创新实践教育提供了良好载体,它展示了科学原理和技术过程的优越性,使其被认为是世界最先进教育理念的教具之一。

慧鱼对学生潜移默化的影响非常突出。学生的创新素质是在适当的教育教学环境下学生自主发展的结果,而慧鱼应用于教学则提高了学生的自主性,很大程度上调动了学生的科研兴趣;此外学生在本科阶段得到一定的科研创造训练,其自身的创新思维和创新意识得到激发,全面提升了实践操作、解决问题和创新设计能力。总之,慧鱼模型既让学生融汇贯通多学科知识并将其应用于实践,又培养了创新意识,最重要的是为学生提供了创新平台。

2. 慧鱼在工业方面的应用

慧鱼在工业方面也有重要应用。慧鱼充分考虑使用者的设计构思和实验分析,以工业部件为原型制造了符合标准的基本构件(机械元件、电气元件以及气动元件),并配合传感器、执行器、控制软件的使用,因此可以还原模拟各种技术过程,仿真工业生产和大型机械设备操作的运转情况,以便在此基础上优化与改进。慧鱼的工业应用不仅简单安全,而且极大地降低了模拟成本;此外,可编程控制器(PLC)、电脑控制板等接入,使得慧鱼模型形成各种复杂结构,拼装出符合现代工业生产中所需求的自动化设备或流水线,因此可靠性较高。世界知名的西门子、宝马、IBM等一大批著名公司都采用慧鱼模型来论证生产流水线。

12.1.2 慧鱼在实践教学中的特点

1. 提高学生实践能力与学习兴趣

在慧鱼组合模型中，主要是一些工程应用中的实际模型，与现场实际结合较为紧密，如在万能组合包中的模型都是工程中的实例，能再现真实的工业设备或仪器。这些模型的工作原理基本上都体现了机械类本科相关课程中的理论知识，学生在使用和组装这些构件的过程中，可以体验到理论与实际的具体结合，提高学生的实践能力，增加对学科知识的理解，提高学习兴趣。

2. 作为实践教学的理想教具

慧鱼组合模型的控制软件及方式都与工程实际较为相似，能够展示其原理和技术过程，为工业自动化机器的研究和设计提供初步模拟及示范。硬件方面可以利用慧鱼组合模型组合出教材上的模型，实现理论和实践的结合，提高学生动手能力；软件方面则在电气连线完成后，利用不同的软件来控制硬件本体运动。

3. 培养学生创新性设计思维

传统实验具有验证性的特点，主要目的是对已学理论知识的验证和理解，而所涉及内容主要来自课本，所以极大限制了学生的想象和创意的空间，不利于学生创新能力的培养。而慧鱼实践教学不仅使学生对教具所提供的示例模型进行验证，进而使学生掌握机械、电子和自动化等相关知识；而且可以让学生结合不同模型的特点进行自主设计且创造出新的作品，因此慧鱼组合模型可以极大提高学生的创新思维。

12.2 慧鱼创意组合模型

12.2.1 零件的材质和特点

慧鱼创意组合模型中大多数零件的材料使用优质尼龙塑胶（图 12-1），该类材料具有很高的机械强度，同时具有很好的韧性，耐热，摩擦系数低，耐磨损，自润滑性，耐弱酸，耐碱和一般溶剂，电绝缘性好，有自熄性，无毒，无臭。基于优质尼龙塑胶的材料特性，慧鱼创意组合模型中零件具有很好的安全性，同时能够满足组建各种不同模型的需要。

图 12-1 尼龙塑料零件

慧鱼创意组合模型中零件采用工业燕尾槽设计，方便零件的连接，对于黑色方形零件，更是六面皆可拼接，最大化零件拼装的自由性，如图 12-2 所示。通过这样的设计，使拼装模型可以无限扩充，让用户可以充分发挥自己的想象力。

图 12-2 六面体及其拼接

12.2.2 零件的分类

在慧鱼创意组合模型中，我们将主要的零件分为三大类：①机械类——应用于慧鱼的所有模型；②电气类——应用于专业类、机器人类组合包，培训模型和工业模型；③气动类——应用于专业类、机器人类组合包。下面分别介绍这三类零件。

1. 机械类零件

又可以细分为机械结构类与机械传动类两种。

(1) 机械结构类零件。机械结构类零件主要是起连接作用，构成结构骨架，并承受一定的作用力，为其他类型的零件提供支持。机械结构类零件(图12-3)包括方形结构件、角块、连接块、销钉、连接杆、直角梁、平板、轴、弹簧等。

图 12-3　机械结构类零件

(2) 机械传动类零件。机械传动类零件主要是将马达的输出转化为各种所需的形式，并传递运动与力。机械机构类零件(图12-4)主要包括齿轮、齿条、蜗杆、曲轴、铰链、齿轮箱等。

图 12-4　机械传动类零件

2. 电气类零件

在慧鱼模型中主要分为传感器与执行器两大类，此外，还包括电源、传输导线、控制接口板等。

(1) 传感器类零件。传感器是用来将外部的各种类型(包括接触、光电、温度等)的信息转换为电信号，发送给接口板进行逻辑控制。传感器类零件(图12-5)包括光敏二极管、微动开关、颜色传感器、距离传感器、超声波传感器、NTC 电阻等。

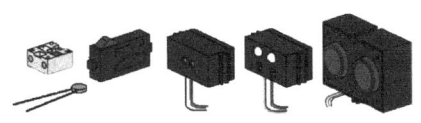

图 12-5　传感器

(2) 执行器类零件。执行器与传感器的功能刚好相反，执行器是通过电信号控制，将电能转换为其他形式的能量输出。执行器类零件(图12-6)包括电灯、舵机、蜂鸣器、电磁铁、马达等。

(3) 其他零件。在电气类中，除去传感器类和执行器类，还有电源、传输导线、控制接口板等，如图12-7 所示。

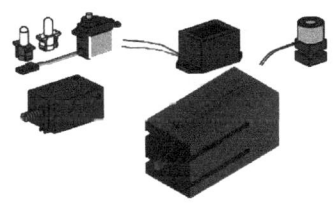

图 12-6　执行器类零件

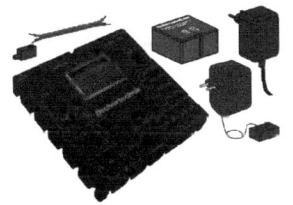

图 12-7　电气类其他零件

3. 气动类零件

气动类零件是通过气压完成传递动力，相比于机械传动，气压传动更加灵活，便于传动件的位置布置。气动类零件(图12-8)包括气泵、气阀、气缸、软管及配件等。

虽然我们将慧鱼创意组合模型中的主要零件分为机械类、电气类、气动类三大类，但是在实际使用时，各个类别的零件是一起交叉使用的，每个零件都不能独立完成，需要相互配合。

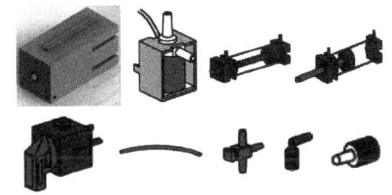

图 12-8　气动类零件

12.2.3　拼装方法

1. 预备工作

一般情况下，预备工作需要包括连接固定搭配零件、制作连接导线、裁剪软管与固定电磁阀三项。

(1) 连接固定搭配零件。在慧鱼模型中,有一些零件只能完成某个特定任务,所以这些零件的拼装相对固定,可以在拼装之前进行预拼装。图 12-9 展示了一些预拼装零件的装配方案。

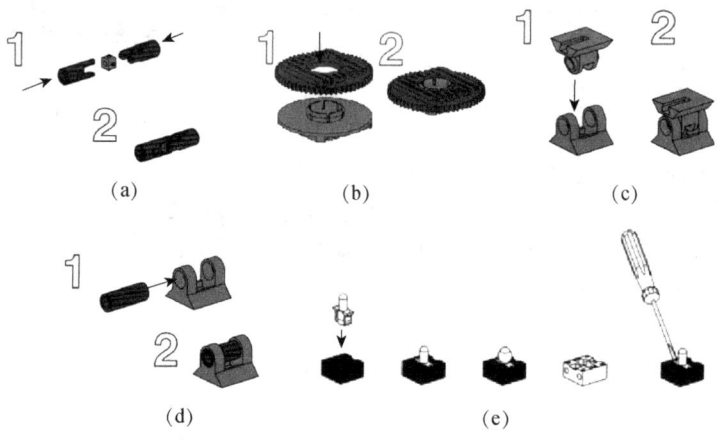

图 12-9 预拼装零件的装配方案示例

(2) 制作连接导线。

①确定导线的长度和数量。这里推荐参考每个组合包中的操作手册里推荐的导线长度和数量,当然在自己设计模型时,就需要根据自己模型的实际位置以及走线的合理布置选择合适的长度,以及所需导线数量。

②接线头的连接。将导线两头分叉 3cm 左右,两头分别剥去塑料护套,露出 4mm 左右的铜线,把铜线向后弯折,插入线头旋紧螺丝,如图 12-10 所示。

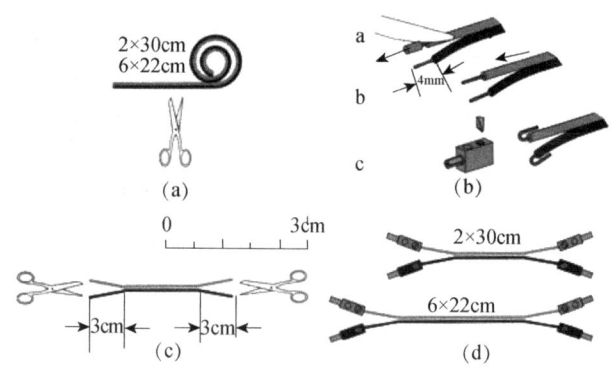

图 12-10 接线头的连接

(3) 裁剪软管与固定电磁阀。相比于制作导线,软管的裁剪就显得十分简单,只需将软管按推荐长度剪下;同时由于电磁阀没有燕尾插槽,还需要将电磁阀固定到指定零件上,一般采用双面胶固定,如图 12-11 所示。

2. 准备零件

在拼装手册每一步旁,都列出了拼装所需的零件,在拼装之前需要从零件包中将其找出,为拼装做准备。在准备零件(图 12-12)时,要仔细观察拼装报告中零件的长短、粗细、角度等细微差别。

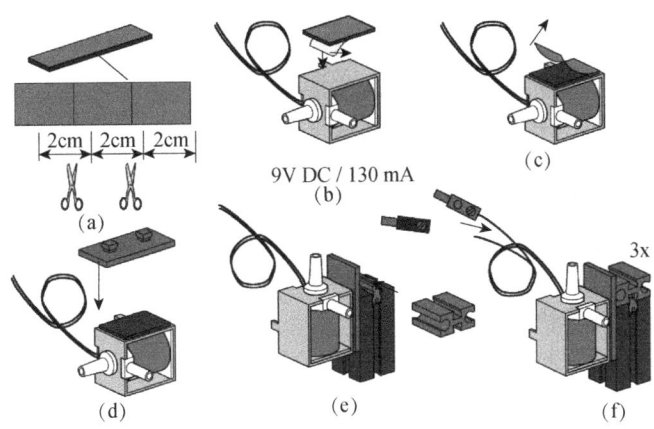

图 12-11 裁剪软管与固定电磁阀

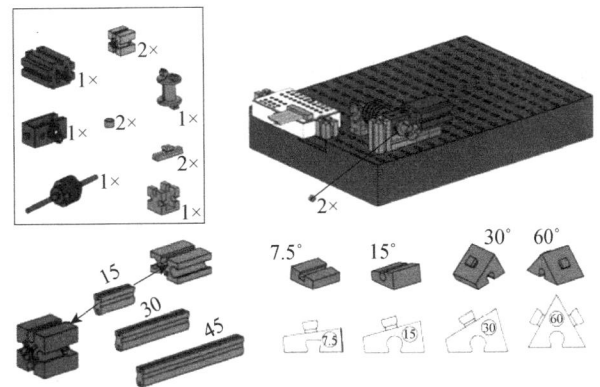

图 12-12 准备零件

3. 拼装过程

在拼装时，要按照步骤逐一拼装，尽量每步都接近理想位置，以减小累计误差，同时还要注意拼装的先后顺序，图 12-13 所示为几个拼装顺序举例。

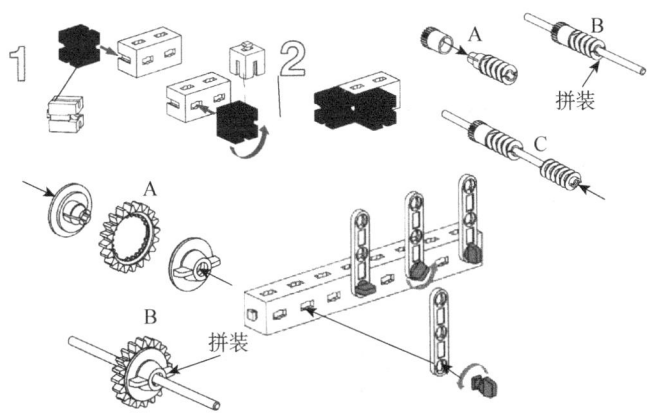

图 12-13 拼装过程示例

4. 连接回路

回路连接(图 12-14)包括气动回路连接与电气控制回路连接。气动回路连接是要求连接处密封可靠，特别注意气缸、电磁阀与回路正确连接。电气控制回路的连接要求正确连接正负极(对要求正负极的设备)，同时注意插头的连接是否可靠，对于比较松动的插头，有组合包中的螺丝刀将插头的十字缝隙加大，增加插头的圆形外径，使接触牢固可靠。

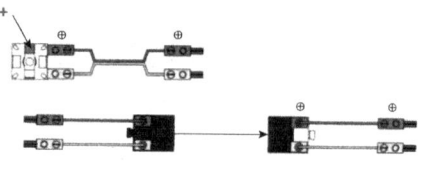

图 12-14 连接回路

连接回路的同时要保持模型的整体美观，尤其是电气控制回路用的导线要适当规划布线。下面给出几种布线方法，如图 12-15 所示。

这里介绍的根据拼装手册拼装的方法不是十分灵活，但是这样的训练是有必要的。在按规则拼装过程中，会不知不觉地形成按步骤、按规律工作的习惯，而这就是学习拼装的目的。在此后的基于已有模型开发或者完全自己开发模型的过程中，有计划地去完成拼装任务将会有很大的帮助。

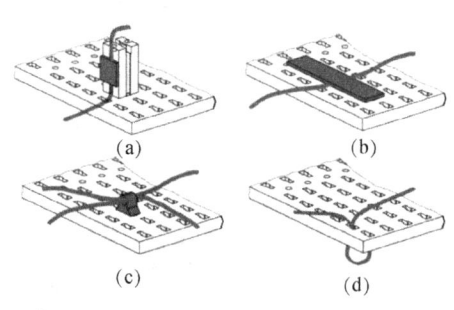

图 12-15 布线方法示例

12.2.4 学习方法

慧鱼创意组合模型的学习方法按照由浅入深的学习规律有以下三步。

(1)模仿模型。按照操作手册中的示范，按顺序安装，做出完美的模型。

(2)改进模型。做出不同的模型，培养学习想象力及创造力。

(3)创造新模型。从使用双手，模仿与改进，到左右脑的配合运用而创造出新的模型，这是慧鱼模型使用的完整过程，也是学生创造力培养的科学过程。

12.3 ROBO TX 控制器

ROBO TX 控制器(图 12-16)是慧鱼接口板系列的第三代产品(第一代为智能接口板，第二代为接口板)可以实现电脑和模型之间的通信。它可以接收传感器获得的信号，进行软件的逻辑运算，传输软件的指令。

相比于二代接口板，ROBO TX 控制器有了全面的升级，增添了以下新技术：①无线蓝牙装置实现慧鱼模型与电脑之间便捷快速的通信，或最多与 7 个 ROBO TX 控制器通信；②大容量存储器和附加的闪存器确保控制器同时存储大量程序；③五面的慧鱼燕尾槽及控制器的小巧尺寸确保控制器与慧鱼模型实现任意拼接。

12.3.1 ROBO TX 简介

(1) USB2.0 接口(与 1.1 兼容)。连接电脑，附带适用的 USB 连接线。

(2) 左/右侧选择按钮。控制显示屏的菜单。

(3) 9V-IN，电池套件接口。连接充电电池。

(4) 显示屏。显示控制器状态，下载程序等信息可视。

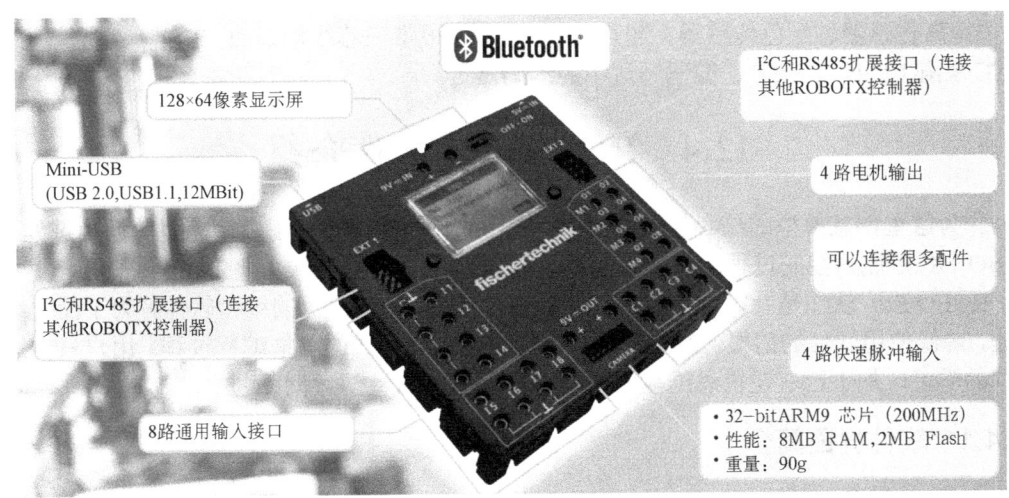

图 12-16　ROBO TX 控制器

(5) 通/断开关。接通或断开开关。

(6) 9V-IN，直流电插口。连接电源。

(7) EXT 1 与 EXT 2，扩展接口。耦合其他控制器，以扩展输入与输出接口的数量。

(8) 输出口 M1～M4 或 O1～O8。可以连接 4 个电机，也可以连接 8 个灯泡或电磁铁。它们另一端接地。

马达输出 M1～M4 是接口板的输出形式一。这里可以连接所谓的执行器，可以是马达、电磁铁或者灯。这四路马达输出可以改变方向和 8 级调速。速度可以用滑块控制，旁边也有数字作为速度显示。如果你要测试输出，可以将一个马达接到输出端，如 M1。

灯输出 O1～O8 是接口板的输出形式二，每个马达输出也可以用作一对单个的输出。这些输出不仅可以用作灯的控制，也可以用作单向马达的控制(如传送带马达)。如果你要测试其中一个输出，可以将一个灯接到输出，如 O1，将灯的另一个接头接到接口板的接地插孔(⊥)。

(9) 输入口 C1～C4。快速计数端口，可接收 1kHz(1000 脉冲/秒)的数字脉冲，也可作为数字输入端口。

(10) 9V Out。给传感器提供所需的 9V 直流工作电压，如连接颜色传感器、轨迹传感器、超声波传感器。

(11) 摄像机接口。在摄像机模式下连接相机传感器。

(12) 通用输入口 I1～I8。连接数字传感器、红外传感器、模拟量传感器、超声波距离传感器。

I1～I8 是接口板的数字量输入。这里可以接各种传感器。数字量输入只有两种状态 0 和 1，或者 Y 和 N。开关(迷你按键开关)，电传感器或者干簧管(磁性传感)可以作为数字量输入来连接。

开关的第一种使用方式为连接触点 1 和 3，来检查这些端口的功能，按下开关后 I1 的显示接口出现一个检查标志；开关的另一种使用方式为连接触点 1 和 2，当按下开关的时候检查标志就消失了。

12.3.2　ROBO TX 外界部件

ROBO TX 的外界部件包括执行器和传感器。执行器(直流 9 V，250mA)包括电机、蜂鸣器、电磁阀、电磁铁、白炽灯等。传感器(数字式 5 kΩ，数字式 10 V，模拟式 0～5 kΩ，模拟式 0～10 V)包括触动开关、磁传感器(舌簧触点)、光敏传感器(光敏二极管、光敏电阻)、距离传感器、颜色传感器、超声波传感器(仅限带三芯线接口的 TX 型)、热敏传感器(NTC 热敏电阻,1.5kΩ)、编码马达中的编码器等。

12.4 ROBO Pro 软件介绍

作为慧鱼创意模型的核心控制部分,ROBO TX 控制器实现了控制模型的运动过程,而 ROBO TX 控制器控制过程的实现,需要应用软件进行编程。

ROBO Pro 软件是针对 ROBO TX 控制器、ROBO 接口板的编程软件。为了简化编程过程,降低使用软件的门槛,ROBO Pro 软件使用流程图式的图框编程过程。用户只需进行简单的学习,加上已有逻辑思维能力,就可以畅游于慧鱼创意世界之中。

12.4.1 软件界面简介

ROBO Pro 的软件界面如图 12-17 所示。

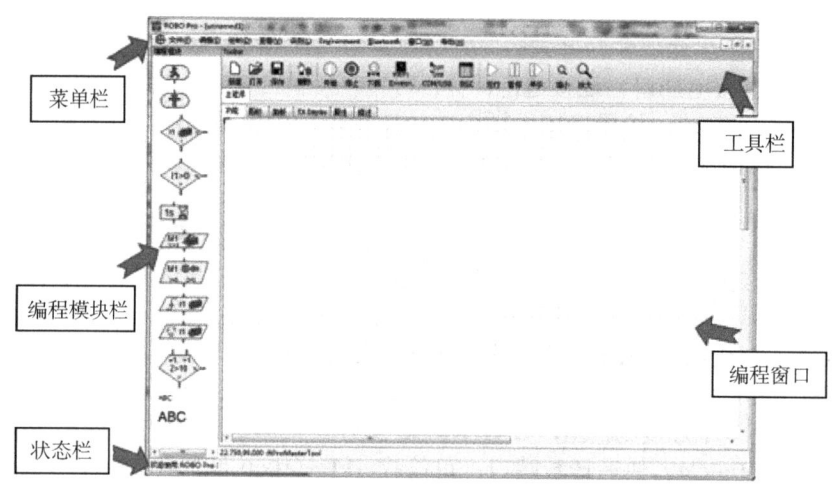

图 12-17 ROBO Pro 软件界面

(1)菜单栏。包括文件、编辑、绘制、查看、级别、环境、蓝牙、窗口、帮助 7 个下拉菜单,实现一些基本的功能。

(2)工具栏。包括一些常用的操作功能,加快编程过程。

(3)编程模块栏。包括一些操作中用到的命令符,使用时可直接单击所需命令符。

(4)编程窗口。编程过程中对编程命令符进行连接,参数修改等。

(5)状态栏。可显示目前鼠标的坐标。

12.4.2 接口板设置与测试

对于 ROBO TX 控制器,可用 USB 连接,也可以用蓝牙进行连接。

为了使电脑和接口板的连接工作正常,ROBO Pro 必须对当前使用的接口板进行设置。在工具栏中选择 ,弹出图 12-18 所示窗口。在这里选择与电脑的连接端口和接口板的类型。接口板中的老智能接口板(Intelligent Interface)只能使用 COM1~COM4 端口,但是老智能接

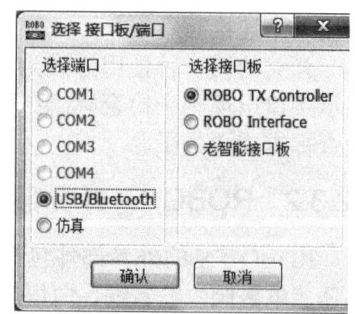

图 12-18 选择接口板/端口窗口

口板只能在线运行,同时功能相对较弱,不推荐使用,这里就不做介绍。窗口左侧的"仿真"是在没有连接接口板情况下,对程序进行仿真运行。

与电脑连接无误后,应该用工具栏中的 ▦ 来检查接口板和模型硬件情况,这里以 ROBO TX 控制器为例。单击该图标后自动弹出检测界面,如图 12-19 所示。该窗口显示了接口板有效的输入和输出。窗口下方的绿条显示了电脑和接口板的连接状态。正常情况下,单击界面上的输出端口或调整控制电机速度的滑块,模型上相应设备即做相应动作。

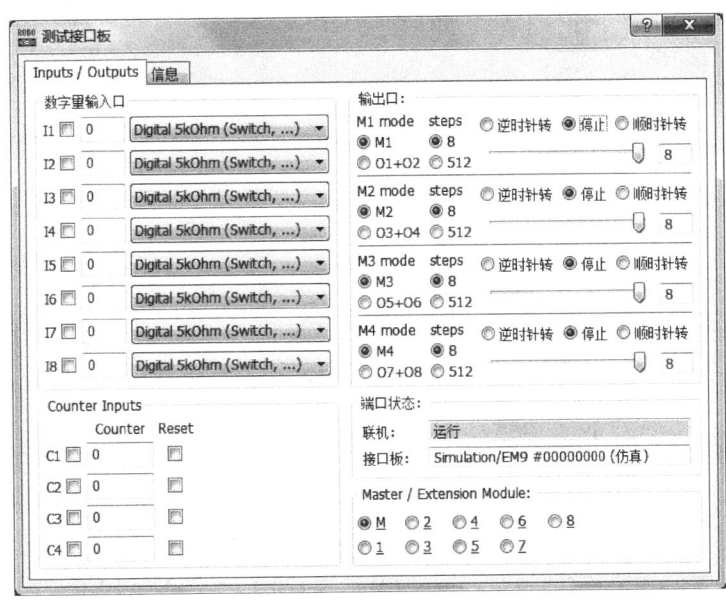

图 12-19　测试接口板窗口

12.4.3　编程简介

ROBO Pro 为用户提供了 1～5 级的编程功能(图 12-20),用户可由浅入深地学习或根据自身编程需要进行选择。下面只介绍级别 1 和级别 2。

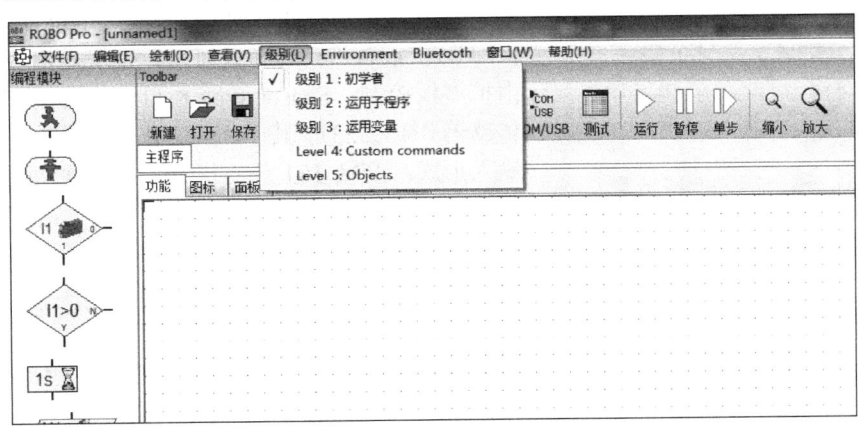

图 12-20　编程功能的级别(1～5 级)

1. 级别 1(初学)

1) 模块介绍

初学 ROBO Pro 软件,首先要了解编程模块每个指令符的功能与使用方法(在编程模块栏右击各个不同模块,显示帮助说明)。将模块放到编程窗口中,右击可改变其属性。

(1) 开始(图 12-21(a))。程序流程都是由"开始"模块作为开头。假如一个程序由几个流程组成,每个流程必须由"开始"模块开头。各个不同的流程就同时开始。

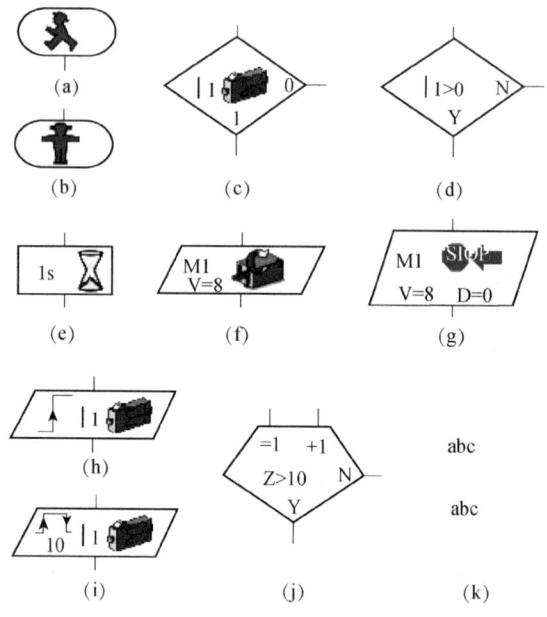

图 12-21 级别 1 编程模块

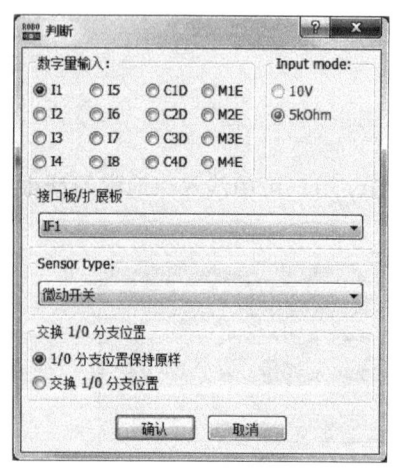

图 12-22 数字量判断属性窗口

(2) 结束(图 12-21(b))。用于程序的结束。但是也有可能程序是一个没有终结的循环。

(3) 数字量判断(图 12-21(c))。在编程窗口中,对模块右击即弹出如图 12-22 所示的属性窗口,在该窗口对此模块进行定义。"数字量输入"栏选择要查询的接口板输入,I1~I8 为通用输入端,C1D~C4D 为快速计数输入端,M1E~M4E 为步进电机计数输入端;"接口板/扩展板"栏选择当前编辑模块是由接口板还是由扩展板控制;Sensor type 栏可选择连接到输入端的传感器(图 12-23),其中,微动开关是最常用的数字量输入形式;"交换 I/O 分支位置"栏实现两个端口位置的交换。

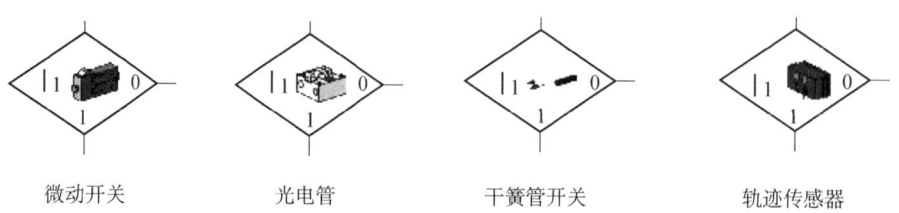

图 12-23 传感器

(4) 模拟量判断(图 12-21(d))。在编程窗口中,对模块右击即弹出如图 12-24 所示的属性窗口,在该窗口对此模块进行定义。"模拟量输入"栏选择某一个要查询的接口板输入端,所有模拟量输入都返回一个 0~1023 的值;Sensor type 栏可选择连接到输入端的传感器,其中有 NTC 电阻、光电管、光敏电阻、距离传感器、颜色传感器这 5 种传感器可供选择;"条件"栏可以选择一个比较算式,如小于(>)或大于(<),并输入比较值,比较值应该在 0~1023。

(5) 延时(图 12-21(e))。用延时模块可以使流程执行延时一个用户所设定的持续时间。在编程窗口中,对模块右击即弹出如图 12-25 所示的属性窗口,在该窗口对此模块进行定义。延时时间范围可以从 1ms 到 500h。需要注意的是,延时时间越长,精度越低。

(6) 马达输出(图 12-21(f))。在编程窗口中,对模块右击即弹出如图 12-26 所示的属性窗口,在该窗口对此模块进行定义。"马达输出"栏可选择接口板上的输出端;"调速度"栏可实现马达的 8 级调速;"类型"栏可选择与输出端连接的外接部件(图 12-27);"动作状态"栏可改变外接部件的动作功能。

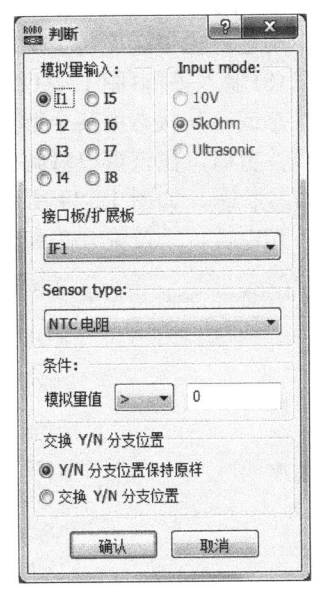

图 12-24 模拟量判断属性窗口

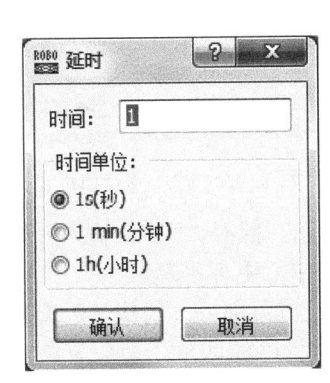

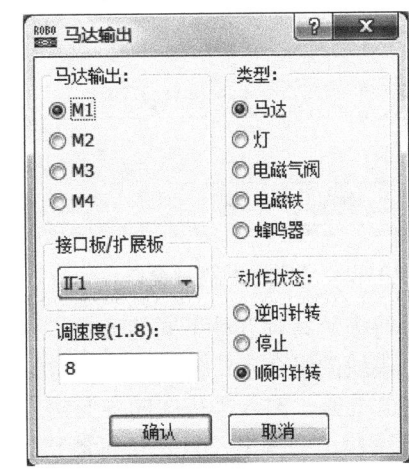

图 12-25 延时属性窗口　　　　图 12-26 马达输出属性窗口

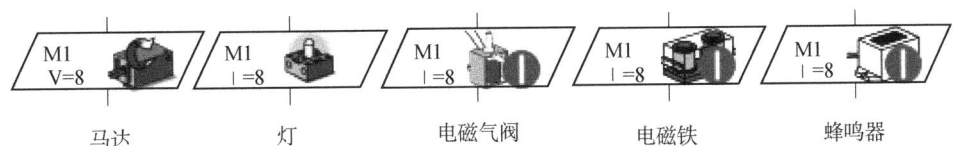

图 12-27 马达输出的外接部件

(7) 步进电机(图 12-21(g))。在编程窗口中,对模块右击即弹出如图 12-28 所示的属性窗口,在该窗口对此模块进行定义。"M1"栏可选择接口板上的输出端;"M2"栏在选择同步或同步距离方式运行时向另一个马达发出指令;"动作状态"栏可选择马达运行的方式,有距离、Sychronous(同步)、Synchronous distance(同步距离)、停止 4 种形式;"Direction1"

栏可选择马达的转向;"Direction2"栏在同步或同步距离方式运行时可选择另一个马达的转向;"Distance"栏在距离或同步距离方式运行时设定马达旋转的圈数,设定值为1~32767,其中马达外输出端旋转1周对应75个脉冲,设定旋转圈数最多为436。

(8)输入等待(图12-21(h))。输入等待模块的功能是等待直到接口板的某个输入变为特定状态或者其状态由某个特定方式改变。在编程窗口中,对模块右击即弹出如图12-29所示的属性窗口,在该窗口对此模块进行定义。"等待"栏可以选择信号变化的类型或者所等待的信号状态,如图12-29所示;"传感器类型"栏可选择连接到输入端的传感器,有微动开关、光电管、干簧管开关和轨迹传感器4种传感器类型。

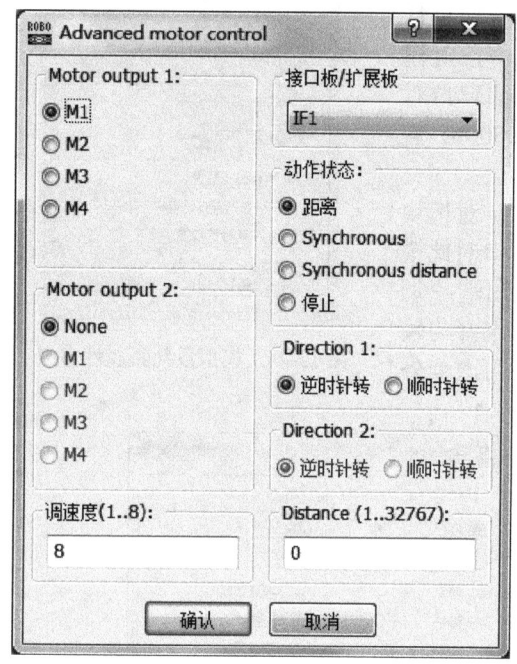

图 12-28 步进电机属性窗口

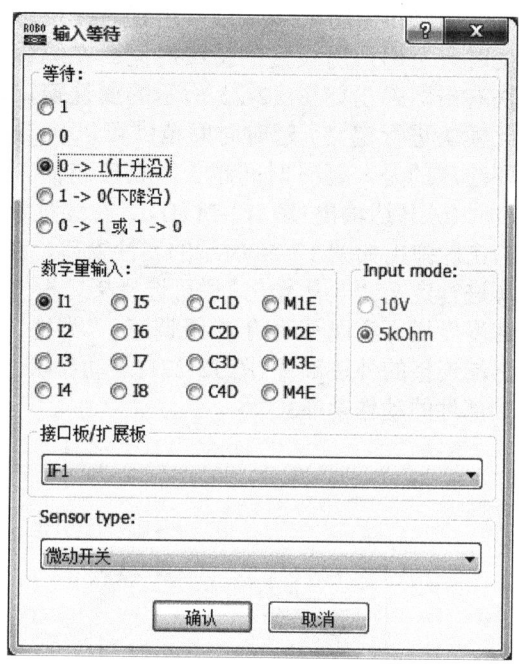

图 12-29 输入等待属性窗口

输入等待模块共有五种不同的形式,如图12-30所示。此外,"等待输入"模块也可以由"分支"模块的组合来代替,但是等待导入模块更简单,更容易理解。

需要注意的是,输入等待中的跳变信号为全局变量(橙色部分:箭头,0或1),意味着不论程序按流程走到哪里,只要传感器状态发生改变,程序随即从当前位置跳到改变状态的传感器处,有时候会使程序不按照预想流程进行。为防止这种情况发生,可采用数字量判断取代。

(9)脉冲计数器(图12-21(i))。许多慧鱼模型都用到了脉冲齿轮,这些齿轮每转一圈碰触传感器四次,使用这些脉冲齿轮可以使马达运行精确定义的圈数。还有步进电机也可以此功能进行计数。在编程窗口中,对模块右击即弹出如图12-31所示的属性窗口,在该窗口对此模块进行定义。"脉冲类型"栏选择所要计数的脉冲类型,如果选择0→1(上升沿),模块一直等待输入的状态从打开变为闭合,跳变的次数可以在"脉冲数量"中定义;传感器类型"栏可选择连接到输入端的传感器,有微动开关、光电管、干簧管开关和轨迹传感器4种传感器类型。

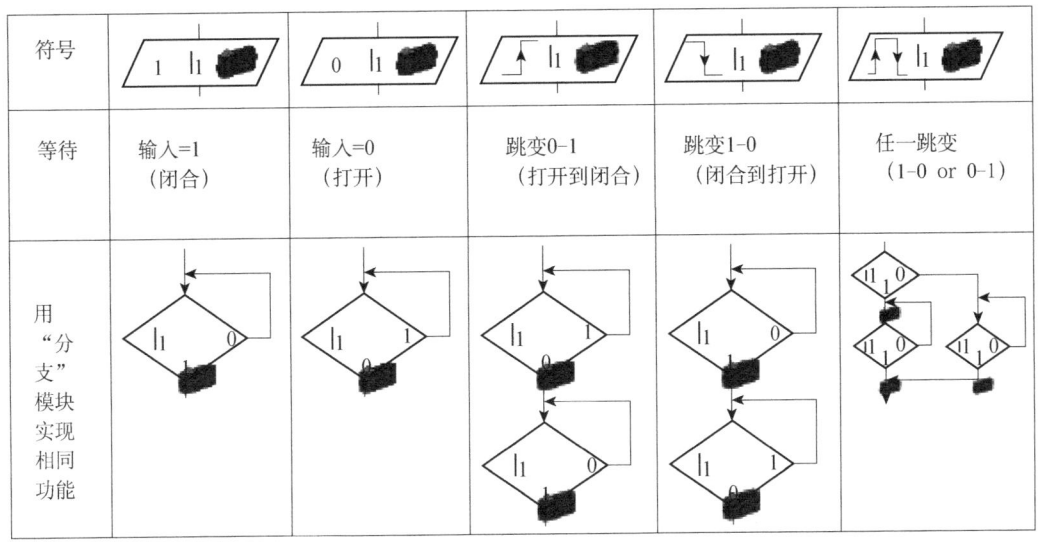

图 12-30 输入等待模块的五种形式

需要注意的是，C1～C4 输入端在此模块中只能作为数字输入量，并不启用快速计数的硬件。同时，这 4 个输入端只能用作马达的"距离"命令。

(10) 循环计数器(图 12-21(j))。用计数循环模块可以方便地让程序的某一部分执行多次。在编程窗口中，对模块右击即弹出如图 12-32 所示的属性窗口，在该窗口对此模块进行定义。"循环计数"有一个内置的计数器，如果循环计数从=1 进入，计数器则置为 1；如果循环计数从+1 进入，计数器则加 1。根据计数器的值是否大于你预定的值循环计数来选择"Y"或者"N"出口。"循环计数"栏输入值为：在"Y"出口激活之前，"循环计数"从"N"出口执行的次数。输入值必须为正。作为一种判断模块，你也可以通过属性窗口将 Y 与 N 出口互换。图 12-33 为计数循环模块的使用示例，把接到 M1 处的灯开关 10 次。

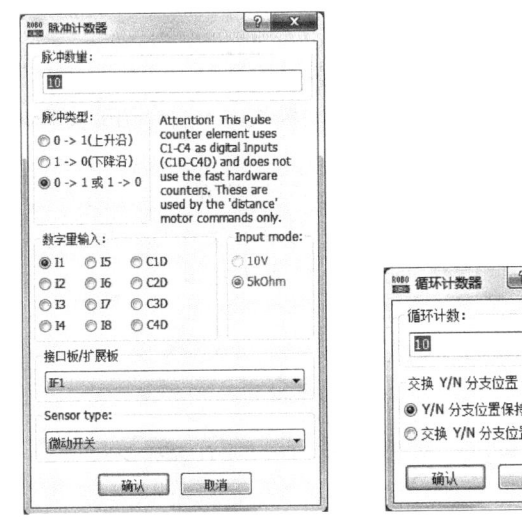
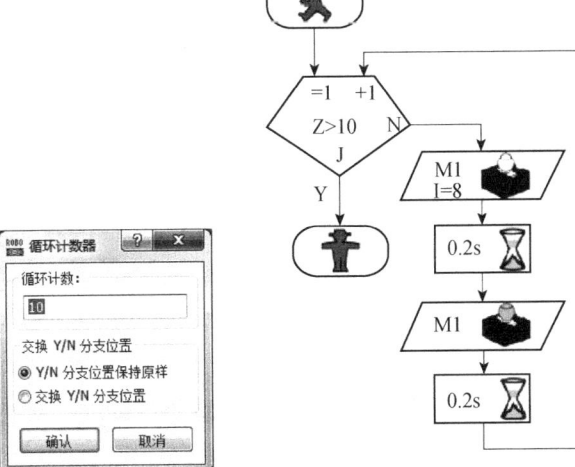

图 12-31 脉冲计数器属性窗口　　图 12-32 计数循环属性窗口　　图 12-33 计数循环使用示例

(11) 插入文字功能(图 12-21(k))。级别 1 中的绘图功能实际提供了在程序旁边进行注释的功能，如图 12-34 所示，这样对理解程序有很好的辅助功能，同时对于程序有疑问的地方，或者错误的地方也可以标注出，以便随后进行进一步分析。

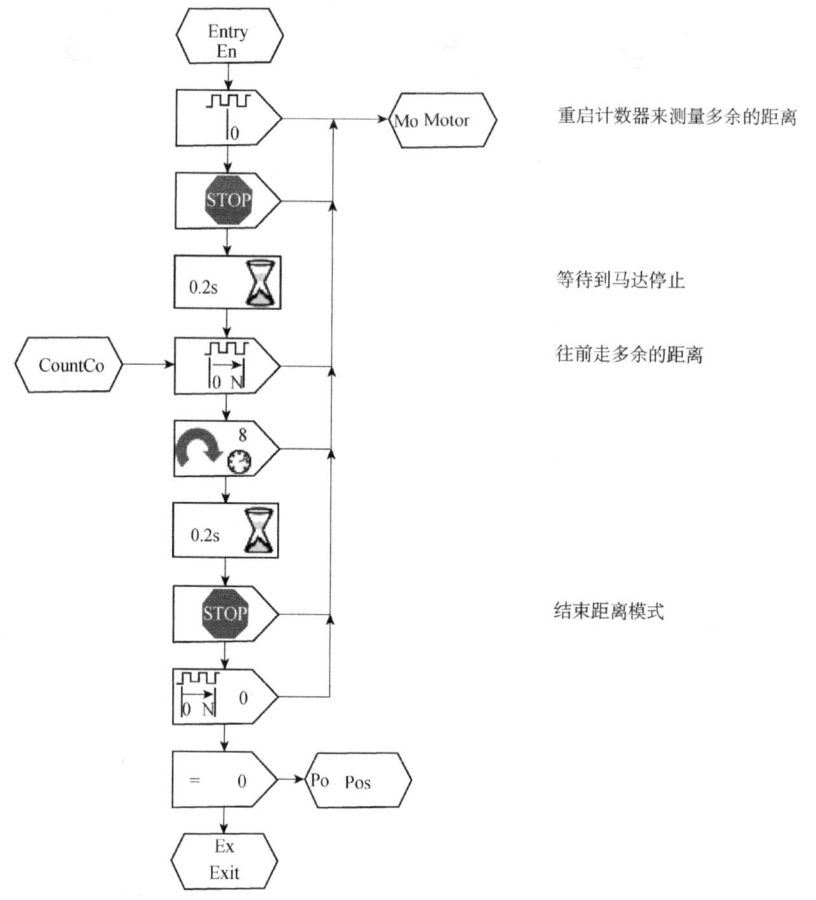

图 12-34　插入文字功能

2) 级别 1 模块连接

(1) 程序单元的连接。必须将拖入程序窗口的所需程序单元连接起来才能形成可执行的程序,方法如图 12-35 所示。程序中模块布局时可能需要移动模块,下面介绍改变模块连线位置的方法。

如果移动了程序中的单元,ROBO Pro 程序会以合理的路线调整程序单元间的连线。此外,当然也能自己调整连线,将鼠标移到程序单元的连线上按住左键不放,就能移动程序单元的连线,鼠标所放位置不同则会出现不同的移动手型,对应功能如下。

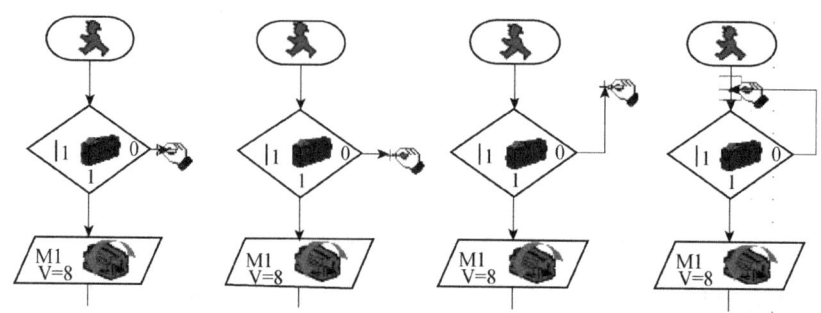

图 12-35　程序单元的连接方法 1

① ☝。鼠标移动到垂直连线上,此时按下鼠标左键不放,就能移动整个垂直连线。

② ☝。鼠标移动到水平连线上,此时按下鼠标左键不放,就能移动整个水平连线。

③ ☝。鼠标移动到倾斜的连线上,此时按下鼠标左键不放,可将斜线增加一折线点。

④ ☝。鼠标移动到连线的两端或拐角上,如果手型在连线两端,此时按下鼠标左键不放,就能将连线连接到新的程序单元;如果未连接到新单元,则原来的连线保持不变。如果手型在连线拐角上,此时按下鼠标左键不放,就能移动该连线的拐角点。

(2) 其他的连线方法。通过移动程序单元就能在两个程序单元间自动形成连线(图 12-36),方法是将一个程序单元的入口移向另一个程序单元的出口;同理,将一个程序单元的出口移向另一个的入口亦可。连接好以后可以将程序单元移动到其最终位置或为其余的出入口连线。

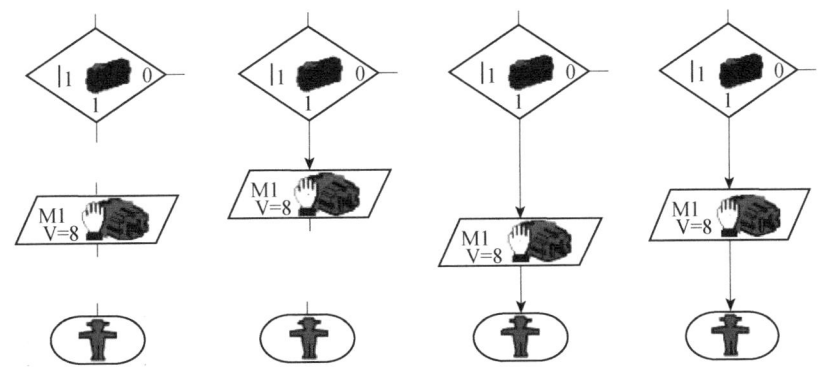

图 12-36　程序单元的连接方法 2

3) 级别 1 编程示例

图 12-37 的程序运用级别 1 中的循环模块、马达模块、延时模块,完成了对马达进行循环 10 次的启停操作。在编程过程中,首先弄清楚逻辑顺序,将模块按顺序放好,再依次连接各个模块,一个简单的程序就完成了。

需要注意的是,模块连接时,输入与输出相连,不能将输入与输入连接,也不能将输出与输出连接。一般情况下,模块左边与上边的为输入,右边与下边的为输出。

2. 级别 2(运用子程序)

在级别菜单中选择级别 2 运用子程序菜单,软件右侧的编程模块栏发生变化,如图 12-38 所示。编程模块栏分为两栏,为模块组(Element group)与编程模块。其中指令组包括编程模块、绘制图表、子程序库三大项,单击每大项中的子选项,在下方编程模块中都会出现对应的命令符。下面对每个模块进行详细讲解。

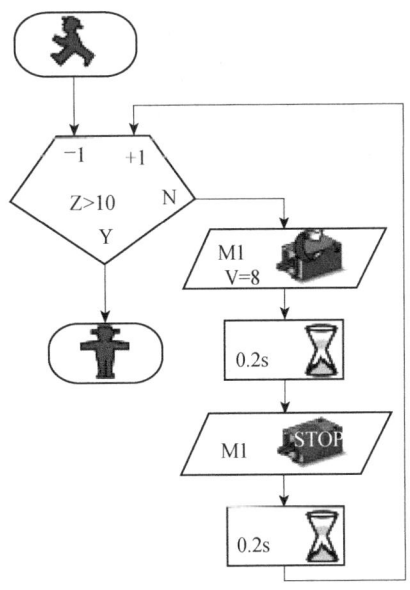

图 12-37　马达循环 10 次程序

1) 编程模块

编程模块包括基本模块、子程序 I/O、蓝牙发射接收(Send，Receive)三个子选项。

(1) 基本模块。基本模块与级别 1 中的编程模块相同，包括开始、结束、数字量判断、模拟量判断、延时、马达输出、步进电机、输入等待、脉冲计数器、循环计数器、插入文字这 11 项基本指令，同时添加了灯输出，总计 12 项功能。下面介绍灯输出(Lamp Output)指令(图 12-39(a))。

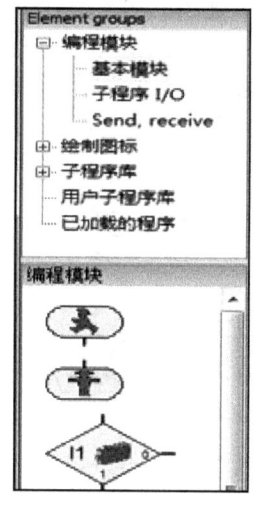

图 12-38　级别 2 的编程模块栏

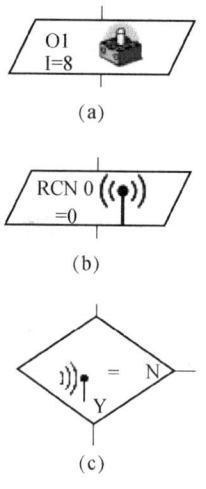

图 12-39　级别 2 部分模块

在编程窗口中，对模块右击即弹出如图 12-40 所示的属性窗口，在该窗口对此模块进行定义。在灯输出栏中，可以选择 O1~O8 共 8 个输出端，在接口板上进行灯的连线时，将红色端口连到对应的端口，绿色端口接地；在类型选择中，可以选择输出类型，有马达、灯、电磁气阀、电磁铁、蜂鸣器共 5 种执行器，其中马达只能实现单向转动；强度一栏中选择 1~8 共 8 级强度；在动作状态中选择输出在接到信号时是开始还是停止。

(2) 子程序 I/O。子程序是级别 2 中新加入的模块，通过编写子程序，可以使程序总体框架模块化，使程序结构规范，流程清晰，便于编写与阅读，同时，子程序的应用使程序的扩充变得简单，对于目前庞大的程序就显得十分必要。子程序 I/O 包括子程序入口与子程序出口(图 12-41)，这与主程序中的开始与结束指令类似。

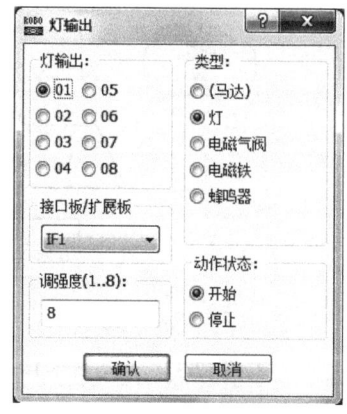

图 12-40　灯输出属性窗口

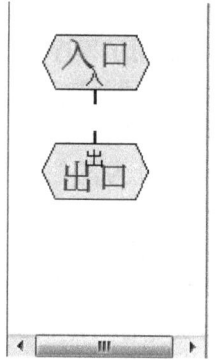

图 12-41　子程序 I/O 的入口与出口

编写子程序需要先创建子程序，单击工具栏中的"[图标]"，出现图 12-42 所示的新建子程序窗口，填写子程序的名称(在建立子程序后可以在属性选项栏中改变)，如 sub program，填写相关描述(非必须)，单击确定，就进入子程序窗口。这时编程窗口中出现两个选项页(图12-43)，一个为主程序，一个为子程序，选择子程序进行编程。

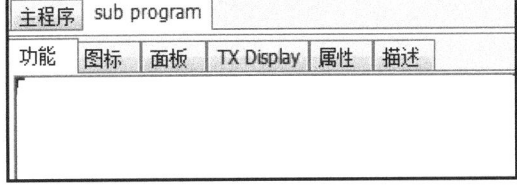

图 12-42　创建子菜单窗口　　　　　图 12-43　编程窗口

(3) 蓝牙发射与接收。在 ROBO TX 控制器中添加了无线蓝牙功能，取代红外传输功能，加强了传输的效率与可靠性。蓝牙发射与接收包括两个指令，下面分别介绍。

①发射指令。右击发射指令(图 12-39(b))，出现如图 12-44 所示属性窗口，在这里可以改变发射命令，改变目标接口板。系统提供了 10 种发射命令，包括顺时针转、逆时针转、开始、停止、=、+、-、添加、移动、交换；目标接口板选项中可以选择发射信号传输给特定的接口板或者所有接口板，对于发射给某一接口板，需要设定发射的频率标号——RCN 值，可设为 0~8 任意一个数值。

②接收指令(接收信号判断)。右击发射指令((图 12-39(c)))，出现如图所示属性窗口(图12-45)。在这里可以改变接收命令，改变 Y/N 分支位置；在接收命令栏中有与发射命令中对应的 10 种命令，选择所需的接收命令。

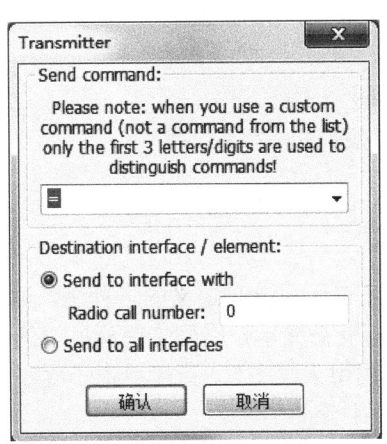

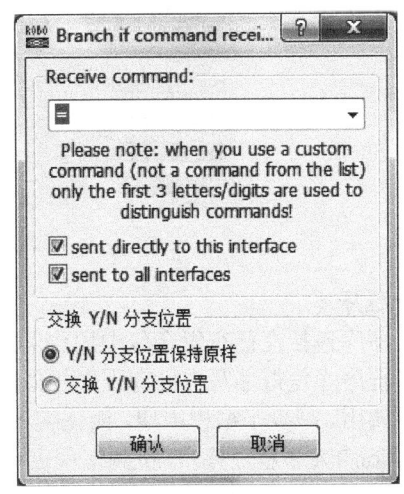

图 12-44　蓝牙发射指令属性窗口　　　　　图 12-45　蓝牙发射指令属性窗口

2) 绘制图标

绘制图标功能是在级别 2 中新加入的功能，该功能是在编程窗口的面板选项(图 12-46)

中进行绘制图形，绘制图标包括绘制形状、文字，选择直线颜色、直线宽度、填充色 5 个指令，如图 12-47 所示，利用这些指令就可以完成基本的面板绘制工作。

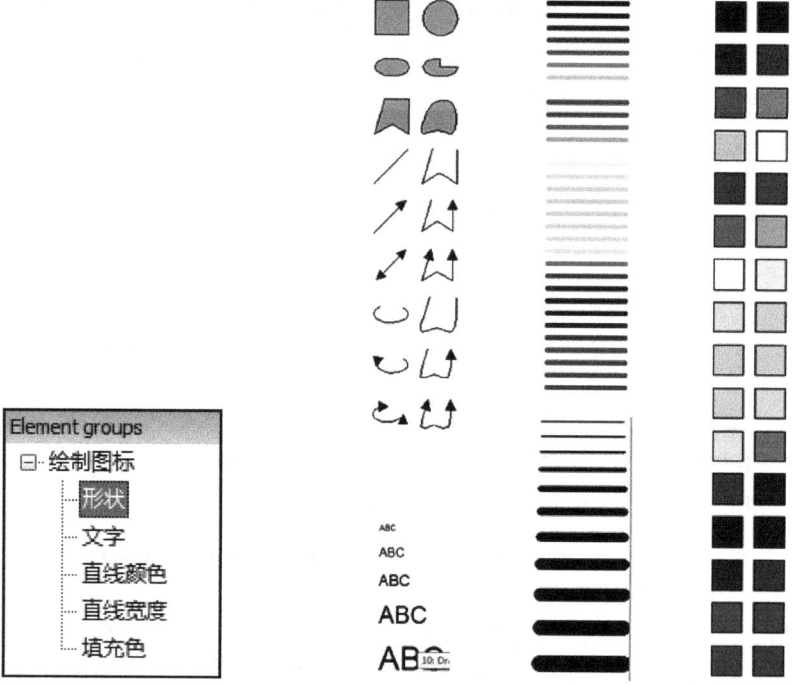

图 12-46　绘制图标面板　　　　图 12-47　绘制图标指令

图 12-48 为三自由度机械手的遥控面板，这其中就用到了一些绘制图标的指令。

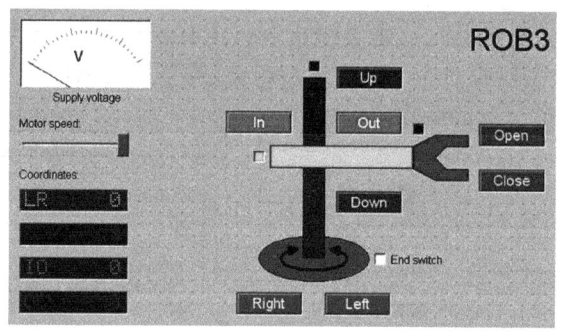

图 12-48　三自由度机械手的遥控面板

3)子程序库

子程序库包括在已有组合包中用到的子程序，还有用户自己定义的子程序，如图 12-49 所示。子程序库使得编写与已有程序相似的程序过程变得简单，用到之前程序中的子程序时可以直接调用，减少了编程周期，简化编程过程。在调用子程序时，直接单击子程序(图 12-50 中的 Position TX 子程序库)，拉到编程窗口中，操作十分简单。

对于已经上手的用户，可以编写自己的常用库，将自己以往编写的带有子程序的程序文档归类在一个文件夹下，文件夹名称任意，如 user library，然后在"文件"菜单下，选择"用户自定义库路径"，选择自己的库文件夹，单击确定，之后就可以使用自己之前编写的程序文档中的子程序了。

在"已加载的程序"选项中，会显示打开程序用到的主程序及子程序名称。

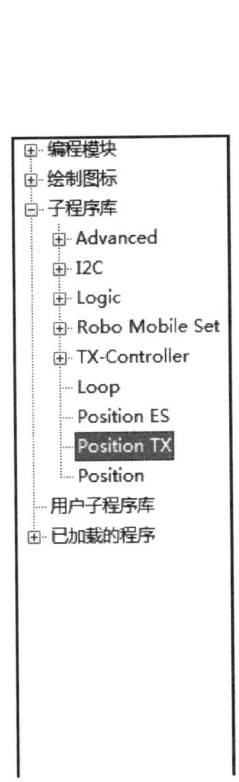

图 12-49　子程序库

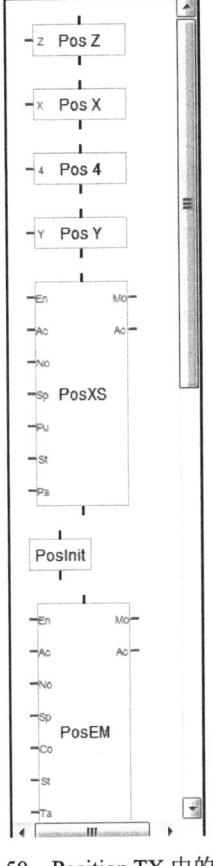

图 12-50　Position TX 中的模块

4）级别 2 小结

在进一步学习了 ROBO Pro 的编程之后，就可以完成一些相对复杂的程序。图 12-51 所示程序为一个 SOS 求救程序，在级别 1 的基础上添加了子程序模块，使得主程序变得简单明了，便于用户理解。

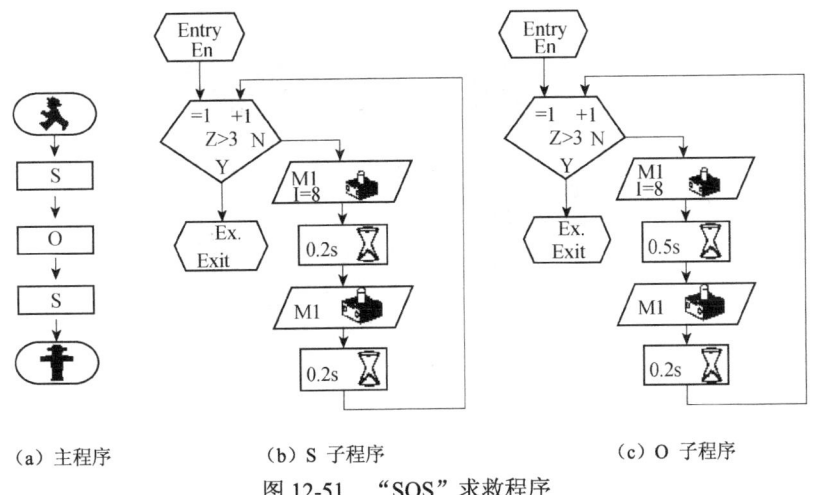

图 12-51　"SOS"求救程序

3. 程序的调试及下载

在初步完成了程序编程后，先简单检查下程序有无编写规范上的错误，通过仿真功能可以进一步检查错误。初步检查之后，将接口板连接到电脑，进行硬件测试，就可以在线调试了。

(1) 单击工具栏""运行程序，如需中断程序可单击"●"工具栏。

(2) 如果需要时时跟踪程序，可以使用工具栏中的"▷ ‖ ▷"（分别为运行、暂停、单步运行），可以在调试器模式下进行单步调试，同时可以实现暂停功能。

(3) 如果调试程序无误，并且确保接口板与电脑的端口连接正确，即可单击工具栏上的""进行程序下载。此时系统弹出如图 12-52 所示窗口。

选择存储区域、程序启动形式等相关项目之后单击"确认"即进入下载过程，下载完成系统将给予提示。此时用户即可断开电脑与接口板之间的连线，在下载模式下运行慧鱼模型了。

需要注意的是，存储区域一般选择 Flash；蓝牙选项在电脑与接口板建立连接后可勾选。

图 12-52　程序下载窗口

12.5　实　践　课　题

(1) 名称。探索者机器人（图 12-53）。

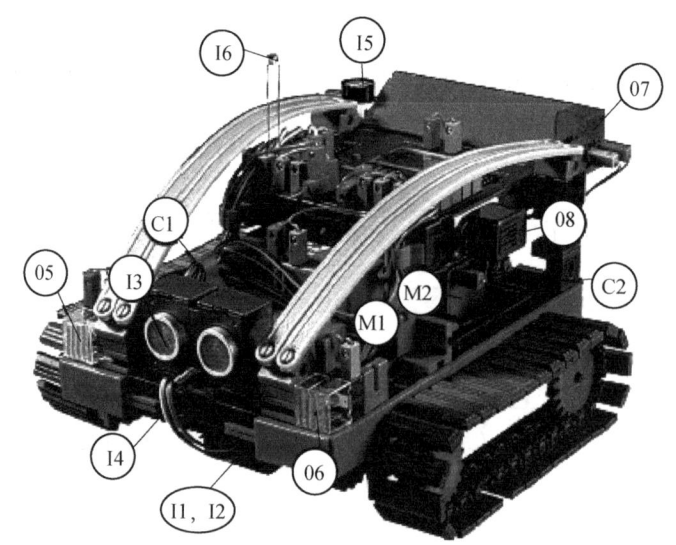

I1,I2-轨迹传感器；I3-距离传感器；I4-光学颜色传感器；I5-光敏电阻；I6-NTC 电阻；M1-编码器马达；M2-编码器马达；C1-编码器的讯号输入；C2-编码器的讯号输入；05-白灯；06-白灯；07-红灯；08-蜂鸣器

图 12-53　探索机器人模型

(2) 实验器材。"慧鱼"创意模型组合包；"慧鱼"专用电源、数据线；计算机一台；"慧

鱼"专用智能接口板；ROBO Pro 软件。

(3) 机器人功能介绍。

任务一：实现探索者前进、后退、转弯各个基本动作。

任务二：实现探索者沿直线黑色轨迹运行。如果它找不到轨迹，或是已经到达轨迹的末端，它就会停下来，并发出报警声。当探索者偏离轨迹运行时，能自我修正运行的方向。（你的探索者是沿黑线而行的。但在这个任务中，它要去寻找这条线。寻找时，它要边转圈，边搜寻，如果转动了一圈后仍搜寻不到轨迹，便要往前行一小段距离后再搜寻。当机械人找到轨迹，便要沿着它行走。如果已到轨迹末端，或是找不到轨迹，便要重新搜寻。）

任务三：在任务二的基础上增加障碍物，实现探索者遇到障碍物时，它会在障碍物前约 10cm 停下，后退约 1cm 后，就会转 180°，再沿轨迹反向而行。

任务四：综合上面任务最终实现：在轨迹上不同的颜色区域。探索者会以不同的声响信号报告。在运行期间，如果周围的环境温度过高时，机械人会闪动红色指示灯。如果房间变暗了，机械人会启动两个车头灯。当房间变回光亮时，它会关闭车头灯。

(4) 操作步骤。

① 根据"慧鱼"创意模型使用手册，使用各种构件逐步搭建模型。

② 模型搭建好后连接相应电气设备回路。

③ 启动 ROBO Pro，电脑链接 ROBO TX 控制器，测试模型各部件是否能正常工作。

④ 编写程序，有需要时下载到 ROBO TX 控制器。

⑤ 调试程序直到达到要求。

⑥ 拆卸构件，放回原处。

(5) 程序流程图如图 12-54～图 12-61 所示。

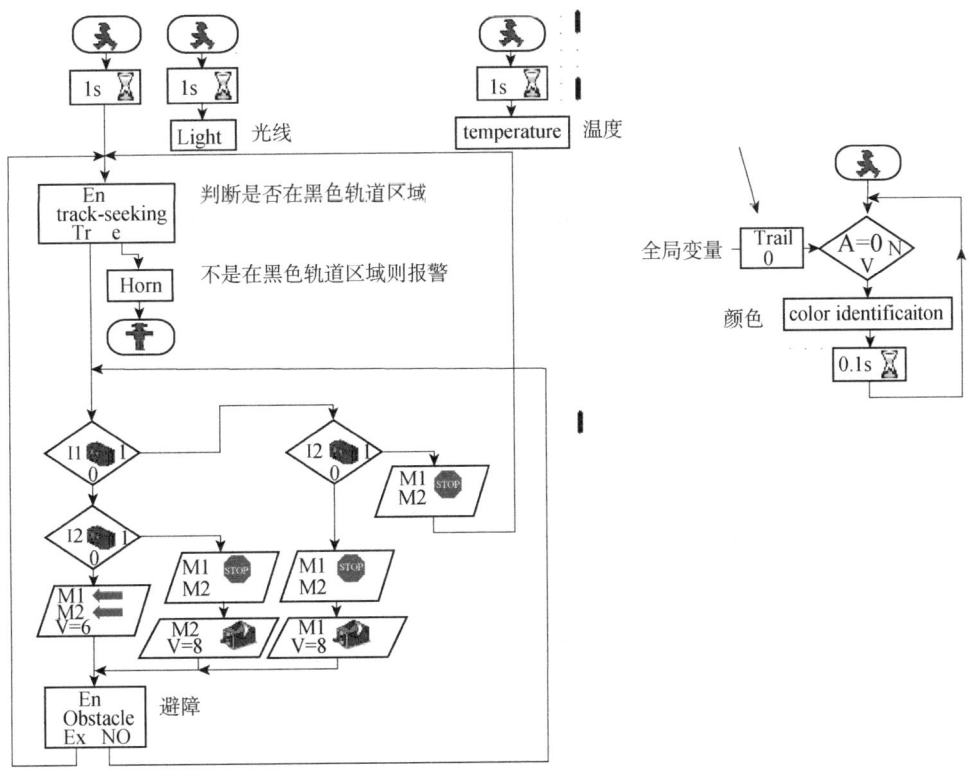

图 12-54 主程序

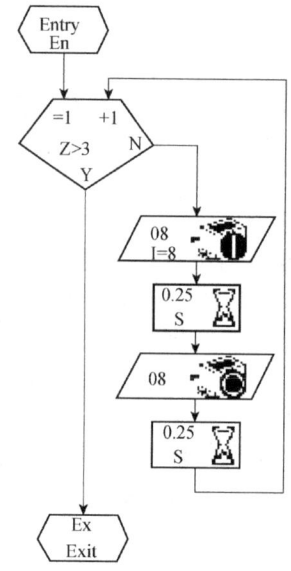

图 12-55 子程序：Obstacle 程序

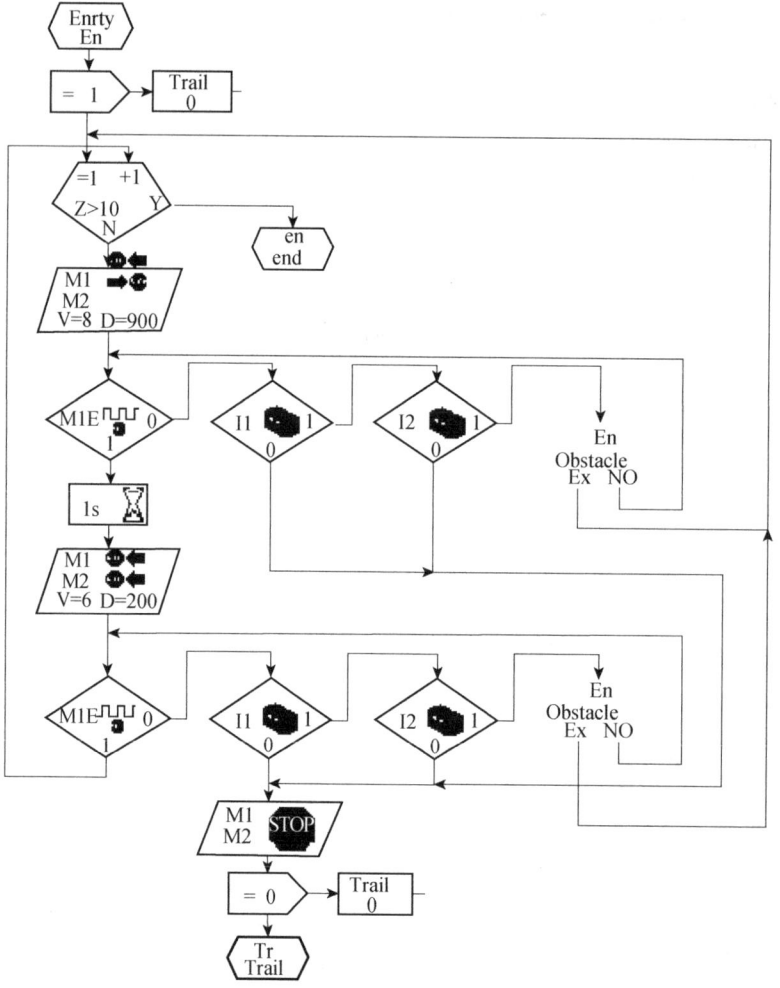

图 12-56 子程序：Track-seeking 程序

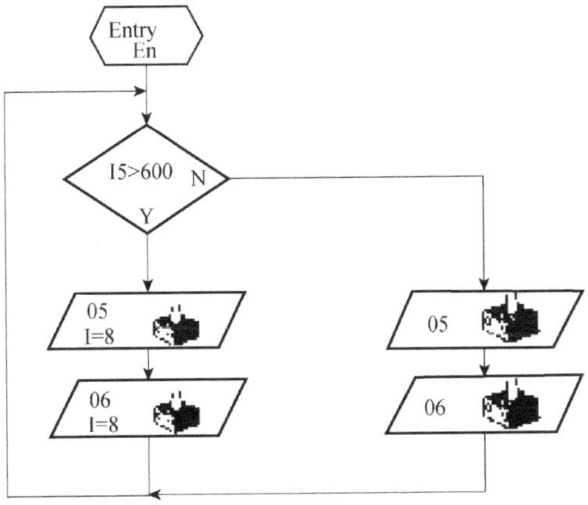

第12章 慧　　鱼

图 12-57　子程序：light 程序

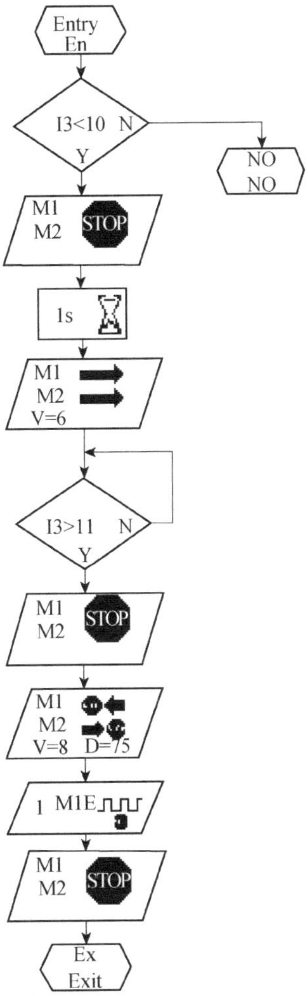

图 12-58　子程序：Horn 程序

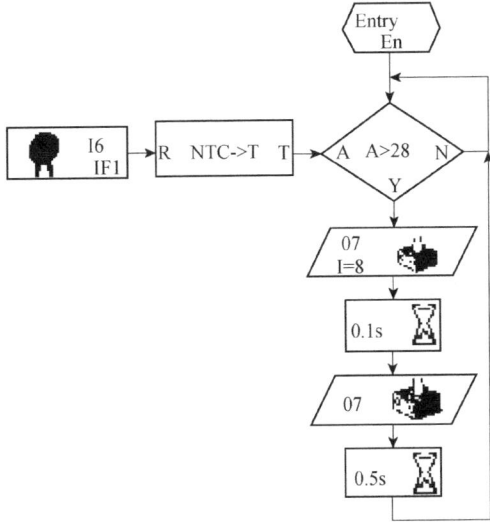

图 12-59　子程序：Temperatur 程序

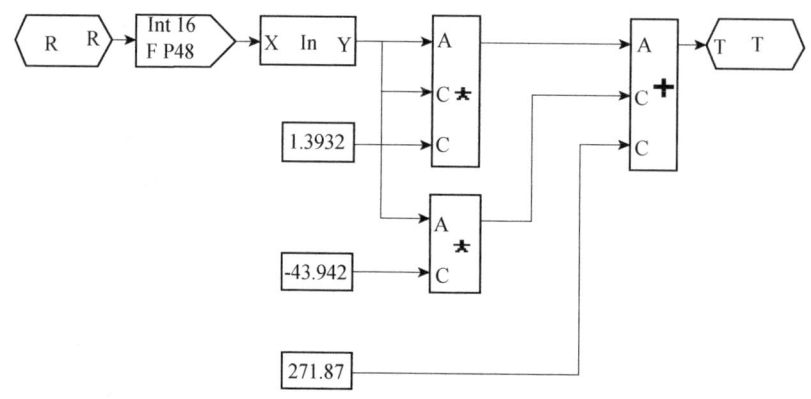

图 12-60　子程序：NTC→T 程序

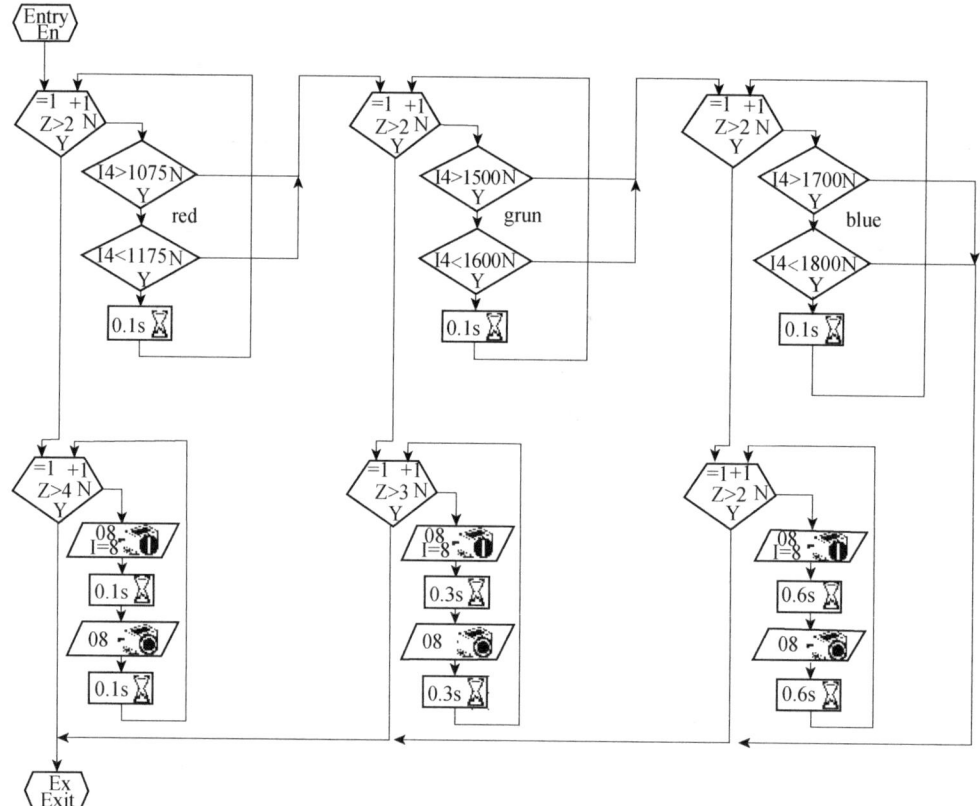

图 12-61　子程序：Color identfication 程序

第 13 章 3D 打印

13.1 3D 打印概述

3D 打印是增材制造的主要实现形式，属于快速成形技术的一种，它是以数字模型文件为基础，运用粉末状金属或塑料等可黏合材料，通过逐层打印的方式来构造物体的技术。3D 打印技术是 20 世纪 80 年代末期开始商品化的一种高新制造技术，该技术将计算机辅助设计(CAD)、计算机辅助制造(CAM)、计算机数字控制(CNC)、激光、精密伺服驱动和新材料等先进技术集于一体。

13.1.1 3D 打印的应用

(1)产品设计领域。在新产品造型设计过程中，运用 3D 打印技术能够快速、直接、精确地将设计思想转化为具有一定功能的实物模型，这不仅缩短了开发周期，而且降低了开发费用，使企业在激烈的市场竞争中占有先机。

(2)建筑设计领域。建筑模型的传统制作方式，渐渐无法满足高端设计项目的要求。现如今众多设计机构的大型设施或场馆都利用 3D 打印技术先期构建精确建筑模型来进行效果展示与相关测试，3D 打印技术所发挥的优势和无可比拟的逼真效果为设计师所认同。

(3)机械制造领域。3D 打印技术自身的特点，使得其在机械制造领域内，获得广泛的应用，多用于单件、小批量金属零件的制造。有些特殊复杂制件，由于只需单件或小批量生产，一般均可用 3D 打印技术直接成形，具有成本低、周期短等优点。

(4)模具制造领域。传统模具制造的生产周期长、成本高。将 3D 打印技术与传统的模具制造技术相结合，可以大大缩短模具制造的开发周期，提高生产率，是解决模具设计与制造薄弱环节的有效途径。3D 打印技术在模具制造方面的应用可分为直接制模和间接制模两种，直接制模是指采用 3D 打印技术直接堆积制造出模具，间接制模是先制造出快速成形零件，再由零件复制得到所需要的模具。

(5)航天技术领域。在航空航天领域中，空气动力学地面模拟实验是设计性能先进的天地往返系统所必不可少的重要环节。该实验中所用的模型形状复杂、精度要求高、又具有流线型特性，采用 3D 打印技术自动完成实体模型，能够很好地保证模型质量。

(6)家电领域。3D 打印技术在国内的家电行业上得到了很大程度的普及与应用，使许多家电企业走在了国内前列。如美的、小天鹅、海尔等都先后采用 3D 打印技术来开发新产品，收到了很好的效果。

(7)医学领域。近几年来，人们对 3D 打印技术在医学领域的应用研究较多。以医学影像数据为基础，利用 3D 打印技术制作人体器官模型，对外科手术有极大的应用价值。

(8)文化艺术领域。在文化艺术领域，3D 打印技术多用于艺术创作、文物复制、数字雕塑等。

3D 打印技术的应用很广泛，可以相信，随着 3D 打印技术的不断成熟和完善，它将会在越来越多的领域得到推广和应用。

13.1.2 3D 打印的特点

作为增材制造的典型代表，3D 打印技术主要具有以下优点。

(1) 节省材料。不用剔除边角料,提高了材料的利用率,通过摒弃生产线而降低了成本。
(2) 能做到较高的精度和复杂程度,可以制造出采用传统方法制造不出来的、非常复杂的制件。
(3) 不需要传统的刀具、夹具、机床或任何模具,能直接把任何形状的三维 CAD 模型生成实物。
(4) 可以自动、快速、直接和较精确地实现计算机模型的实体化,从而有效缩短产品研发周期。
(5) 3D 打印无需集中、固定的制造车间,具有分布式生产的特点。
(6) 3D 打印能在数小时内成形,它让设计人员和开发人员实现了从三维图形到实体的飞跃。
(7) 3D 打印能打印出组装好的产品,大大降低了组装成本,甚至可以挑战大规模生产方式。
此外,3D 打印也存在一些缺点:
(1) 成本高、工时长,所以目前减材制造法仍是主流。
(2) 3D 打印技术目前尚不具备直接生产复杂的混合材料产品,规模化生产尚不具备优势。
(3) 目前,打印材料主要是塑料、树脂、石膏、陶瓷、砂和金属等,所以打印材料受限。
(4) 部分 3D 打印技术固有的成形原理及发展还不完善,所以产品的精度和质量限制其应用。

13.2 3D 打印的种类及原理

3D 打印属于增材制造,其理念区别于传统的去除型制造。传统数控制造一般是在原材料基础上,使用切割、磨削、腐蚀、熔融等办法,去除多余部分,得到零部件,再以拼装、焊接等方法组合成最终产品。而增材制造与之截然不同,无需原坯和模具,就能直接根据计算机图形数据,通过增加材料的方法生成任何形状的物体,简化产品的制造程序,缩短产品的研制周期,提高效率并降低成本。3D 打印技术以智能化处理后的三维数字模型文件为基础,运用粉末状金属或塑料等可热熔黏合材料,通过分层加工,叠加成形的方式"逐层增加材料"来生成 3D 实体。

3D 打印技术的流程是:依据计算机上构成的工件三维设计模型(图 13-1(a)),对其进行分层切片,得到各层截面的二维轮廓(图 13-1(b))。按照这些轮廓,成形头选择性地固化一层层的液态树脂(或切割一层层的纸,或烧结一层层的粉末材料,或喷涂一层层的热熔材料或黏结剂等),形成各个截面轮廓(图 13-1(c))并逐步顺序叠加成三维工件(图 13-1(d))。下面介绍几种主要的 3D 打印技术。

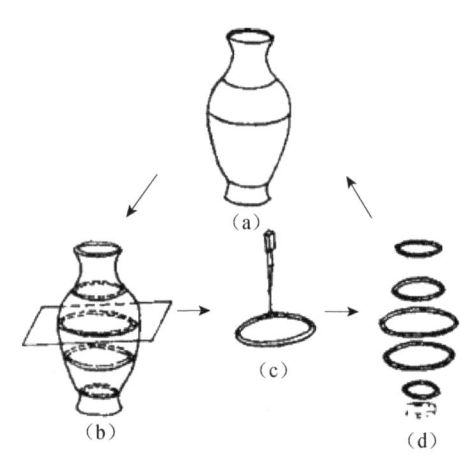

图 13-1 三维-二维-三维的转换

1. 激光光固化(Stereo Lithography Apparatus,SLA)

如图 13-2 的原理图所示,该技术以液态光敏树脂为原料,将计算机控制下的紫外激光按预定零件各分层截面的轮廓为轨迹对液态树脂连点扫描,便被扫描区的树脂薄层产生光聚合反应,从而形成零件的一个薄层截面。当一层固化完毕后移动工作台下降一层,在原先固化好的树脂表面再敷上一层新的液态树脂以便进行下一层扫描固化。新固化的一层牢固地黏合在前一层上,如此重复直到整个零件原型制造完毕。该项技术特点是精度和光洁度高,但是材料比较脆,运行成本太高,后处理复杂,对操作人员要求较高,适用于验证装配设计过程。

2. 三维打印成形(Three-Dimension Printing,3DP)

3DP 的工作原理类似于 2D 喷墨打印机的工作原理,是形式上最为贴合"3D 打印"概念的成形技术之一。3DP 工艺与 SLS 工艺也有着类似的地方,采用的都是粉末状材料(如陶瓷粉末、金属粉末或塑料粉末等),但与其不同的是,3DP 使用的粉末并不是通过激光烧结黏合在一起的,而是通过喷头喷射黏合剂将工件的截面"打印"出来,并一层层堆积成形的。3DP 的技术原理如图 13-3 所示。首先,在工作槽中的工作台上铺上一层指定厚度的粉末,接着喷头根据这一层的截面形状将液态黏合剂选择性地喷射在粉层上的指定区域中,成形一个截面,此后不断重复上述步骤,直到工件完全成形,然后除去模型上多余的粉末材料即可。3DP 技术成形速度非常快,适用于制造结构复杂的工件,也适用于制作复合材料或非均质材料的零件。

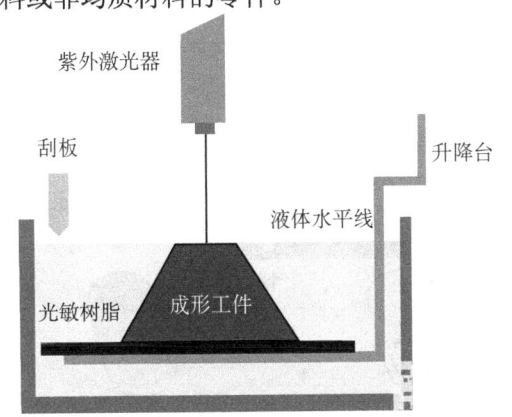

图 13-2 立体光固化成形工艺原理图

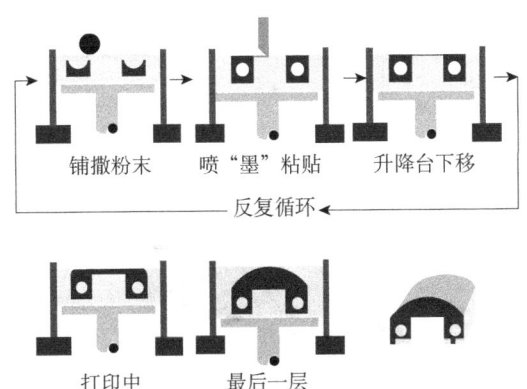

图 13-3 三维打印的技术原理示意图

3. 熔融沉积成形(Fused Deposition Modeling,FDM)

FDM 工艺也叫挤出成形,原理图如图 13-4 所示,其关键是保持半流动成形材料刚好在熔点之上(通常控制在比熔点高 10℃左右)。FDM 喷头受 CAD 分层数据控制使半流动状态的熔丝材料(丝材直径一般在 1.5mm 以上)从喷头中挤压出来,同时喷头沿水平方向移动,挤出的材料,凝固形成轮廓形状的薄层,一层叠一层最后形成整个零件模型。其工艺特点是直接采用 ABS、PLA 等工程材料进行制作,适合设计的不同阶段。缺点是表面光洁度较差。

4. 选择性激光粉末烧结(Selective Laser Sintering,SLS)

该法采用高强度 CO_2 激光器烧结材料,目前使用的造型材料多为各种粉末材料(一般为金属粉末或陶瓷粉末等)。其原理如图 13-5 所示,在工作台上均匀铺上一层很薄的粉末,激光束在计算机控制下按照零件分层轮廓有选择性地进行烧结,一层完成后再进行下一层

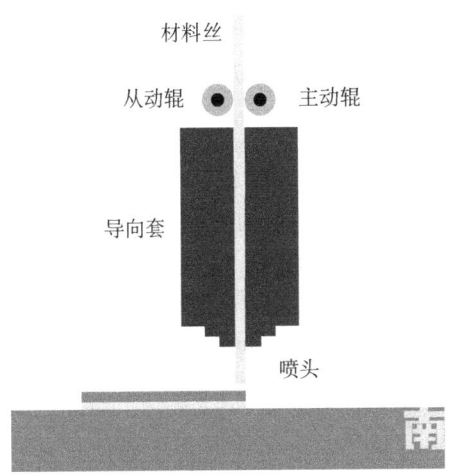

图 13-4 熔融沉积成形工艺原理

烧结。全部烧结完后去掉多余的粉末，再进行打磨、烘干等处理便获得零件。目前，工艺材料为尼龙粉及塑料粉，或者金属粉。SLS 技术既可以归入快速成形的范畴，也可以归入快速制造的范畴，因为使用 SLS 技术可以直接快速制造最终产品。其工艺特点是成形材料广泛，无任何其他支撑材料，可直接制造金属成品，但无法成形高性能零件，制造维护成本高。

5. 分层实体成形(Laminated Object Manufacturing，LOM)

分层实体成形的基本原理如图 13-6 所示，利用激光或刀具逐层面切割、堆积薄板材料，最终形成三维实体。利用纸板、塑料板和金属板可分别制造出木纹状零件、塑料零件和金属零件。各层纸板或塑料板之间的结合常用黏接剂实现，而各层金属板之间的结合常用焊接和螺栓连接来实现。该工艺的最大缺点是做不了太复杂的零件，材料范围很窄，每层厚度不可调整，精度有限。

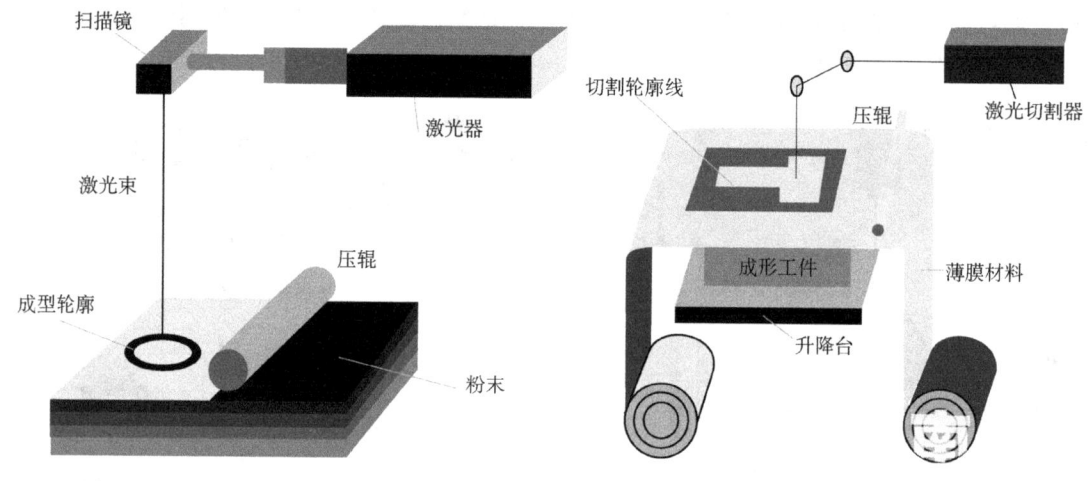

图 13-5 选择性激光粉末烧结工艺原理　　　图 13-6 分层实体制造工艺原理图

13.3　3D 打印的软件

13.3.1　建模软件

3D 打印要先用三维制图软件建模，即画三维图。专业人士建模可以使用 Solid Works、UG 等经典三维制图软件，其功能相当强大，但学起来相对复杂；对于非专业人士而言可以学习一些相对简单的软件，下面就来介绍一款相对简单的软件——Auto Desk 123D Design。

1. 认识界面

打开程序会出现如图 13-7 所示软件界面，第一次打开时会出现一个简明教程，就勾选左下角"Don't show"，想看随时可以单击右上角的"?"后单击"Quick Start tips"即可打开简明教程，单击下方的"Start a New Project"，开始新项目。界面由三部分组成：第一部分是菜单栏，即上面一行图标，该软件没有传统意义上的文字菜单栏；第二部分是工具栏，即右边一条视图图标；第三部分为工作台，即界面中间的淡蓝色坐标系，包含 X 轴和 Y 轴。

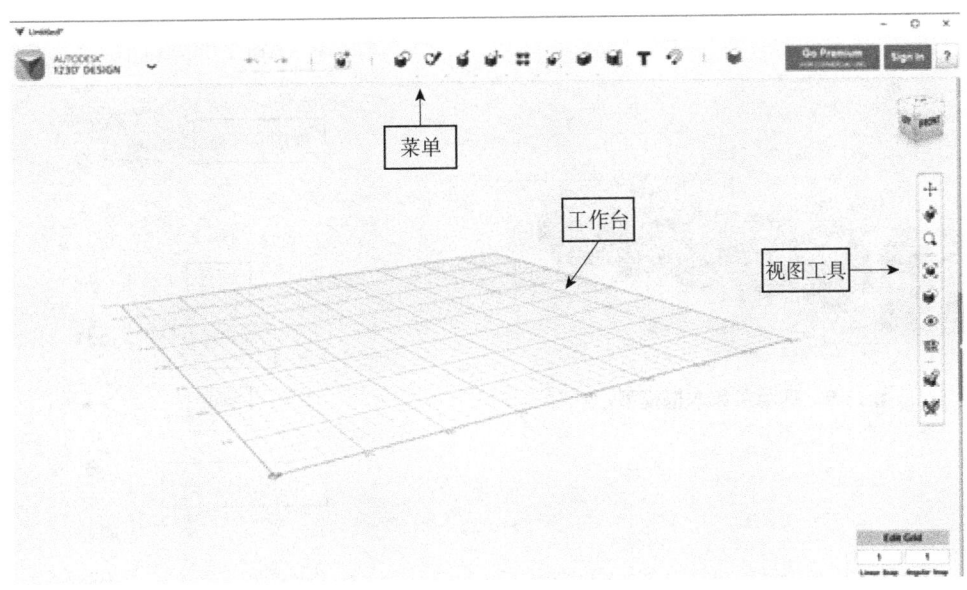

图 13-7　AUTO DESK 123D Design 软件界面

2. 放入物体

图 13-8 所示的下拉图标条为基本几何体(Primitives)，左边九个为立体图标命令，右边四个为平面图标命令。单击左边九个图标中的任一个，再在蓝色的工作台上单击，相应的立体模型就出现在工作台上了，单击进来的物体，都是贴紧台面放置的。

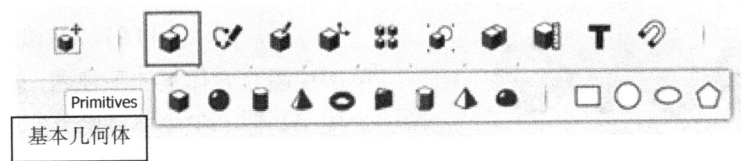

图 13-8　基本几何体

下面以"冰糖葫芦"模型为例简单讲解建模步骤。首先使用键盘上的"Delete"清空工作台上的物体，然后放五个球(糖葫芦)，再放一个圆柱体(串糖葫芦的木棍)，如图 13-9 所示。需要注意的是，如果通过按住鼠标左键拖动的方式将五个小球排成一条直线，仅代表在当前视角的观看效果，但实际上我们所建的模型为三维图，而电脑屏幕是二维的，所以换个角度小球的排列就不一定呈一条直线了，如图 13-10 所示。

3. 工作面操作

要使五个糖葫芦在三维空间中呈直线排列，就需要学习工作面的操作，按住中键拖动鼠标可以平移台面，按住右键并拖动鼠标可以改变视角，滚动滚轮可以缩放视图。右边视图工具(图 13-11)上也有这三个功能的命令按钮，此外，视图工具的上方还有一个视图立方体，单击该按钮可快速切换到各方向视图(如前视图-FRONT、左视图-LEFT、顶视图-TOP等)。立方体左上角还有一个默认视图按钮，如果视角有点乱，单击该按钮可以立即回到默认视图。

图 13-9　糖葫芦和木棍模型

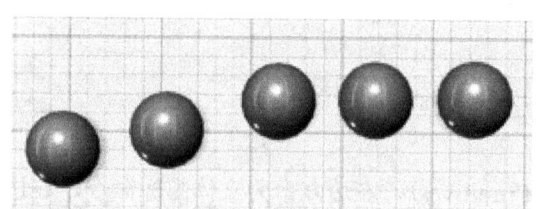

图 13-10　不同视角下的糖葫芦排列

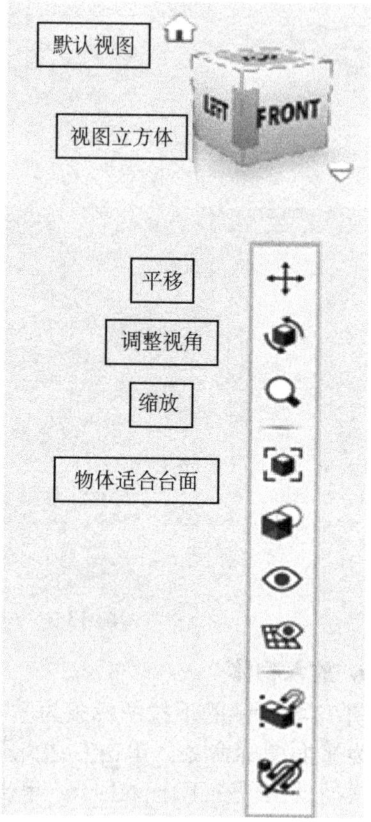

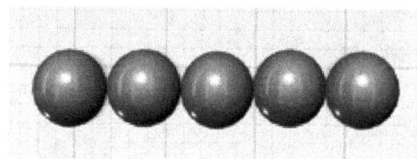

图 13-12　顶视图下的小球排列

图 13-11　视图工具

单击视图立方体上的顶视图，就是从上方观察，拖动小球使它们五个小球排整齐，因为前面已经讲过模型都是贴紧工作台放的，所以此时五个小球的排列基本处于一条直线上(图 13-12)。

4. 缩放物体

五个糖葫芦排列好后，需要对木棍进行尺寸修改，此时需要使用缩放功能。单击菜单中的"Transform"(变换)按钮，出现六个下拉子菜单(图 13-13)。

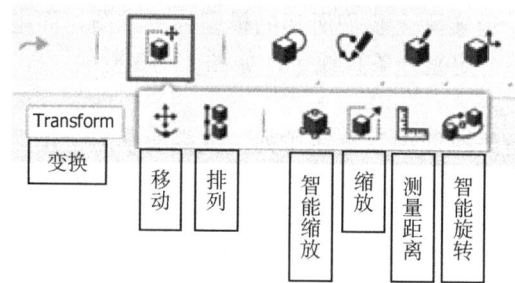

图 13-13　Transform 功能

单击"缩放"会出现一个箭头，拖动它就能对模型进行放大或缩小；此外，选中缩放后还会出现一个对话框，其中"Scale"有两个下拉选项，即"Uniform"(按比例)缩放和"Non-uniform"(不按比例)缩放，如图 13-14 所示。

通常缩放功能默认为"按比例"缩放，可以单击箭头通过鼠标拖动进行缩放，也可以指定"Factor"数值实现缩放，如图 13-14 所示；如果选中"不按比例"选项后，就会出现三个箭头，分别是拉长（短）、拉宽（细）、拉高（矮），各个方向的操作相互独立，当然也可以指定 X、Y、Z 方向的"Factor"数值实现各方向的缩放，如图 13-15 所示。按自己需要将圆柱形木棍缩放到所需尺寸，如图 13-16 所示。

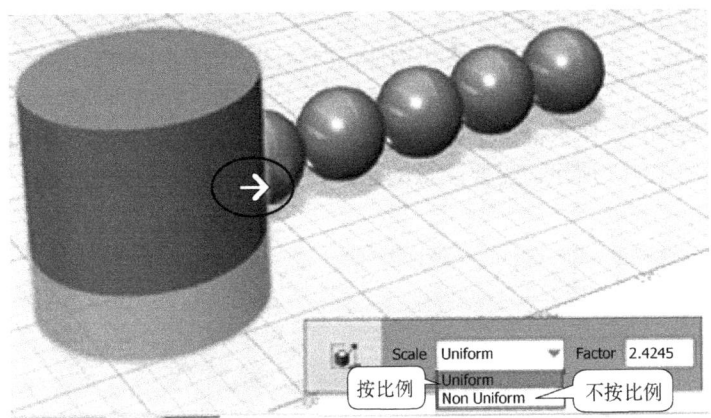

图 13-14　按比例缩放

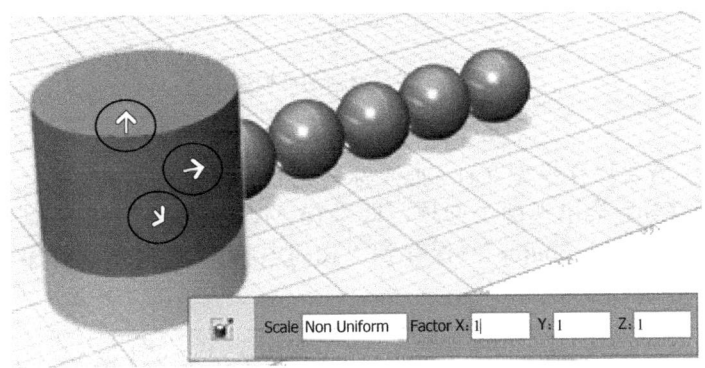

图 13-15　不按比例缩放

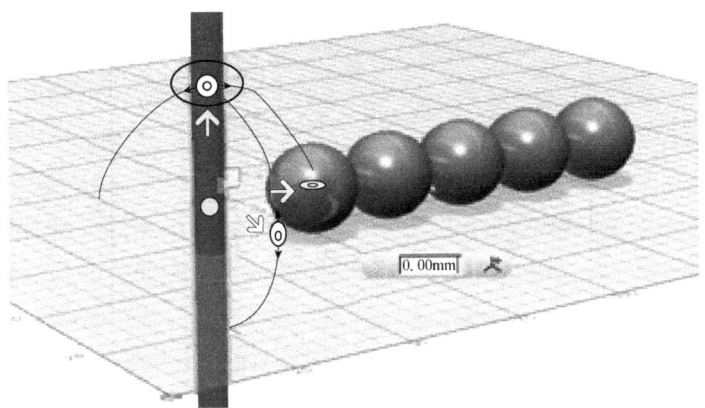

图 13-16　移动功能

5. 全方位移动物体

经过缩放的木棍目前处于竖直方位，需要将其横向放置，模型方位的改变要用到"移动"按钮（图 13-13）。先单击菜单"Transform"（变换），然后单击子菜单"Move/Rotate"（移动/旋转），最后单击圆柱体，此时圆柱体上会出现三个箭头、三个小方块和白色圆点，还有三个带双箭头的小圆圈。

三个箭头的作用是拖动圆柱体沿 X、Y、Z 三个方向移动物体；三个小方块的作用是拖动圆柱体在 XY、YZ、ZX 三个面内移动物体；白色圆点的作用是拖动圆柱体在任意方向移动物体；三个带双箭头的小圆圈的作用是拖动圆柱体绕 X、Y、Z 轴转动物体。拖动竖直方向上的小圆圈旋转 90°，使木棍处于横向方位，再拖动白色小箭头将棍子插入小球，完成的冰糖葫芦模型如图 13-17 所示。需要注意的是，一定要变换不同视角观察，确保各模型已移至合适位置。

图 13-17　冰糖葫芦模型

6. 保存

模型建好后，需要保存模型文件，把光标移到软件界面左上角，就会出现下拉菜单，单击"Save"（保存）后会出现两个选项，即"To My Projects"（保存到我的项目到已注册的云端）和"To My Computer"（保存到"我的电脑"），通常选择第二个选项，如图 13-18 所示。

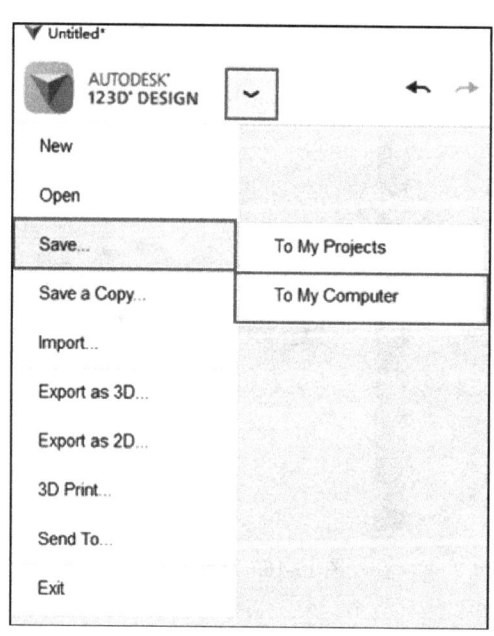

图 13-18　保存文件

13.3.2 切片软件

3D 打印以逐层绘制的方式成形,所以需要对三维模型先进行切片处理才可以进行加工,下面以 UP!三维打印机自带的切片软件为例,简单介绍切片软件的使用。

1. 启动程序

单击切片软件的图标打开程序,软件界面如图 13-19 所示。

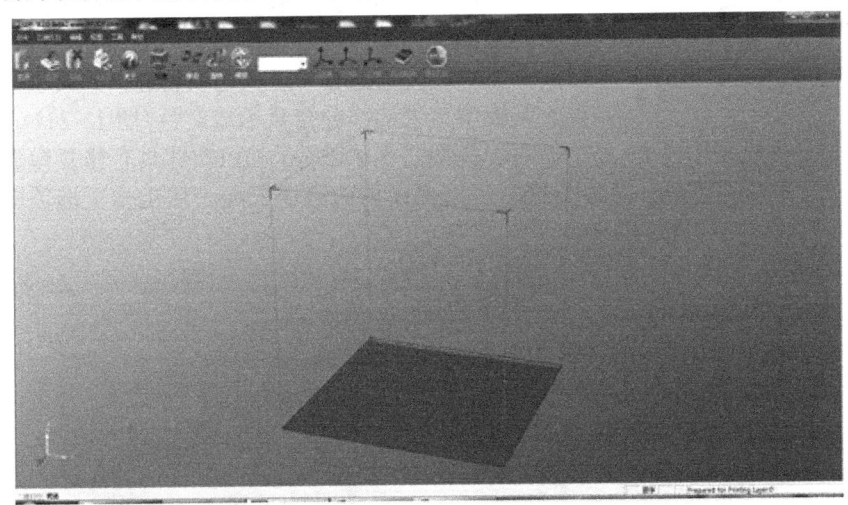

图 13-19 切片软件界面

2. 载入或卸载模型

单击菜单中的"文件",然后点选其下拉菜单中的"打开",选择一个想要打印的模型文件。需要注意的是,UP!软件仅支持 STL 格式(数字文件:标准的 3D 打印输入文件)、UP3 格式(UP!三维打印机专用的压缩文件)、UPP(UP Project)格式(UP!工程文件)的文件。将鼠标移到模型上,单击鼠标左键,模型的详细资料介绍会悬浮显示出来,如图 13-20 所示。

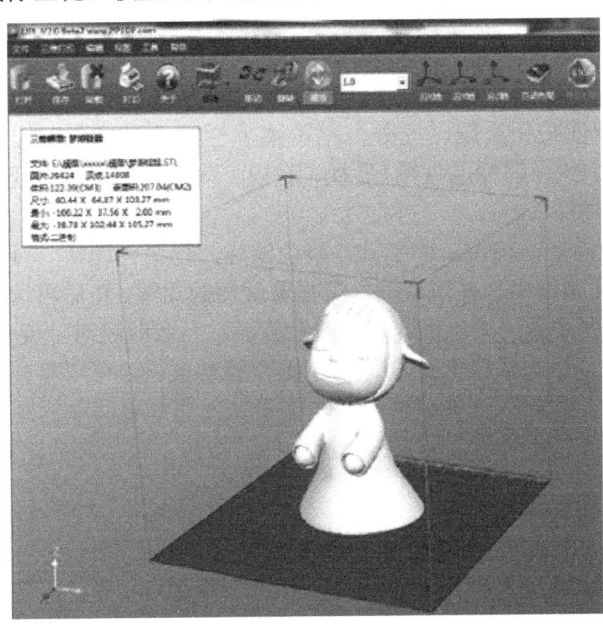

图 13-20 载入模型

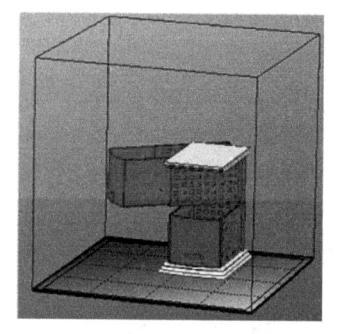

图 13-21　STL 文件

如果有需要卸载部分或全部模型,将鼠标移至已载入模型上,单击鼠标左键选择模型,然后在工具栏中选择卸载;或者在模型上右击,会出现一个下拉菜单,选择卸载模型或者卸载所有模型(如载入多个模型并想要全部卸载)。

3. STL 文件

为了准确打印模型,模型的所有面都要超向外。UP!软件会用不同颜色来标明一个模型是否正确。当打开一个模型时,模型的默认颜色通常是灰色或粉色。如模型有法向的错误,则模型错误的部分会显示成红色(图 13-21)。

对于模型错误的部分,UP!软件具有修复模型坏表面的功能。在修改菜单项下有一个修复选项,选择模型的错误表面,单击修复选项即可,如图 13-22 所示。

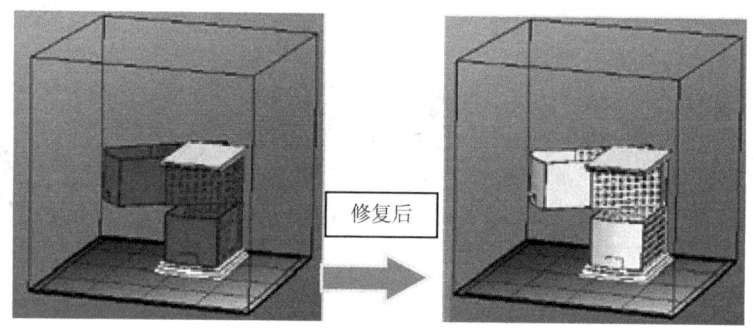

图 13-22　模型修复

4. 合并模型

通过修改菜单中的合并按钮,可以将几个独立的模型合并成一个模型。只需要打开所有想要合并的模型,按照您希望的方式排列在平台上,然后单击合并按钮。当保存文件后,所有的部件会被保存成一个单独的 UP3 文件。

5. 模型编辑

单击菜单栏中的"编辑"选项,可以通过不同的方式观察目标模型,此外也可通过单击工具栏中的相应视图按钮实现。此外,单击菜单栏中的"视图"按钮(或单击启动按钮-标准),可以出现 8 个预设的标准视图(顶视、底视、前视、后视、左视、右视、ISO、标准)选项,按需要选择即可。

选择"旋转"功能后,按住鼠标中键并移动鼠标,视图会旋转,可以从不同的角度观察模型。此外,也可在文本框中选择或者输入您想要旋转的角度,然后再选择按照某个轴旋转,如图 13-23 所示,需要注意的是,正数时逆时针旋转,负数时顺时针旋转。

选择"移动"功能后,按住 Ctrl 和鼠标中键并移动鼠标,可以将视图平移,也可以用箭头键平移视图。此外,也可以选择或者在文本框里输入您想要移动的距离,然后选择您想要移动的坐标轴,如图 13-24 所示,每点击一次坐标轴按钮,模型都会重新移动。

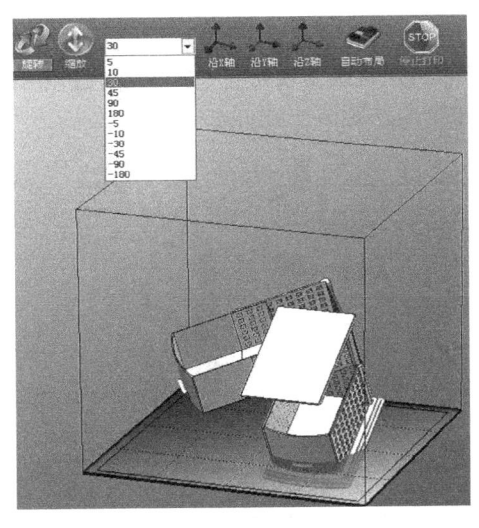
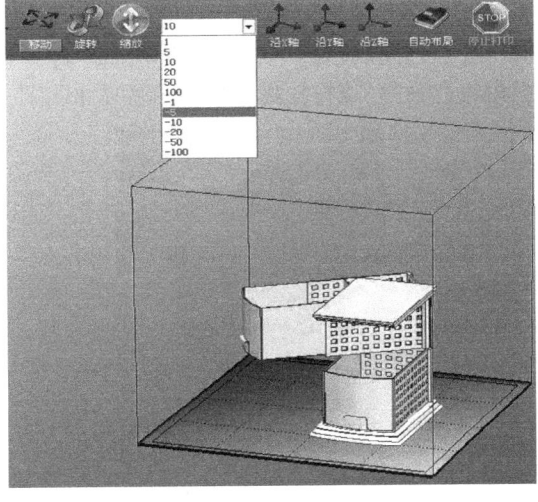

图 13-23　模型旋转　　　　　图 13-24　模型移动

选择"缩放"功能后，旋转鼠标滚轮，视图就会随之放大或缩小。此外，在工具栏中选择或者输入一个比例，然后再次单击缩放按钮缩放模型；如果只想沿着一个方向缩放，只需选择这个方向轴即可。

将模型放置于平台的适当位置，有助于提高打印的质量，通常，尽量将模型放置在平台的中央。模型的布局有以下几种方法，一是自动布局，单击工具栏最右边的自动布局按钮，软件会自动调整模型在平台上的位置，常用于平台上不止一个模型的情况；二是手动布局，单击 Ctrl 键，同时用鼠标左键选择目标模型，移动鼠标，拖动模型到指定位置；三是使用移动按钮，单击工具栏上的移动按钮，选择或在文本框中输入距离数值，然后选择您想要移动的方向轴，需要注意的是，当多个模型处于开放状态时，每个模型之间的距离至少要保持在 12mm 以上。

6. 保存模型

选择模型，然后单击工具栏中的"保存"，文件就会以 UP3 格式保存，并且大小是原 STL 文件大小的 12%～18%，非常便于存档或转换文件。此外，还可选中模型，单击菜单中的"文件-另存为工程"选项，保存为 UPP 格式，该格式可将当前所有模型及参数进行保存，当您载入 UPP 文件时，将自动读取该文件所保存的参数，并替代当前参数。

13.3.3　3D 打印的操作

1. 初始化打印机

在打印之前，您需要初始化打印机（图 13-25）。单击"三维打印"菜单下面的"初始化"选项，当打印机发出蜂鸣声，初始化即开始；打印喷头和打印平台将再次返回到打印机的初始位置，当准备好后将再次发出蜂鸣声。如打印机没有正常响应，请尝试单击 3D 打印菜单中的初始化按钮重新初始化打印机。

2. 调平打印平台

正确校准喷嘴高度之前，需要检查喷嘴和打印平台四个角的距离是否一致。您可以借助配件附带的"水平校准器"来进行平台的水平校准，校准前先将水平校准器吸附至喷头下侧，并将 3.5mm 双头线依次插入水平校准器和机器后方底部的插口，如图 13-26 所示。当单击软件中的"三维打印-自动水平校准"（图 13-25）选项时，水平校准器将会依次对平台的九个点进行校准,并自动列出当前各点数值;如经过水平校准后发现打印平台不平或喷嘴与各点之间的距离不相同,则可通过调节平台底部的弹簧来实现矫正,拧紧(平台相应的一角将会升高)或拧松螺丝,直到喷嘴和打印平台四个角的距离一致。

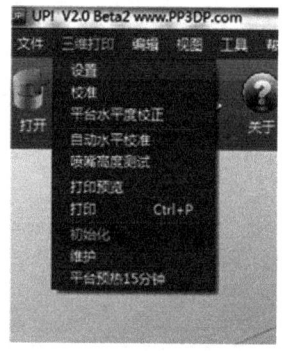
图 13-25 初始化打印机

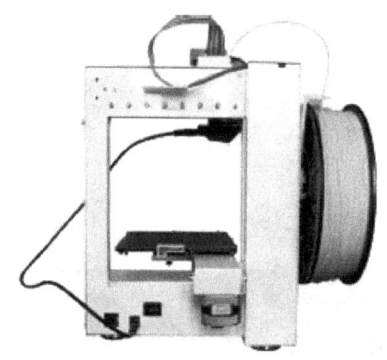
图 13-26 调平打印平台

需要注意的是,在使用过程中请从机身框架外侧绕过 3.5mm 连接线,以防导致机器故障,如图 13-27 所示。

(a) 正确

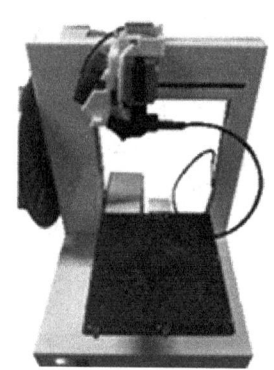
(b) 错误

图 13-27 避免绕线

3. 校准喷嘴高度

校准喷嘴高度安装的设定对三维打印机的成功打印起着至关重要的作用。在设定喷嘴高度前,可以借助打印平台后部的"自动对高块"来测试喷嘴高度。测试前,请将水平校准器自喷头取下,并确保喷嘴干净以便测量准确。将 3.5mm 双头线分别插入自动对高块和机器后方底部的插口,然后单击软件中的"3D 打印-喷嘴高度测试选项"(图 13-25),平台会逐渐上升,接近喷嘴时,上升速度会变得非常缓慢,直至喷嘴触及自动对高块上的弹片,测试即完成,软件将会弹出喷嘴当前高度的提示框。此外,也可以对打印平台的高度进行手动校准,喷头高度以喷嘴距离打印平台 0.1mm 时喷头的高度为佳,这种情况下需要将正确的喷嘴高度记录于"3D 打印-维护-喷嘴&平台"中,如图 13-28 所示。

以上示例说明打印机经过初始化,并开始打印时,平台和喷嘴之间的高度是 122mm。如需要设置打印平台和喷嘴之间的正确距离,需按照下列步骤进行操作。

(1)打开 3D 打印菜单中维护对话框,如图 13-28 所示,当前的喷嘴高度为 122mm。

(2)在图 13-28 所示的文本框中,输入数值 122,然后单击"至"。参照上面的例子,平台的高度应该从平台的起始位置移动到 122mm 处。

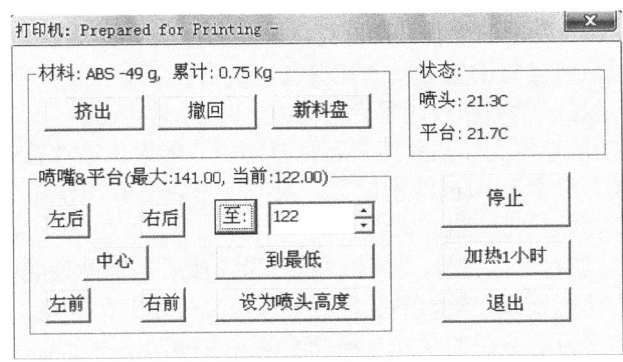

图 13-28　维护对话框

(3) 检查喷嘴和平台之间的距离，并进行高度修正。例如，如果平台距离喷嘴约 7mm，单击"至"，将文本框内数值增加到 130，此处只增加 3mm 而非 4mm，这是为了不让喷嘴和平台发生碰撞，因此越是在接近喷嘴的地方，越要慢慢地增加高度。

(4) 重复步骤(3)的操作，当平台的高度距离喷嘴约 1mm 时，单击"至"，请在文本框中依次增加 0.1mm，直到与喷嘴的距离在 0.1mm 之内。有一个简单的方法可以检查喷头和平台之间的距离，将一张纸对折(厚度大概 0.1mm)后置于喷嘴和平台之间，以此来检测两者间距。

(5) 当平台和喷嘴之间的距离在 0.1mm 内，在图 13-28 所示的文本框里记下这个数值，这个就是正确的校准高度。

喷嘴的正确高度只需要设定一次，以后就不需要再设置了，这个数值已被系统自动记录下来了；如校准高度时，喷嘴和平台相撞，请在进行任何其他操作之前重新初始化打印机；在移动过打印机后，或如果发现模型不在平台的正确位置上打印以及翘曲，请重新校准喷嘴高度。

4. 其他维护选项

单击 3D 打印菜单中的维护选项(图 13-28)，按照图所示的对话框进行操作。

"挤出"的功能是将丝材从喷嘴挤压出来。单击此按钮，喷嘴会加热，当喷嘴温度上升到 260°C，丝材就会通过喷嘴挤压出来。在丝材开始挤压前，系统会发出蜂鸣声，当挤压完成后，会再次发出蜂鸣声。

"撤丝"的功能是从喷头中将丝材撤出。当丝材用完或者需要更换喷嘴时，单击此按钮。当喷嘴的温度升高到 260°C 并且机器发出蜂鸣声，轻轻地拉出丝材，如果丝材在中途卡住，请用手将丝材拉出。

"更新材料"的功能是用户可跟踪打印机已使用材料数量，且当打印机中没有足够的材料来打印模型时会发出警告。单击此按钮，输入当前剩余多少克的丝材；如果是一卷新的丝材，应该被设置成 700 克。您还可以设置您要打印的材料是 ABS 还是 PLA，如图 13-29

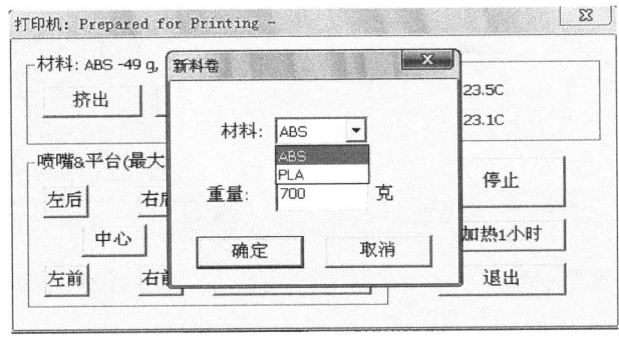

图 13-29　其他维护选项

所示。需要注意的是,一卷空的丝盘约 280 克,如果您正在安装一卷丝材,请先称重,然后从中减去 280 克,最后将丝材的重量输入材料文本框内。

"状态"的功能是显示喷嘴和打印平台的温度。

"停止打印"的功能是停止加热和停止运行打印机。如果单击该按钮,当前正在打印的所有模式都将被取消。一旦打印机停止运行,就不能再恢复打印作业了。使用全部停止功能之后,就需要重新初始化打印机。

"暂停打印"的功能是可以在打印中途暂停打印,然后从暂停处继续打印。这项功能非常有用,如在打印中途想要改变丝材的颜色时,就可以使用此项功能。

五个控制喷嘴和平台的按钮的功能是控制喷嘴左右移动,平台前后移动,"至"的作用是控制平台的高度,会在喷嘴高度校准过程中用到。"到最低"可以使平台返回到最低位置。

"设定喷嘴高度"的功能是记录"至"文本框里的数值,并将此数值填写到设定喷嘴高度文本框里。

5. 准备打印平台

打印前须将平台备好,才能保证模型稳固,不至于在打印的过程中发生偏移。平台的固定可借助平台自带的八个弹簧,将平板按正确方向置于平台上,然后轻轻拨动弹簧卡住平板即可。平板上均匀分布孔洞,一旦打印开始,塑料丝将填充进板孔,这样可以为模型的后续打印提供更强有力的支撑结构。

6. 打印设置选项

单击软件"三维打印"选项内的"设置",将会出现图 13-30 的界面,下面对各部分进行简单介绍。

(1)层片厚度。设定打印层厚,根据模型的不同,每层厚度设定在 0.15~0.4mm。

(2)密封表面。"表面层"这个参数将决定打印底层的层数。例如,如果设置成 3,打印机在打印实体模型之前会打印三层。但是这并不影响壁厚,所有的填充模式几乎是同一个厚度(接近 1.5mm)。"角度"这个参数决定在什么时候添加支撑结构,如果角度小,系统自动添加支撑(图 13-31)。

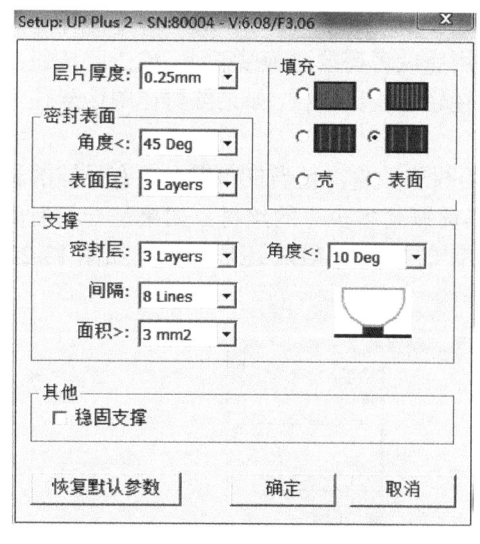

图 13-30 设置对话框

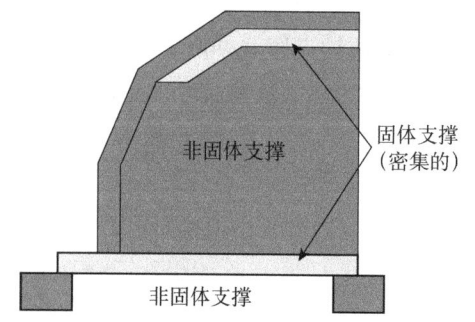

图 13-31 固体支撑

(3)填充。"填充"有四种方式填充内部支撑,见表 13-1。

表 13-1 填充的四种内部支撑

	该部分是由塑料制成的最坚固部分。此设置在支座工程部件时建议使用。按照先前的软件版本此设置称为"坚固"
	该部分的外部壁厚大概 1.5mm，但内部为网格结构填充。之前的版本此设置称为"松散"
	该部分的外部壁厚大概 1.5mm，但内部为中空网格结构填充。之前的版本此设置称为"中空"
	该部分的外部壁厚大约 1.5mm，但是内部由大间隔的网格结构填充，之前的软件版本此设置称为"大洞"

"壳"模式有助于提升中空模型的打印效率，适用于仅需打印模型作为概览的情况，模型在打印过程中将不会产生内部填充；"表面"模式适用于仅需打印模型轮廓且不封口的情况，该模式仅打印模型的一层表面层，且模型上部与下部将不会封口，一定程度上可以提高模型表面质量。

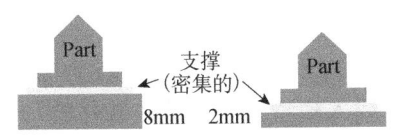

图 13-32 支撑

(4) 支撑。在实际模型打印之前，打印机会先打印出一部分底层(图 13-32)做支撑。当打印机开始打印时，它首先沿着 Y 轴方向横向打印出一部分不坚固的丝材，持续横向打印至开始打印主材料时打印机才开始一层层的打印实际模型。

"密封层"的功能是选择贴近主材料被支撑的部分要做数层密封层的层数(可选范围为 2～6 层，系统默认为 3 层)，密封层的作用是为避免模型主材料凹陷入支撑网格内，支撑间隔取值越大，密封层数取值相应越大。

"角度"的功能是设置使用支撑材料时的角度。例如，设置成 10°，在表面和水平面的成形角度大于 10°的时候，支撑材料才会被使用；如果设置成 50°，在表面和水平面的成形角度大于 50°的时候，支撑材料才会被使用，如图 13-33 所示。

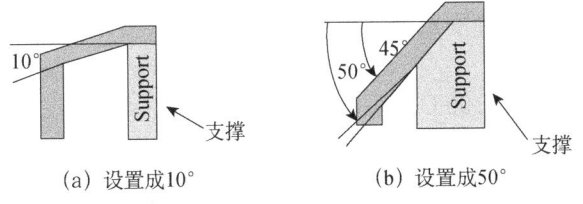

图 13-33 支撑材料的角度

"间隔"为支撑材料线与线之间的距离，如图 13-34 所示。要通过支撑材料的用量、移除支撑材料的难易度和零件打印质量等一些经验来改变此参数。

"面积"为支撑材料的表面使用面积。例如，当您选择 $5mm^2$ 时，悬空部分面积小于 $5mm^2$ 时不会有支撑添加，将会节省一部分支撑材料并且可以提高打印速度，如图 13-35 所示。此外，您还可以选择"仅基底支撑"，以节省支撑材料。

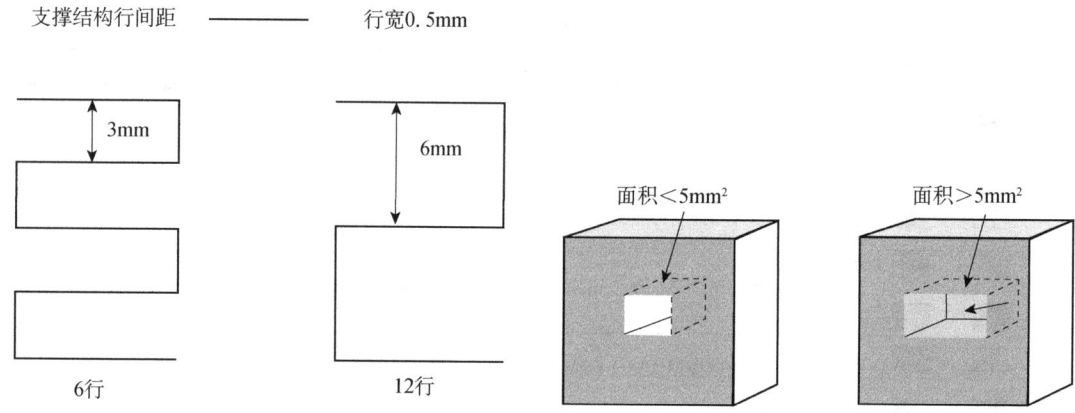

图 13-34 支撑材料的线间隔   图 13-35 支撑材料的面积

支撑材料在节耗性、牢固性和易除性上应有良好的平衡点。零件在打印平台上的方向，决定使用多少支撑材料和移除支撑材料的难易程度；按照常规，外部支撑比内部支撑更容易移除；此外，开口向上将比向下节省更多的支撑材料，如图 13-36 所示。

(5) 其他。"稳固支撑"建立的支撑较稳固，模型不容易被扭曲，但是支撑材料比较难被移除。

7. 打印

在打印前要确保以下几点：连接 3D 打印机，并初始化机器；载入模型并将其放在软件窗口的适当位置；检查剩余材料是否足够打印此模型，如果不够，请更换一卷新的丝材。

准备工作完成后，单击 3D 打印菜单的预热按钮，打印机开始对平台加热。使用 UP!打印机成功打印的关键之一就是打印平台的预热。特别是打印大型部件时，平台的边缘部分比中间部分要凉一些，这样会导致模型两边卷曲。防止此现象发生的最好办法有三个：一是确保打印平台在水

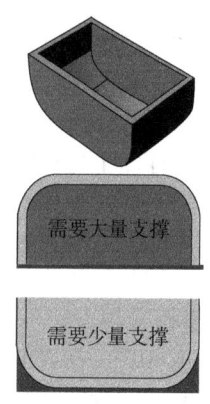

图 13-36 开口方向不同对应的支撑材料

平面上，二是喷嘴的高度设置准确，三是打印平台被预热完全。

在打印机平台温度达到 100℃时可以开始打印，单击 3D 打印的打印按钮，在打印对话框中设置打印参数(图 13-37)，单击"确定"开始打印。下面简单介绍打印设置的各项功能。

"质量"分为普通、快速、精细三个选项，此外"质量"也决定了打印机的成形速度。通常情况下，打印速度越慢，成形质量越好。对于高的模型，选择最快的速度打印会因为打印时的颤动影响模型的成形质量；对于表面积大的模型，由于表面有多个部分，打印的速度设置成"精细"也容易出现问题，打印时间越长，模型的角落部分更容易卷曲。

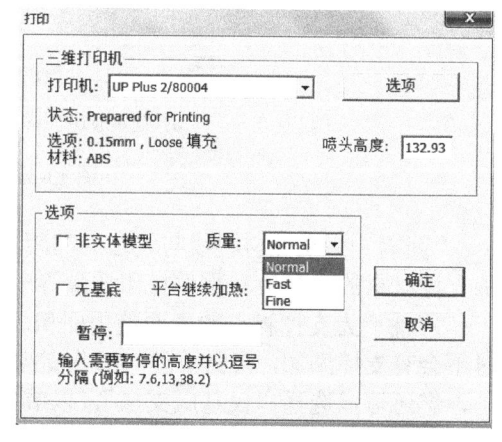

图 13-37 打印设置

"非实体模型"选项适用于打印的模型为非完全实体,例如存在不完全面时。

"无基底"选定后,在打印模型前将不会产生基底。该模式可以提升模型底部平面的打印质量。但选择此项后,将不能进行自动水平校准。

"平台继续加热"选项选定后,平台将在开始打印模型后继续加热。

"暂停"方框内可输入想要暂停打印的高度,当打印机打印至该高度时,将会自动暂停打印,直至单击"恢复打印位置",需要注意的是,在暂停打印期间,喷嘴将会保持高温。

8. 移除模型

(1)当模型完成打印时,打印机会发出蜂鸣声,喷嘴和打印平台会停止加热。

(2)将扣在打印平台周围的弹簧顺时针别在平台底部,将打印平台轻轻撤出。

(3)慢慢滑动铲刀在模型下面把铲刀慢慢滑动到模型下面,来回撬松模型。切记在撬模型时要佩戴手套以防烫伤。

(4)移除支撑材料。模型由两部分组成。一部分是模型本身,另一部分是支撑材料。支撑材料和模型主材料的物理性能是一样的,只是支撑材料的密度小于主材料,所以很容易从主材料上移除支撑材料。 支撑材料可以使用多种工具来拆除,一部分可以很容易用手拆除,越接近模型的支撑,使用钢丝钳或者尖嘴钳更容易移除。

需要注意的是,在移除支撑时,一定要佩戴防护眼罩,尤其是在移除 PLA 材料时;支撑材料和工具都很锋利,在从打印机上移除模型时请佩戴手套和防护眼罩。

第 14 章　模块化机器人

14.1　机器人概述

机器人是一种具备一些仿生智能(如感知能力、规划能力、动作能力和协同能力等)且具有高度灵活性的自动化机器。机器人技术综合了多学科的发展成果，代表了高技术的发展前沿，它在人类生活应用领域的不断扩大，正引起国际上重新认识机器人技术的重要性。

14.1.1　机器人的产生与发展

机器人概念的出现和第一台工业机器人的问世都是近几十年的事，然而人们对机器人的幻想与追求却已有 3000 多年的历史。西周时期，我国的能工巧匠就研制出了能歌善舞的伶人，这是我国最早记载的机器人；后汉三国时期的诸葛亮成功地创造出了用于运送军粮的"木牛流马"(图 14-1)来支援前方战争；公元前 2 世纪的古希腊人发明了自动机，它是以水、空气和蒸汽压力为动力的会动的最原始机器人——雕像，它可以自己开门，还可以借助蒸汽唱歌。

现代机器人的研究始于 20 世纪中叶，其技术背景是计算机和自动化技术的发展，以及核能的开发利用。计算机问世及大批量生产的迫切需求推动了自动化技术的进展，其成果之一便是数控机床的诞生。一方面，与数控机床相关的控制、机械零件的研究又为机器人的开发奠定了基础；另一方面，核能实验室的恶劣环境要求用某些操作机械(如机械手，见图 14-2)代替人处理放射性物质。在此需求背景下，美国阿尔贡研究所于 1947 年开发了遥控机械手，又于 1948 年开发了机械式的主从机械手。

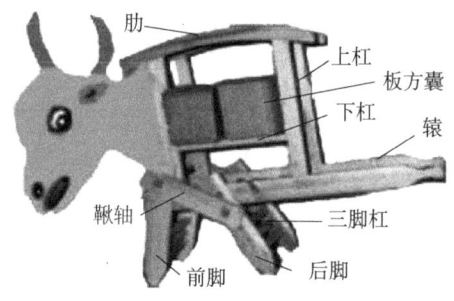

图 14-1　木牛流马

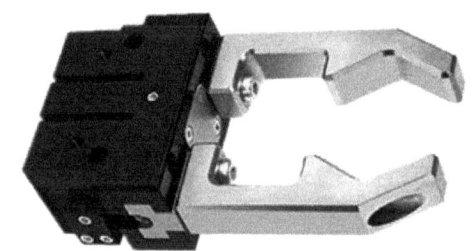

图 14-2　机械手

图 14-3　工业机器人

1954 年美国戴沃尔最早提出工业机器人(图 14-3)的概念并申请了专利，该专利的要点是借助伺服技术控制机器人的关节，利用人手对机器人进行动作示教，机器人能实现动作的记录和再现，此即示教再现机器人。现有的机器人差不多都采用这种控制方式，1962 年美国 AMF 公司推出作为机器人产品最早的实用机型(示教再现)。工业机器人与数控机床的控制方式相似，但外形差别，主要由类似人的手和臂组成。1965 年，MIT(美国麻省理工学院)的 Robots 演示了第一个具有视觉传感器的、能识别与定位的、简单积木的机器人系统。

如今机器人发展的特点可概括为：从横向看，应用面越来越宽，由 95%的工业应用扩展到更多领域的非工业应用；从纵向看，机器人的种类会越来越多，像进入人体的微型机器人。最重要的是机器人智能化得到加强，机器人会更加聪明。归纳起来，机器人的发展除了受到人们想象力的限制，还受到计算机技术、传感技术、材料的限制。反过来，机器人的发展促进相关技术的进步，除了工业机器人水平不断提高，各种用于非制造业的先进机器人系统也有了长足的进展。

随着计算机技术与人工智能技术的飞速发展，使机器人在功能和技术层次上有了很大的提高，移动机器人和机器人的视觉与触觉等技术就是典型的代表。由于这些技术的发展。推动了机器人概念的延伸，如水下机器人、空中机器人、地面机器人、微小型机器人等各种用途的机器人相继问世，许多梦想成为了现实。将机器人的技术(如传感技术、智能技术、控制技术等)扩散和渗透到各个领域，形成各式各样的新机器——机器人化机器。当前与信息技术的交互和融合又产生了"软件机器人""网络机器人"的名称，这也说明了机器人所具有的创新活力。

14.1.2 学习机器人技术的必要性

(1) 对未知领域的探索需求。从古至今，人类就一直对未知领域的探索充满兴趣，然而由于人的活动能力有限，因此希望能研究出各种智能机器来代人去完成人类不能完成的任务。多年来人们一直在思考和探索一些问题：能否做出代替人类枯燥、繁重工作的机器人？能否做出可以照看患者或老人的机器人？能否做出可以穿越在废墟中寻找幸存生命的爬行机器人？这些问题促使人们不断地探索机器人技术，以实现自己的大胆想象。

(2) 社会和国家的应用要求。目前高校、研究机构乃至企业等领域的研究人员对智能机器人的研究进展已经处于一个由前沿探索转向产业化、应用化的关键时期。从社会需求来看，大量的玩具机器人和服务机器人已经推向市场，并取得良好效益，如玩具机器人、教具机器人、清扫机器人等。从国家需求的角度来看，太空探索和国家安全的需求，可携带武器在战场上代替士兵的军用地面移动机器人，自主移动车辆等广义的机器人已经在发达国家进入军队。总之，机器人应用的发展已处于关键阶段。

(3) 未来社会发展的方向。机器人技术建立在多学科发展的基础之上，具有应用领域广、技术新、学科交叉性强等特点。传统的机器人技术涉及机械、电子、自动控制等学科，现代机器人技术则综合了更加广泛的学科和技术领域(如计算机技术、仿生学、生物工程、人工智能、材料、结构、微机械、信息工程、遥感等)。多样化的机器人不但已经成为现代高科技的应用载体，而且自身也迅速发展成为一个相对独立的交叉技术研究领域，形成了特有的理论研究和学术发展方向，具有鲜明的学科特色。可以预见，机器人技术将会渗透到未来生活的方方面面，而且从瞬息万变的社会发展中已经可以感受到机器人的时代已悄然来临。

14.1.3 教学机器人的简介

机器人根据应用行业分为生产制造用工业机器人、农业机器人、科研机器人、教学机器人、军用机器人、医用机器人、家用机器人、演艺机器人等。其中，教学机器人是帮助学生进行学习创造的实践活动用的机器人。从发展的眼光来看，把机器人教育引入校园肯定会让机器人越来越普及。从信息产业的角度看，21 世纪第一个十年将是智能机器人时代。随着信息技术教育课程与教材改革的深入和人工智能技术的发展，在信息技术教育中渗透机器人学科知识与机器人应用前景方面的教育已势在必行。

机器人融合了计算机、机械、电子、通信、控制、声、光、电、磁等多个学科领域的知识。在教学中引入机器人，学生通过亲手组装机器人系统、检测调整传感器、编制调试控制程序等工作，能够使学生的综合知识水平得到提高，同时还使学生的动手能力、逻辑思维能力、综合应用能力、创新能力等都能得到全方位训练和提升，这正是素质教育的重要内容，对培养素质全面的创新型人才具有重要的作用。

14.1.4 典型机器人竞赛的简介

机器人技术迅猛发展，教育理念不断更新，为了推动机器人技术的发展，培养学生的创新能力，在全世界范围内相继出现了一系列的机器人竞赛。机器人竞赛融趣味性、观赏性、科普性为一体，给青少年学生提供了越来越多积极探索未知领域、充分展示聪明才智的舞台，也提供了一个充分表现科技思想和行动的舞台，培养了实际动手能力、团队协作能力，提高了创新能力。

同时，机器人竞赛实际上是高技术的对抗赛，从一个侧面反映了一个国家信息与自动化领域基础研究和高技术发展的水平。机器人竞赛使研究人员能够利用各种技术，获得更好的解决方案，从而又反过来促进各个领域的发展，这也正是开展机器人竞赛的深远意义，同时也是机器人竞赛的魅力所在。

机器人比赛除了需要采用比较先进的技术外，还有几个特点：一是对抗性强，比赛时间短，有很强的观赏性；二是能够充分地发挥参赛者的创造性思维；三是比赛策略和临场发挥非常重要；四是比赛规则和题目变化较大。因为有了这样的比赛，人们更加了解机器人，机器人的发展也得到很大的促进。

目前，日本、美国、英国等发达国家的机器人竞赛发展很快。在这些国家，从小学生到大学生，从学校到社会，都有各种不同的机器人比赛。日本每年都有很多机器人比赛，如走迷宫机器人比赛、寻白线机器人、大学生机器人大赛。在英国有 ROBOTWARS、techno games 等，比赛由政府监督、电视台主办、全民参加，形成了较为完整的机器人竞赛体系。国际上比较有名的机器人竞赛有 RoboCup 竞赛、FIRACup 竞赛、迷宫机器人竞赛、寻线机器人竞赛、迷宫操作机器人竞赛、灭火机器人竞赛、舞蹈机器人竞赛、相扑机器人竞赛等。

近年来，在我国大学，机器人作为机械电子学、计算机技术、人工智能等的典型载体被广泛地用来作为工科本科生的讲授课程之一；在中学，模型机器人则逐渐成为素质教育和技能实践的选题之一，各种机器人比赛方兴未艾。全国范围内的机器人赛事主要有以下 4 项：FIRA 中国机器人足球锦标赛，中国机器人大赛暨 BoboCup 公开赛，全国大学生机器人电视大赛(CCTV-ROBOCON)和中国青少年机器人竞赛。

14.2 机器人的硬件

机器人包括硬件部分和软件部分。其中硬件部分包括：机器人的骨骼(构成机器人身体的机械结构)、机器人的肌肉(产生动作的执行器)、机器人的心脏(电源)、机器人的五官(各种各样的传感器)、机器人的大脑(控制器和电路系统)。下面分别进行简单介绍。

14.2.1 机器人的骨骼——机械结构

1. 机器人的机械结构

1) 选材

适合制作机器人框架的材料非常多，有铁合金、铝合金、铜合金、钛合金等金属材料，也有橡胶、聚乙烯、尼龙、有机玻璃、树脂、木材和纸板等非金属材料，这些材料有的价格高昂，有的质量较大，有的强度较低，在制作机器人的构架系统时，可根据需要全面考虑后再作出合理的选择。选材应遵循以下原则。

(1) 实用原则。选材时，首先要计算机器人构架的强度和刚度，选择符合要求的材料。
(2) 经济原则。材料不宜过度追求高质量而增加机器人的成本。
(3) 优先原则。制作构架时，应优先使用型材和标准件，以节约成本并缩短制作周期。
(4) 美观原则。在不影响以上原则的前提下，制作出的机器人要尽量美观大方。

2) 型材
(1) 制作框架的材料。角钢和角铝，槽钢和工字钢，方钢和方铝，钢管、铝管和铜管等。
(2) 制作外壳和底板的材料。铁皮、铝皮和不锈钢板等。
(3) 在无合适的型材可选时。可以考虑自己制作。

3) 标准件和常用件
(1) 螺栓。六角头螺栓、内六角圆柱头螺栓、十字槽螺栓等。
(2) 螺母。六角螺母、蝶形螺母。
(3) 垫圈。平垫圈、弹簧垫圈。
(4) 弹簧。压缩弹簧、拉伸弹簧、钢丝弹簧。
(5) 轴承。滚动轴承、滑动轴承等。
(6) 齿轮。直齿轮、斜齿轮、蜗轮蜗杆等。

2. 机器人的执行机构

机器人的执行系统主要包括行走机构(相当于人的腿)和操作机构(相当于人的手)，常用的执行元件主要有直流电动机和舵机。

1) 机器人的行走机构

机器人的行走机构首先要体现稳定性，其次是灵活性。有足式、轮式、履带式和特殊行走方式4种。

(1) 足式机器人。足式机器人的关节部一般采用空间开链连杆机构，其中的运动副(转动副或移动副)常称为关节，关节个数通常即为机器人的自由度数。足式机器人的关节自由度越多，行动就越灵活，但控制起来难度会成倍增大。根据关节配置形式和运动坐标形式的不同，可分为直角坐标式、圆柱坐标式、极坐标式和关节坐标式等类型。出于拟人化的考虑，常将机器人本体的有关部位分别称为基座、腰部、臂部、腕部、手部等。足式机器人的优点是可以在不平坦的路面行走(如爬楼梯、跨越障碍等)，其缺点是动作缓慢、转身不灵活。

仿人型机器人是多门基础学科、多项高技术的集成，代表了机器人的尖端技术。因此，仿人形双足步行机器人研究是一个很诱人的研究课题，但难度相当大。由于在目前科技的水平下，双足机器人行走时的平衡问题还不够成熟，容易摔倒缓慢，动作不灵活，所以在大部分机器人中采用较少。

(2) 轮式机器人。轮式机器人有两轮式、三轮式、四轮式、多轮式等，其优点是结构简单，动作灵活，定位准确，缺点是相对于履带式机器人，它不适合在不平坦的路面行走，特别是有楼梯时就更困难。机器人常用的轮子主要有普通轮(主动轮)、万向轮(从动轮)、全向轮 (主动轮) 等。由于轮式机器人结构简单，行走速度快，所以目前绝大部分机器人都采用这种行走方式。

(3) 履带式机器人。履带布置方式有双履带和多履带，其兼有轮式和足式的优点(如越坑、爬楼梯等)，其与地接触面大，所以稳定性较好；缺点是效率较低，功耗较大。

(4) 特殊行走方式机器人。特殊行走方式主要有像蛇一样的蠕动行走方式、像鱼一样的尾巴游动方式及像飞机一样的翅翼飞行方式。这些行走方式的机器人主要应用在一些特殊场合。

2) 机器人的操作机构

操作机构实际上是对人手的延伸，相当于人手与工具的组合，这一部分是能够充分发挥想象力的。我们要根据不同的机器人任务设计出合理的机构，用最简单的办法实现题目的要求。

(1) 取物。可采用机械手、吸附、叉取、粘连等方法。

(2) 接力。可采用手对手、容器对手、翻倾装置对容器等方法。

(3) 灭火。可采用风扇、气球、扣罩等方法。

(4) 擂台。可采用挤、推、铲、击打、诱导等方法。

(5) 其他。机器人能实现的功能多种多样，可以根据不同的实际设计出不同的操作机构。

(6) 灵巧手。人类与动物相比，除了拥有理性的思维能力、准确的语言表达能力，还拥有一双灵巧的手，也是人类的骄傲，因此，让机器人也拥有一双灵巧的手成了许多科研人员的目标。

14.2.2 机器人的肌肉——执行器

机器人区别于计算机的一个重要特征就是能够运动，所以必须有动力部件，以及由这些动力部件驱动的结构。机器人的驱动子系统、传感子系统和控制决策子系统是一个机器人最基本的三个组成部分。下面将简单介绍在小型、微型机器人上常用的一些驱动部件，以及相关的一些机械结构方面的知识。

1. 直线电机

采用直流电作为动力来源的各种电机统称为直流电机(简称电机)，其工作原理都是利用带有数个起电磁铁作用的线圈转子，线圈转子通电后与励磁单元(如励磁线圈或永磁体)的磁场相互作用而运动，不断地按照合适的规律改变通电顺序，使得转子的运动一直持续而形成转动。下面以直线电机为例简单介绍其原理。

普通电机产生的运动都是旋转。如果需要得到直线运动，就必须通过丝杠螺母机构或者齿轮齿条机构来把旋转运动转变为直线运动。这样显然既增加了复杂性和成本，且降低了运动的精度。直线电机则可以解决这一问题，它是一种特殊的无刷电机，可以理解为将无刷电机沿轴线展开、铺平；定子上的绕组被平铺在一条直线上，而永久磁钢制成的转子则放在这些绕组的上方。给这些排成一列的绕组按照特定的顺序通电，磁钢就会受到磁力吸引而运动。控制通电的顺序和规律，就可以使磁钢作直线运动。其原理如图14-4所示。

2. 步进电机

步进电机是将电脉冲信号转变为角位移或线位移的开环控制元件。在非超载的情况下，电机的转速和停止的位置只取决于脉冲信号的频率和脉冲数，而不受负载变化的影响，即给电机加一个脉冲信号，电机则转过一个步距角。这一线性关系的存在，加上步进电机只有周期性的误差而无累积误差等特点，使得步进电机在速度、位置等领域的控制变得非常简单。虽然步进电机已被广泛应用，但步进电机并不能像普通的直流电机、交流电机一样在常规下使用。它必须由双环形脉冲信号和功率驱动电路等组成控制系统方可使用。下面以广泛使用的三相感应式步进电机为例简单介绍其原理。

如图14-5所示，电机转子均匀分布着很多小齿，定子齿有三个励磁绕组，其几何轴线依次分别与转子齿轴线错开。0、$T/3$、$2T/3$(其中T为相邻两转子齿轴线间的距离，即齿距)，即A与齿1相对齐，B与齿2向右错开$T/3$，C与齿3向右错开$2T/3$，A′与齿5相对齐(A′

就是A，齿5就是齿1）。

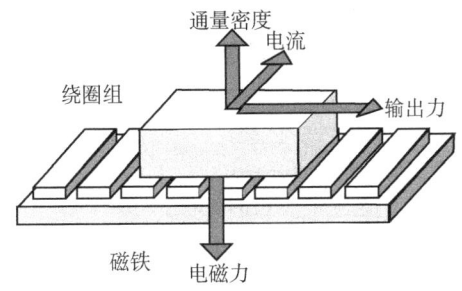

图14-4　直线电机原理图

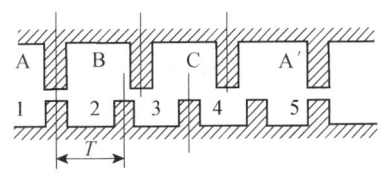

图14-5　感应式步进电机原理图

当A相通电，B、C相不通电时，由于磁场作用，齿1与A对齐（转子不受任何力，以下均同）。当B相通电，A、C相不通电时，齿2应与B对齐，此时转子向右移过$T/3$，齿3与C偏移为$T/3$，齿4与A偏移($T-T/3$)=$2T/3$。当C相通电，A、B相不通电时，齿3应与C对齐，此时转子又向右移过$T/3$，齿4与A偏移为$T/3$。当A相通电，B、C相不通电时，齿4与A对齐，转子又向右移过$T/3$。这样经过A、B、C、A分别通电状态，齿4（即齿1前一齿）移到A相，电机转子向右转过一个齿距，如果不断地按A、B、C、A…通电，电机就以每步（每脉冲）$T/3$向右旋转。若按A、C、B、A…通电，电机就反转。由此可见，电机的位置和速度与导电次数（脉冲数）及频率呈一一对应关系，而方向由导电顺序决定。但是，出于对力矩、平稳、噪声及减少角度等方面的考虑，往往采用A—AB—B—BC—C—CA—A这种导电状态，这样将原来每步$T/3$改变为$T/6$，甚至通过二相电流不同的组合，使其$T/3$变为$T/12$、$T/24$，这就是电机细分驱动的基本理论依据。

可以推出，电机定子上有 m 相励磁绕组，其轴线分别与转子齿轴线偏移 $1/m$、$2/m$…$(m-1)/m$、1，并且按一定的相序导电，这样就能控制电机正反转——这是步进电机旋转的物理条件。只要符合这一条件，理论上就可以制造任何相的步进电机；但出于成本等多方面考虑，市场上一般以二、三、四、五相为多。

步进电机的力矩：电机一旦通电，在定、转子间将产生磁场（磁通量Φ），当转子与定子错开一定角度时，产生的力 F 与($d\Phi/d\theta$)成正比。其中磁通量Φ=$B_r \cdot S$（B_r为磁通密度，S为导磁面积），F与$L \cdot D \cdot B_r$成正比，L为铁心有效长度，D为转子直径。B_r=$N \cdot I / R$，其中$N \cdot I$为励磁绕组安匝数（电流乘匝数），R为磁阻。力矩=力×半径，力矩与电机有效体积×安匝数×磁通密度成正比（只考虑线性状态）。因此，电机有效体积越大，励磁安匝数越大，定、转子间气隙越小，电机力矩越大；反之亦然。

3. 舵机

舵机（图14-6）是控制舵面的电机。舵机最早出现在航模、船模、车模等运动中。航模飞行机的飞行姿态是通过调节发动机和各个控制舵面来实现的，船模上用它来控制舵，车模中用它来转向等。但是由于舵机具有很多优秀的特性，在制作机器人时也时常用到。

图14-6　机器人舵机

一般来讲，舵机主要由舵盘、减速齿轮组、位置反馈电位计、直流电机、控制电路板等组成(图 14-7)。舵机的输入线共有 3 条，其中红线是电源线，黑线是地线，这两根线给舵机提供最基本的能源保证，主要用于电机的转动消耗，不同规格的电源分别对应不同的转矩标准。另外一根线是控制信号线，颜色一般为白色或橘黄色。

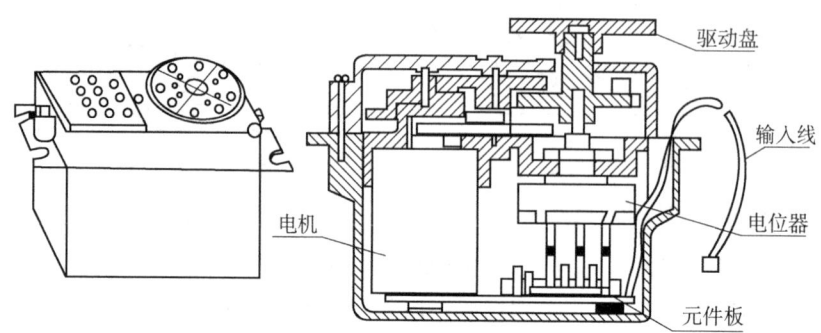

图 14-7 舵机结构图

舵机的控制信号是周期为 20 ms 的脉宽位置调制(PPM)信号，其脉冲宽度通常为 0.5~2.5ms，相对应输出轴的位置为 0°~180°，呈线性变化。亦即给控制引脚提供一定的脉宽，舵机的输出轴就会保持在一个相对应的角度上，且无论外界转矩怎样改变，该角度都保持不变，直到给它提供另外一个宽度的脉冲信号，它才会改变输出角度到新的对应位置上。实际上，舵机的控制电路处理的并非脉冲宽度，而是其占空比(即高低电平之比)。以周期 20 ms、高电平时间 2.5ms 为例，实际上如果给出周期 10 ms、高电平时间 1.25ms 的信号；但是周期不能太小，否则舵机内部的处理电路可能紊乱，但也不能太长(如周期超过 40 ms)，舵机反应就会缓慢，并且在承受转矩时会抖动，影响控制精度及稳定性。

由此可见，舵机是一种位置伺服的驱动器，转动范围一般不能超过 180°，适用于那些需要角度不断变化并可以保持的驱动当中(如机器人的关节、飞机的舵面等)，不过也有一些特殊舵机的转动范围可达到 5 圈之多，主要用于模型帆船的收帆(俗称帆舵)。

4. 常见减速器

减速器是指原动机与工作机之间的独立封闭式传动装置，用来降低转速并相应地增大转矩，它利用各种机械速度转换器(齿轮、链轮、摩擦轮等)，将电机等制动器的回转数减到所要的回转数，并得到较大转矩的机构。此外，也有用作增速的装置(即增速器)。移动机器人大多使用直流电机作为原动机，驱动关节、轮子、履带等作为执行机构。如果用电机直接驱动各执行机构，则会使速度过快，而转矩不足。因此，需要在电机输出端串联减速器，以获得适当的转速和转矩。

常见的减速器有斜齿轮减速器、行星齿轮减速器、摆线针轮减速器、蜗轮蜗杆减速器、行星摩擦式机械无级变速机等。对机器人应用而言，选用减速器通常主要考虑的依次是单位体积输出转矩(转矩密度)、传动精度、价格、效率。下面简单介绍 4 种机器人常用的减速器。

(1)正齿轮减速器。正齿轮减速器是应用最久的减速器，采用多级齿轮副啮合传递动力来实现减速。其优点是转动效率较高、精度高、加工较方便，且价格适中；但输出转矩小于同尺寸的行星齿轮减速器。以减速比为 30 的 2 级减速齿轮为例，高精度的双级正齿轮减速器能达到 95% 以上的机械效率。

(2)行星齿轮减速器。行星齿轮减速器的优点是结构紧凑、回程间隙小、精度高、减速较大、寿命较长，且额定输出转矩较大，但缺点是价格略高；由于多个行星轮的存在，效率略低于正齿轮减速器。以减速比为 30 的 2 级减速齿轮为例,高精度的单级行星齿轮减速器能达到 95%以上的机械效率。

(3) 蜗轮蜗杆减速器。蜗轮蜗杆减速器的主要特点是可以具备反向自锁功能,其减速比较大,输入轴和输出轴不在同一轴线上,也不在同一平面上。缺点是一般体积较大、传动效率不高、精度不高,而高精度的蜗轮蜗杆减速器常常比行星齿轮减速器价格更高。以减速比为 30 的 1 级蜗轮蜗杆为例,高精度的蜗轮蜗杆减速器可达到 70%以上的机械效率,多用于需要机械自锁能力的场合(如机器人肢体关节)。

(4) 谐波减速器。谐波减速器的谐波传动是利用柔性元件可控的弹性变形来传递运动和动力的,其优点是传递转矩很大且精度很高,但缺点是柔轮寿命有限、刚性较差、效率较低(采用摩擦传动),且最小减速比大于 60,因此输入转速不能太高。减速比为 100 的谐波减速器为例,其通常能达到 80%以上的机械效率,并且能提供的额定输出转矩比同等体积的行星减速器高 1.5~2 倍。表 14-1 为各种典型减速器的性能比较。

表 14-1 各种典型减速器性能比较

减速器种类	正齿轮减速器	行星减速器	蜗轮蜗杆减速器	谐波减速器
同等转矩的体积	大	较小	中	小
传动精度	较低	中(可较高)	中	很高
刚性	中	高	中	很高

14.2.3 机器人的心脏——电源

机器人的能源子系统是为机器人上所有的控制子系统、驱动及执行子系统提供能源的部分。电池是指将化学能、内能、光能、原子能等形式的能直接转化为电能的装置。小型机器人由于体积、尺寸、质量的限制,对其采用的电源有严格要求。例如,移动机器人通常不能采取线缆供电的方式,必须采用电池或内燃机供电;相对于汽车等应用,要求电池体积小,质量轻,能量密度大;并且要求在各种振动、冲击条件下接近或者达到汽车电池的安全性和可靠性。下面主要介绍机器人常见的各种能源供给装置,首先介绍常用的可充电电池(镍镉电池、镍氢电池、锂离子/锂聚合物电池以及铅酸蓄电池等),然后再介绍两种常用的"交流-直流"电源转换器。

1. 铅酸蓄电池

铅酸蓄电池(图 14-8)有一百多年的应用历史,其主要成分有阳极板(过氧化铅)→活性物质,阴极板(海绵状铅)→活性物质,电解液(稀硫酸)→硫酸+水,隔离板、电池外壳等附件。铅酸蓄电池的工作原理是:电池内的阳极(PbO_2)及阴极(Pb)浸到电解液(稀硫酸)中,两极间会产生 2V 的电动势。

图 14-8 铅酸蓄电池

铅酸蓄电池最大的特点是价格较低,支持 20C 以上的大电流放电(20C 意味着 10A·h 的电池可以达到 10×20=200 A 的放电电流),是一种优点和缺点都很突出的电池。其突出的优点是大电流放电能力、没有记忆效应,可靠性高;突出的缺点是质量大,维护困难。为了解决由于电解液需要补充、维护困难的问题,人们开发了免维护铅酸蓄电池。免维护蓄电池的工作原理与普通铅蓄电池相同，只是放电时反应产生的硫酸铅则沉淀在正负极板上，而水则留在电解液内；充电时，正负极板上的硫酸铅又分别还原成二氧化铅和海绵状铅。

2. 镍镉/镍氢电池

镍镉电池的负极为金属镉，正极为三价镍的氢氧化物 NiOOH，电解质为氢氧化钾溶液。电池在放电时负极镉被氧化，生成 $Cd(OH)_2$；充电时 $Cd(OH)_2$ 还原为 Cd。

镍镉电池具有良好的大电流放电特性，耐过充放电能力强，维护简单等优势。但其最致命的缺点是，在充放电过程中如果处理不当，会出现严重的"记忆效应"，使得电池容量和使用寿命大大缩短。所谓"记忆效应"，就是电池在充电前，电池的电量没有被完全放尽，久而久之将会引起电池容量的降低，在电池充放电过程中会在电池极板上产生微小气泡，这些气泡日积月累减少了电池极板的面积，也间接影响了电池的容量。此外，镉是有毒金属，因而镍镉电池不利于环境的保护。众多的缺点使得镍镉电池已应用得越来越少。

镍氢电池是早期镍镉电池的替代产品，不再使用有毒的镉，它是使用氧化镍作为阳极，以及吸收了氢的金属合金作为阴极，此合金储氢能力极强；另外，它内阻较低，一般可进行 500 次以上的充放电循环；镍氢电池还具有较大的能量密度比，这意味着使用不为设备增加额外质量的镍氢电池代替镍镉电池能有效地延长设备的工作时间；同时镍氢电池在电学特性方面与镍镉电池亦基本相似，在实际应用时完全可以替代镍镉电池，而不需要对设备进行任何改造。此外，镍氢电池另一个优点是大大减小了镍镉电池中存在的"记忆效应"，使用更为方便。

3. 锂离子/锂聚合物动力电池

铅酸蓄电池和镍氢电池都有一些其固有的缺点，例如，能量密度较低，大电流放电能力不足，自放电率较高等。当前广泛使用的可充电电池化学技术是锂离子电池技术(Li-Ionbattery)。锂离子电池与镍氢电池相比，质量较镍氢轻 30%～40%，能量比却高出 60%；锂离子电池的能量密度很高，其容量是同质量的镍氢电池的 1.5～2 倍，充放电次数可达 500 次以上，而且具有很低的自放电率；此外，锂离子电池几乎没有"记忆效应"以及不含有毒物质等优点也是其广泛应用的重要原因。因此，其质量轻、容量大、无记忆效应等优点使其得到了普遍应用。

但是锂离子电池并非一种完美的电池，首先影响锂离子电池使用的是其安全性。锂离子电池的充电和放电必须严格小心，其具有严格的放电底限电压(通常为 2.5V)，如果低于此电压会继续放电，这将严重影响电池的容量，甚至对电池造成不可恢复的损坏；另一方面，电池单元的充电截止电压必须限制在 4.2V 左右，如果过充，锂离子电池将会过热、漏气甚至发生猛烈的爆炸。因此，通常在使用锂离子电池组时必须配备专门的过充电、过放电保护电路。其次是价格，锂离子电池价格较高，并且需要配备保护电路，因此相同能量的锂离子电池的价格是免维护铅酸蓄电池的 10 倍以上。

为了解决这些问题，最近出现了锂聚合物电池，其内部结构如图 14-9 所示。其本质同样是锂离子电池，而所谓聚合物锂离子电池，是在电解质、电极板等主要构造中至少有一项或一项以上使用高分子材料的电池系统。首先，新一代的聚合物理离子电池在聚合物化的程度上已经很高，所以能做到很薄(最薄 0.5mm)且可任意面积化和形状化，大大提高了电池造型设计的灵活性。其次在安全性方面，目前常见的液体锂离子必须加装保护电路，以防止电池过度充电而发生爆炸的情形；而高分子聚合物理离子电池方面，这种类型的电池相对液体锂离子电池而言具有较好的耐充放电特性，因此对外加保护 IC 线路方面的要求可以适当放宽；此外在充电方面，聚合物锂离子电池可以利用 IC 定电流充电，与锂离子二次电池所采用的 CCCV(Constant Current-Constant Voltage，恒流-恒压)充电方式所需的时间比较起来，可以缩短充电等待时间。因此，聚合物锂离子电池的容量、充放电特性、安全性、工作温度范围、循环寿命与环保性能等方面都较锂离子电池有大幅度的提高。

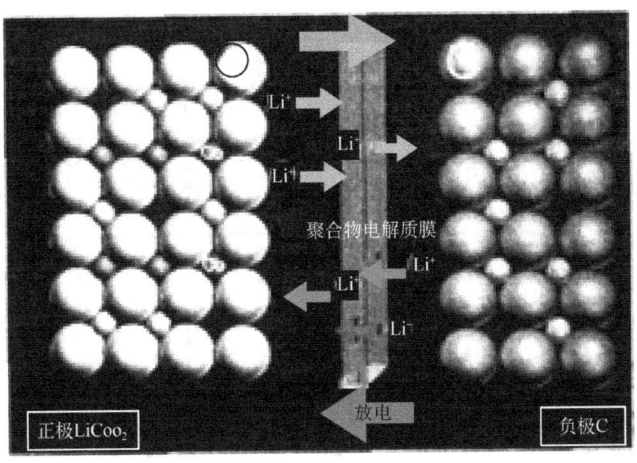

图 14-9 锂聚合物电池内部结构

针对移动机器人所需的电源特性,将以上所列的各种电池特性优缺点对比如表 14-2 所示。

表 14-2 各种电池优缺点比较

电池种类	铅酸蓄电池	镍镉电池	镍氢电池	锂离子电池	锂聚合物电池
能量密度	30～50W·h/kg,低	30～40W·h/kg,低	60～80W·h/kg,低	90～110W·h/kg,低	30～50W·h/kg,低
大电流放电能力	非常好	非常好	较好	较好	较好
可维护性	非常好	较好	好	一般	较好
放电曲线性能	好	好	一般	非常好	较好
循环寿命	400～600 次	300～500 次	800～1000 次	500～600 次	500～600 次
安全性	非常好	较好	较好	一般	较好
价格	低	低	较低	高	高
记忆效应	轻微	严重	较轻	轻微	轻微

4. 开关电源

开关电源是利用现代电力电子技术,控制开关晶体管开通和关断的时间比率,维持稳定输出电压的一种电源。开关电源一般由脉冲宽度调制(PWM)控制 IC 和 MOSFET 构成。

1) 交流-直流(AC/DC)开关电源

AC/DC 变换是将交流变换为直流,其功率流向可以是双向的,功率流由电源流向负载的称为"整流",功率流由负载返回电源的称为"有源逆变"。AC/DC 变换器输入为 50/60Hz 的交流电,因为必须经整流、滤波,所以体积相对较大的滤波电容器是必不可少的,同时因遇到安全标准及 EMC 指令的限制,交流输入侧必须加 EMC 滤波及使用符合安全标准的元件,这样就限制 AC/DC 电源体积的小型化;另外,内部的高频、高压、大电流开关动作,使得解决 EMC 电磁兼容问题难度加大,也就对内部高密度安装电路设计提出了很高的要求，由于同样的原因，高电压、大电流开关使得电源工作损耗增大，限制了 AC/DC 变换器模块化的进程，因此必须采用电源系统优化设计方法才能使其工作效率达到一定的满意程度。AC/DC 变换按电路的接线方式可分为半波电路和全波电路；按电源相数可分为单相、三相、多相；按电路工作象限又可分为一象限、二象限、三象限、四象限。

2) 直流-直流开关电源

直流-直流开关电源，即 DC/DC 变换器，是将固定的直流电压变换成可变的直流电压，也称为直流斩波。斩波器的工作方式有两种：一是脉宽调制方式，Ts 不变，改变 ton（通用）；二是频率调制方式，ton 不变，改变 Ts（易产生干扰）。其具体的电路有以下几类。①Buck 电路：降压斩波器，其输出平均电压 U_o 小于输入电压 U_i，极性相同。②Boost 电路：升压斩波器，其输出平均电压 U_o 大于输入电压 U_i，极性相同。③Buck-Boost 电路：降压或升压斩波器，其输出平均电压 U_o 大于或小于输入电压 U_i，极性相反，电感传输。④Cuk 电路：降压或升压斩波器，其输出平均电压 U_o 大于或小于输入电压 U_i，极性相反，电容传输。

14.2.4 机器人的五官——传感器

前面已经简要介绍了机器人的"肌肉"和"心脏"，下面介绍机器人的感知部件（"眼睛""鼻子"等）。机器人要自主地运动或者工作，必须依赖于其传感子系统对外界环境的感知和判断，这包括各种用于感知外界位置信息、距离信息、温度、湿度、光线、声音、颜色、图像、形状等的传感器，以及处理这些信息的电路。这些外界信息必须经过传感器的换能器变成电信号，进而通过处理电路变成控制子系统能够识别和处理的信号，才能被控制子系统所使用，作为控制机器人行为的依据。本节对一些在机器人领域常用的、有代表性的传感器机器信导处理电路作简要简介。

1. 接近传感器

您最不希望看到的莫过于苦心设计的机器人从桌上掉下来而破坏，如何避免这种情况的出现呢？可以用接近传感器来判断是不是到达台阶或桌子边沿。红外传感器和霍尔传感器是常见的两种接近传感器。

1) 红外接近传感器

红外接近传感器（俗称光电开关）是利用被检测物对光束的遮挡或反射，由同步回路选通电路，从而检测物体的有无。光电开关将输入电流在发射器上转换为光信号射出，接收器再根据接收到的光线的强弱或有无对目标物体进行探测。工作原理如图 14-10 所示。多数光电开关选用的是波长接近可见光的红外线光波型，因此也称为红外开关。由于红外线是不可见光，红外探头体积小巧，隐蔽性非常高，所以各种规格的红外开关、红外测距传感器常常用于安保领域。

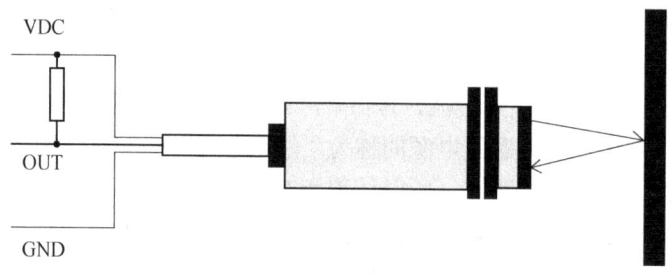

图 14-10 红外接近传感器工作原理

光电开关可以分类如下。

(1) 漫反射式光电开关。它是一种集发射器和接收器于一体的传感器，当有被检测物体经过时，物体将光电开关发射器发射的足够量的光线反射到接收器，于是光电开关就产生了开关信号。当被检测物体的表面光亮或其反光率极高时，漫反射式的光电开关是首选的检测模式。

(2) 镜反射式光电开关。它集发射器与接收器于一体，光电开关发射器发出的光线经过反射镜反射回接收器，当被检测物体经过且完全阻断光线时，光电开关就产生了检测开关信号。

(3) 对射式光电开关。它包含了在结构上相互分离且光轴相对放置的发射器和接收器，发射器发出的光线直接进入接收器，当被检测物体经过发射器和接收器之间且阻断光线时，光电开关就产生了开关信号。当检测物体为不透明时，对射式光电开关是最可靠的检测装置。

(4) 槽式光电开关。它通常采用标准的 U 形结构，其发射器和接收器分别位于 U 形槽的两边，并形成一根光轴，当被检测物体经过 U 形槽且阻断光轴时，光电开关就产生了开关量信号。槽式光电开关比较适合检测高速运动的物体，并且它能分辨透明与半透明物体，使用安全可靠。

(5) 光纤式光电开关。它采用塑料或玻璃光纤传感器来引导光线，可以对距离远的被检测物体进行检测。通常光纤传感器分为对射式和漫反射式。

2) 霍尔接近传感器

霍尔效应接近传感器是利用霍尔效应(Hall Effect)制成的接近开关，主要用于检测磁性物体。市场上常见的霍尔接近传感器的检测距离为 10mm 左右。表 14-3 是一些常见的接近开关的外形特点和安装方式。可以看到，接近开关种类非常丰富，安装方式也很多样。不管是电感式、电容式还是霍尔效应式，其外观都有些类似，接口也基本上都是三线制：信号输出(通常为 OC 输出)、电源(通常 5~30V)、接地。

表 14-3 接近开关的种类

类型	图片	简介
螺纹圆柱型		带螺纹的圆柱型传感器，提供螺母和齿轮点券安装方便
无螺纹圆柱型		不带螺纹的圆柱型传感器，需要安装支架
方型		方形外壳结构，贴面安装
角柱型		一种矩形传感器，可直接取代欧姆龙等其他国外产品
扁平型		扁扁的，专为那些安装控件小的用户设计
矮圆柱型		扁平的圆柱型，体积可以做得很大，一般用在钢铁行业
组合型		由两种外形组合而成，如果这里找不到相似外形，请选择特殊型
特殊型		不规则的外形，如果这里找不到相似外形，请选择组合型
检测头方向可变型		检测头的方向可以自由变换，也称作转头型
槽型		带有沟槽的外形，一般检测片状物体，如齿轮片

2. 测距传感器

在很多场合，我们需要准确知道机器人和目标物的距离，这样的要求是不能通过接近传感器来实现的，因为接近传感器是开关量，只能告诉我们"有无"，不能告诉我们"多少"。在实际生活中，我们可以用尺子来测量距离，机器人不可能随时随地伸着把尺子，它用于测量的标尺是声波、红外线或者激光。在生物界里，蝙蝠是用超声波进行测距和定位的高手，超声波测距传感器、雷达等设备就是根据蝙蝠使用超声波的原理进行设计的。下面简单介绍红外测距传感器和超声波测距传感器。

1) 红外测距传感器

日本 SHARP 公司推出了一系列的红外测距传感器(Infrared Range Finder)，用来测量前方物体和传感器探头之间的距离。这些传感器体积小(手指大小)、重量轻(不到10g)，接口简单，用于微型机器人的测距是非常理想的选择。下面以该系列的 GP2D12(图 14-11)为例做简单介绍，它的输出为 0～2.5V 模拟量(电压值随距离变化)，量程范围 10～80 cm。这个型号的传感器作为大多数微型移动机器人的避碰和漫游测距用传感器都是足够的。另外还可以用于检测机器人各关节位置、姿态等。

GP2D12 主要是由红外发射器、PSD(位置敏感检测装置)及相关处理电路构成的，红外发射器发射一束红外光线，红外光线遇到障碍物被反射回来，通过透镜投射到 PSD 上，投射点和 PSD 的中心位置存在偏差值 a，GP2D12 根据图 14-11 所示的 a、b、α 三个值就可以计算出 H 的值，并输出相应电平的模拟电压。

由上述原理可知红外测距传感器的几个重要的特性。

(1) 与障碍物的反射角度基本无关。图 14-12 列出了 GP2D12 在以不同角度面对反射面时，实际距离与测得距离的偏差。实际距离均为 40cm，反射物为一块 40cm×40cm 的白色木板。可以看到在反射物垂直于光路、20°、40°、60°夹角时，输出值误差很小。

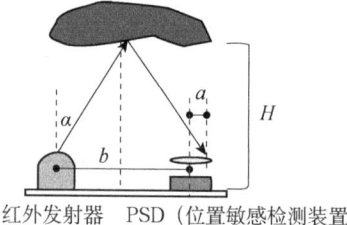

图 14-11　GP2D12 及其原理图

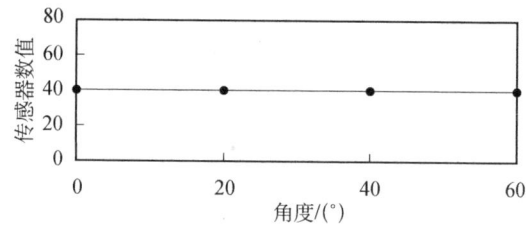

图 14-12　GP2D12 测距结果与障碍物夹角的关系

(2) 与反射物体的颜色及材质基本无关。图 14-13 列出了与传感器距离为 50cm 的棕色卡片纸、蓝色塑料、黑色皮革、白纸四种不同材质的传感器输出值。可以看到，该种传感器对反射物的材质并不敏感，实际输出并不随材质而变化。但是，有效测量距离是随被测物体材质而不同的，例如，对于白纸，最大有效测量距离可达到 80cm；但是对于黑色皮革，有效测量距离可能只能达到 60～70cm，这是由于不同材质的反射率不同。

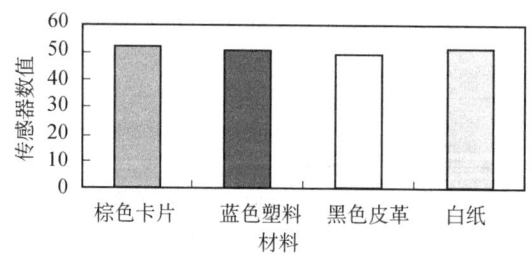

图 14-13　GP2D12 测距结果与障碍物颜色的关系

图 14-14 列出了不同距离下，采用一个 16 位 A/D 转换器对传感器的输出信号进行 A/D 转换后的结果。注意这种传感器的输出不是线性的，也就是说，输出值与实际反射物距离并非呈反比或正比关系，在使用的时候，要对传感器的这一特性进行标定，多测量一些数据，并采用查表的方式来得到输出数据与实际距离的对应关系。

2) 超声测距传感器

超声波测距传感器(图 14-15)工作原理是：探头向前方发射一束超声波，超声波经前方障碍物反射返回，传感器再接收此反射波，通过计算声波往返时间与声速相乘就可算出障碍物的距离。由于超声波指向性强，能量消耗缓

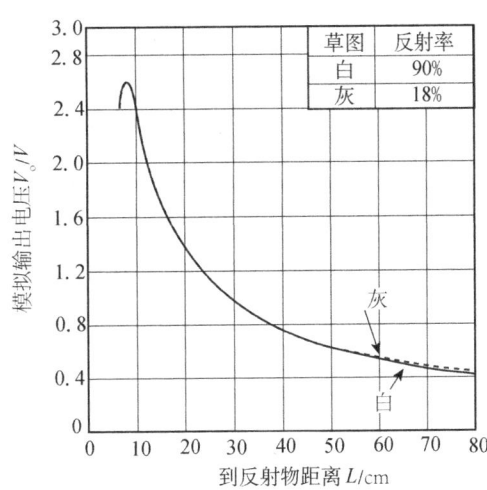

图 14-14 GP2D12 测距结果与障碍物距离的关系

慢，在介质中传播的距离较远，因而超声波经常用于距离测量，如测距仪和物位测量仪等都可以通过超声波来实现。利用超声波检测往往比较迅速、方便、计算简单、易于做到实时控制，并且在测量精度方面能达到工业实用的要求，因此在移动机器人的研制上也得到了广泛应用。

(1) 超声波发生器。传感器需要有和蝙蝠一样能够产生超声波的部件，称为超声波发生器。一般而言，超声波发生器可以分为两大类：一类是用电气方式产生超声波，另一类是用机械方式产生超声波。电气方式包括压电型、磁致伸缩型和电动型等；机械方式有加尔统笛、液哨和气流旋笛等。它

图 14-15 超声波测距传感器

们所产生的超声波的频率、功率和声波特性各不相同，因而用途也各不相同。目前较为常用的是压电式超声波发生器。

(2) 压电式超声波发生器原理。压电式超声波发生器是利用压电晶体的谐振效应来工作的。超声波发生器内部有两个压电晶片和一个共振板。当它的两极外加脉冲信号，其频率等于压电晶片的固有振荡频率时，压电晶片将会发生共振，并带动共振板振动，便产生超声波。反之，如果两电极间未外加电压，当共振板接收到超声波时，将压迫压电晶片作振动，将机械能转换为电信号，这时它就成为超声波接收器了。

(3) 超声波测距原理。超声波发射器向某一方向发射超声波，在发射时刻的同时开始计时，超声波在空气中传播，途中碰到障碍物就立即返回来，超声波接收器收到反射波就立即停止计时。超声波在空气中的传播速度为 340m/s，根据计时器记录的时间 t，就可以计算出发射点距障碍物的距离，$s=340t/2$，这就是所谓的时间差测距法。

3. 声音传感器

声音传感器的作用相当于一个话筒(麦克风)，它用来接收声波，显示声音的振动图像，但不能对噪声的强度进行测量。机器人上最常用的麦克风包括动圈式麦克风、MEMS 麦克风和驻极体电容麦克风。其中，驻极体电容麦克风尺寸小，功耗低，价格低廉而性能不错，是手机、电话机等常用的声音传感器。大量具有声音交互功能的机器人均采用这类麦克风作为声音传感器。

驻极体式电容麦克风(图 14-16)由一片很轻的振动膜及驻极电荷的背极板组成。构成驻极体式电容麦克风的内部零件相当精密，对外部的杂音很敏感，因此为预防灰尘或异物质的侵蚀及电器杂音，要紧紧密封在只有音波可流入的圆形金属壳中。

音波的流入使金属振动板振动时，振动板与电极板会随音波的振动，产生距离上的变化，这种物理现象可解释为静电容量变化。因驻极体式电容麦克风的静电容量值很小，电器的耗电流量较大，故不可直接使用于一般的放大器(扩大器)上。为符合放大器所要求的输入信号耗电流量，必须要经由 JFET 使电流量转换成放大器可接收的程度。

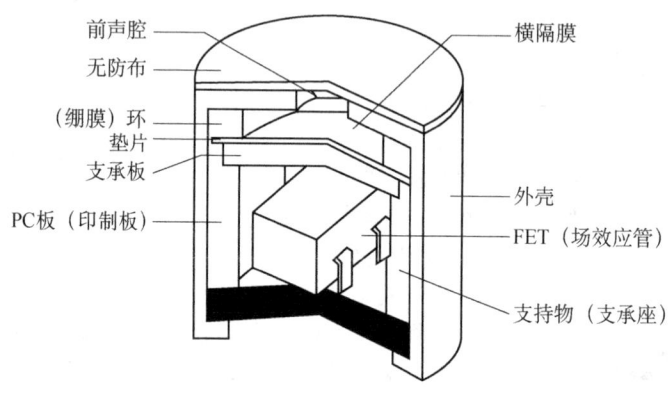

图 14-16 麦克风内部结构图

4. 温度传感器

温度传感器被广泛用于工农业生产、科学研究和生活等领域，数量高居各种传感器之首。近百年来，温度传感器的发展大致经历了以下三个阶段：传统的分立式温度传感器(含敏感元件)；模拟集成温度传感器/控制器；智能温度传感器。目前，国际上新型温度传感器正由模拟式向数字式，由集成化向智能化、网络化的方向发展。

(1) 模拟集成温度传感器。集成传感器是采用硅半导体集成工艺制成的，因此亦称硅传感器或单片集成温度传感器。模拟集成温度传感器是在 20 世纪 80 年代问世的，它是将温度传感器集成在一个芯片上，可完成温度测量及模拟信号输出功能的专用比。模拟集成温度传感器的主要特点是功能单一(仅测温)、测温误差小、价格低、响应速度快、传输距离远、体积小、功耗低等，适合远距离测温、控温，不需要进行非线性校准，外围电路简单。它是目前国内外应用最为普遍的一种集成传感器。

(2) 模拟集成温度控制器。模拟集成温度控制器主要包括温控开关、可编程温度控制器。某些增强型集成温度控制器中还包含了 A/D 转换器以及固化好的程序，这与智能温度传感器有某些相似之处。但它自成系统，工作时并不受微处理器的控制，这是二者的主要区别。

(3) 智能温度传感器。智能温度传感器(亦称数字温度传感器)是在 20 世纪 90 年代中期问世的。它是微电子技术、计算机技术和自动测试技术(ATE)的结晶。目前，国际上已开发出多种智能温度传感器系列产品。智能温度传感器内部都包含温度传感器、A/D 转换器、信号处理器、存储器(或寄存器)和接口电路。有的产品还带多路选择器、中央控制器(CPU)、随机存取存储器(RAM)和只读存储器(ROM)。智能温度传感器的特点是能输出温度数据及相关的温度控制量，适配各种微控制器(MCU)；并且它是在硬件的基础上通过软件来实现测试功能的，其智能化程度也取决于软件的开发水平。

14.2.5 机器人的大脑——控制器

1. 基于单片机(MPU)的控制器

单片机(MCU)也称为微控制器(Microcontroller)，是因为它最早被用在工业控制领域。单片机由芯片内仅有 CPU 的专用处理器发展而来。最早的设计理念是通过将大量外围设备和 CPU 集成在一个芯片中，使计算机系统更小，更容易集成到复杂的且对体积要求严格的控制设备当中，也就是说，一块芯片就成了一台计算机。单片机技术是计算机技术的一个分支，是大量机器人系统的核心元件。下面列举了一些常见的单片机。

(1) STC 单片机。STC 公司的单片机主要是基于 8051 内核，是新一代增强型单片机，指令代码完全兼容传统 8051，速度快 8~12 倍，带 ADC，4 路 PWM，双串口，有全球唯一 ID 号，加密性好，抗干扰强。

(2) PIC 单片机。PIC 是 MICROCHIP 公司的产品，其突出的特点是体积小，功耗低，精简指令集，抗干扰性好，可靠性高，有较强的模拟接口，代码保密性好，大部分芯片有其兼容的 FLASH 程序存储器的芯片。

(3) EMC 单片机。EMC 单片机是中国台湾义隆公司的产品，有很大一部分与 PIC 8 位单片机兼容，且相兼容产品的资源相对比 PIC 的多，价格低廉，有很多系列可选，但抗干扰较差。

(4) AVR 单片机。AVR 是一种典型的 RISC 精简指令集的高速 8 位单片机，由 ATMEL 公司推出，现在已广泛应用于工业和民用控制领域。

2. 基于嵌入式系统的控制器

根据 IEEE 的定义，嵌入式系统是"控制、监视或者辅助装置、机器和设备运行的装置"(Devices used to control, Monitor or assist the operation of equipment, Machine of plants)。从中可以看出，嵌入式系统是软件和硬件的综合体，还可以涵盖机械等附属装置。目前国内一个普遍被认同的定义是：以应用为中心，以计算机技术为基础，软件硬件可裁剪，适应应用系统对功能、可靠性、成本、体积、功耗严格要求的专用计算机系统。

与功能简单的单片机相比，嵌入式系统的核心是嵌入式微处理器，通常具备比普通 8 位单片机更高的速度、更强的功能和更丰富的接口。基于嵌入式系统的机器人控制器一般具备以下 4 个特点。

(1) 采用嵌入式多任务操作系统，控制器具有多任务运行能力。

(2) 具有以太网、USB、WiFi、SD 卡存储等较高级的接口功能。

(3) 运算速度较快，处理能力通常在 200MIPS 以上，比普通单片机系统有显著的提高，通常可以完成实时处理语音、视频编解码等复杂任务。

(4) 功耗较低。通常其功耗高于单片机系统，但显著低于 PC。

14.3 机器人的软件

机器人也是一类计算机系统，只不过其输入/输出设备与常规计算机系统的输入/输出设备有所不同，其核心处理部件及其功能是完全一致的。像计算机一样，要控制机器人也需要有控制软件，要编写软件就要用计算机语言。下面以"创意之星"模块化机器人所用到的图形化编程软件及 C 语言为例进行简单介绍。

14.3.1 NorthSTAR 软件

1. NorthSTAR 简介

NorthSTAR 是一个图形化交互式机器人控制程序开发工具，如图 14-17 所示。在

NorthSTAR 中，通过鼠标的拖动类似逻辑框的控件和对控件做简单的属性设置，就可以快捷地编写机器人控制程序。程序编辑完后，可以编译并下载到机器人控制器中运行。NorthSTAR 编程环境具有操作简便、功能强大的特点，能让您在图标拖动中创建复杂的逻辑，让您的机器人按照您的意愿动作。

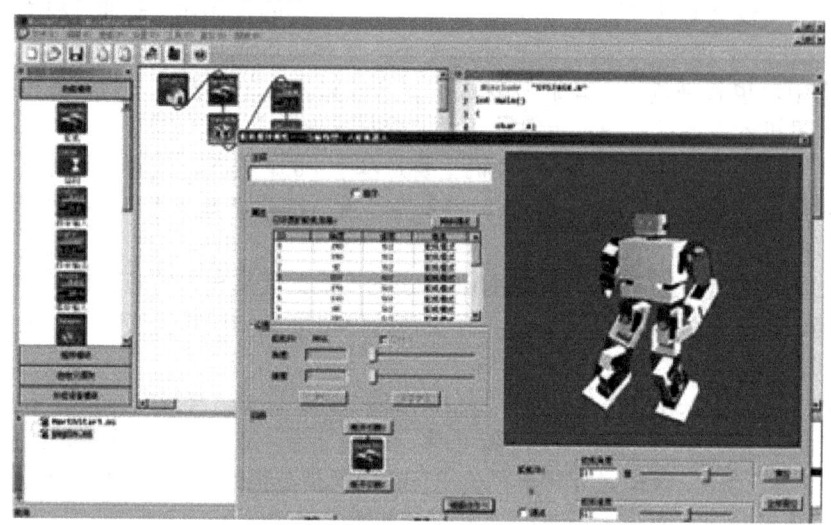

图 14-17　NorthSTAR 图形化编程软件

NorthSTAR 包括以下三个部分的功能。

（1）用图形化、可视化的方式给机器人编程，同步生成 C 语言代码，在后台编译、并下载到机器人控制器上执行。

（2）集成 3D 仿真。可进行动作仿真、步态及路径规划等。仿真数据能输入图形化编程环境。

（3）集成实时、可视化数据采集与显示。类似虚拟示波器的功能，能在机器人运行的时候实时监控机器人各部分的数据，并用波形的方式显示在 PC 上。

与传统的使用 C 语言等高级语言的开发方式对比有以下特点。

（1）可视化，图形化，开发速度极快。用户无需懂得计算机语言，只需要拖放图标、连线即可。NorthSTAR 自动生成代码，并编译执行。

（2）跨处理器平台，实现一定程度的软硬件分离。目前支持 PXA270（32 位/520MHz 处理器）和 AVR 单片机（8 位/16MHz）。只要具备 C 语言编译器，并编写相应的驱动程序，即可用于其他平台，如 PC 平台、C51 平台等。

（3）由于跨平台特性，程序移植容易，例如，为 A 厂商的扫地机器人编写的程序，经过简单修改甚至不需修改即可用于 B 厂商的同类型扫地机器人。

2. NorthSTAR 编程示例

下面以感应灯程序开发为例，简单演示 NorthSTAR 图形化编程软件的使用。此程序要实现的功能：遮住光敏，LED 灯开启；正常光线下，LED 灯关闭；编程的逻辑分析：读取光敏所在通道的 AD 值，判断若低于某个阈值 L 时，LED 开启；否则 LED 关闭；程序设备需求：MultiFlex2-AVR 控制器一台，电源，光敏一个，LED 灯一个。编程步骤如下。

（1）启动 NorthSTAR。

（2）新建工程，工程设置中控制卡选择"MultiFlex2-AVR"，构型选择自定义；舵机设置可以跳过；AD 设置（图 14-18）、IO 设置（图 14-19），注意需要把 IO 中相应的通道设置为输出；本例中光敏接在 AD 通道 0，LED 灯接在 IO 通道 0。

第 14 章 模块化机器人

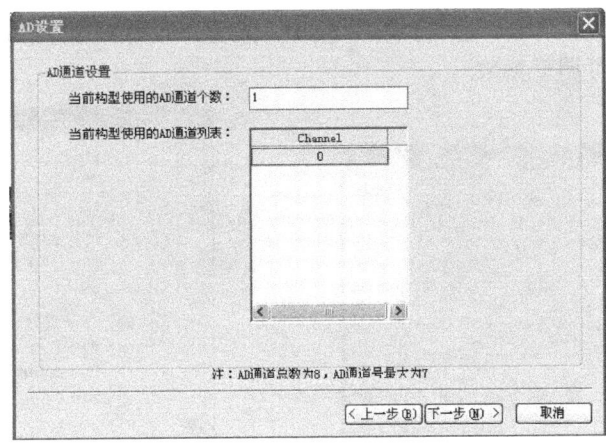

图 14-18　AD 设置

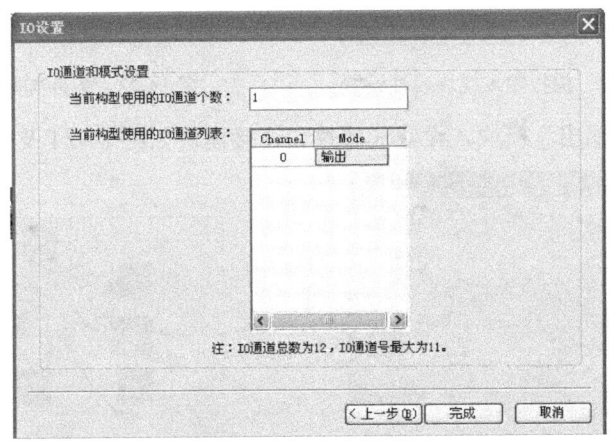

图 14-19　IO 设置

(3) 创建"条件循环"和"循环结束"模块，设置条件循环模块属性如图 14-20 所示。
(4) 创建"变量"模块，设置属性如图 14-21 所示。

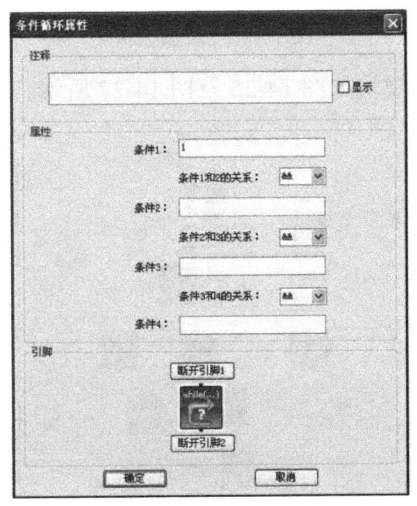　　　　　　　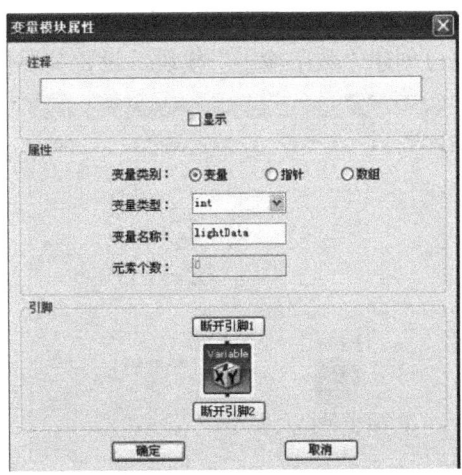

图 14-20　条件循环模块属性设置　　　　图 14-21　变量模块属性设置

(5) 创建"模拟输入"模块，设置属性如图 14-22 所示。

(6)创建"条件判断"和"条件结束"模块,设置"条件判断"模块属性如图 14-23 所示(条件按实际情况可调整参数)。

图 14-22　模拟输入模块属性设置

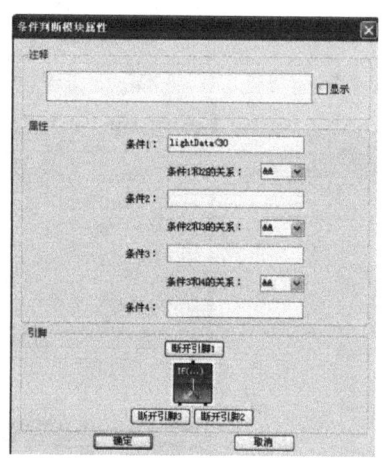

图 14-23　条件判断模块属性设置

(7)创建"数字输出"模块,设置其属性和连接模块如图 14-24 及图 14-25 所示。

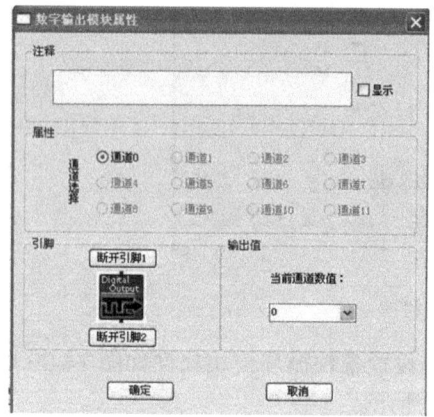

图 14-24　数字输出模块属性设置一

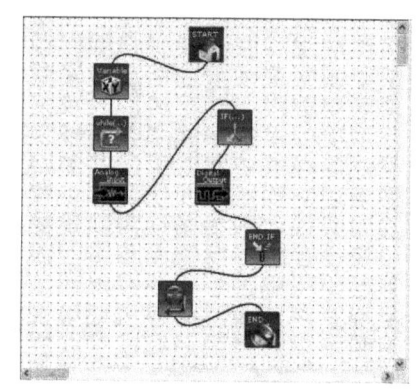

图 14-25　连接模块一

(8)创建"数字输出"模块,设置其属性和连接模块如图 14-26 及图 14-27 所示。

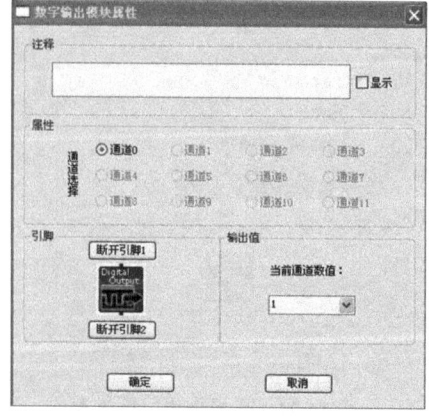

图 14-26　数字输出模块属性设置二

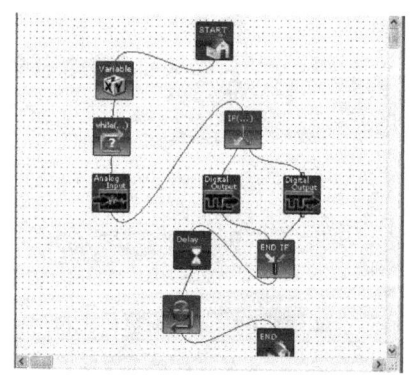

图 14-27　连接模块二

(9) 创建"延时"模块，设置属性如图 14-28 所示。
(10) 代码如图 14-29 所示。

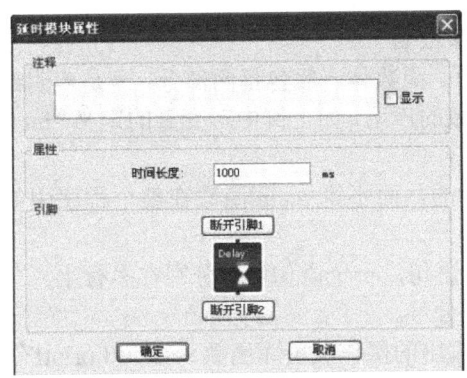

图 14-28　延时模块属性设置

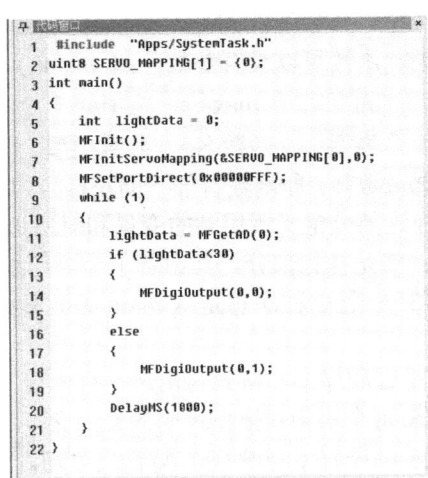

图 14-29　代码

(11) 编译、下载后运行程序。

14.3.2　单片机 C 语言编程

C 语言是一种面向过程的高级编程语言，其功能十分强大，用法十分灵活，是控制机器人常用的设计语言。其程序的设计思路为：①针对要求解的问题，提出解题思路，即算法；②按照 C 语言程序的特点，将算法对应改写为程序；③编译、调试程序，形成可执行文件；④运行可执行文件，给出问题结果。

1. 简单的 C 语言程序介绍

下面以两数之和程序为例进行简单说明。

```
#include<studio.h>
void main()                    //求两数之和
{
int a, b, sum;                 //这是声明部分，定义变量a, b, sum 为整型
a=123; b=456                   //以下 3 行为 C 语句
sum=a+b;
printf ("sum is %d\n", sum)
}
```

由此例可以看到：

(1) C 程序是由函数构成的。一个 C 源程序至少且仅包含一个 main 函数，也可包含一个 main 函数和若干其他函数。因此，函数是 C 程序的基本单位。被调用的函数可以是系统提供的库函数(如 printf 和 scanf)，也可以是用户根据自己编制设计的程序(例如，上例中的 max 函数)。C 语言的这种特点使得容易实现程序的模块化。

(2)一个函数由两部分组成。

①函数的首部,即函数的第一行,包括函数名、函数类型、函数属性、函数参数名、参数类型。需要注意的是,一个函数名后面必须跟一对圆括号,括号内写函数的参数名及其类型。函数可以没有参数,如 main( )。函数首部举例:

    int   max   (int   x,   int y)
  函数类型 函数名 参数类型 函数参数名

②函数体,即函数首部下面花括号内的部分。函数体一般包括两部分:一是声明部分,是对在这部分定义所用到的变量和对所调用函数的声明,如上例中对变量的定义"int a,b,sum";二是执行部分,其由若干个语句组成。

(3)一个 C 程序总是从 main 函数开始执行的,而不论 main 函数在整个程序中的位置如何。

(4)C 程序书写格式自由,一行内可写几个语句,一个语句可以分写在多行上。

(5)每个语句和数据声明的最后必须有一个分号。

(6)C 语言本身没有输入/输出语句。输入/输出的操作是由库函数 scanf 和 printf 等函数来完成的。

(7)可以用/*……*/对 C 程序中的任何部分做注释,以增加程序的可读性。现代编译器中,也可以使用"//"符号来标明单行注释。

2. 运行 C 程序的步骤及方法

C 语言编写程序的步骤为:首先选择某个编辑环境输入程序代码,并保存为*.c 的文件格式,然后进行编译和调试,并生成可执行的*.exe 文件。其编辑、编译、链接以及生成可执行文件的过程如图 14-30 所示。

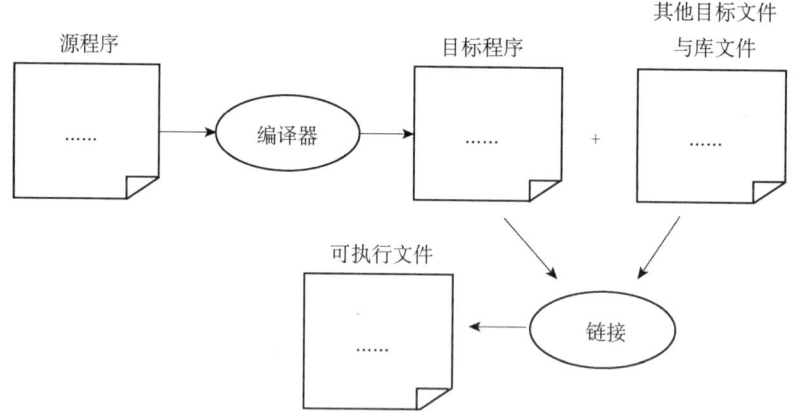

图 14-30 C 语言程序编辑、编译、链接以及生成可执行文件的过程

面向过程的 C 语言程序的基本组成可概括为以下形式:

```
#include 包含需要的库函数的头文件
Main ( )
{
    程序中用到的变量的声明部分
    接受输入部分
    数据处理部分(把输入变换成需要的输出)
```

输出结果部分
}

14.3.3 机器人的制作

1. 机器人的制作过程

机器人是软件和硬件的有机统一,在设计机器人时一定要全面考虑,设计硬件时要考虑软件的算法实现能力,同时在编写软件时也要考虑硬件的执行能力。机器人的制作过程是一项复杂而系统的工程,主要包括以下步骤。

(1)任务分析。首先,要充分了解待设计的机器人的应用场合和需要完成的任务。然后,根据应用场合和任务对待设计的机器人进行结构和策略规划,如机器人的外形、结构、传感方式、能源系统、完成任务的方法等。最后,确定一个比较合理的整体方案,为下一步的具体实施做准备。

(2)结构设计。机器人的整体方案确定之后就是设计和制作了,其中机械结构设计是最主要的,主要包括:行走机构(机器人的腿),操作机构(机器人的手),框架和外形(机器人的容貌),轮廓尺寸(机器人的个头),电池、传感器、主板等部分(机器人的心脏、脑袋、眼睛、耳朵等)的安装位置和造型等。

机械结构要根据实际任务来设计,其中需要考虑以下几个问题:①任务能否完成;②电池能量是否够用;③所安装的传感器、单片机的接口是否足够;④外形和动作是否能协调、简单;⑤机器人的结构件和连接件尽量选择型材和标准件;⑥重量和尺寸是否超标等。

(3)机械动作设计。①行走方式和路线的规划;②机械结构的承受能力;③执行机构的动作编排。

(4)电路设计。①单片机的选型;②电路的设计。

(5)硬件制作和组装。①机械结构的画图和制作;②电路的画图和电子元件焊接;③组装机械结构件和电路主板;④安装传感器。

(6)程序编写。①测量电机、舵机、传感器等感知系统和执行系统部件的参数;②根据参数编写程序;③实验室调试;④现场调试。

(7)调试修改。根据实际场地实验情况反复修改程序和硬件,直到符合要求,精益求精地调试和修改非常重要,但这一部分的工作比较枯燥、单调。

(8)机器人能力的评价标准。机器人能力的评价标准包括智能,指感觉和感知,如记忆、运算、比较、鉴别、判断、决策、学习和逻辑推理等;机能,指变通性、通用性或空间占有性等;物理能,指力、速度、连续运行能力、可靠性、联用性和寿命等。

14.3.4 实习课题

名称:小车推棋子。

功能:小车推着棋子前进。

逻辑分析:获取测距传感器的值,如果检测到目标,前进;如果丢失目标,左转寻找;如果检测到边沿,退回,左转。

设备需求:MultiFlex2-AVR 控制器一台,电源,两个红外测距传感器(一个检测棋子,一个检测边缘),小车构型一个(前方需要有推动棋子的装置),直径 70mm 左右的象棋棋子(其他大小类似的东西)。

程序流程图:如图 14-31 所示。

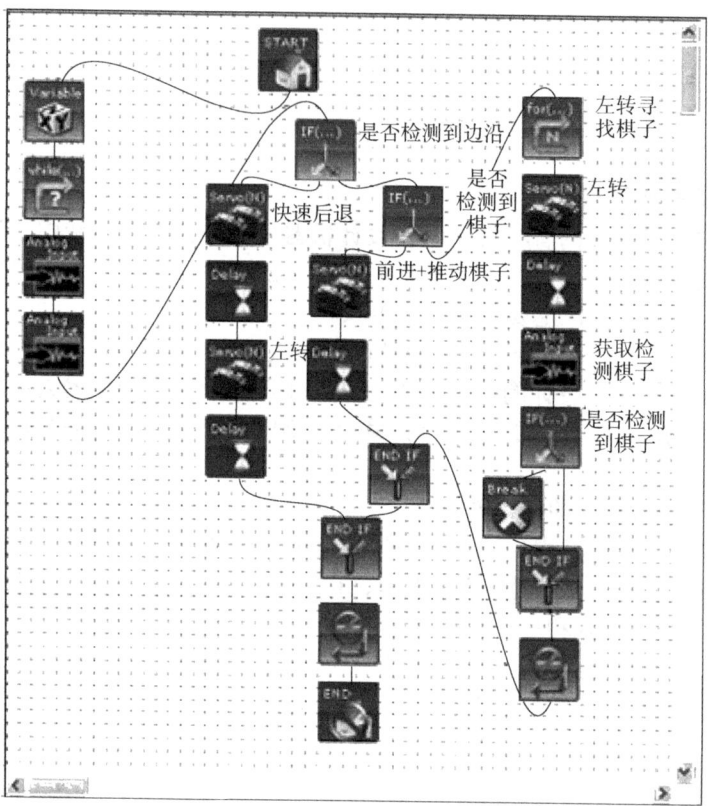

图 14-31　连接模块后的流程图

参考文献

陈建军．2008．数控铣床与加工中心操作与编程训练及实例．北京：机械工业出版社
段传林．2008．数控线切割操作入门．合肥：安徽科学技术出版社
高樾，胡晓珍，赵陆民．2015．工程实训教程．成都：电子科技大学出版社
耿德根，詹卫前，李青．2005．单片机创新开发与机器人制作．北京：北京航空航天大学出版社
何国旗，何英，刘吉兆．2012．机械制造工程训练．长沙：中南大学出版社
何志昌．2013．数控铣床/加工中心编程与操作项目教程．长沙：中南大学出版社
侯志敏．2011．焊接技术与设备．西安：西安交通大学出版社
胡育辉．2009．SIEMENS数控铣床加工中心．沈阳：辽宁科学技术出版社
姜永成，夏广岚．2011．数控加工技术及实训．北京：北京大学出版社
靳岚，刘芬霞，冯晓春．2011．工程训练基础教程．重庆：重庆大学出版社
雷林军．2007．特种加工技术：电火花加工．重庆：重庆大学出版社
李建新，王绍理．2008．激光加工工艺与设备．武汉：湖北科学技术出版社
李力钧．1993．现代激光加工及其设备．北京：北京理工大学出版社
李喜桥．2005．创新思维与工程训练．北京：北京航空航天大学出版社
廖建，翟勇，周先芳．2006．数控机床编程与加工．武汉：华中科技大学出版社
林峰．2012．数控铣床综合实训教程．杭州：浙江大学出版社
刘广瑞．2007．机器人创新制作．西安：西北工业大学出版社
刘其斌．2007．激光加工技术及其应用．北京：冶金工业出版社
刘伟军，等．2005．快速成形技术及应用．北京：机械工业出版社
骆行．2004．钳工．成都：电子科技大学出版社
吕振林，周永新，徐春杰，等．2011．铸造工艺及应用．北京：国防工业出版社
毛茂林，王培俊，罗大兵．2010．慧鱼创意模型实验教程．成都：西南交通大学出版社
邱峰．2008．铣刨磨实用加工技术．哈尔滨：哈尔滨工业大学出版社
饶增仁．2010．教学机器人实践开发教程．兰州：兰州大学出版社
邵刚．2008．数控车操作技术．合肥：安徽科学技术出版社
王克胜．2000．快速自动成形技术．北京：中国石化出版社
王立权，陈东良，陈凯云．2007．机器人创新设计与制作．北京：清华大学出版社
王湘江，王万强，程鸿．2014．金工实习．成都：电子科技大学出版社
王学让，杨占尧．2001．快速成形理论与技术．北京：航空工业出版社
王颖，张亚萍．2010．数控铣床编程与操作实训教程．上海：上海交通大学出版社
王志斌．2012．数控铣床编程与操作．北京：北京大学出版社
王志良．2007．竞赛机器人制作技术．北京：机械工业出版社
吴石林，杨昂岳．2008．数控线切割、电火花加工编程与操作技术．长沙：湖南科学技术出版社
吴志生，杨立军，李志勇．2010．现代电弧焊接方法及设备．北京：化学工业出版社
郗安民．2009．金工实习．北京：清华大学出版社
肖晓华，赖天华．2014．工程认知实践．北京：石油工业出版社

肖晓华．2010．机械制造实训教程．成都：西南交通大学出版社

杨钢．2015．工程训练与创新．北京：科学出版社

杨进德，周峥嵘．2012．金工实训．成都：西南交通大学出版社

杨伟群，等．2002．数控工艺培训教程(数控铣部分)．北京：清华大学出版社

姚宪华，梁建斌．2010．创意之星：模块化机器人创新设计与竞赛．北京：北京航空航天大学出版社

张海军．2012．金工实习指导教程．天津：天津大学出版社

张木青，于兆勤．2010．机械制造工程训练．广州：华南理工大学出版社

张志强．2013．金工实习教程．天津：天津大学出版社

朱江．2013．金工实习指导书．成都：西南交通大学出版社

朱林泉，白培康，朱江淼．2003．快速成形与快速制造技术．北京：国防工业出版社

朱民．2012．金工实习．成都：西南交通大学出版社